응용역학

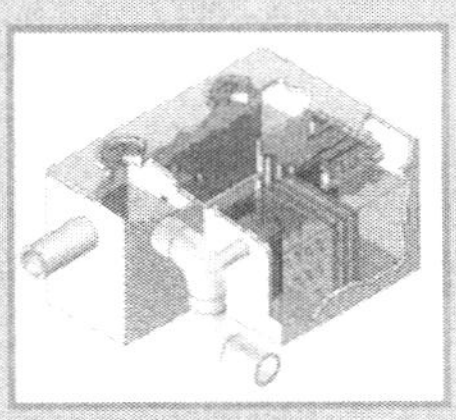

성기태 · 심도식 · 이승용

도서출판 동화기술

머리말

응용역학은 토목 및 건축분야에서 다루고 있는 다양한 구조물에 대한 이해를 돕기 위해 기초적인 이론을 학습하는 학문으로써, 수학 및 물리학에 기초를 둔 방대하고 가장 중요한 필수과목이다. 최근 구조물의 대형화, 첨단화에 따른 설계, 시공 및 유지관리 기술의 발달로 응용역학의 중요성이 새삼 강조되고 있다. 이 교재에서는 응용역학의 기본원리에 대한 이해를 돕기 위하여 가능한 쉽고 간략하게 모든 공식을 유도하여 형식이 달라져도 용이하게 적용하고 응용할 수 있는 능력을 배양하고자 하였다. 또한 각 전공분야에서 취급하는 기본역학을 고루 다루고자 하였으며, 각 장마다 관련된 각종 예제와 연습문제를 수록하여 이해를 돕고 응용력을 높이고자 하였다. 따라서 이 책은 대학, 전문대학의 교재로 사용되고, 실무 종사자들의 참고서 뿐 아니라 각종 기사시험 및 취업시험을 준비하는 학생들에게 좋은 교재가 되리라 기대한다.

이 교재의 내용이나 구성에 있어 미흡한 부분이나 오기 등에 대해 수정, 보완이 이루어질 수 있도록 앞으로 독자 여러분들의 많은 지도편달을 부탁드립니다. 끝으로 이 교재의 출판을 위해 힘써주신 도서출판 동화기술 관계자 여러분들의 노고에 깊은 감사를 표합니다.

저자 일동

Contents

Chapter 1

CHAPTER 1

힘, 모멘트 및 구조

1.1 힘과 모멘트

1.1.1 힘과 힘의 표시법

물체에 힘을 주면 그 물체는 형태가 변화하거나 운동상태가 변화한다. 이와 같이 물체에 변형을 생기게 하거나 운동상태를 변화시키는 원인이 되는 것을 힘(force)이라 한다. 그러나 힘의 작용을 받는 물체는 모두 형태가 변화하거나 운동상태가 변화하는 것은 아니다. 물체에 작용하는 힘이 물체를 움직일 만한 충분한 것이 못되면 물체는 움직이지 않게 된다.

응용역학(applied mechanics)은 구조물에 어떤 힘이 작용했을 때 그 구조물의 변형이나 상태를 연구하는 학문이다. 물리학에서는 질량이 1 kg인 물체에 작용해서 1 m/sec^{2}의 가속도를 낼 수 있는 힘을 1 뉴턴(Newton)이라 하며, 질량이 1 g인 물체에 작용하여 1 cm/sec^{2}의 가속도를 낼 수 있는 힘을 1 dyne이라 표시하는데, 응용역학에서는 무게의 SI 단위인 N, kN 등을 사용한다.

물체에 힘이 작용했을 때 그 힘에 의하여 나타나는 효과를 표시하기 위하여 힘의 크기뿐만 아니라 어느 방향으로 작용시켰느냐 또는 물체를 어느 점에 작용시켰느냐에 따라 다르다. 그러므로 힘을 나타낼 때는 힘의 크기, 방향, 작용점을 동시에 표시해야 하며, 이 세 가지를 힘의 3요소(three elements of force)라고 한다. 이와 같이 힘은 크기, 방향, 작용점을 동시에 표시해야 하는 벡터(vector)량이다.

힘을 그림으로 표시할 때는 그림 1.1과 같이 선분의 길이를 힘의 크기에 비례하도록 하고 화살표는 방향을, 작용점은 선분의 위치로 나타낸다. 그림에서 CE는 물체 $ABCD$에 작용하는 한 개의 힘 P의 크기를, C는 작용점을 표시하며 방향을 직선 CS와 α각을 이루고 오른쪽 위를 향하고 있다.

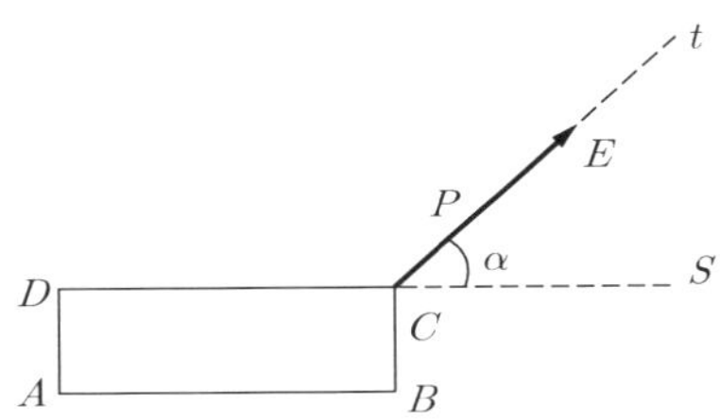

그림 1.1

예를 들면 10 N의 힘을 1 cm의 선분의 길이로 표시한다면 50 N의 힘은 5 cm로 표시할 수 있고, 방향은 작용하는 쪽으로 화살표를 붙이면 된다.

1.1.2 모멘트와 그의 표시법

그림 1.2와 같이 막대기 OA를 O점에 고정시키고, A점에 하나의 힘 P를 가하면 O점은 회전하려 한다. 이와 같이 어떤 점을 중심으로 회전하려고 하는 힘을 모멘트(moment)라고 한다. 예를 들면 문을 열 때 경첩에서 먼 곳을 미는 것이 가까운 곳을 미는 것보다 더 작은 힘으로 문을 열 수 있다. 이것은 물체를 회전시킬 때 회전축에서 먼 곳에 힘을 작용시킬수록 회전축에는 큰 힘이 작용함을 알 수 있다. 결국 모멘트의 크기는 작용하는 힘뿐만 아니라 거리에도 비례한다.

즉, 모멘트 = 힘 × 거리

$$M = P \cdot l \tag{1.1}$$

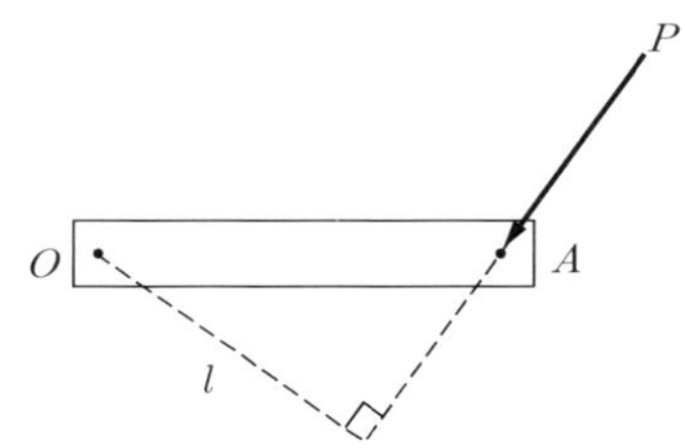

그림 1.2

부호는 시계방향인 것을 (+), 반시계방향인 것을 (−)로 정한다. 식 (1.1)에서 볼 수 있듯이 모멘트는 힘×거리 이므로 단위는 N·mm, kN·m 등이다.

1.1.3 모멘트의 기하학적인 뜻

그림 1.3에서와 같이 힘 P_1, P_2의 점 O에 대한 모멘트는 각각

$$M_1 = P_1 \cdot l_1 \tag{1.2}$$

$$M_2 = -P_2 \cdot l_2 \tag{1.3}$$

$$\triangle AOB = \frac{1}{2} P_1 \cdot l_1$$

$$\therefore\ M_1 = 2\triangle AOB \tag{1.4}$$

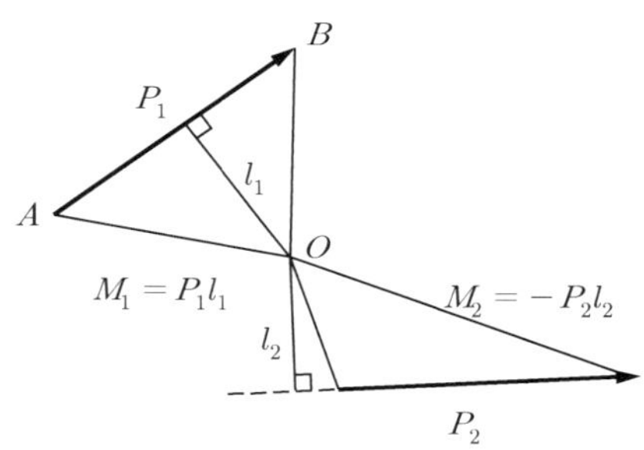

그림 1.3

식 (1.4)에서 보는 바와 같이 모멘트는 힘을 밑변으로 하고 모멘트의 중심을 꼭지점으로 하는 삼각형 넓이의 2배이다.

여러 개의 평면력들의 한 점 O에 대한 모멘트의 합은 이들 평면력의 합력이 O점에 대한 모멘트와 같다. 이것을 바리뇽의 정리(Varignon's theorem)라 한다.

분력의 모멘트 합 = 합력의 모멘트

이것을 정의하려면 그림 1.4에서와 같이 P_1, P_2의 합력을 R이라 하고 모멘트의 중심을 O라 하자. OA를 연결, $OA \perp OF$가 되게 긋고 OF 위에 힘 P_1, P_2 및 R을 정투영하면 EF, OE, OF는 각각 힘 P_1, P_2, R의 투영이 된다. 식 (1.4)로부터

$$M_1 = 2AOD = AO \times EF$$

$$M_2 = 2AOB = AO \times OE$$

$$M = 2AOC = AO \times OF$$

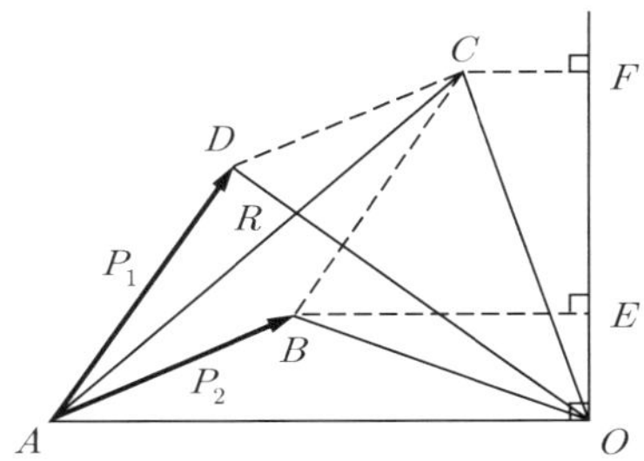

그림 1.4

M_1 : 힘 P_1의 점 O에 대한 모멘트
M_2 : 힘 P_2의 점 O에 대한 모멘트
M : 합력 R의 점 O에 대한 모멘트

라 하면 $M_1 + M_2 = (AO \times EF) + (AO \times OE) = AO(EF + OE)$
그런데 $EF + OE = OF$이므로

$$M_1 + M_2 = AO \times OF = M$$

여러 개의 평면력 P_1, P_2, P_3, $\cdots$, P_n의 점 O에 대한 모멘트를 M_1, M_2, M_3, $\cdots$, M_n이라 하고 $R = \sum_1^n P$라 하면 합력 R의 점 O에 대한 모멘트 M은

$$M = M_1 + M_2 + M_3 + \ldots + M_n = \sum_1^n M \quad (1.5)$$

그림 1.5에서 점 O에 대한 모멘트 M은 다음과 같이 표시된다.

$$M = -R\,l = P_1 \cdot y - P_2 \cdot x$$

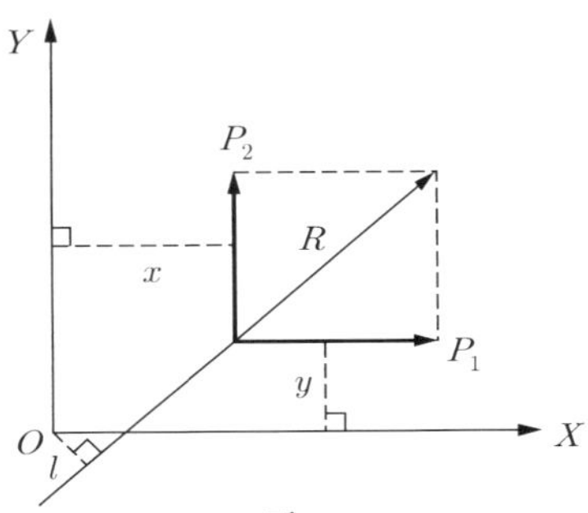

그림 1.5

1.1.4 회전모멘트와 우력모멘트

크기가 같고 방향이 서로 반대인 한 쌍의 평행한 힘을 우력(couple force) 또는 짝힘이라 하며, 우력을 받는 물체는 회전력을 받게 된다. 이를 우력모멘트(moment of couple)라고 한다. 예를 들면 그림 1.6(a)에서 임의의 점 O에 대한 모멘트는

$$M = P\,l_2 - P\,l_1 = P\,(l_2 - l_1) = P\,l$$

그림 (b)에서

$$M = P\,l_1 + P\,l_2 = P\,(l_1 + l_2) = P\,l \tag{1.6}$$

로서 항상 일정함을 알 수 있다. 즉, 우력의 모멘트는 평면내의 어떠한 점에 대해서도 그 모멘트의 값은 항상 일정하다.

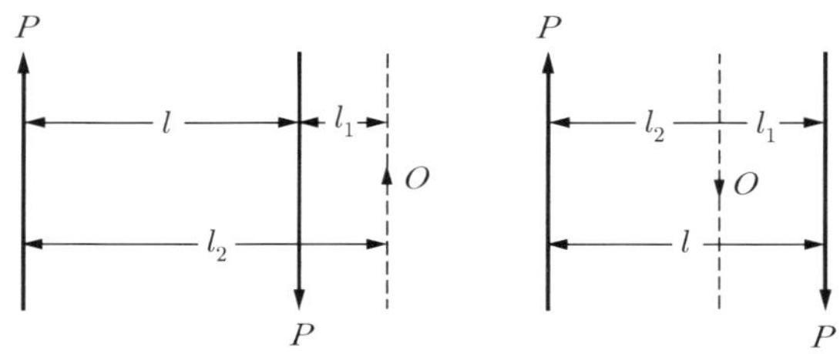

그림 1.6

1.2 힘의 합성과 분해

1.2.1 힘의 합성

여러 개의 힘을 합하여 이들의 힘과 똑같은 효력을 나타내는 한 개의 힘을 구하는 것을 힘의 합성(composition)이라고 하며, 그 합한 힘을 합력(resultant)이라고 하고 기호를 보통 R로 나타낸다. 그림 1.7에서와 같이 한 점 A에 작용하는 2개의 힘 P_1과 P_2를 도해법을 이용하여 합성하면 다음과 같다.

먼저 P_1과 크기가 같고 평행하게 CD를 그은 다음, 힘 P_2의 크기가 같고 평행하게 BD를 긋는다. CD와 BD의 교점 D와 A를 이으면 P_1, P_2의 합력 R이 된다. 합력의 작용점은 A, 크기는 $\overline{AD}$가 되며 방향은 화살표와 같다. 그림 (a)에서의 평행사변형 $ABCD$를 힘의 평행사변형(parallelogram of force)이라 한다. 또 그림 (b), (c)의 삼각형 ABC를 힘의 삼각형(triangle of force)이라고 한다.

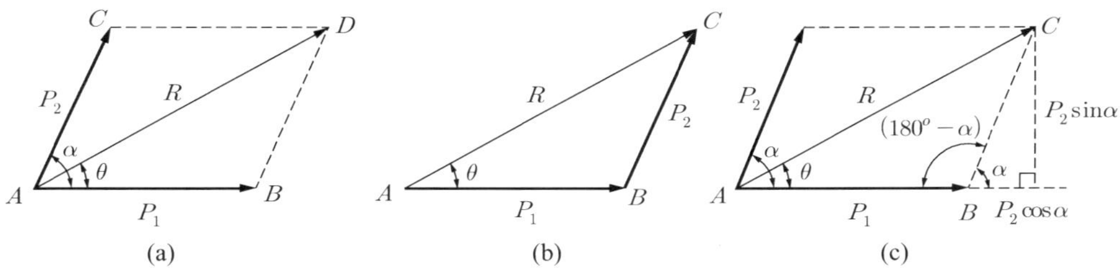

그림 1.7

그림 1.8에서와 같이 한 점 A에서 만나는 3개의 힘 P_1, P_2, P_3를 합성해 보면 먼저 그림 (b)에서와 같이 P_1과 P_2의 합력을 평행사변형법에 의해 구하여 이를 R_1이라 하고 그림 (c)와 같이 R_1과 P_3의 합력을 평행사변형으로 구하면 세 힘 P_1, P_2, P_3의 합력 R을 얻을 수 있다. 또 그림 (d)는 시력도(forces polygon)에 의해 합력을 구한 것이다. 이를 설명하면 P_1의 끝 A에 P_2와 P_3를 그림 (d)와 같이 차례로 옮긴 다음, 점 O와 E를 연결하면 구하는 합력 R이 된다. 일반적으로 (d)의 방법을 널리 이용하며 여러 개의 힘에 대해서도 동일방법으로 합력을 구할 수 있다.

해석적인 방법으로는 그림 1.7의 (c)에서와 같이 2개의 힘 P_1, P_2가 이루는 각을 α라고 하면 cosine 제2법칙에 의하여

$$\begin{aligned} R^2 &= (P_1 + P_2\cos\alpha)^2 + (P_2\sin\alpha)^2 \\ &= {P_1}^2 + 2P_1P_2\cos\alpha + {P_2}^2(\cos\alpha^2 + \sin\alpha^2) \\ &= {P_1}^2 + {P_2}^2 + 2P_1P_2\cos\alpha \\ \therefore\ R &= \sqrt{P_1^2 + P_2^2 + 2P_1P_2\cos\alpha} \end{aligned} \tag{1.6}$$

에 의하여 합력 R(크기)을 구할 수 있다. R과 P_1이 이루는 각(방향) θ는

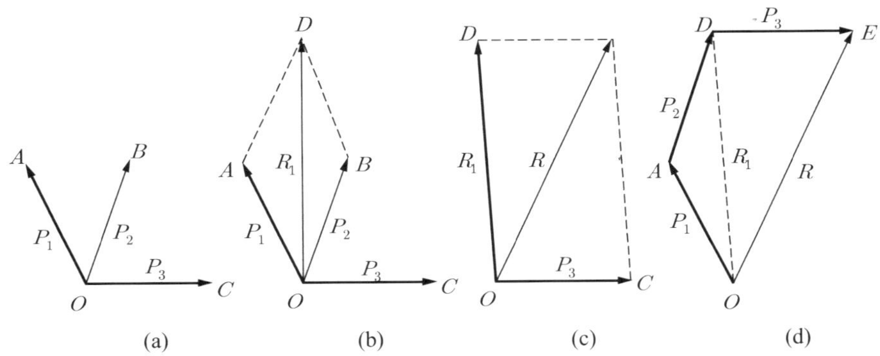

그림 1.8

$$\tan\theta = \frac{P_2 \sin\alpha}{P_1 + P_2 \cos\alpha} \tag{1.7}$$

$\alpha = 90°$일 때는 식 (1.6)에서 $\cos 90° = 0$이므로

$$R = \sqrt{P_1^2 + P_2^2} \tag{1.8}$$

$$\tan\theta = \frac{P_2}{P_1} \tag{1.9}$$

Example 1.1 그림 1.9와 같은 두 힘의 합력을 구하여라.

합력 R은 cosine 제 2법칙에 의하여 $R = \sqrt{P_1^2 + P_2^2} = \sqrt{80^2 + 60^2} = 100\text{ N}$
방향이 반대이므로 $R = 6 - 4 = 2\text{ kN}$
따라서 합력 R은 P_2쪽으로 작용한다.

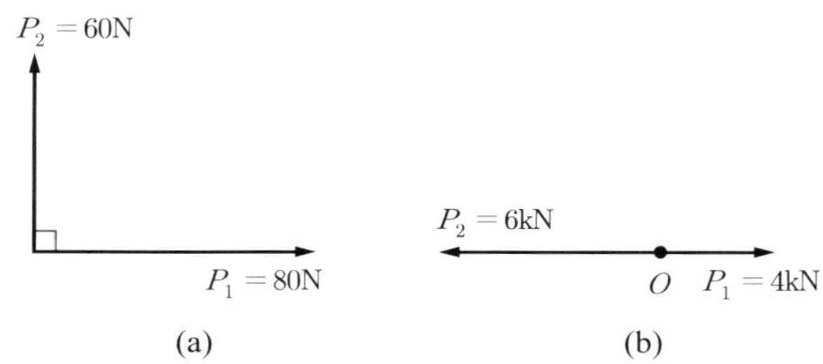

그림 1.9

Example 1.2 그림 1.10에서 두 힘 P_1, P_2의 합력과 합력 R과 이루는 각 θ를 구하여라.

$$R = \sqrt{P_1^2 + P_2^2 + 2P_1P_2\cos\alpha}$$

$$= \sqrt{50^2 + 30^2 + 2 \times 50 \times 30 \cos 60°} = 70\text{ N}$$

α는 식 (1.7)에 의하여

$$\tan\theta = \frac{P_2 \sin 60°}{P_1 + P_2 \cos 60°}$$

$$= \frac{30 \sin 60°}{50 + 30 \cos 60°} = 0.3997$$

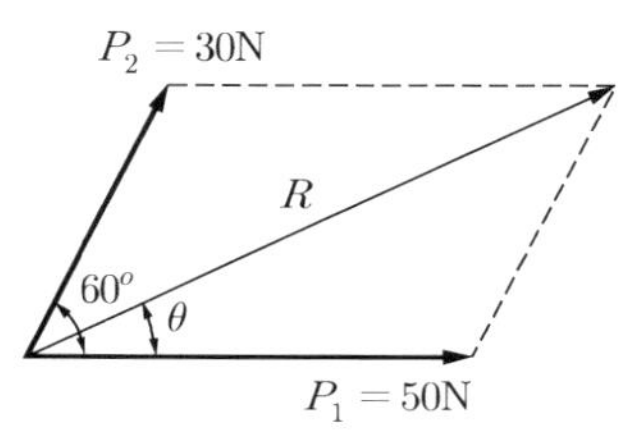

그림 1.10

이 $\tan\theta$의 값을 계산기를 이용하여 역으로 찾아 비례안분하면 $\theta = 21°47'12''$ 약 $\theta = 22°$를 얻는다.

Example 1.3 그림 1.11과 같은 두 힘의 합력을 구하여라.

식 (1.6)에 대입하면

$$R = \sqrt{60^2 + 80^2 + 2 \times 60 \times 80 \times \cos 120°}$$
$$= \sqrt{3{,}600 + 6{,}400 + 9{,}600 \cos 120°}$$
$$= 72.11 \text{ N}$$

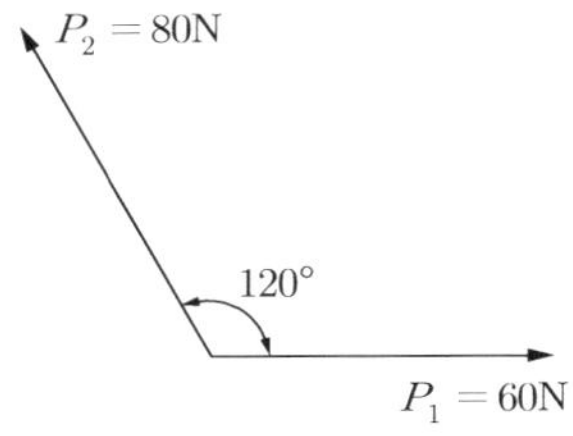

그림 1.11

1.2.2 힘의 분해

한 개의 힘을 그와 똑같은 효력을 가지는 두 개 이상의 힘으로 나누는 것을 힘의 분해(decomposition of force)라고 하며 이 나누어진 힘을 분력(component)이라 한다. 그림 1.12의 (a)에서 한 개의 힘 R을 두 개의 분력 P_1과 P_2로 나누자면 $\triangle ABC$에서 sine법칙에 의하여

$$\frac{P_2}{\sin\theta} = \frac{P_1}{\sin(\alpha - \theta)} = \frac{R}{\sin(180° - \alpha)} = \frac{R}{\sin\alpha}$$

위의 식에서

$$P_1 = \frac{\sin(\alpha - \theta)}{\sin\alpha} \cdot R$$
$$P_2 = \frac{\sin\theta}{\sin\alpha} \cdot R \tag{1.10}$$

또 그림 (b)에서와 같이 $\alpha = 90°$일 때

$$P_1 = R\cos\theta$$
$$P_2 = R\sin\theta \tag{1.11}$$

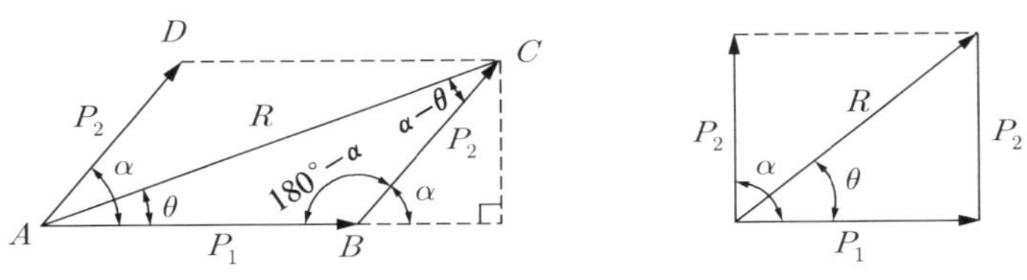

(a) (b)

그림 1.12

Example 1.4 그림 1.13과 같은 힘을 60°와 30° 방향으로 분해하라.

식 (1.11)에 의하여

$P_1 = 40\cos 60° = 20\text{ N}$

$P_2 = 40\sin 60° = 34.64\text{ N}$

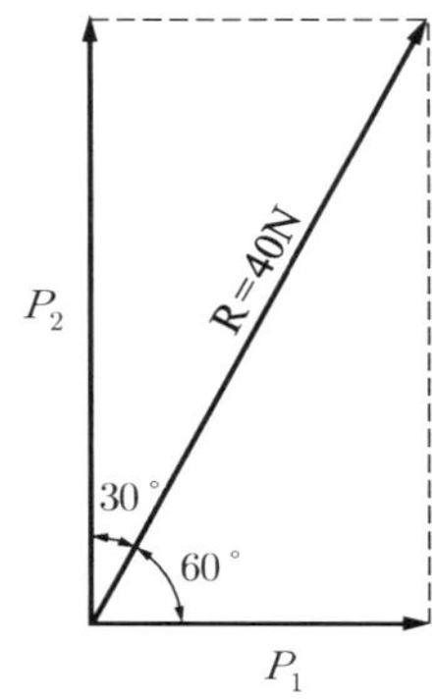

그림 1.13

Example 1.5 그림 1.14와 같이 $R = 90\text{ N}$의 힘을 $P_1 = 70\text{ N}$, $P_2 = 45\text{ N}$의 두 힘으로 분해하여라.

$$R^2 = P_1^2 - P_2^2 + 2P_1P_2\cos(\alpha+\beta)$$

$$\cos(\alpha+\beta) = \frac{R^2 - P_1^2 - P_2^2}{2P_1P_2} = \frac{90^2 - 70^2 - 45^2}{2\times 70\times 45} = 0.1865$$

$$\therefore\ \alpha+\beta = 79°15'3''$$

$$\frac{90}{\sin(\alpha+\beta)} = \frac{70}{\sin\alpha}$$

$$\sin\alpha = \frac{70}{90}\sin(\alpha+\beta) = 0.76413$$

$$\therefore\ \alpha = 49°49'47''$$

$$\beta = 79°15'3'' - 49°49'47'' = 29°25'16''$$

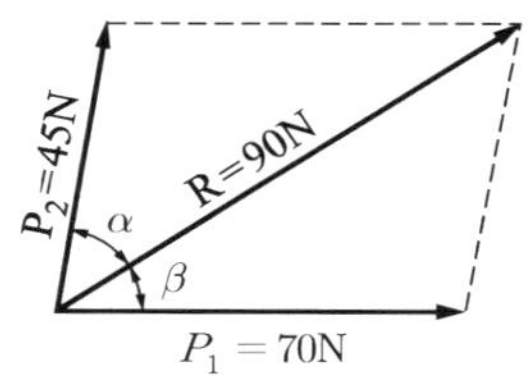

그림 1.14

1.2.3 평행한 힘의 합성

그림 1.15와 같이 나란한 두 개의 힘 P_1, P_2의 합력을 도해법으로 구해보기로 하자. 우선 이 두 힘의 합력의 크기는 $P_1 + P_2$이고 방향은 주어진 힘들의 방향과 같다. 그림 1.15의 (b)에서와 같이 P_1, P_2의 시력도를 그리면 합력의 크기와 방향을 얻을 수 있다. 다음에 그림 (b)에서 임의의 극점 O를 잡아 AO, BO, CO를 연결하고 주어진 역계에 있어서 힘 P_1의 작용선 위의 한 점 α를 통하는 선 1′ 및 2′를 사선 1 및 2에 나란하게

그리고 힘 P_2의 작용선과 2′가 만나는 점 b를 통하고 사선 3에 나란한 3′ 선을 그린다. 1′와 3′가 만나는 점을 C라고 하면 합력 R의 작용선은 C점을 지나게 된다. 따라서 P_1, P_2의 합력 R의 크기는 힘의 합과 같고 작용선은 C점을 지나고 방향은 주어진 힘들과 같다.

사선 1, 2, 3을 각각 힘이라 생각하면 힘 1과 2의 합력이 P_1이고 힘 2와 3의 합력이 P_2라 생각할 수 있다. 따라서 두 개의 나란한 힘은 네 개의 힘으로 분해할 수 있다. 그림 (b)에서 힘 2는 서로 반대방향으로 작용하므로 그 합력은 0이다. 그러므로 P_1과 P_2는 힘 1 및 3으로 대치할 수 있다. 힘 1 및 3의 작용선은 그림 (a)에서 1′ 및 3′이므로 합력은 그들이 만나는 점 C를 지난다는 것을 증명할 수 있다.

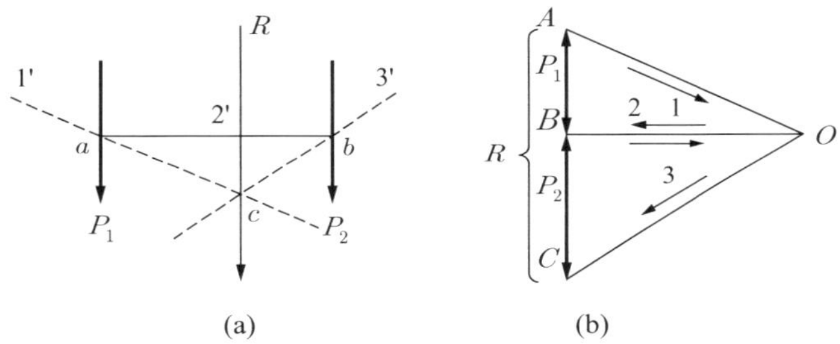

그림 1.15

해석적인 방법으로 그림 1.16의 힘 P_1과 P_2의 합력의 크기 R은 P_1+P_2이고 방향은 P_1, P_2의 방향과 동일하다. 합력의 작용점은 다음과 같이 모멘트를 생각함으로써 구할 수 있다. 즉 P_1으로부터 합력의 작용점까지의 거리를 x라 하면

$$P_1 \cdot x = P_2 (l - x)$$

$$\therefore\ x = \frac{P_2}{P_1 + P_2} \cdot l \tag{1.12}$$

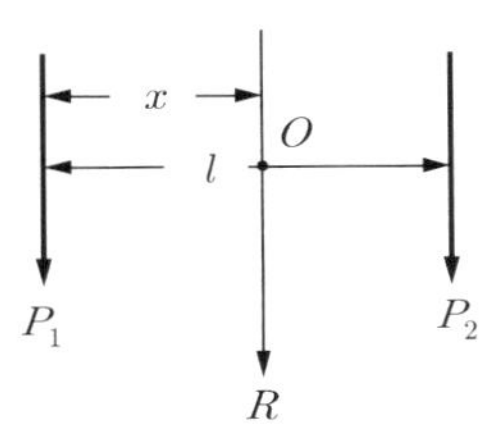

그림 1.16

또 그림 1.17과 같은 여러 개의 평행력을 합성하려면 위와 같은 방법으로도 가능하나 다음과 같이 직각좌표를 이용하는 것이 편리하다. 그림 1.17과 같이 직각좌표 X, Y의 축을 힘들과 평행하게 잡는다. 좌표의 중점 O에서 합력의 작용점까지의 거리를 x라 하고 여러 개의 평행한 힘 P_1, P_2, P_3, ⋯, P_n의 작용점의 좌표를 (x_1, y_1), (x_2, y_2), (x_3, y_3), ⋯, (x_n, y_n)이라 하면

$$x = \frac{P_1x_1 + P_2x_2 + P_3x_3 + \cdots + P_nx_n}{P_1 + P_2 + P_3 + \cdots + P_n}$$
$$y = \frac{P_1y_1 + P_2y_2 + P_3y_3 + \cdots + P_ny_n}{P_1 + P_2 + P_3 + \cdots + P_n} \tag{1.13}$$

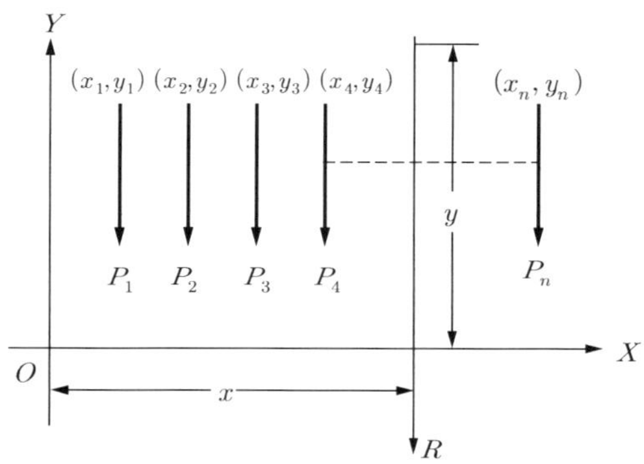

그림 1.17

Example 1.6 그림 1.18과 같은 평행력의 합력의 크기와 작용선의 위치를 구하여라.

$R = P_1 + P_2 = 15 + 20 = 35$ N

P_1에서 R까지의 거리를 x라 하고, 힘 P_1 위의 임의의 점 A를 모멘트의 중심이라고 하면

$$M_A = 20 \times 10 = 35x$$

$$\therefore\ x = \frac{20 \times 10}{35} \fallingdotseq 5.71 \text{ m}$$

∴ A점으로부터 5.71 m에 합력 R이 작용함을 알 수 있다.

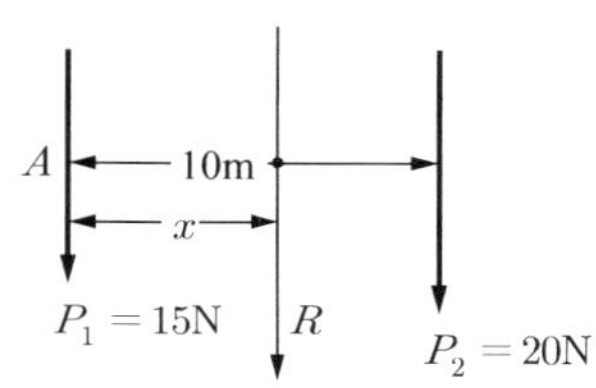

그림 1.18

Example 1.7 그림 1.19와 같은 힘들의 합력의 작용선과 합력의 크기를 구하여라.

$R = 200 + 100 - 300 + 400 - 250 = 150\text{ N}$

$M =$ 힘 $\times$ 거리 $(R \times x)$

$$\therefore\ x = \frac{M}{R} = \frac{-100\times 4 + 300\times 10 - 400\times 12 + 250\times 20}{150} = \frac{2{,}800}{150} = 18.67\text{ m}$$

$\therefore$ A점으로부터 우로 18.67 m에 합력 R이 작용함을 알 수 있다.

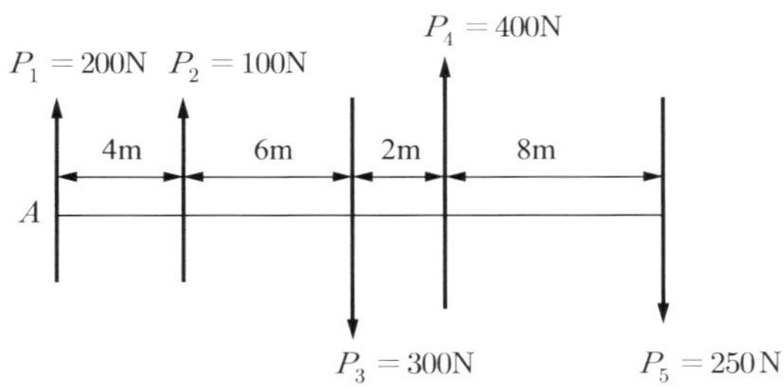

그림 1.19

1.2.4 평행력이 아닌 힘의 합성

그림 1.20과 같이 네 개의 힘 P_1, P_2, P_3, P_4가 동일점 O에 작용한다면 O점을 지나는 평행축과 수직축을 긋고 힘 P_1, P_2, P_3, P_4를 각각 수평력과 수직력으로 분해하여 그 수평분력을 각각 H_1, H_2, H_3, H_4, 수직분력을 V_1, V_2, V_3, V_4라 한다. 각 힘이 Y축과 이루는 각을 θ_1, θ_2, θ_3, θ_4라 하면 수평분력의 합 $\sum H$는

$$\begin{aligned}\sum H &= H_1 + H_2 + H_3 + H_4 \\ &= P_1\cos\theta_1 + P_2\cos\theta_2 + P_3\cos\theta_3 + P_4\cos\theta_4 \end{aligned} \tag{1.14}$$

수직 분력의 합 $\sum V$는

$$\begin{aligned}\sum V &= V_1 + V_2 + V_3 + V_4 \\ &= P_1\sin\theta_1 + P_2\sin\theta_2 + P_3\sin\theta_3 + P_4\sin\theta_4 \end{aligned} \tag{1.15}$$

$$\text{합력 } R = \sqrt{(\sum H)^2 + (\sum V)^2} \qquad \text{작용각 } \theta\text{는} \quad \tan\theta = \frac{\sum V}{\sum H} \tag{1.16}$$

으로 나타나며 작용점은 O가 된다.

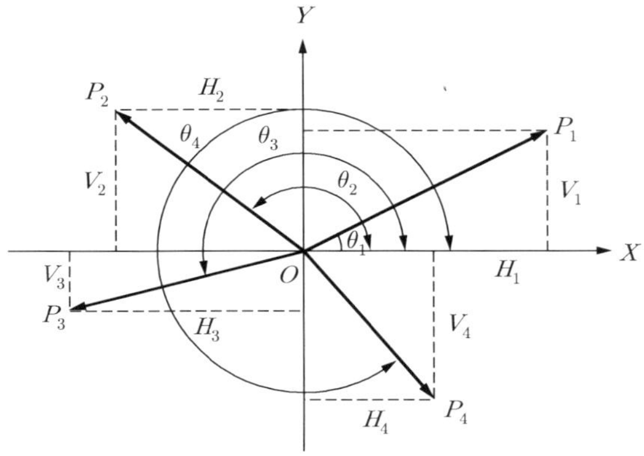

그림 1.20

또 그림 1.21과 같이 동일점에 작용하지 않는 여러 개의 힘 P_1, P_2, P_3, $\cdots$의 합력은 다음과 같은 방법으로 구한다. 우선 어떤 점 O를 원점으로 하는 직각 좌표 X축과 Y축을 잡는다. 다음에 힘 P_1, P_2, $\cdots$를 각각 수평분력과 수직분력으로 나누어 H_1, H_2, $\cdots$, V_1, V_2, $\cdots$라 하고 이들의 합력 R과 X축과 이루는 각 α는 식 (1.16)에 의하여

$$R = \sqrt{(\sum H)^2 + (\sum V)^2}$$

$$\tan \alpha = \frac{\sum V}{\sum H}$$

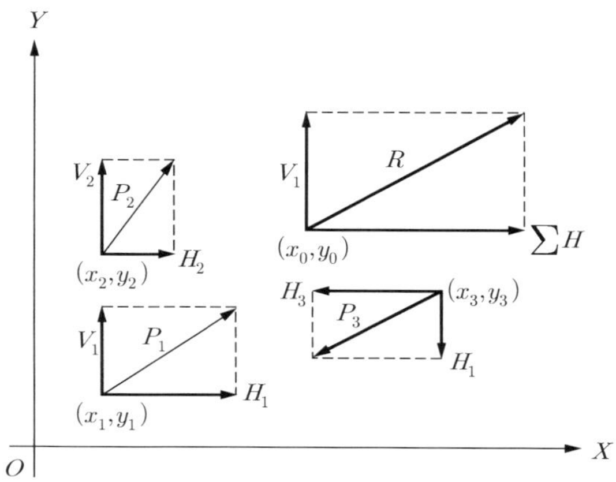

그림 1.21

마지막으로 합력의 작용점을 구한다. 힘 P_1, P_2, ⋯의 좌표를 각각 $(x_1,\ y_1)$, $(x_2,\ y_2)$, ⋯라 하면 합력 R의 작용점의 좌표 $(x_0,\ y_0)$는 Varignon의 정리에 의하여

$$\sum H = H_1 + H_2 + H_3 + \ldots$$

$$\sum V = V_1 + V_2 + V_3 + \ldots$$

$$\sum H \cdot y_0 = H_1\, y_1 + H_2\, y_2 + \cdots = \sum H \cdot y$$

$$\sum V \cdot x_0 = V_1\, x_1 + V_2\, x_2 + \ldots = \sum V \cdot x$$

$$y_0 = \frac{\sum H \cdot y}{\sum H}, \quad x_0 = \frac{\sum V \cdot x}{\sum V} \tag{1.17}$$

식 (1.17)로 합력의 작용점을 구할 수 있다.

Example 1.8 그림 1.22와 같이 동일점에 작용하는 힘의 합력을 구하고 x축과 이루는 각 α를 구하여라.

$H_1 = 30\cos 30° = 25.98$ N

$H_2 = -50\cos 45° = -35.36$ N

$H_3 = 40\cos 60° = 20.00$ N

$$\sum H = H_1 + H_2 + H_3$$
$$= 25.98 + (-35.36) + 20.00$$
$$= 10.62 \text{ N}$$

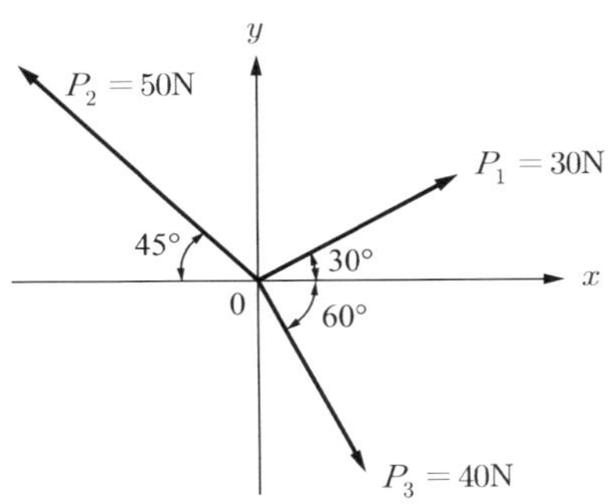

그림 1.22

$V_1 = 30\sin 30° = 15$ N

$V_2 = 50\sin 45° = 35.36$ N

$V_3 = -40\sin 60° = -34.64$ N

$$\sum V = V_1 + V_2 + V_3 = 15 + 35.36 - 34.64 = 15.72 \text{ N}$$

$$\therefore\ R = \sqrt{(\sum H)^2 + (\sum V)^2} = \sqrt{10.62^2 + 15.72^2} = 18.97 \text{ N}$$

$$\tan\alpha = \frac{15.72}{10.62} = 1.48$$

$\alpha = 55°\,57'29''$이다.

Example 1.9 그림 1.23과 같이 동일점에 작용하지 않는 4개의 힘 P_1, P_2, P_3, P_4의 합력과 방향을 구하여라.

$H_1 = 30\cos 45° = 21.21$ N

$H_2 = 20\cos 30° = 17.32$ N

$H_3 = 40\cos 30° = 34.64$ N

$H_4 = 50$

$\sum H = H_1 + H_2 + H_3 + H_4 = 123.17$ N

$V_1 = 30\sin 45° = 21.21$ N

$V_2 = -20\sin 30° = -10$ N

$V_3 = -40\sin 30° = -20$ N

$V_4 = 0$

$\sum V = V_1 + V_2 + V_3 + V_4 = -8.79$ N

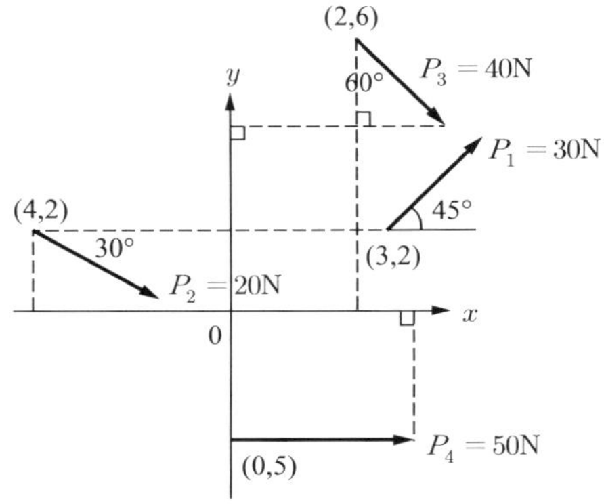

그림 1.23

$\therefore\ R = \sqrt{(123.17)^2 + (-8.79)^2} = 123.48$ N

$\tan\alpha = \dfrac{-8.79}{123.17} = -0.07$

$\alpha = -4° \quad \therefore\ \alpha = 356°$

1.3 힘의 평형조건

구속을 받지 않는 어떤 물체에 여러 개의 힘이 작용하여 그 물체가 이동하지 않거나 또는 회전하지 않고 정지상태로 되었을 때 작용하는 힘들은 서로 평형을 이룬다고 한다. 그림 1.24(a)에서와 같이 여러 개의 힘 P_1, P_2, $\cdots$를 (b)와 같이 시력도를 그려 생각해 보자. 그림 (a)에서 $P_1 \sim P_4$의 작용점 O는 합력 R의 방향으로 움직이거나 움직이려 할 것이다. 그러므로 합력 R과 크기가 같고 방향이 반대인 힘 P_5를 그림 (c)와 같이 D점에 작용시키면 이들 $P_1 \sim P_5$의 힘들의 합력은 0이 되고 시력도의 시점과 끝점이 일치되어 시력도는 폐합된다. 즉 $P_1 \sim P_5$의 힘은 평형을 이루게 된다. 이를 해석적으로 생각해 보면

$$R = \sqrt{(\sum H)^2 + (\sum V)^2} = 0$$

그러므로

$$\sum H = 0, \quad \sum V = 0$$

이 외에 점 O를 회전시키려는 모멘트(moment)의 합도 0이 되어야 한다. 따라서

$$\text{수평력의 합} \quad \sum H = 0$$
$$\text{수직력의 합} \quad \sum V = 0 \qquad (1.18)$$
$$\text{모멘트(moment)의 합} \quad \sum M = 0$$

위의 세 조건을 힘의 평형조건이라 한다.

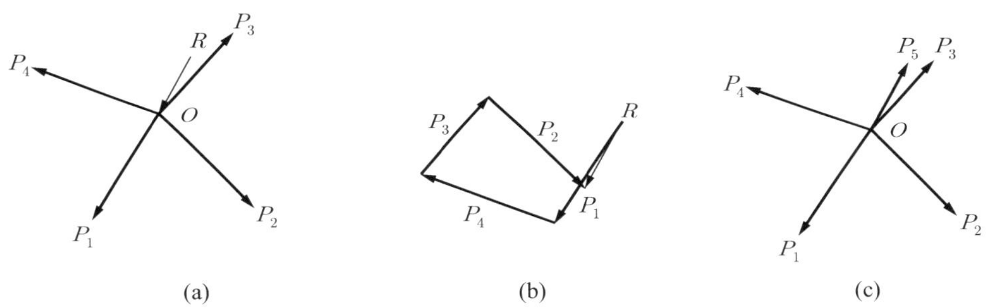

그림 1.24

Example 1.10 그림 1.25와 같이 네 개의 힘과 P_1, P_2가 서로 평형을 이루고 있다. P_1, P_2의 크기를 구하여라.

$\sum M_B = 0$에서 $\quad M_B = 13P_1 - 10\times10 - 5\times6 - 10\times3 - 2\times1 = 0$

$$\therefore \; P_1 = \frac{10\times10 + 5\times6 + 10\times3 + 2\times1}{13} = \frac{162}{13} = 12.46 \text{ kN}$$

$\sum V = 0$에서 $\sum V = P_1 + P_2 - 10 - 5 - 10 - 2 = 0$

$\therefore \; P_2 = 27 - P_1 = 27 - 12.46 = 14.54 \text{ kN}$

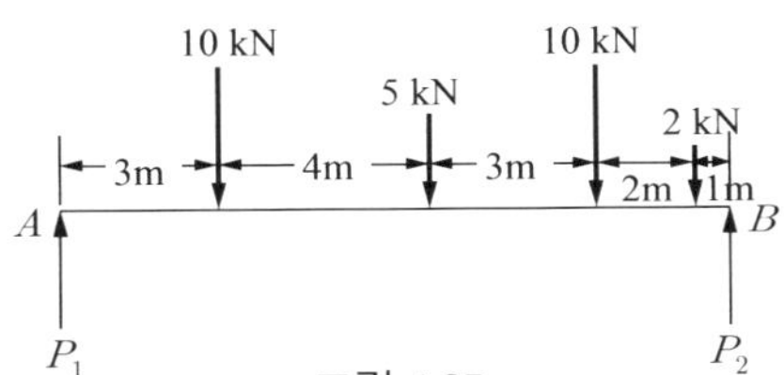

그림 1.25

Example 1.11 그림 1.26에서 AC, BC가 받는 장력을 구하여라.

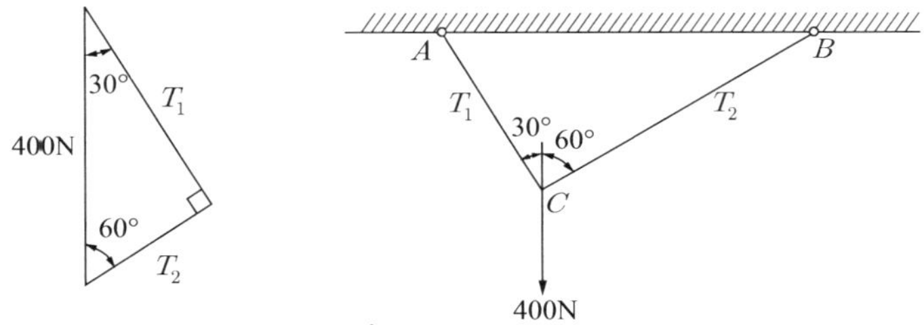

그림 1.26

sin 법칙에 의해 풀면

$$\frac{400}{\sin 90°} = \frac{T_1}{\sin 60°} = \frac{T_2}{\sin 30°}$$

$$\therefore\ T_1 = \frac{\sin 60°}{\sin 90°} \times 400 = 346.41\,\text{N}$$

$$\therefore\ T_2 = \frac{\sin 30°}{\sin 90°} \times 400 = 200\,\text{N}$$

Example 1.12 그림 1.27에서 AC와 BC에 작용하는 힘을 구하여라.

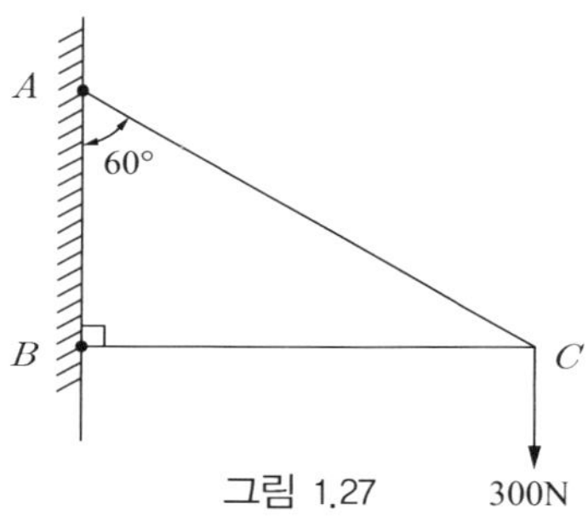

그림 1.27

$\sum V = 0$에서 $AC \sin 30° - 300 = 0$

$$\therefore\ AC = \frac{300}{\sin 30°} = 600\,\text{N}$$

$\sum H = 0$에서 $BC + AC\cos 30° = 0$

$$\therefore\ BC = -AC\cos 30° = -519.62\,\text{N}$$

Example 1.13 그림 1.28과 같이 부양력 300 N인 기구가 수평선과 60°의 각도를 이루고 정지상태에 있을 때 풍압 W 및 로우프 AB에 작용하는 장력을 구하여라.

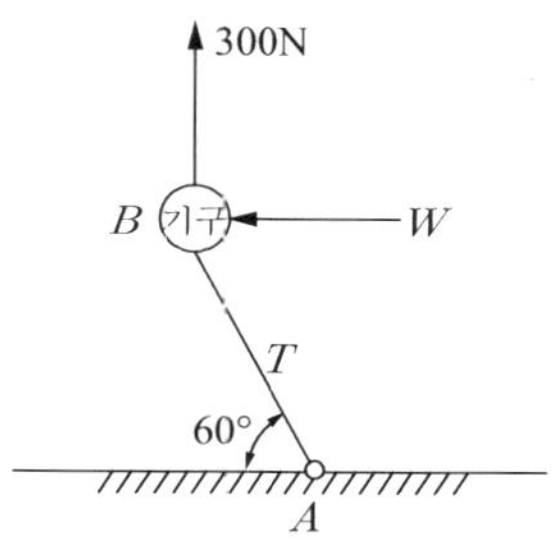

그림 1.28

$\sum V = 0$에서 $300 - T\sin 60° = 0$

$$\therefore\ T = \frac{300}{\sin 60°} = 346.42\,\text{N}$$

$\sum H = 0$에서 $T\cos 60° - W = 0$

$$\therefore\ W = T\cos 60° = 346.42\cos 60° = 173.21\,\text{N}$$

Example 1.14 그림에서 기둥을 전도시키려면 몇 N 이상의 힘이 필요한가?

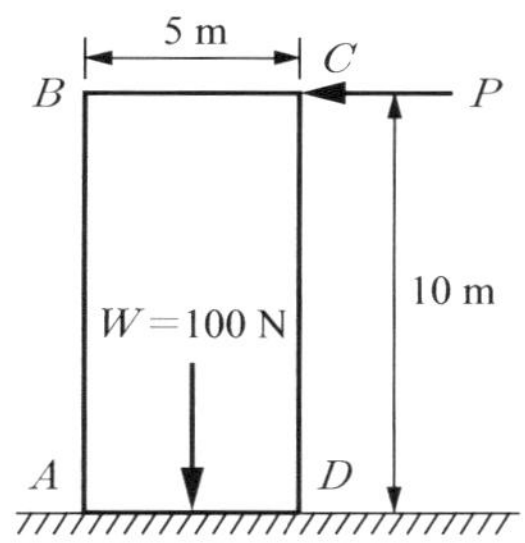

그림 1.29

$$\sum M_A = 0$$

$$-P \times 10 + 100 \times 2.5 = 0$$

$$\therefore\ P = \frac{250}{10} = 25\ \text{N}$$

Example 1.15 그림에서 같이 30 cm 높이의 턱을 하중 5 N인 자동차 바퀴가 넘어가려면 얼마의 힘 P가 필요한가?

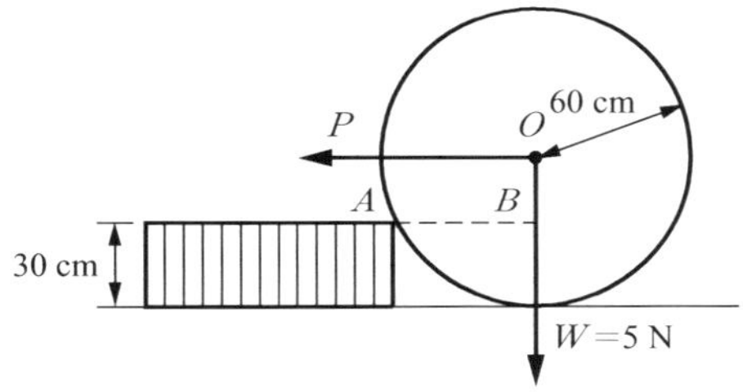

그림 1.30

$$\sum M_A = 0$$

$$W \cdot (AB) - P \cdot (OB) = 0$$

$$\therefore\ P = \frac{W \cdot AB}{OB} = \frac{5 \times 0.52}{0.3} = 8.67\ \text{N}$$

$$AB^2 + OB^2 = AO^2$$

$$\therefore\ AB = \sqrt{(AO)^2 - (OB)^2} = \sqrt{(0.6)^2 - (0.3)^2} = 0.52\ \text{m}$$

1.3.1 라미(Lami)의 정리(sine법칙, 정현법칙)

동일평면상의 한 점에서 작용하는 세 힘이 서로 평형을 이루고 있을 때, 세 힘에 의해 만들어지는 힘의 다각형은 폐합되며, 이 폐합 다각형에서 각 힘은 다른 두 힘의 사이각의 sine값에 비례한다.

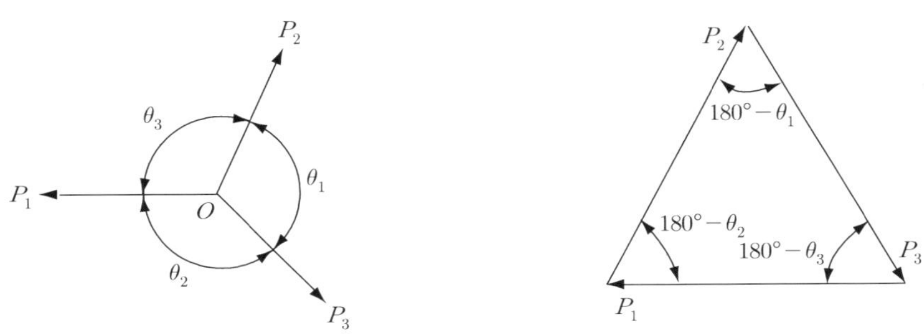

그림 1.31 라미의 정리

$$\frac{P_1}{\sin(180° - \theta_1)} = \frac{P_2}{\sin(180° - \theta_2)} = \frac{P_3}{\sin(180° - \theta_3)}$$

$$\frac{P_1}{\sin\theta_1} = \frac{P_2}{\sin\theta_2} = \frac{P_3}{\sin\theta_3}$$

Example 1.16 그림 1.32와 같이 AC, BC 양쪽 부재의 끝에 7 kN의 하중을 매달았을 때 AC, BC 양쪽 부재에 작용하는 힘을 구하여라.

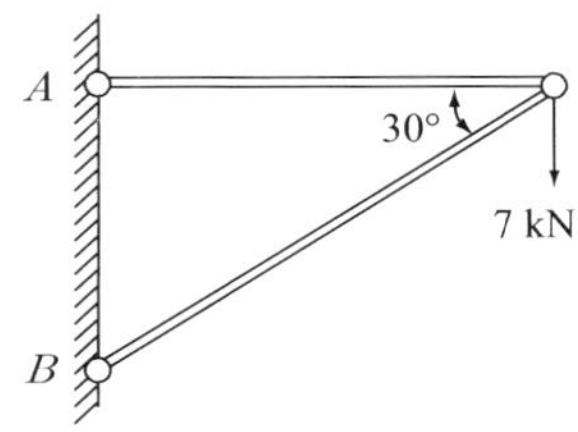

그림 1.32에서 C점에 작용하는 힘의 평형을 생각한다. 상향의 힘을 (+), 하향의 힘을 (−)로 한다.

$\sum V = 0$에서

$-7 - P_{BC}\sin 30° = 0$

$\therefore\ P_{BC} = \dfrac{-7}{\sin 30°} = \dfrac{-7}{0.5} = -14$ kN(압축력)

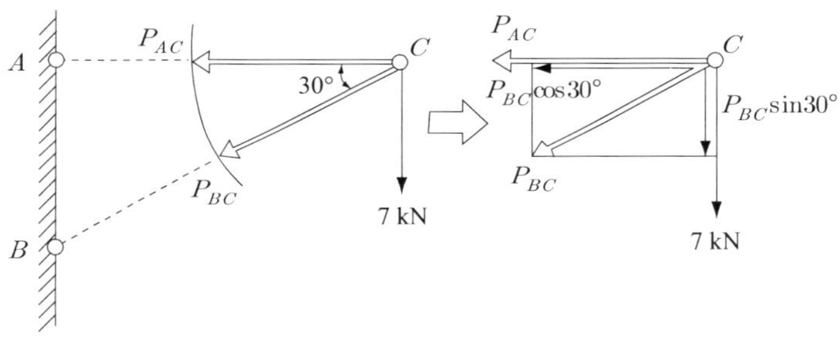

그림 1.32

$\sum H = 0$에서

$-P_{AC} - P_{BC}\cos 30° = 0$

$\therefore\ P_{AC} = -P_{BC}\cos 30° = -(-14) \times 0.866 = 12.12$ kN(인장력)

별해 1

그림 1.33에서 A점, B점의 모멘트의 평형을 생각한다. 오른쪽 회전의 힘을 (+), 왼쪽 회전의 힘을 (−)로 한다.

$7 \times \overline{AC} + P_{BC} \times l = 0$

$\therefore\ P_{BC} = \dfrac{-7 \times \overline{AC}}{l} = \dfrac{-7 \times \overline{AC}}{\overline{AC}\sin 30°}$

$= \dfrac{-7}{0.5} = -14$ kN(압축력)

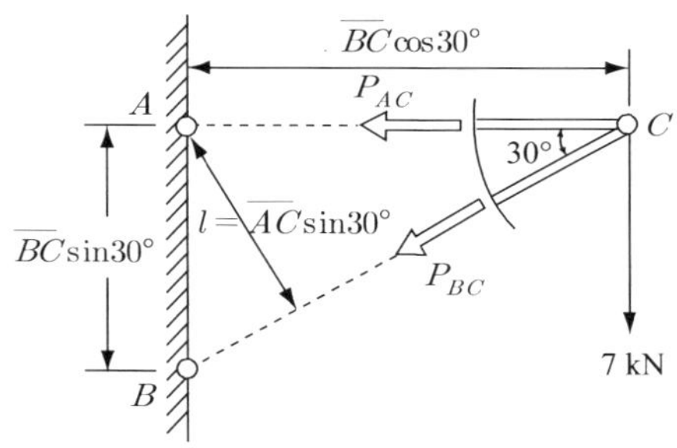

그림 1.33

별해 2

라미의 정리를 이용하면

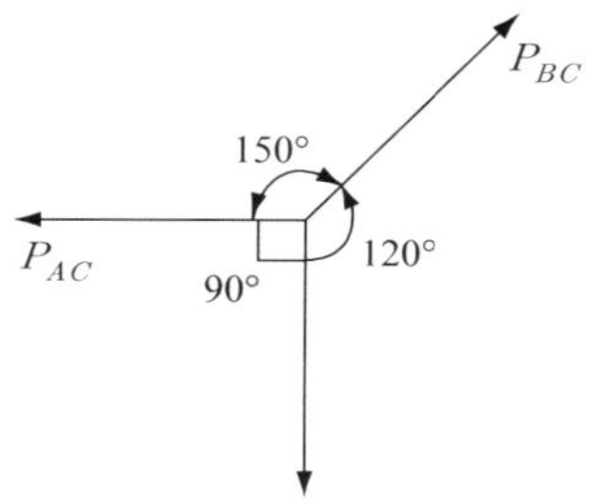

또는

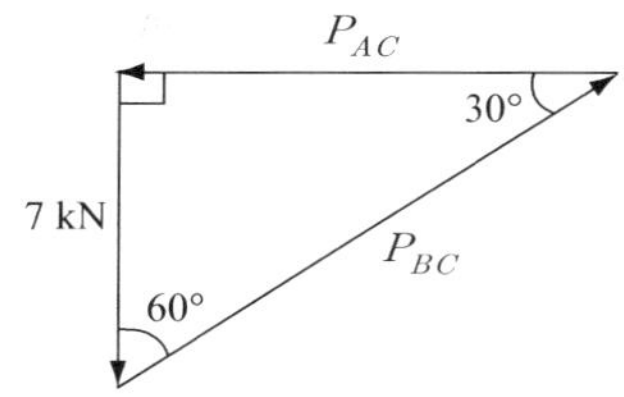

$$\frac{7}{\sin 30°} = \frac{P_{BC}}{\sin 90°} = \frac{P_{AC}}{\sin 60°}$$

$$P_{BC} = \frac{7 \times \sin 90°}{\sin 30°} = \frac{7 \times 1}{0.5} = 14\ \text{kN}$$

$$P_{AC} = \frac{70 \times \sin 60°}{\sin 30°} = 12.12\ \text{kN}$$

1.4 구 조

1.4.1 구조의 명칭과 그 표시법

① 인장재(tension member) : 그림 1.34의 (a)와 같이 축방향으로 부재를 늘어나게 하려는 힘(인장력)을 받는 부재로서 부호는 (+)로 표시한다.

② 압축재(compression member) : 그림 (b)와 같이 축방향으로 부재를 줄어들게 하는 힘을 받는 부재로서 부호는 (−)로 표시한다.

③ 휨부재(bending member) : 그림 (c)와 같이 부재의 축에 수직인 방향으로 하중을 받는 부재를 말한다.

④ 보(beam) : 그림 (d)와 같이 막대기를 몇 개의 지점으로 적당히 받친 구조물을 말한다.

⑤ 라아멘(Rahman) : 그림 (e)와 같이 인장재, 압축재와 휨부재가 고정절점으로 연결된 구조물이다.

⑥ 합성라아멘 : 그림 (f)와 같이 인장재, 압축재와 휨부재가 회전절점과 고정절점으로 연결된 부재를 말한다.

⑦ 트러스(truss) : 그림 (g)와 같이 모든 부재가 압축력과 인장력만을 받으며 모든 절점은 회전절점으로 되어 있다.

⑧ 아치(arch) : 그림 (h)와 같이 부재의 축이 곡선으로 된 구조물을 말한다.

⑨ 슬래브(slab) : 그림 (i)와 같이 평면형의 판으로 되어 있으며 이 판이 힘을 받도록 만든 구조물이다.

⑩ 샤이베(schiebe) : 그림 (j)와 같이 슬래브를 세워서 하중을 받도록 만들어진 구조물을 말한다.

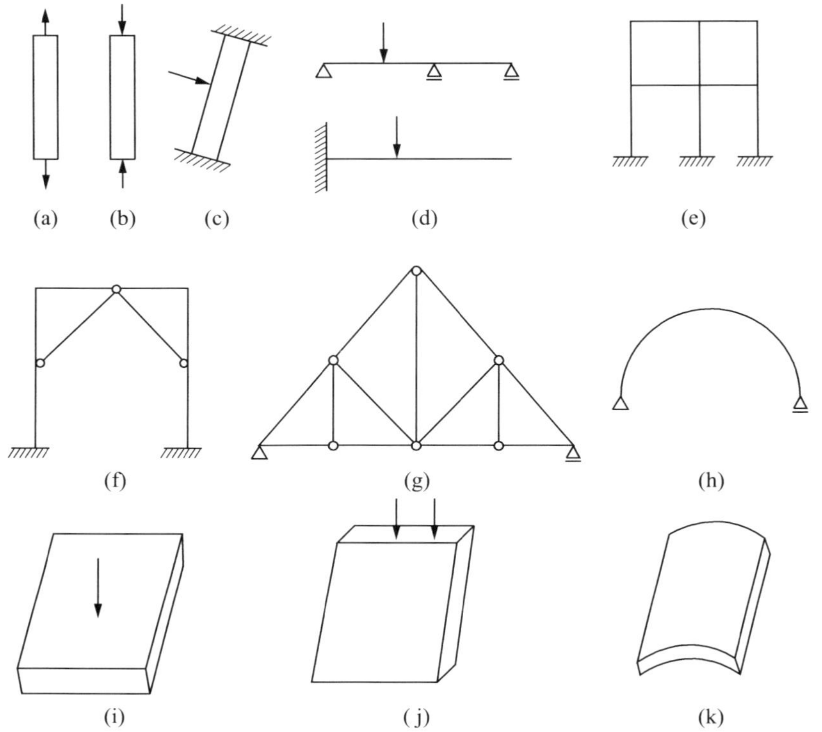

그림 1.34

1.4.2 하 중

구조물에 작용하는 모든 힘을 하중이라 하는데 이의 종류를 들어 보면, 구조물의 자체 중량, 구조물을 통과하는 물체(기차, 자동차 등)의 중량, 사람의 중량, 충격, 풍압, 수압, 토압, 지진력, 적설하중 등이 있으며 충격, 풍력 같은 것도 그 힘에 상당하는 하나의 무게로 환산하여 취급한다. 이처럼 구조물의 자중은 물론 구조물이 받는 힘을 그 힘에 상당한 무게로 환산한 것을 총칭하여 그 구조물의 하중(load)이라 한다.

① 고정하중(fixed load) : 사하중(dead load) 또는 정하중이라고 하며, 구조물을 구성하고 있는 재료의 자중과 같이 항상 일정한 방향에서 일정한 무게로 작용하는 하중이다.

② 이동하중 또는 활하중(live load) : 적재하중 또는 동하중 이라고도 하며 자동차, 기차, 사람 등과 같이 구조물에서 이동하든가 가구, 기계설비 등과 같이 구조물에 실리는

하중이며, 충격하중(impact load)도 이에 속한다. 특히 기차나 자동차 바퀴와 같이 일정한 간격을 두고 이동하는 하중을 연행하중(traveling load)이라고 한다.

③ 풍하중(wind load) : 바람에 의한 압력을 힘으로 환산한 하중을 말한다.

④ 지진하중(seismic load) : 지진에 의하여 구조물이 받는 하중으로 고층건물 등에서는 반드시 고려해야 하며, 특히 지진이 심한 지방에서는 대단히 중요하다.

⑤ 적설하중(snow load) : 구조물에 쌓이는 눈에 의한 하중으로 특히 적설량이 많은 지방에서는 상당한 크기의 하중이 된다.

구조물에 작용하는 하중을 다음과 같이 구별할 수 있다.

그림 1.35의 (a)는 집중하중이며 단위는 N, kN 등으로 나타낸다. 그림 (b)는 등분포하중을 나타내고 단위는 N/mm, kN/m로 나타내고, 그림 (c)는 등변분포하중을, 그림 (d)는 등변분포하중과 등분포하중의 조합이다. 또 그림 (e)는 모멘트하중을 나타낸다. 이 밖에 작용하는 방향에 따라 구별하면 수직하중과 수평하중(그림 a와 f)이 있으며 작용상태에 따라 직접하중과 간접하중(그림 g), 작용위치에 따라서 중심하중과 편심하중 등으로 구별할 수 있으며 작용하는 시간에 의하여 장기하중(사하중 또는 고정하중)과 단기하중(풍하중, 충격, 지진력) 등으로 구분할 수 있다.

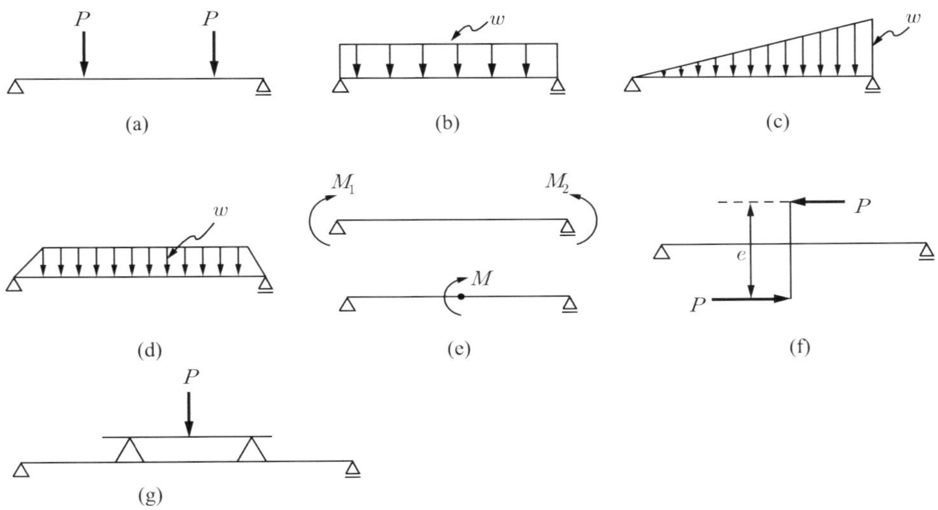

그림 1.35

1.4.3 절점과 지점 및 반력

구조물을 이루고 있는 부재와 부재가 서로 연결되어 있는 곳을 절점(panel point) 또는 지점이라고 하며, 구조물 전체가 기초 또는 지대 등에 연결되어 있는 곳을 지점(support)

이라고 한다.

지점에서는 이동지점(movable support or roller support), 회전지점(hinged support or pin support), 고정지점(fixed support)으로 구별하고 있다.

그림 1.36의 (a)는 이동지점으로 구조물이 수평방향으로 이동할 수도 있고 동시에 회전도 할 수 있으므로 연직방향의 반력 V만이 생긴다. 그림 (b)는 회전지점으로 구조물이 핀(pin)으로 연결되어 있어 어떤 방향으로도 움직일 수 없고, 회전만이 가능하므로 수평반력 H와 수직반력 V가 생긴다. 또 그림 (c)는 고정지점으로 구조물이 완전히 고정되어 있어 이동은 물론 회전도 할 수 없으므로 수평반력, 수직반력 및 회전에 저항하는 모멘트 M이 생긴다.

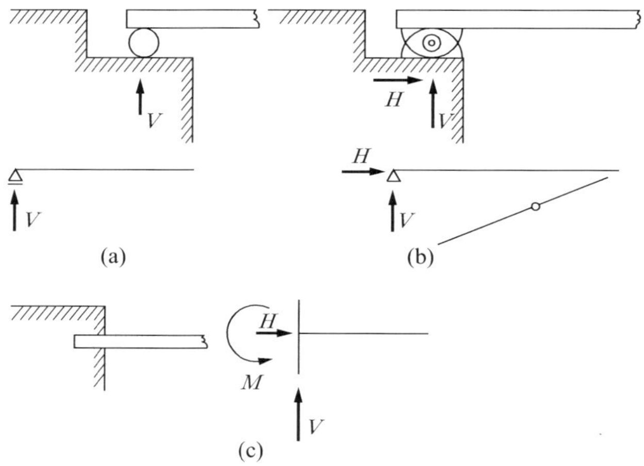

그림 1.36

절점에서는 그림 1.37의 (a)와 같이 회전이 자유로운 활절(hinged joint)과 그림 (b)와 같이 부재가 강결되어 있어 절점이 회전하는 경우에는 그 절점에 모여 있는 각 부재가 동일하게 회전을 일으키는 강절(rigid joint)로 되어 있다. 또 반력(reaction)이란 연결된 두 개의 구조물 중 한 개가 다른 한 개에 힘을 전달할 때 그것이 정지상태를 가지기 위하여 수동적으로 생기는 힘을 말하며, 특히 지점에서 일어나는 반력을 지점반력이라고 한다.

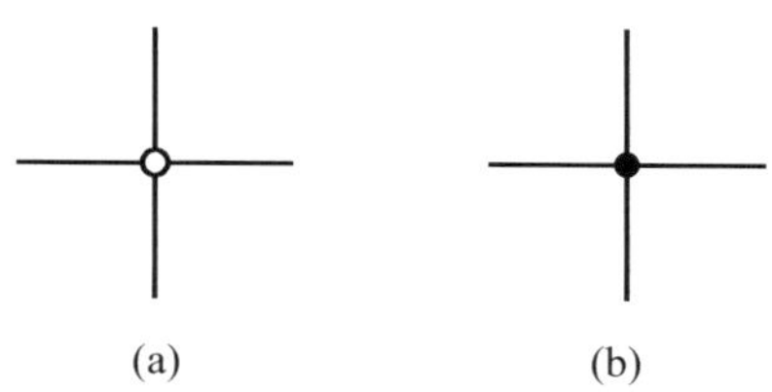

그림 1.37

1.4.4 구조물의 판별

외력을 받는 구조물이 비김상태를 이루면 그 구조물은 안정이라 하고 그렇지 않을 때를 불안정이라 한다. 구조물이 어떤 외력에 대해서도 자체의 형태가 변하지 않는 구조물을 내적안정, 그렇지 않을 때를 내적불안정이라 하며, 외력에 대하여 그 구조물의 위치가 변하지 않는 것을 외적안정, 위치가 옮겨지는 것을 외적불안정이라 한다.

구조물의 지점반력 수를 r이라 할 때
$r < 3$일 때는 필요조건은 못 되지만 외적불안정
$r \geqq 3$일 때는 충분조건은 못 되지만 외적안정이다.

그림 1.38의 (a)는 외적 안정, 내적 불안정, (b)는 외적 안정, 내적 안정, 그림 (c), (d)는 외적불안정, 내적안정이다.

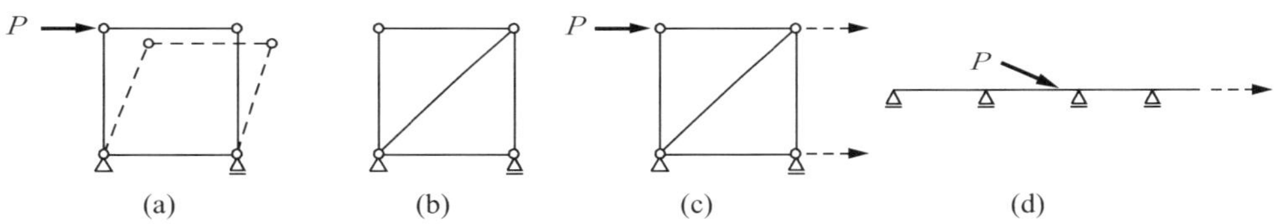

그림 1.38

일반적으로 식 (1.18)의 힘의 평형조건만으로 지점반력, 부재력을 구할 수 있는 구조를 정정(statically determinate)이라 하고, 힘의 평형조건으로 반력, 부재력 등을 구하지 못하는 구조를 부정정(statically indeterminate)이라 한다. 정정 및 부정정 구조는 모두 안정한 구조물에 대하여 쓰는 말이다.

안정된 구조에서 지점반력을 평형조건식만으로 구할 수 있을 때 이 구조를 외적정정(externally statically determinate)이라 하고 그렇지 못한 때를 외적부정정(externally statically indeterminate)이라 한다. 또 부재력을 힘의 평형조건식만으로 구할 수 있는 것을 내적정정(internally statically determinate) 그렇지 못한 것을 내적부정정(internally statically indeterminate)이라 한다.

구조물의 반력과 미지부재력의 수와 평형조건식의 수가 동일할 때는 정정(충분조건은 아니다), 평형조건식의 수가 적을 때는 불안정(필요조건은 못된다), 많을 때는 부정정(충분조건은 아니다)이 된다.

그러면 조건식을 만들어 구조를 판별해 보기로 하자.

지점반력의 수 r
양 끝의 회전절점(활절)으로 이어진 부재수 m_1

한 끝은 회전, 다른 끝은 고정절점으로 이어진 부재수 m_2

양 끝 모두 고정절점으로 이어진 부재수 m_3

라고 하면 미지량의 수는

$$m_1 + 2m_2 + 3m_3 + r \tag{1.19}$$

다음에 이 미지수를 구하기 위한 방정식의 수는 각 절점에서 힘의 평형조건을 생각하여 회전절점에서 두 개, 고정절점에서 세 개를 세울 수 있으므로

회전 절점의 수 p_2

고정 절절의 수 p_3

라고 하면

$$2p_2 + 3p_3 \tag{1.20}$$

라는 방정식을 세울 수 있다. 식 (1.19)와 식 (1.20)에서

$$\begin{aligned} &2p_2 + 3p_3 > m_1 + 2m_2 + 3m_3 + r \quad \text{불안정 (필요조건은 아니다)} \\ &2p_2 + 3p_3 = m_1 + 2m_2 + 3m_3 + r \quad \text{정정 (충분조건은 아니다)} \\ &2p_2 + 3p_3 < m_1 + 2m_2 + 3m_3 + r \quad \text{부정정 (충분조건은 아니다)} \end{aligned} \tag{1.21}$$

식 (1.21)은 보, 트러스, 라아멘 등 모든 구조물에서 공통으로 사용되는 판별식이며 이 식에 $r = 3$을 대입하면 내적안정, 내적불안정을 판별할 수 있다. 또 n을 부정정구조물의 차수라고 하면

$$m_1 + 2m_2 + 2m_3 + r - (2p_2 + 3p_3) = n \tag{1.22}$$

에 의하여 부정정차수를 구한다.

$n < 0$: 불안정

$n > 0$: 부정정

$n = 0$: 안정, 정정 n차 부정정

별법으로 구조물의 총 부재수를 m, 절점수를 p라 하면

$$m_1 + 2m_2 + 3m_3 = m_1 + m_2 + m_3 + m_2 + 2m_3 = m + m_2 + 2m_3$$

$2p_2 + 3p_3 = 2p_2 + 2p_3 + p_3 = 2p + p_3$이므로

$$2p \geq < m + m_2 + 2m_3 + r - p_3 \tag{1.23}$$

으로 되는데 식 (1.23)은 합성라아멘을 판별하는데 편리한 식이다.

Example 1.17 그림 1.39의 부정정구조물의 부정정차수를 구하여라.

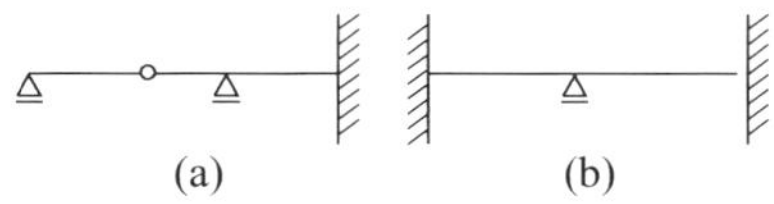

그림 1.39

(a) 1차 부정정

(b) 4차 부정정

Example 1.18 그림 1.40과 같은 합성라아멘을 판별하여라.

$2p = 14,\ m = 8,\ r = 4,\ m_2 = 6,\ 2m_3 = 0,\ p_3 = 3$

이므로 식 (1.23)에 의하여

$\therefore\ 14 < 8 + 6 + 4 - 3$이므로

$2p < m + m_2 + 2m_3 + r - p_3$

: 1차 부정정

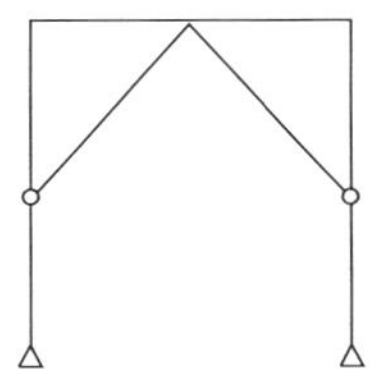

그림 1.40

Example 1.19 그림 1.41의 합성라아멘을 판별하여라.

$2p = 14,\ m = 10,\ r = 3$

식 (1.23)에 의하여

$\therefore\ 14 > 10 + 3$이므로

$2p > m + m_2 + 2m_3 + r - p_3$

: 불안정

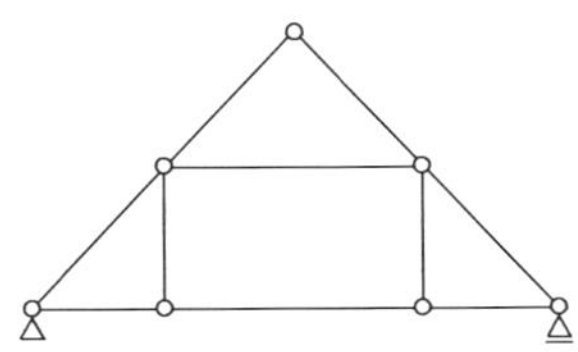

그림 1.41

Example 1.20 그림 1.42와 같은 라아멘의 부정정차수를 구하여라.

$2p = 18,\ m = 10,\ m_2 = 0,\ 2m_3 = 20,\ r = 9,\ p_3 = 9$

$18 < 10 + 0 + 20 + 9 - 9$

$(2p < m + m_2 + 2m_3 + r - p_3)$

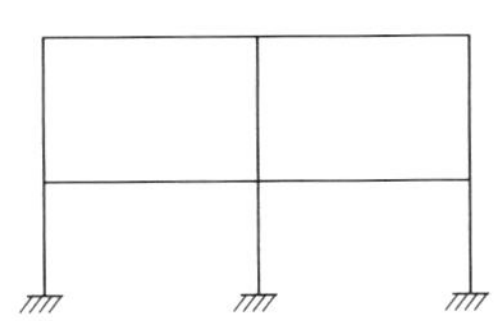

그림 1.42

∴ 12차 부정정

Example 1.21 그림 1.43의 라아멘 구조물을 판별하여라.

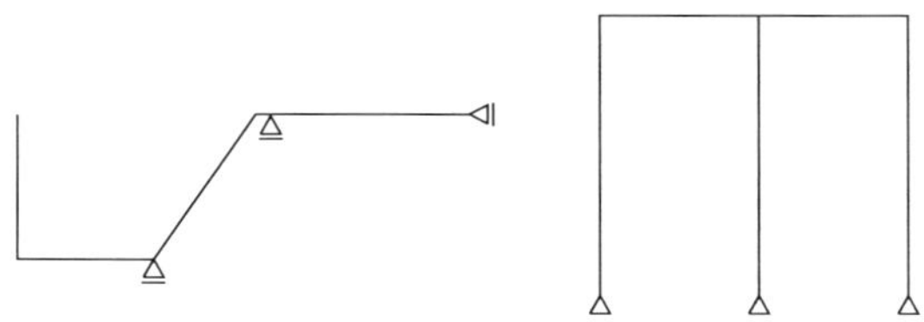

그림 1.43

라아멘에서 지점이 회전 또는 이동지점으로 되어있을 때 식 (1.21)에서 $m_1 = 0$ 이므로

a)에서 $3p_3 = 9,\ 2p_2 = 2,\ 2m_2 = 2,\ 3m_3 = 6,\ r = 3$

$9 + 2 = 2 + 6 + 3$으로 정정구조이다.

b)에서 $3p_3 = 9,\ 2p_2 = 6,\ 2m_2 = 6,\ 3m_3 = 6,\ r = 6$

$9 + 6 < 6 + 6 + 6$이므로 3차 부정정구조이다.

Example 1.22 그림 1.44와 같은 트러스를 판별하여라.

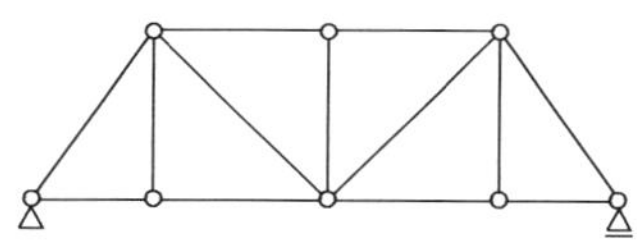

그림 1.44

$2p = 16,\ m = 13,\ m_2 = 0,\ 2m_3 = 0,\ r = 3,\ p_3 = 0$

$16 = 13 + 3\,(2p = m + m_2 + 2m_3 + r - p_3)$이므로 정정구조이다.

PROBLEMS

01. 그림 1.45에서 3개의 힘 P_1, P_2, P_3의 O점에 대한 모멘트를 구하여라.

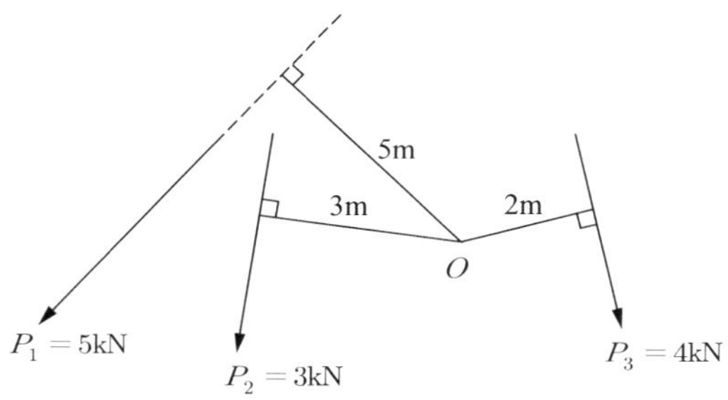

그림 1.45

답 : -26 kN·m

02. 그림 1.46에서 P_1과 P_2의 합력을 구하여라.

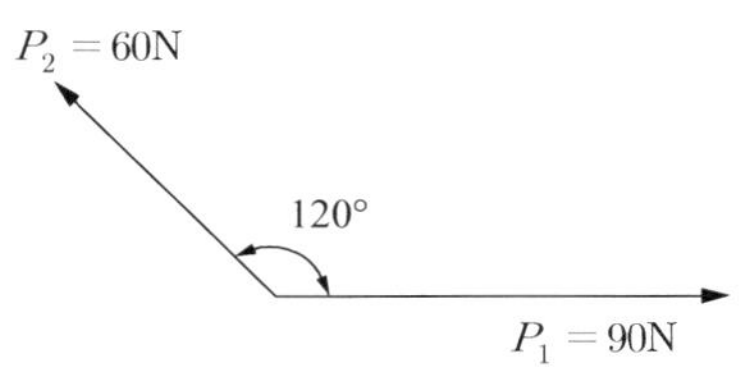

그림 1.46

답 : 79.37 N

03. 그림 1.47에서 평행력의 합력 및 작용점의 위치를 구하여라.

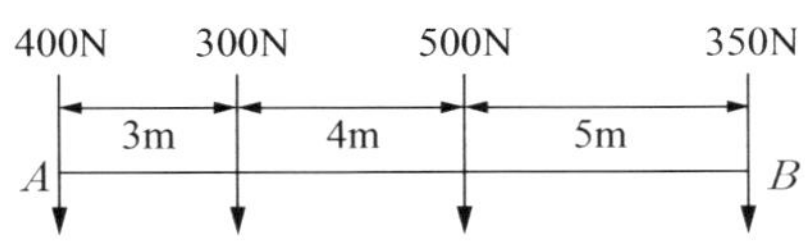

그림 1.47

답 : 1550 N, A로부터 5.55 m

04. 그림 1.48에서 세 개의 힘의 합력을 구하여라.

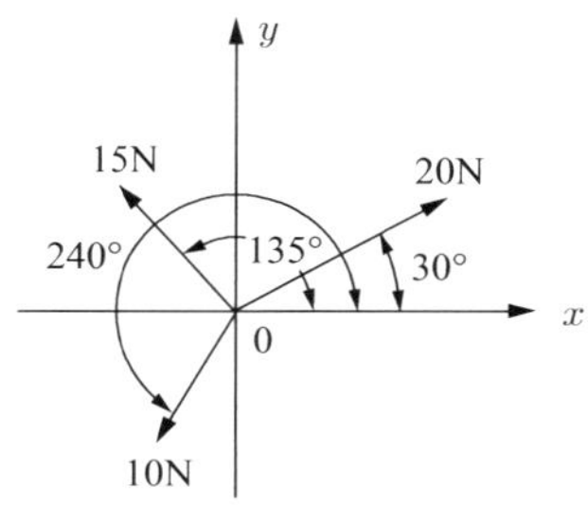

그림 1.48

답 : 12 N, 82°

05. 그림 1.49에서 AC, BC의 작용력을 구하여라.

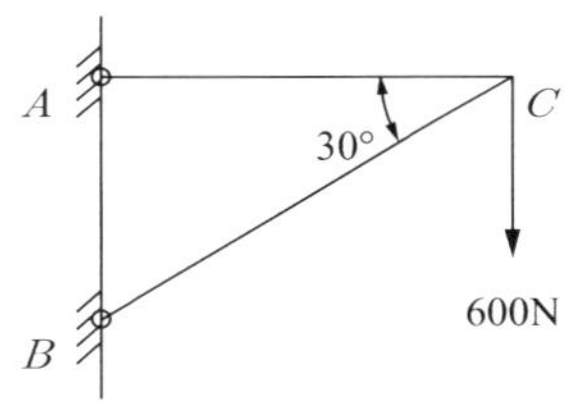

그림 1.49

답 : AC= 1,039 N, BC= $-1,200$ N

06. 그림 1.50과 같은 힘의 합력과 합력의 위치를 구하여라.

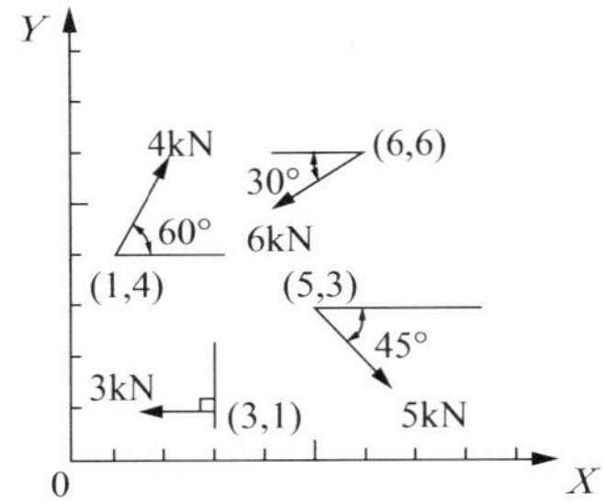

그림 1.50

답 : $R=4\,\text{kN}$, $\alpha \fallingdotseq 230°$, $x_o=10\,\text{m}$, $y_o=6\,\text{m}$

07. 그림 1.51과 같은 콘크리트 기둥을 전도시키는데 최소 몇 kN 이상의 힘을 C점에 작용시켜야 하는가?

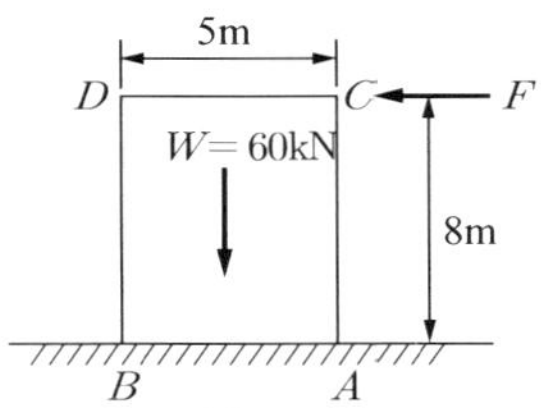

그림 1.51

답 : 18.75 kN

08. 그림 1.52와 같이 로프 끝에 10 kN의 물체를 매달아 연직방향과 30°의 각을 이루도록 하자면 몇 N의 수평력이 필요하며, 이때 로프에 작용하는 장력 T는 얼마인가?

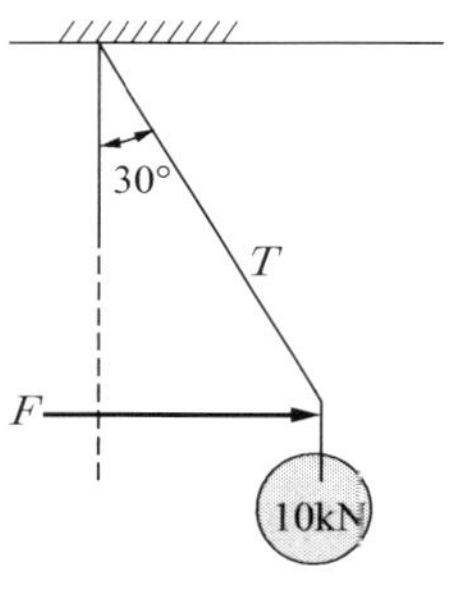

그림 1.52

답 : F=5.77 kN, T=11.55 kN

09. 그림 1.53의 (a), (b)와 같은 합성라아멘을 판별하여라.

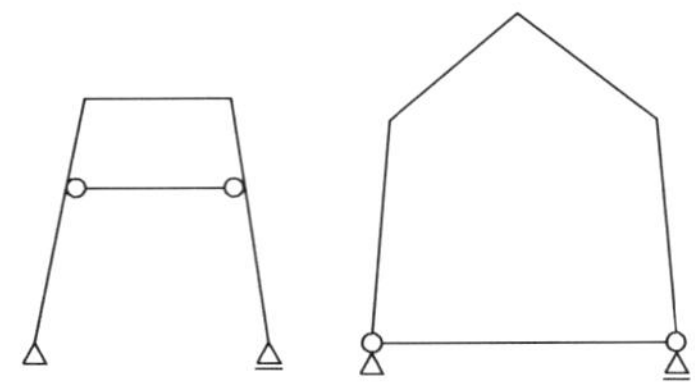

그림 1.53

답 : (a) 1차 부정정 (b) 1차 부정정

10. 그림 1.54에서 AB 및 BC의 장력을 구하여라.

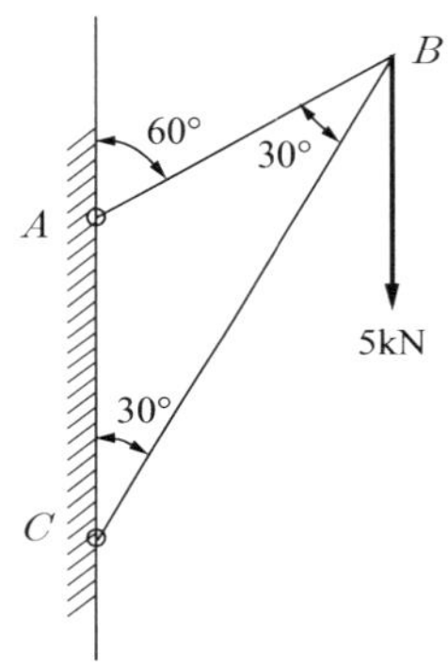

그림 1.54

답 : $AB=5\,\text{kN}$(인장), $BC=8.66\,\text{kN}$(압축)

CHAPTER 2 단면의 성질

2.1 단면 1차 모멘트와 도심

2.1.1 단면 1차 모멘트

그림 2.1에서 면적이 A인 임의의 단면 내의 미소면적을 dA라 하고, 직교좌표에서 x축 및 y 축으로부터 dA까지의 거리를 x, y라 할 때 $y\,dA$ 및 $x\,dA$를 전단면적에 대하여 적분한 것을 단면 1차 모멘트(geometrical moment of area)라 한다.

지금 x, y축에 관한 단면 1차 모멘트를 G_x, G_y라 하면

$$G_x = \int_A y\,dA \qquad G_y = \int_A x\,dA \tag{2.1}$$

이다. 단면 1차 모멘트는 면적과 거리를 곱한 것으로 단위는 cm^3, m^3 등이다.

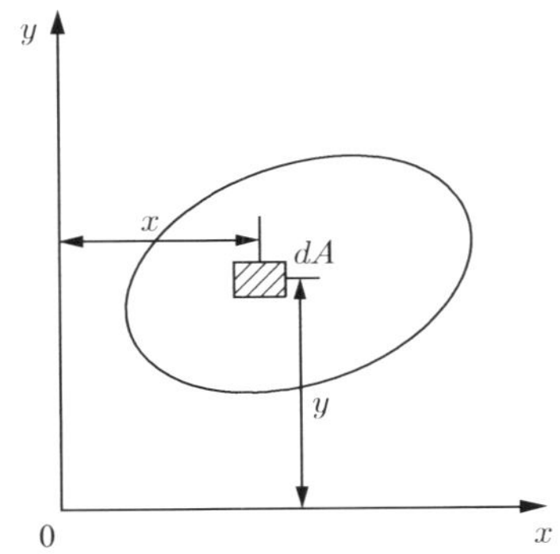

그림 2.1

Example 2.1 그림 2.2에서 폭 b, 높이 h인 직사각형 단면의 x, y축에 대한 단면 1차 모멘트를 구하여라.

x축에 대한 단면 1차 모멘트 G_x는

$$G_x = \int_{h_1}^{h_2} y\,dA = \int_{h_1}^{h_2} y\,b\,dy = b\left[\frac{y^2}{2}\right]_{h_1}^{h_2} = b\,\frac{h_2^2 - h_1^2}{2}$$

$$= b\,\frac{(h_2 - h_1)(h_2 + h_1)}{2} = \frac{bh(h_2 + h_1)}{2}$$

y축에 대한 단면 1차 모멘트 G_y는

$$G_y = \int_{b_1}^{b_2} x\,dA = \int_{b_1}^{b_2} x\,h\,dx = h\left[\frac{x^2}{2}\right]_{b_1}^{b_2} = h\,\frac{b_2^2 - b_1^2}{2} = \frac{bh(b_2 + b_1)}{2}$$

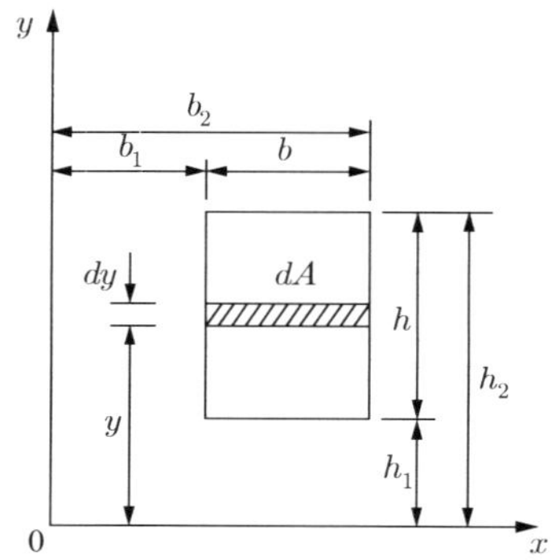

그림 2.2

Example 2.2 그림 2.3에서 폭 b, 높이 h인 삼각형 단면의 x축에 대한 단면 1차 모멘트를 구하여라.

x축에 대한 단면 1차 모멘트 G_x는

$$x = b\,\frac{h-y}{h}$$

$$dA = x\,dy = \frac{(h-y)b}{h}\,dy$$

$$G_x = \int_A y\,dA = \int_0^h y\frac{(h-y)b}{h}dy$$

$$= \int_0^h b\left(y - \frac{y^2}{h}\right)dy$$

$$= b\left(\left[\frac{y^2}{2}\right]_0^h - \left[\frac{y^3}{3h}\right]_0^h\right) = b\left(\frac{h^2}{2} - \frac{h^2}{3}\right) = \frac{bh^2}{6}$$

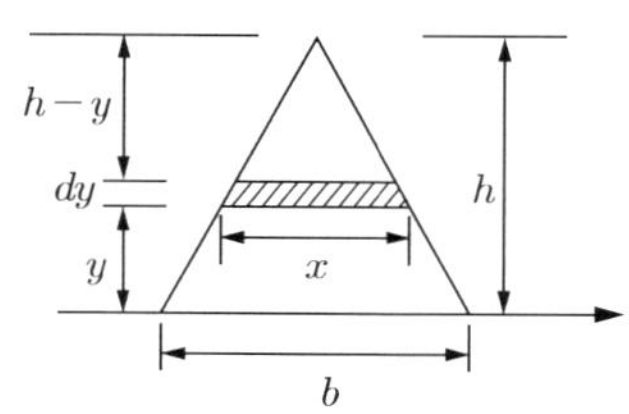

그림 2.3

Example 2.3 그림 2.4에서 반지름 d인 원의 x축에 대한 단면 1차 모멘트 G_x를 구하여라.

미소면적 $dA = z\,dy$, $z = 2\sqrt{d^2 - y^2}$

$$G_x = \int_A y\,dA = \int_A y\,z\,dy$$

$$= 2\int_{d_1}^{d} y\,(d^2 - y^2)^{\frac{1}{2}}\,dy$$

$d^2 - y^2 = F$로 놓으면 $dF = -2y\,dy$로 되고 적분 한계 $d_1 \rightarrow d$는 $(d^2 - d_1^2) \rightarrow 0$으로 되므로

$$G_x = -\int_{d^2-d_1^2}^{0} F^{\frac{1}{2}}\,dF$$

$$= -\left[\frac{F^{\frac{3}{2}}}{\frac{3}{2}}\right]_{d^2-d_1^2}^{0} = \frac{2}{3}(d^2 - d_1^2)^{\frac{3}{2}}$$

만일 반원이면 $d_1 = 0$이므로 $G_x = \frac{2}{3}d^3$으로 된다.

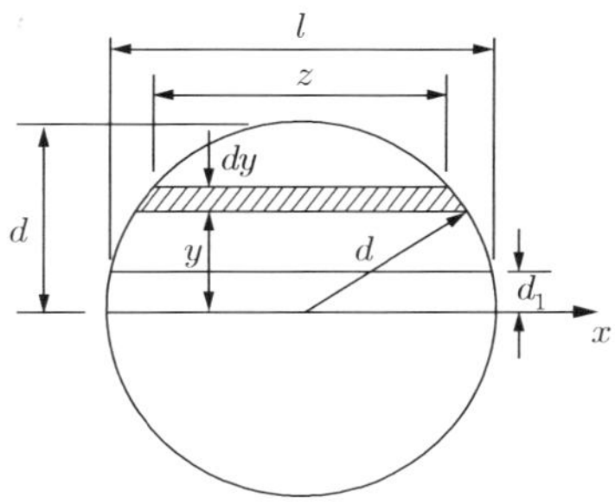

그림 2.4

그림 2.5에서 단면적이 A인 도형의 도심 G의 좌표$(\bar{x},\ \bar{y})$를 알 때는 이 도형의 단면 1차 모멘트 G_x, G_y는 다음 식으로 구해진다.

$$G_x = A\,\bar{y}$$

$$G_y = A\,\bar{x} \tag{2.2}$$

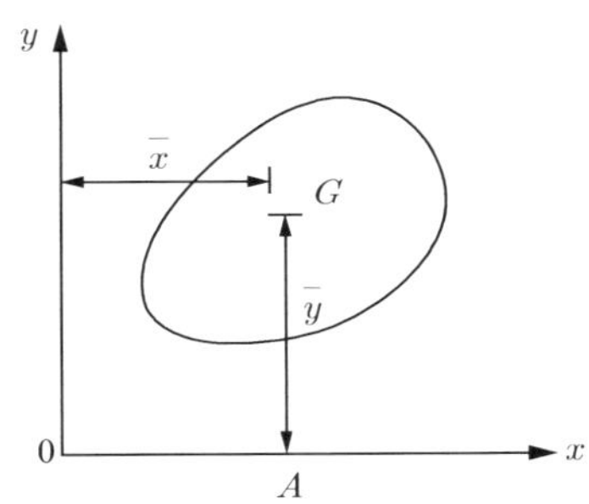

그림 2.5

그런데 그림 2.6(a)에서 x축에 대한 단면 1차 모멘트와 그림 (b)에서 y축에 대한 단면 1차 모멘트 G_x 및 G_y는

$$G_x = A_1\,\overline{y_1} - A_2\,\overline{y_2}$$

$$G_y = A_1\,\overline{x_1} - A_2\,\overline{x_2}$$

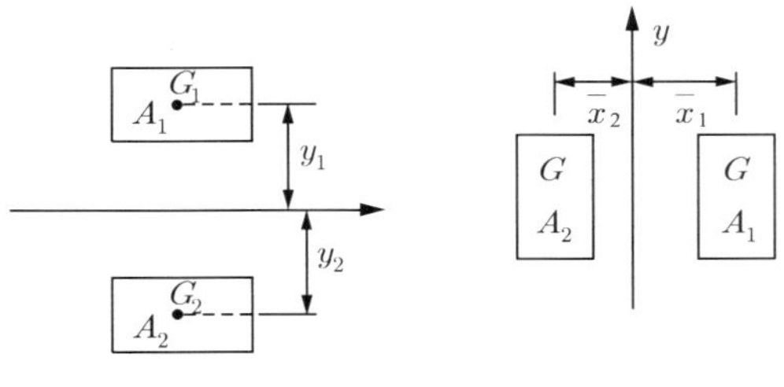

그림 2.6

로 되는데, 이 경우 부호는 모멘트에서와 같이 (+), (−)의 부호를 갖는다. 또 속이 비어 있는 도형의 단면 1차 모멘트는 다음과 같이 구한다. 그림 2.7에서 A_1은 전체의 단면적이고 A는 속이 비어있는 부분의 단면적이며, y_1, y_2는 x축에서 각 단면의 도심까지의 거리이다.

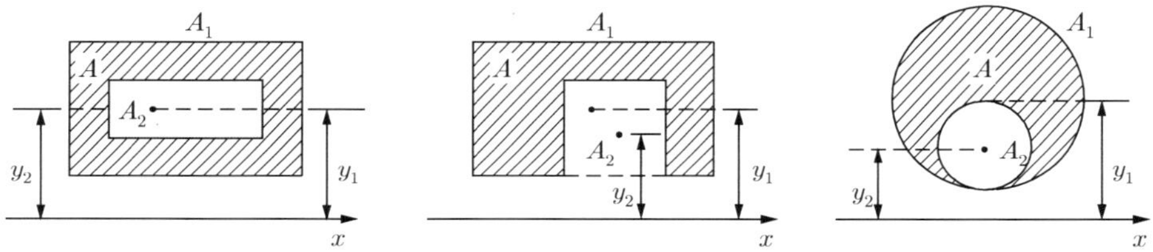

$G_x = A_1 y_1 - A_2 y_2$

그림 2.7

그림 2.8에서와 같이 단면적 A인 도형에서 원점이 O'인 직교축 X, Y에 대한 단면 1차 모멘트를 G_X, G_Y라 하고 점 O에 평행 이동한 직교축 x, y축에 대한 단면 1차 모멘트를 G_x, G_y라 할 때 이들 상호간의 관계식은 다음과 같다.

$y = Y + y_0$, $x = X + x_0$이므로

$$G_x = \int_A y\, dA = \int_A (Y + y_0)\, dA$$

$$= \int_A Y\, dA + y_0 \int_A dA$$

$$= G_X + y_0 A$$

$$G_y = G_Y + x_0 A \qquad (2.3)$$

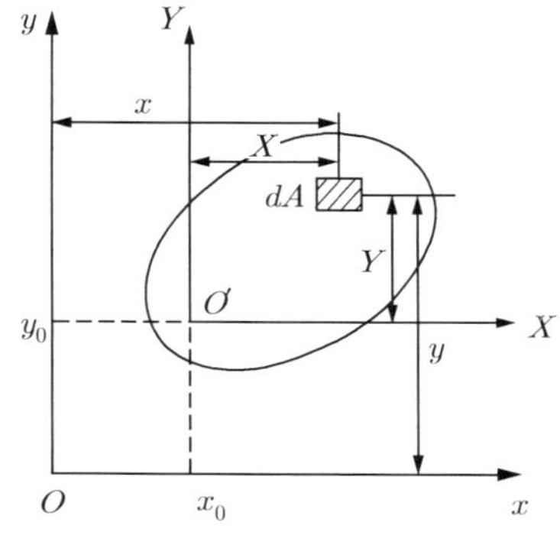

그림 2.8

Example 2.4 그림 2.9의 I형 단면의 단면적이 56 cm^{2}이고 x축의 단면 1차 모멘트는 336 cm^{3}이다. x'축에 대한 단면 1차 모멘트를 구하여라.

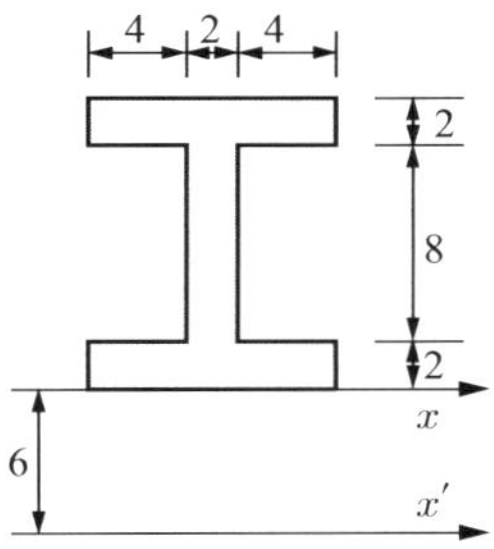

그림 2.9 (단위 cm)

x'축에 대한 단면 1차 모멘트를 G_x'라 하면 식 (2.3)으로부터

$$G_x' = G_x + y_0 A = 336 + 6 \times 56 = 672 \text{ cm}^3$$

Example 2.5 그림에서 각축에 대한 단면 1차 모멘트 G_x, G_u, G_z를 구하여라.

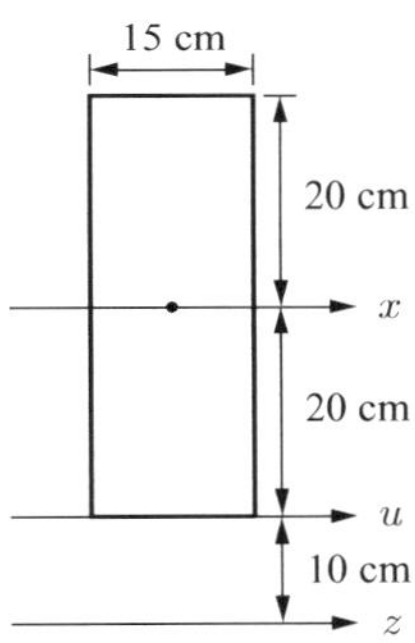

그림 2.10

$$G = A \cdot y_0$$

$$G_u = 15 \times 40 \times 20 = 12{,}000 \text{ cm}^3$$

$$G_z = 15 \times 40 \times 30 = 18{,}000 \text{ cm}^3$$

$$G_x = 0$$

Example 2.6 그림과 같은 단면의 x축에 대한 G_x는 얼마인가?

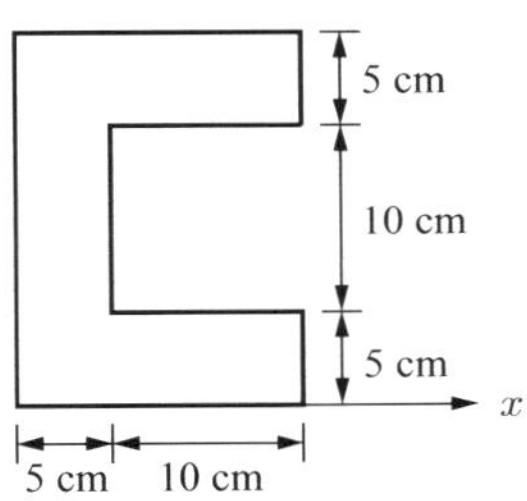

그림 2.11

$$G_x = 15 \times 20 \times 10 - 10 \times 10 \times 10$$

$$= 2{,}000 \text{ cm}^3$$

Example 2.7 그림 2.12와 같은 단면형태의 x축, y축에 관한 단면 1차 모멘트 G_x, G_y를 구하여라.

단면적 $A_1 = 20 \times 10 = 200\ \text{cm}^2$, $A_2 = 10 \times 10 = 100\ \text{cm}^2$

x축으로부터 A_1, A_2의 중심까지의 거리 $y_1 = 15\ \text{cm}$, $y_2 = 5\ \text{cm}$

y축으로부터 A_1, A_2의 중심까지의 거리 $x_1 = 10\ \text{cm}$, $x_2 = 15\ \text{cm}$

x, y축에 관한 단면 1차 모멘트 G_x, G_y는

$G_x = A_1 y_1 + A_2 y_2 = 200 \times 15 + 100 \times 5 = 3{,}500\ \text{cm}^3$

$G_y = A_1 x_1 + A_2 x_2 = 200 \times 10 + 100 \times 15 = 3{,}500\ \text{cm}^3$

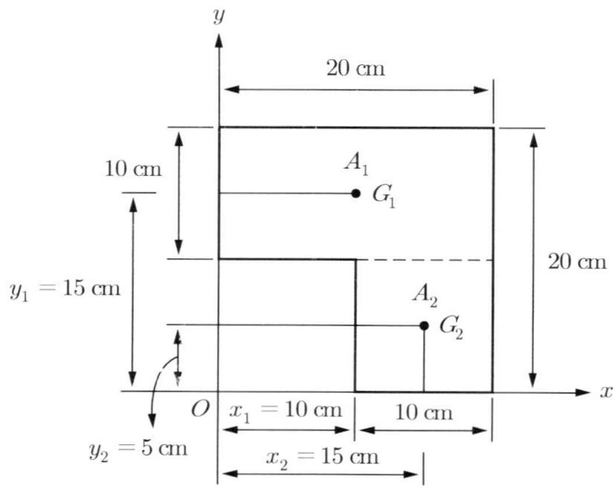

그림 2.12

2.1.2 도심

어느 도형의 한 점을 지나는 직교좌표에 대한 단면 1차 모멘트가 0일 때 이 점을 그 도형의 도심이라 한다. 그림 2.8이 그림 2.13과 같이 O'점이 도형의 도심 G에 옮겨졌을 때는 식 (2.3)에서 $G_X = 0$, $G_Y = 0$으로 되므로 x, y축으로부터 도심까지의 거리 $\overline{x}$, $\overline{y}$는

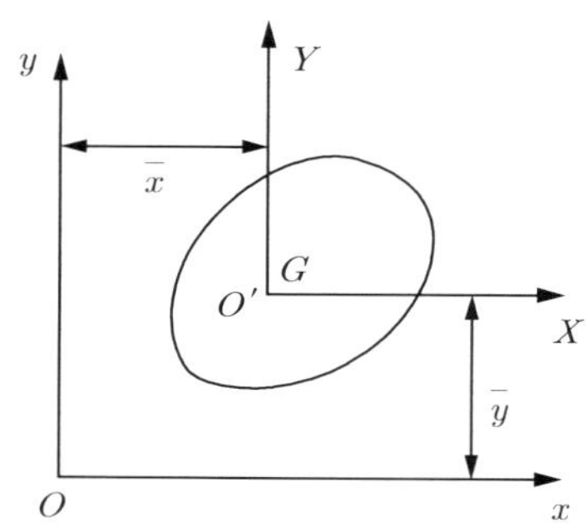

그림 2.13

$$\overline{x} = \frac{G_y}{A}$$

$$\overline{y} = \frac{G_x}{A} \qquad (2.4)$$

단면적이 A_1, A_2, $\cdots$인 많은 도형이 모여 하나의 도형을 이루고 있을 때 이 도형의 좌

표축 x, y에 대한 도심의 위치($\bar{x}$, $\bar{y}$)는 다음 식으로 구해진다.

$$\bar{x} = \frac{A_1x_1 + A_2x_2 + \cdots + A_nx_n}{A_1 + A_2 + A_3 + \cdots + A_n} = \frac{\sum A \cdot x}{\sum A}$$

$$\bar{y} = \frac{A_1y_1 + A_2y_2 + \cdots + A_ny_n}{A_1 + A_2 + A_3 + \cdots + A_n} = \frac{\sum A \cdot y}{\sum A} \tag{2.5}$$

여기서 (x_1, y_1), (x_2, y_2), $\cdots$, (x_n, y_n)는 각 도형의 도심의 좌표이다.

Example 2.8 그림 2.14에서 사다리꼴의 밑변 BC로부터 도심 G까지의 거리 $\bar{y}$를 구하여라.

BC축에 대한 단면 1차 모멘트를 G_x라 하면

$$G_x = \frac{bh}{2} \cdot \frac{2h}{3} + \frac{a \cdot h}{2} \cdot \frac{h}{3} = \frac{h^2(a+2b)}{6}$$

도심까지의 거리 $\bar{y}$는

$$\bar{y} = \frac{G_x}{A} = \frac{\frac{h^2}{6}(a+2b)}{\frac{a+b}{2} \cdot h} = \frac{h}{3} \cdot \frac{a+2b}{a+b}$$

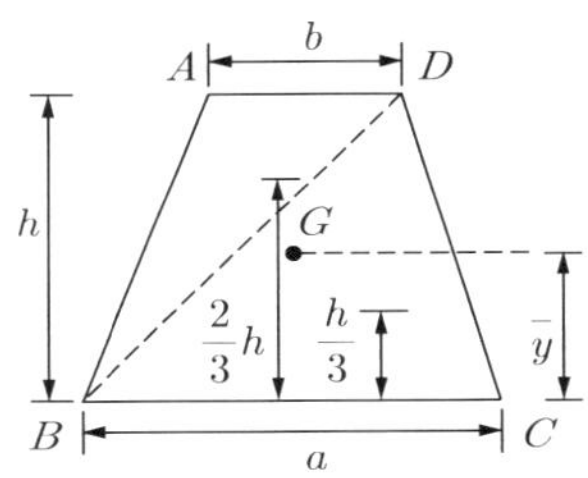

그림 2.14

$$\text{혹은 } \bar{y} = \frac{G_x}{A} = \frac{\sum A \cdot y}{\sum A} = \frac{\frac{1}{2}ah \cdot \frac{h}{3} + \frac{1}{2}bh \cdot \frac{2h}{3}}{\frac{1}{2}ah + \frac{1}{2}bh} = \frac{h}{3} \cdot \frac{a+2b}{a+b}$$

Example 2.9 그림 2.15에서 x축으로부터 빗금 부분의 도형에 대한 도심까지의 거리 $\bar{y}$를 구하여라.

도형 전체의 단면적 : A_1

빗금친 부분의 단면적 : A

빗금이 없는 부분의 단면적 : A_2라 하고

각각의 단면 1차 모멘트를 G_{x1}, G_x, G_{x2}라 하면

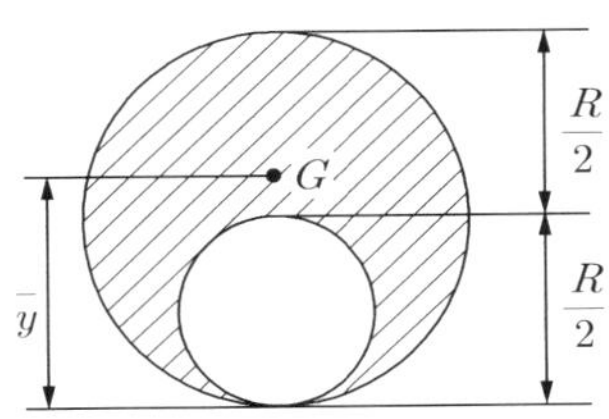

그림 2.15

$$G_{x1} = A_1\, y_1 = \frac{\pi R^2}{4} \cdot \frac{R}{2} = \frac{\pi R^3}{8}$$

$$G_{x2} = A_2\, y_2 = \frac{\pi\left(\frac{R}{2}\right)^2}{4} \cdot \frac{R}{4} = \frac{\pi R^3}{64}$$

$$G_x = G_{x1} - G_{x2} = \frac{7\pi R^3}{64}$$

$$A = A_1 - A_2 = \frac{3\pi R^2}{16}$$

$$\therefore \ \bar{y} = \frac{G_x}{A} = \frac{\dfrac{7\pi R^3}{64}}{\dfrac{3\pi R^2}{16}} = \frac{7}{12}R$$

Example 2.10 그림 2.16에서 포물선 도형의 면적 A_1부분과 A_2부분의 도심 $G_1(\bar{x}_1,\ \bar{y}_1)$, $G_2(\bar{x}_2,\ \bar{y}_2)$를 구하여라.

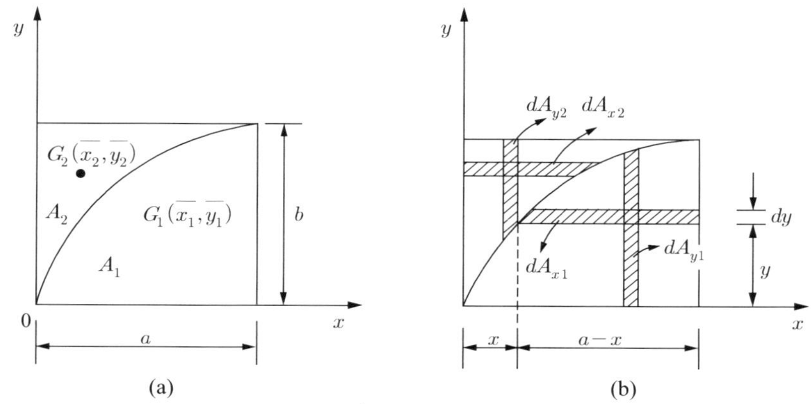

그림 2.16

포물선의 식을 일반적으로 $y^2 = \alpha x$라 하면 $x = a$일 때 $y = b$이므로 $b^2 = \alpha a$

따라서 $\alpha = \dfrac{b^2}{a}$이며 $y^2 = \dfrac{b^2}{a}x$이다.

도심 $G_1(\bar{x}_1,\ \bar{y}_1)$의 위치를 구하면

$$G_{x1} = \int y\, dAx_1 = \int_0^b y(a-x)dy = \int_0^b a\left(1 - \frac{y^2}{b^2}\right) y\, dy = \frac{1}{4}ab^2$$

$$G_{y1} = \int x\, dAy_1 = \int_0^a x\, y\, dx = \int_0^a \frac{b}{\sqrt{a}} x^{\frac{3}{2}} dx = \frac{2}{5}a^2 b$$

$$A_1 = \int_0^a y\, dx = \int_0^a \frac{b}{\sqrt{a}} x^{\frac{1}{2}} dx = \frac{2}{3}ab$$

$$\bar{x}_1 = \frac{G_{y1}}{A_1} = \frac{\dfrac{2}{5}a^2 b}{\dfrac{2}{3}ab} = \frac{3}{5} \cdot a$$

$$\bar{y}_1 = \frac{G_{x1}}{A_1} = \frac{\dfrac{1}{4}ab^2}{\dfrac{2}{3}ab} = \frac{3}{8} \cdot b$$

도심 $G_2(\bar{x}_2,\ \bar{y}_2)$의 위치를 구하면

$$G_{x2} = \int y\, dA x_2 = \int_0^b y\, x\, dy = \int_0^b \frac{a}{b^2}\, y^3\, dy = \frac{1}{4}ab^2$$

$$G_{y2} = \int x\, dA y_2 = \int_0^a x\,(b-y)\, dx = \int_0^a b\left(1-\frac{\sqrt{x}}{\sqrt{a}}\right)x\, dx = \frac{1}{10}a^2 b$$

$$A_2 = ab - A_1 = ab - \frac{2ab}{3} = \frac{ab}{3}$$

$$\bar{x}_2 = \frac{G_{y2}}{A_2} = \frac{\frac{1}{10}a^2 b}{\frac{1}{3}ab} = \frac{3}{10}\cdot a$$

$$\bar{y}_2 = \frac{G_{x2}}{A_2} = \frac{\frac{1}{4}ab^2}{\frac{1}{3}ab} = \frac{3}{4}\cdot b$$

Example 2.11 그림 2.17과 같은 도형의 도심 $G(x_0,\ y_0)$를 구하여라.

x축으로부터 A_1, A_2의 중심까지의 거리

y_1, y_2는 $y_1 = 15$ cm, $y_2 = 5$ cm

y축으로부터 A_1, A_2의 중심까지의 거리

x_1, x_2는 $x_1 = 10$ cm, $x_2 = 15$ cm

x축, y축에 관한 단면 1차 모멘트는

$$G_x = A_1 y_1 + A_2 y_2 = 200\times 15 + 100\times 5 = 3{,}500\ \text{cm}^3$$

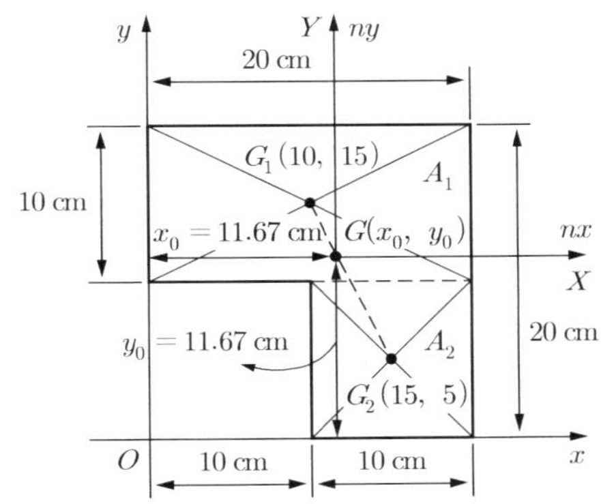

그림 2.17

$$G_y = A_1 x_1 + A_2 x_2 = 200\times 10 + 100\times 15 = 3{,}500\ \text{cm}^3$$

도심 $G(x_0,\ y_0)$는 식 (2.4)로부터,

$$\bar{x} = \frac{G_y}{A} = \frac{Q_{y_1} + Q_{y_2}}{A_1 + A_2} = \frac{3{,}500}{300} = 11.7 \text{ cm}$$

$$\bar{y} = \frac{G_x}{A} = \frac{Q_{x_1} + Q_{x_2}}{A_1 + A_2} = \frac{3{,}500}{300} = 11.7 \text{ cm}$$

Example 2.12 그림 2.18의 단면도심 $G(\bar{x}, \bar{y})$를 구하여라.

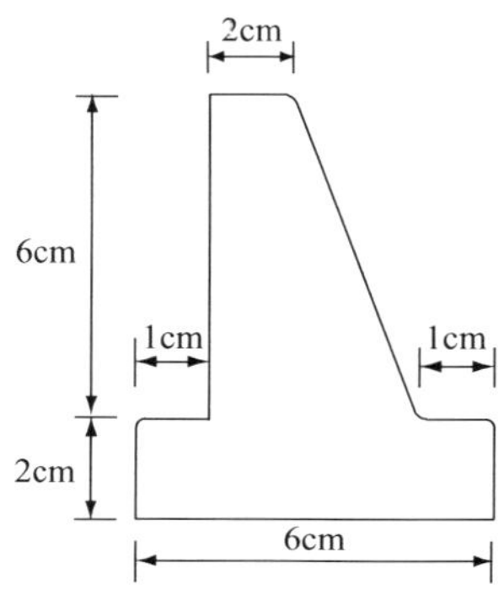

그림 2.18

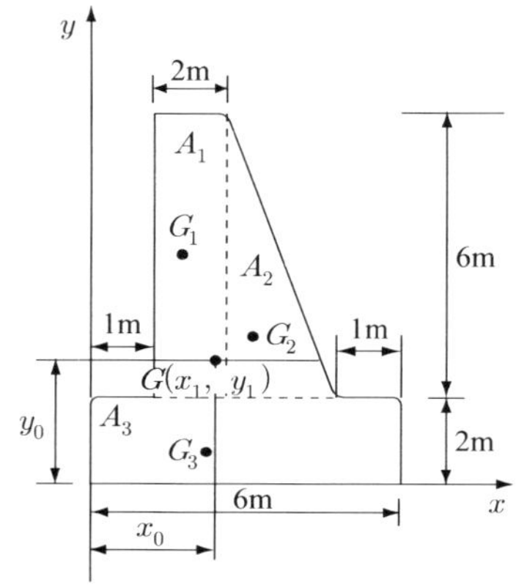

구분	(m×m)	면적 $A_i(\mathrm{m}^2)$	x축으로부터 각각 도형의 도심까지의 거리	y축에서부터 각각 도형의 도심까지의 거리 $x_i(\mathrm{m})$	$y_iA_i(\mathrm{m}^3)$	$x_iy_i(\mathrm{m}^3)$
A_1	2×6	12	5	2	60	24
A_2	6×2×0.5	6	4	11/3	24	22
A_3	6×2	12	1	3	12	36
합계		$A = 30$			96	82

도심축까지의 거리 $\bar{y}$는, 식 (2.4)로부터, $x_iy_i\,(\mathrm{m}^3)$

$$\bar{x} = \frac{\Sigma x_i A_i}{\Sigma A} = \frac{82}{30} = 2.73 \text{ m}$$

$$\bar{y} = \frac{\Sigma y_i A_i}{\Sigma A} = \frac{96}{30} = 3.20 \text{ m}$$

즉, 도심은 $G(2.73,\ 3.20)$로 된다.

2.2 단면 2차 모멘트, 단면 2차 반경 및 단면계수

2.2.1 단면 2차 모멘트

그림 2.1에서 미소면적 dA와 x, y축에서 이 미소면적에 이르는 거리를 y, x라 할 때 $y^2\,dA$, $x^2\,dA$를 총 단면적에 대하여 적분한 것을 단면 2차 모멘트 또는 관성 모멘트(moment of inertia)라 한다.

지금 x, y축에 대한 단면 2차 모멘트를 각각 I_x, I_y라 하면

$$I_x = \int_A y^2\,dA$$
$$I_y = \int_A x^2\,dA \tag{2.6}$$

단면 2차 모멘트는 길이의 제곱과 면적의 곱으로 나타내므로 단위는 cm^4, m^4 등이다.

Example 2.13 그림 2.19에서 직사각형 단면의 도심을 지나는 x, y축에 대한 단면 2차 모멘트를 구하여라.

x축에 대한 단면 2차 모멘트 I_x는 미소면적 $dA = b\,dy$이므로

$$I_x = \int_A y^2 dA = \int_{-\frac{h}{2}}^{\frac{h}{2}} y^2\, b\, dy = b\left[\frac{y^3}{3}\right]_{-\frac{h}{2}}^{\frac{h}{2}} = b\left[\frac{\left(\frac{h}{2}\right)^3}{3} - \frac{\left(-\frac{h}{2}\right)^3}{3}\right] = b\left(\frac{h^3}{24}+\frac{h^3}{24}\right) = \frac{bh^3}{12}$$

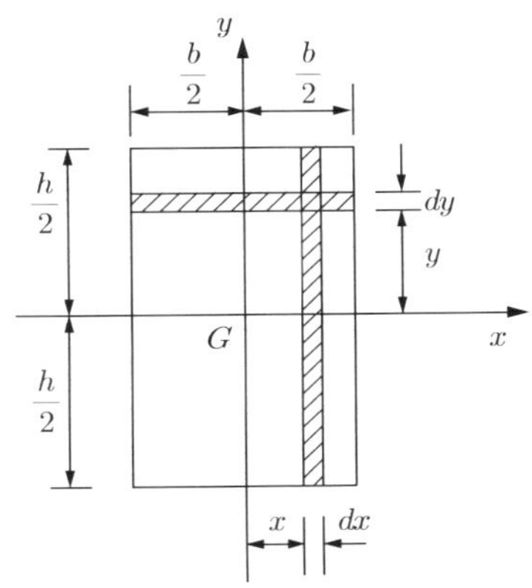

그림 2.19

y축에 대한 단면 2차 모멘트 I_y는 미소면적 $dA = h\,dx$이므로

$$I_y = \int_A x^2\,dA = \int_{-\frac{b}{2}}^{\frac{b}{2}} x^2\, h\, dx$$

$$= h\left[\frac{x^3}{3}\right]_{-\frac{b}{2}}^{\frac{b}{2}} = \frac{hb^3}{12}$$

Example 2.14 예제 2.2의 그림 2.3에서 삼각형 단면의 밑변을 지나는 x축에 대한 단면 2차 모멘트를 구하여라.

$$dA = \frac{(h-y)\,b}{h}\,dy$$

x축에 대한 단면 2차 모멘트 I_x는

$$I_x = \int y^2\,dA = \int_0^h y^2\left(\frac{h-y}{h}\,b\,dy\right) = \frac{b}{h}\int_0^h (hy^2 - y^3)\,dy$$

$$= \frac{b}{h}\left[\frac{hy^3}{3} - \frac{y^4}{4}\right]_0^h = \frac{b}{h}\left(\frac{h^4}{3} - \frac{h^4}{4}\right) = \frac{bh^3}{12}$$

Example 2.15 그림 2.20에서 반지름 r인 원형 단면의 도심을 지나는 축에 대한 단면 2차 모멘트를 구하여라.

$dA = 2\sqrt{r^2-y^2}\,dy$인 원의 도심을 지나는 x축에 대한 단면 2차 모멘트 I_x는

$$I_x = \int y^2\,dA = 4\int_0^r y^2\sqrt{r^2-y^2}\,dy$$

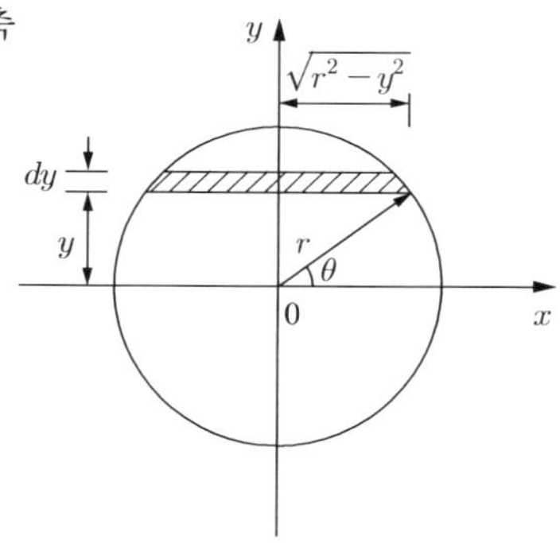

그림 2.20

여기서 $y = r\sin\theta,\ 0 \leqq \theta \leqq \frac{\pi}{2}$이고

$$\sqrt{r^2-y^2} = \sqrt{r^2 - r^2\sin^2\theta} = r\cos\theta$$

$\frac{dy}{d\theta} = r\cos\theta$이므로

$$I_x = 4\int_0^{\frac{\pi}{2}} r^2\sin^2\theta\ r\cos\theta\ r\cos\theta\ d\theta$$

$$= 4r^4\int_0^{\frac{\pi}{2}} \sin^2\theta\,\cos^2\theta\,d\theta$$

$$= 4r^4\int_0^{\frac{\pi}{2}} 4\cdot\frac{\sin^2\theta\,\cos^2\theta}{4}\,d\theta$$

$$= r^4\int_0^{\frac{\pi}{2}} \sin^2 2\theta\,d\theta = r^4\int_0^{\frac{\pi}{2}} \frac{1-\cos 4\theta}{2}\,d\theta$$

$$= \frac{r^4}{2}\left[\theta - \frac{\sin 4\theta}{4}\right]_0^{\frac{\pi}{2}}$$

$\theta = \dfrac{\pi}{2}$일 때 $\sin 4\theta = \sin(2\pi) = 0$

따라서 $I_x = \dfrac{r^4}{2}\left(\dfrac{\pi}{2}\right) = \dfrac{\pi r^4}{4}$

$I_x = \dfrac{\pi r^4}{4} = \dfrac{\pi D^4}{64}$

그림 2.8에서와 같이 임의의 직교축 X, Y에 대한 단면 2차 모멘트를 I_X, I_Y라 하고 $(x_0,\ y_0)$에 평행 이동한 직교축 x, y에 대한 단면 2차 모멘트를 I_x, I_y라 할 때 이들 상호간의 관계식은 다음과 같다.

$$I_x = \int_A y^2\,dA = \int_A (Y + y_0)^2\,dA = \int_A Y^2\,dA + 2y_0\int_A Y dA + y_0^2\int_A dA$$
$$= I_X + 2y_0\,G_X + y_0^2\,A$$
$$I_y = I_Y + 2x_0\,G_y + x_0^2\,A \tag{2.7}$$

특히 좌표축 X, Y가 단면의 도심과 일치하는 경우는 $G_X = G_Y = 0$이므로 식 (2.7)은 다음과 같다.

$$I_x = I_X + y_0^2\,A$$
$$I_y = I_Y + x_0^2\,A \tag{2.8}$$

식 (2.8)에 의하면 도심축에서 멀리 떨어짐에 따라 단면 2차 모멘트는 증가됨을 알 수 있다.

Example 2.16 폭이 b이고 높이 h인 직사각형 단면의 밑변을 지나는 축에 대한 단면 2차 모멘트를 구하여라.

직사각형 단면의 밑변을 지나는 x축에 대한 단면 2차 모멘트를 I_x라 하면 도심축을 지나는 단면 2차 모멘트 $I_x = \dfrac{bh^3}{12}$이므로 식 (2.8)로부터

$I_x = I_X + y_o^2 A = \dfrac{bh^3}{12} + \left(\dfrac{h}{2}\right)^2 bh = \dfrac{bh^3}{3}$

Example 2.17 밑변 b, 높이 h인 삼각형 단면의 각 밑면과 평행이고 도심을 지나는 축에 대한 단면 2차 모멘트를 구하여라.

$I_x = \dfrac{bh^3}{12}$ 이고 $y_o = \dfrac{h}{3}$, $A = \dfrac{bh}{2}$ 이므로 식 (2.8)로부터

$$I_X = I_x - y_o^2 A = \frac{bh^3}{12} - \left(\frac{h}{3}\right)^2 \frac{bh}{2} = \frac{bh^3}{36}$$

(1) 복합단면의 단면 2차 모멘트

그림 2.21과 같이 T형 단면의 도심축 $X-X$에 관한 단면 2차 모멘트를 구해 보자.

$x-x$축을 그림과 같이 선택한다면, 다음 표와 같이 $x-x$축에 관한 단면 1차 모멘트 · 단면 2차 모멘트를 계산할 수 있다.

도심축 $X-X$의 위치는 다음 표로부터,

$$y_0 = \frac{G_x}{A} = \frac{84}{24} = 3.5 \text{ cm}$$

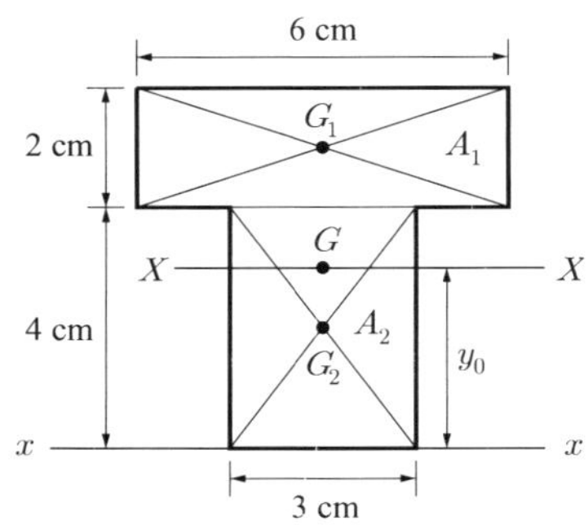

그림 2.21

단면	크기 (cm · cm)	단면적 $A_i(\text{cm}^2)$	$y_i(\text{cm})$ $A_i y_i(\text{cm}^3)$	단면 1차 모멘트 $A_i y_i$	단면 2차 모멘트(cm^4)		
					$bh^3/12$	$A_i y_i^2$	I_x
A_1	6×2	12	5	60	$\dfrac{6\times 2^3}{12}=4$	300	304
A_2	3×4	12	2	24	$\dfrac{3\times 4^3}{12}=16$	48	64
합 계		$A=24$		$G_x=84$			$I_x=368$

도심축 $X-X$에 관한 단면 2차 모멘트 I_X는 식 (2.8)로부터,

$$I_X = I_x - A{y_0}^2 = 368 - 24\times 3.5^2 = 74 \text{ cm}^4$$

이다.

2.2.2 단면 2차 반경

임의의 축에 대한 단면 2차 모멘트를 단면적으로 나눈 값의 평방근을 그 축에 대한 단면 2차 반경 또는 회전반경(radius of gyration)이라 한다. 직교축 x, y에 대한 단면 2차 모멘트를 I_x, I_y, 단면적을 A라 할 때 단면 2차 반경 r_x, r_y는 다음과 같은 식이 된다.

$$r_x = \sqrt{\frac{I_x}{A}}$$
$$r_y = \sqrt{\frac{I_y}{A}} \tag{2.9}$$

단면 2차 반경의 단위는 cm, m 등이다.

식 (2.9)을 변형하면 $I_x = r_x^2 A$로 되는데 이 뜻을 설명하면 단면 2차 모멘트 I_x는 x축으로부터 r_x인 거리에 전 단면적 A가 집중한 것으로 생각할 때의 단면 2차 모멘트와 같다.

그림 2.22에서 단면적이 A인 임의의 도형의 도심 G를 지나는 X축에 대한 회전반경은 r_x, X축으로부터 거리 y만큼 평행 이동한 x축에 대한 회전반경을 r_x라 할 때 이들 사이의 관계식은 다음과 같다.

$$I_X = r_x^2\, A, \quad I_x = r_x^2\, A$$
$$I_x = I_X + y^2\, A$$
$$r_x^2\, A = r_X^2\, A + y^2\, A$$
$$\therefore\ r_x^2 = r_X^2 + y^2 \tag{2.10}$$

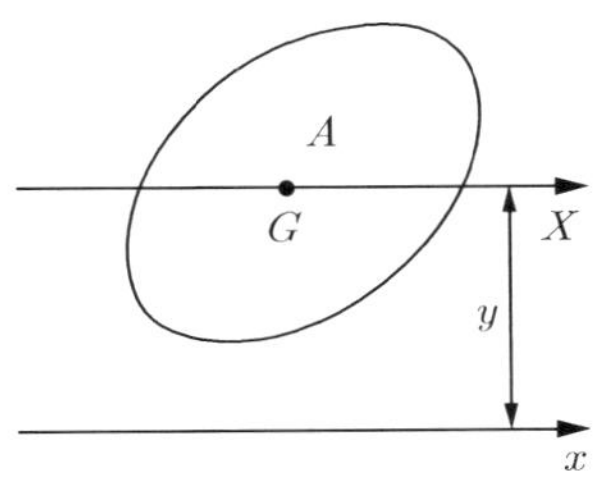

그림 2.22

Example 2.18 반경이 r인 원형 단면의 회전반경을 구하여라.

단면적 및 단면 2차 모멘트는 $A = \pi r^2$, $I = \dfrac{\pi r^4}{4}$, 따라서 회전반경 r_g는

$$r_g = \sqrt{\frac{I}{A}} = \sqrt{\frac{\frac{\pi r^4}{4}}{\pi r^2}} = \frac{r}{2}$$

Example 2.19 폭이 b이고, 높이 h인 직사각형 단면의 밑면을 지나는 축에 대한 단면 2차 반경을 구하여라.

식 (2.10)로부터

$$r_x = \sqrt{r_X^2 + y^2} = \sqrt{\frac{I_X}{A} + y^2} = \sqrt{\frac{\frac{bh^3}{12}}{bh} + \left(\frac{h}{2}\right)^2} = \frac{h}{\sqrt{3}}$$

Example 2.20 그림 2.23과 같은 단면의 $X-X$축과 $Y-Y$축에 관한 단면 2차 반경을 구하여라.

각 축에 관한 단면 2차 모멘트를 I_X, I_Y로 한다면,

$$I_X = \frac{6 \times 10^3}{12} - \frac{2 \times 6^3}{12} = 464 \text{ cm}^4$$

$$I_Y = 2 \times \frac{2 \times 6^3}{12} + \frac{6 \times 4^3}{12} = 104 \text{ cm}^4$$

단면적 $A = 2 \times 6 \times 2 + 4 \times 6 = 48 \text{ cm}^2$

각 축에 관한 단면 2차 반경 r_x, r_y는,

$$r_x = \sqrt{\frac{I_X}{A}} = \sqrt{\frac{464}{48}} = 3.11 \text{ cm}$$

$$r_y = \sqrt{\frac{I_Y}{A}} = \sqrt{\frac{104}{48}} = 1.47 \text{ cm}$$

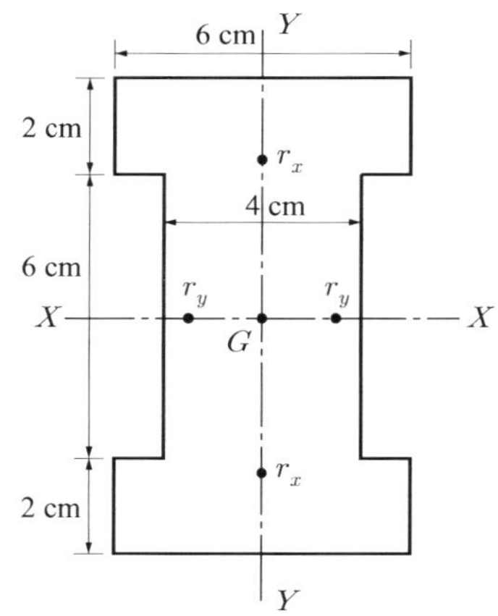

그림 2.23

2.2.3 단면계수

임의의 도형의 도심을 지나는 축에 대한 단면 2차 모멘트를 그 축으로부터 가장 먼 가장자리까지의 거리로 나눈 것을 그 단면의 단면계수(section modulus)라 한다.

그림 2.24에서 임의의 단면의 도심 G를 지나는 직교축 x, y에 대한 단면 2차 모멘트를 I_x, I_y라 하고, 도심축으로부터 연단까지의 거리를 x_1, x_2, y_1, y_2라 할 때 x, y축에 대한 단면계수 Z_x, Z_y는 다음 식으로 된다.

$$Z_{x1} = \frac{I_x}{y_1} \qquad Z_{x2} = \frac{I_x}{y_2}$$

$$Z_{y1} = \frac{I_y}{x_1} \qquad Z_{y2} = \frac{I_y}{x_2} \tag{2.11}$$

단면계수의 단위는 단면 2차 모멘트를 길이로 나눈 값으로 cm^3, m^3 등으로 표시된다.

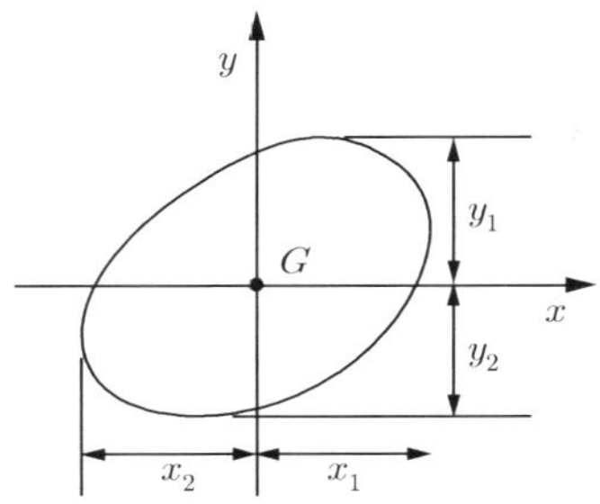

그림 2.24

Example 2.21 그림 2.25에서 도심을 지나는 직교축 x, y축에 대한 단면계수 Z_x, Z_y를 구하여라.

식 (2.11)로부터

$$Z_x = \frac{I_x}{y} = \frac{\frac{bh^3}{12}}{\frac{h}{2}} = \frac{bh^2}{6}$$

$$Z_y = \frac{I_y}{x} = \frac{\frac{b^3h}{12}}{\frac{b}{2}} = \frac{b^2h}{6}$$

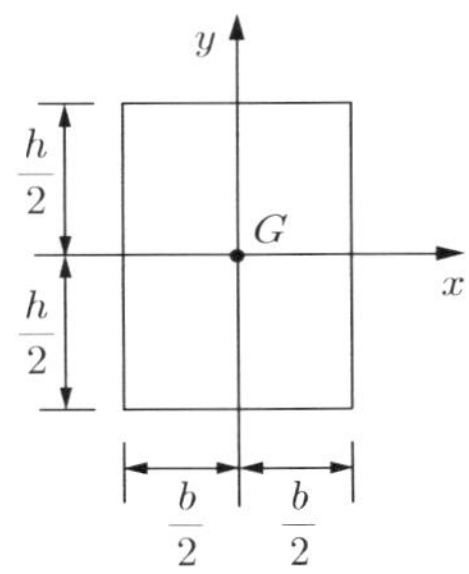

그림 2.25

Example 2.22 반지름이 r인 원형 단면의 단면계수를 구하여라.

원형 단면의 단면계수를 Z라 하면

$$Z = \frac{I}{y} = \frac{\frac{\pi r^4}{4}}{r} = \frac{\pi r^3}{4}$$

2.3 단면 2차 극모멘트

그림 2.26에서 미소면적 dA와 원점 O에서 이 미소면적에 이르는 거리를 r이라 할 때 $r^2\,dA$를 총 단면적에 관하여 적분한 것을 단면 2차 극모멘트(polar moment of inertia of area)라고 한다. 이의 단위는 단면 2차 모멘트의 단위와 같이 cm^4, m^4 등이다.

단면 2차 극모멘트를 I_p라 하면

$$I_p = \int_A r^2 \, dA \tag{2.12}$$

그런데 $r^2 = x^2 + y^2$이므로

$$I_p = \int_A (x^2 + y^2) \, dA = I_y + I_x \tag{2.13}$$

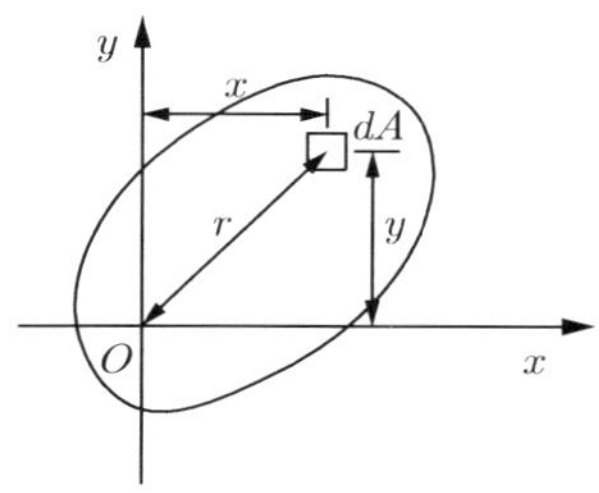

그림 2.26

Example 2.23 그림 2.27에서 지름이 d인 원형 단면의 단면 2차 극모멘트를 구하여라.

단면 2차 극모멘트 I_p는

$$I_p = \int_A r^2 \, dA = \int_0^{\frac{d}{2}} r^2 \, (2\pi r \, dr)$$

$$= 2\pi \int_0^{\frac{d}{2}} r^3 \, dr$$

$$= 2\pi \left[\frac{r^4}{4} \right]_0^{\frac{d}{2}} = \frac{\pi d^4}{32}$$

또는 $I_p = I_x + I_y = \dfrac{\pi d^4}{64} + \dfrac{\pi d^4}{64} = \dfrac{\pi d^4}{32}$

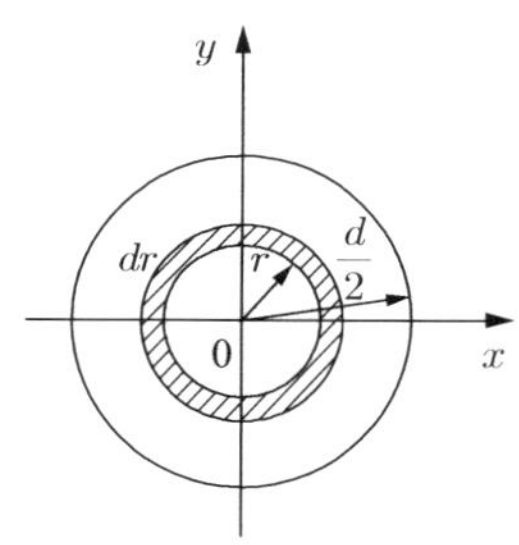

그림 2.27

Example 2.24 다음 그림에서 단면 2차 극모멘트를 구하여라.

$$I_p = I_x + I_y$$

$$= \frac{bh^3}{12} + b \cdot h \cdot {y_1}^2 + \frac{hb^3}{12} + b \cdot h \cdot {x_1}^2$$

$$= \frac{30 \times 40^3}{12} + 30 \times 40 \times (20+20)^2 + \frac{40 \times 30^3}{12} + 30 \times 40 \times (20+15)^2$$

$= 3{,}640{,}000\ \text{cm}^4$

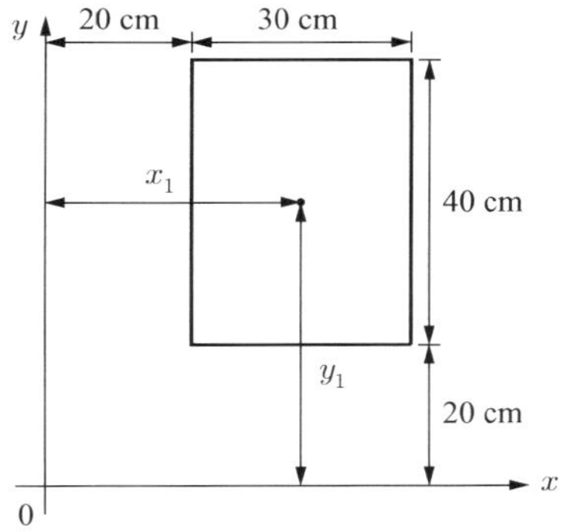

그림 2.28

Example 2.25 그림에서 단면 2차 극모멘트를 구하여라.

$$I_p = I_x + I_y$$
$$= \frac{bh^3}{3} + \frac{hb^3}{3}$$
$$= \frac{30 \times 40^3}{3} + \frac{40 \times 30^3}{3}$$
$$= 1{,}000{,}000\ \text{cm}^4$$

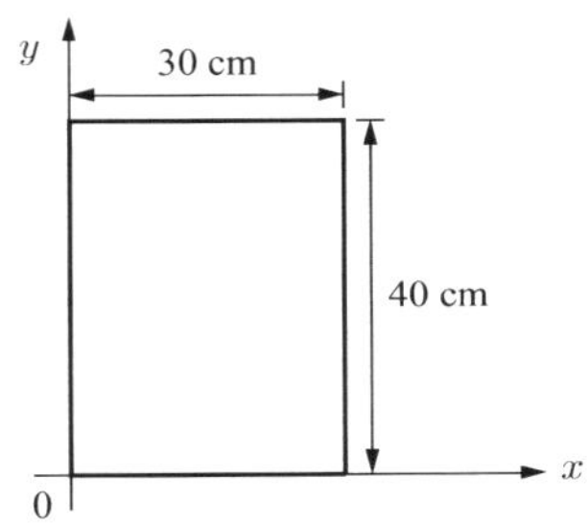

그림 2.29

2.4 단면 상승모멘트

그림 2.30에서 미소면적 dA와 x, y축으로부터 이 미소면적에 이르는 거리를 y, x라 할 때 $xydA$를 총 단면적에 관하여 적분한 것을 단면 상승모멘트 또는 관성 상승모멘트(product of inertia)라 한다. 이의 단위는 단면 2차 모멘트의 단위와 같은 cm^4, m^4 등으로 나타난다. 단면 상승모멘트를 I_{xy}라 하면

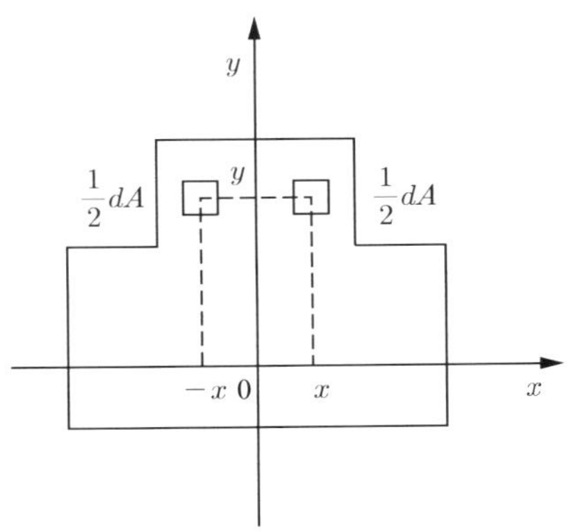

그림 2.30

$$I_{xy} = \int_A xy\, dA \tag{2.14}$$

그림 2.8에서와 같이 직교축이 평행 이동하면

$$\begin{aligned} I_{xy} &= \int_A xy\, dA \\ &= \int_A (X + x_0)(Y + y_0)\, dA \\ &= \int_A XY\, dA + x_0 \int_A Y\, dA + y_0 \int_A X\, dA + x_0 y_0 \int_A dA \\ &= I_{XY} + x_0 G_X + y_0 G_Y + x_0 y_0 A \end{aligned} \tag{2.15}$$

로 된다. 특히 직교축 X, Y가 도심과 일치할 때는 $G_X = G_Y = 0$이므로 식 (2.15)은 다음과 같이 된다.

$$I_{xy} = I_{XY} + x_0\, y_0\, A \tag{2.16}$$

x축 및 y축 중에 한편이 주어진 도형의 대칭축일 때는 단면 상승모멘트 I_{xy}는 0이 된다. 즉 그림 2.30에서 y축이 대칭축으로

$$\begin{aligned} I_{xy} &= \int_A xy\, dA \\ &= \int_A \left[(+x)y \cdot \frac{1}{2} dA + (-x)y \cdot \frac{1}{2} dA \right] \\ &= 0 \end{aligned}$$

Example 2.26 그림 2.31에서 삼각형 단면의 단면 상승모멘트 I_{xy}를 구하여라.

미소면적 dA와 x는

$dA = \dfrac{a(b-y)}{b} dy$, $x = \dfrac{a(b-y)}{b}$ 이므로

식 (2.14)로부터

$$\begin{aligned} I_{xy} &= \int x\, y\, dA \\ &= \int_0^b \frac{a(b-y)}{b} \cdot y \cdot \frac{a(b-y)}{b} dy \end{aligned}$$

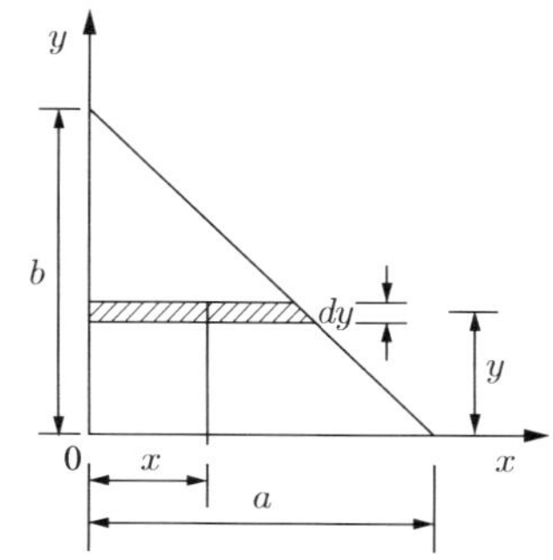

그림 2.31

$$= \frac{a^2}{b^2}\int_0^b (b-y)^2 y\,dy$$

$$= \frac{a^2b^2}{24}$$

Example 2.27 다음 직사각형 단면의 상승모멘트를 구하여라.

$$I_{xy} = \int_A xy\,dA = \int_0^b\int_0^h xy\,dx\,dy$$

$$= \int_0^b x\,dx \cdot \int_0^h y\,dy$$

$$= \left[\frac{x^2}{2}\right]_0^b \times \left[\frac{y^2}{2}\right]_0^h$$

$$= \frac{b^2 \cdot h^2}{4}$$

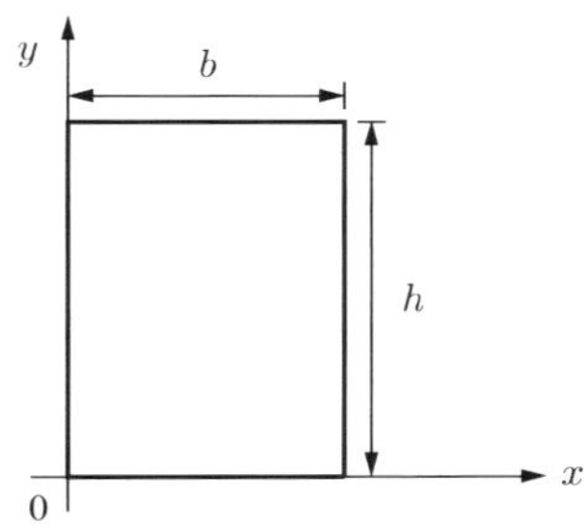

그림 3.32

Example 2.28 다음 그림에서 상승모멘트를 구하여라.

$$I_{xy} = A \cdot x_0 \cdot y_0$$

$$= 5 \times 10 \times [-(2+2.5)] \times 2$$

$$= -450\ \text{cm}^4$$

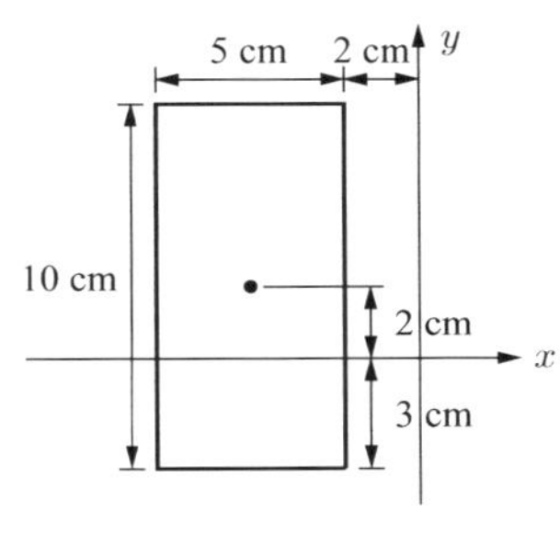

그림 3.33

2.5 주단면 2차 모멘트

2.5.1 좌표축의 회전

그림 2.34에서 u, v축은 x, y축의 원점 둘레를 ϕ만큼 반시계방향으로 회전시킨 좌표축이다. x, y축에 대한 단면 2차 모멘트 및 상승모멘트를 I_x, I_y, I_{xy}라 하고 u, v축에

대한 2차 모멘트 및 상승모멘트를 I_u, I_v, I_{uv}라 할 때 이들의 관계식을 구해보면, 두 좌표축에서

$$u = x\cos\phi + y\sin\phi$$
$$v = -x\sin\phi + y\cos\phi \tag{2.17}$$

의 관계가 있으므로

$$I_u = \int_A v^2\,dA = \int_A (-x\sin\phi + y\cos\phi)^2 dA$$
$$= \int_A (x^2\sin^2\phi - 2xy\sin\phi\cos\phi + y^2\cos^2\phi^2)\,dA \tag{2.18}$$

$$\therefore\ I_u = I_x\cos^2\phi + I_y\sin^2\phi - I_{xy}\sin 2\phi$$
$$I_v = I_x\sin^2\phi + I_y\cos^2\phi + I_{xy}\sin 2\phi \tag{2.19}$$

$$I_{uv} = \frac{I_x - I_y}{2}\sin 2\phi + I_{xy}\cos 2\phi \tag{2.20}$$

식 (2.18)와 (2.19)을 더하면

$$I_u + I_v = I_x + I_y = I_p$$
$$I_u I_v - I_{uv}^2 = I_x I_y - I_{xy}^2 \tag{2.21}$$

가 얻어진다.

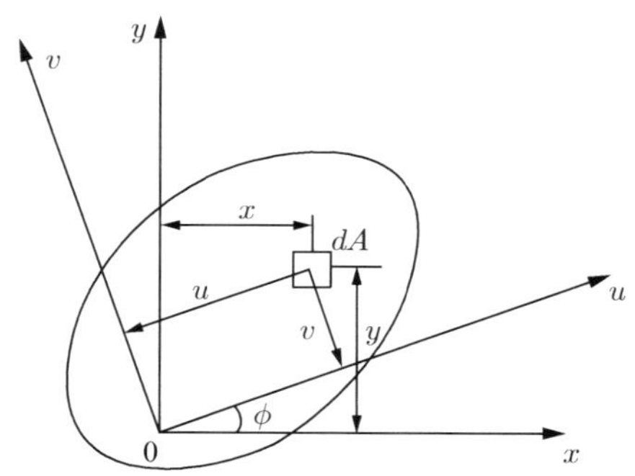

그림 2.34

이로서 좌표축을 그의 원점둘레로 회전하여도 이들 축에 대한 2차 모멘트의 합은 I_p로서 일정함을 알 수 있다. 따라서 I_u가 최대값일 때 I_v는 최소값으로 된다. 이와 같은 I_u, I_v값을 주는 u, v축을 주축(principal axis)이라 하고, I_u와 I_v를 주단면 2차 모멘트

(principal moment of inertia)라 한다.

주단면 2차 모멘트를 구하기 위하여 I_u를 ϕ에 대해 극한값을 취하면

$$\begin{aligned}\frac{dI_u}{d\phi} &= -2I_x \sin\phi\cos\phi + 2I_y \sin\phi\cos\phi + 2I_{xy}\sin^2\phi - 2I_{xy}\cos^2\phi \\ &= -2\left\{\frac{(I_x - I_y)}{2}\sin2\phi + I_{xy}\cos2\phi\right\} = -2I_{uv} \\ \frac{dI_v}{d\phi} &= 2\left\{\frac{(I_x - I_y)}{2}\sin2\phi + I_{xy}\cos2\phi\right\} = 2I_{uv}\end{aligned} \tag{2.22}$$

로 되므로 $I_{uv} = 0$인 때 I_u, I_v가 극한값이 됨을 알 수 있다. 따라서 식 (2.20)로부터

$$\begin{aligned}I_{uv} &= \frac{I_x - I_y}{2}\sin2\phi + I_{xy}\cos2\phi = 0 \\ \therefore\ \tan2\phi &= -\frac{2I_{xy}}{I_x - I_y}\end{aligned} \tag{2.23}$$

식 (2.23)로부터 주축의 위치를 나타내는 ϕ를 구할 수 있다.

u, v축이 주축이면 $I_{uv} = 0$이므로 식 (2.21)은

$$\begin{aligned}I_u + I_v &= I_x + I_y \\ I_u I_v &= I_x I_y - I_{xy}^2\end{aligned} \tag{2.24}$$

로 되고 식 (2.24)로부터 I_u를 구하면

$$I_u = \frac{1}{2}(I_x + I_y) \pm \frac{1}{2}\sqrt{(I_x - I_y)^2 + 4I_{xy}^2}$$

따라서 주축에 대한 주단면 2차 모멘트를 I_1, I_2로 나타내면 다음과 같이 된다.

$$\begin{aligned}I_1 &= \frac{1}{2}(I_x + I_y) + \frac{1}{2}\sqrt{(I_x - I_y)^2 + 4I_{xy}^2} \\ I_2 &= \frac{1}{2}(I_x + I_y) - \frac{1}{2}\sqrt{(I_x - I_y)^2 + 4I_{xy}^2}\end{aligned} \tag{2.25}$$

식 (2.25)으로서 주단면 2차 모멘트의 최대 및 최소값을 구할 수 있다.

한 쪽 축이 최대 주단면 2차 모멘트를 갖는 주축이면 다른 축은 최소 주단면 2차 모멘트를 갖는 최소 주축이고 이 두 주축은 서로 직교하며 또 대칭축은 주축이 된다. 최대 주

축의 경사각을 ϕ_1, 최소 주축의 경사각을 ϕ_2라 하면 이 각은 I_x, I_y 및 I_{xy}의 크기와 부호에 따라 표 2.1과 같이 정하여진다.

표 2.1

조 건		주단면 2차 모멘트	
단면 2차 모멘트	단면 상승모멘트	I_1	I_2
$I_x \geqq I_y$	$I_{xy} > 0$	$135° \leqq \phi_1 < 180°$	$45° \leqq \phi_2 < 90°$
$I_x > I_y$	$I_{xy} \leqq 0$	$0° \leqq \phi_1 < 45°$	$90° \leqq \phi_2 < 135°$
$I_x < I_y$	$I_{xy} \geqq 0$	$90° \leqq \phi_1 < 135°$	$0° \leqq \phi_2 < 45°$
$I_x \leqq I_y$	$I_{xy} < 0$	$45° \leqq \phi_1 < 90°$	$135° \leqq \phi_2 < 180°$

Example 2.29 그림 2.35에서 삼각형 단면의 도심에서의 주축 및 주단면 2차 모멘트를 구하여라.

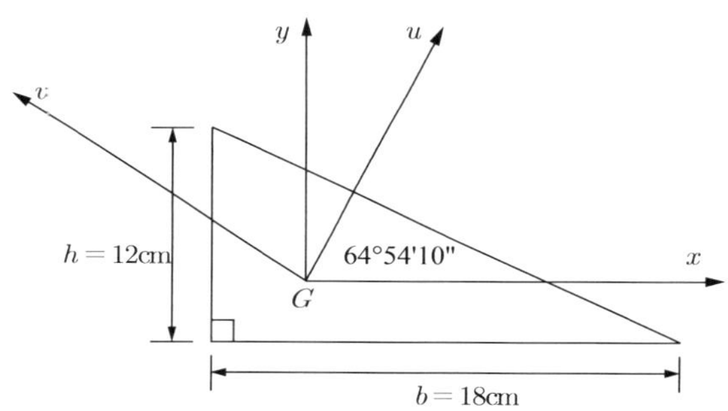

그림 2.35

총 단면적 $A = \dfrac{18 \times 12}{2} = 108\,\text{cm}^2$

x, y축의 단면 2차 모멘트 I_x, I_y는

$$I_x = \frac{bh^3}{36} = \frac{18 \times 12^3}{36} = 864\ \text{cm}^4$$

$$I_y = \frac{hb^3}{36} = \frac{12 \times 18^3}{36} = 1{,}944\ \text{cm}^4$$

단면 상승모멘트 I_{xy}는

$$I_{xy} = \frac{b^2h^2}{24} - \frac{b}{3} \cdot \frac{h}{3} \cdot A = \frac{-b^2h^2}{72} = \frac{-18^2 \times 12^2}{72} = -648\ \text{cm}^4$$

주축을 u, v라 하고 회전각을 ϕ라 하면 식 (2.23)로부터

$$\tan 2\phi = \frac{-2I_{xy}}{I_x - I_y} = \frac{-2(-648)}{864 - 1{,}944} = -1.2$$

$\therefore\ \phi = 64°54'10''$

주단면 2차 모멘트 I_1, I_2는 식 (2.25)으로부터

$$I_1 = \frac{1}{2}(I_x + I_y) + \frac{1}{2}\sqrt{(I_x - I_y)^2 + 4I_{xy}^2}$$

$$= \frac{1}{2}(864 + 1{,}944) + \frac{1}{2}\sqrt{(864 - 1{,}944)^2 + 4(-648)^2}$$

$$= \frac{1}{2}(2{,}808 + 1{,}687) = 2{,}247.51\ \text{cm}^4$$

$$I_2 = \frac{1}{2}(I_x + I_y) - \frac{1}{2}\sqrt{(I_x - I_y)^2 + 4I_{xy}^2}$$

$$= \frac{1}{2}(2{,}808 - 1{,}687) = 560.5\ \text{cm}^4$$

또는 식 (2.18), (2.19), (2.20)로도 구할 수 있다.

$$I_u = I_x\cos^2\phi + I_y\sin^2\phi - I_{xy}\sin 2\phi$$

$$= 864(\cos 64°54'10'')^2 + 1{,}944(\sin 64°54'10'')^2$$

$$-(-648)\sin(2 \times 64°54'10'') = 2{,}247.5\ \text{cm}^4$$

$$I_v = I_x\sin^2\phi + I_y\cos^2\phi + I_{xy}\sin 2\phi$$

$$= 864 \times 0.82 + 1{,}944 \times 0.18 - 496.82 \fallingdotseq 560.5\ \text{cm}^4$$

$$I_{uv} \fallingdotseq 0$$

이들의 값은 그림 2.36의 도해법으로도 쉽게 구할 수 있다.

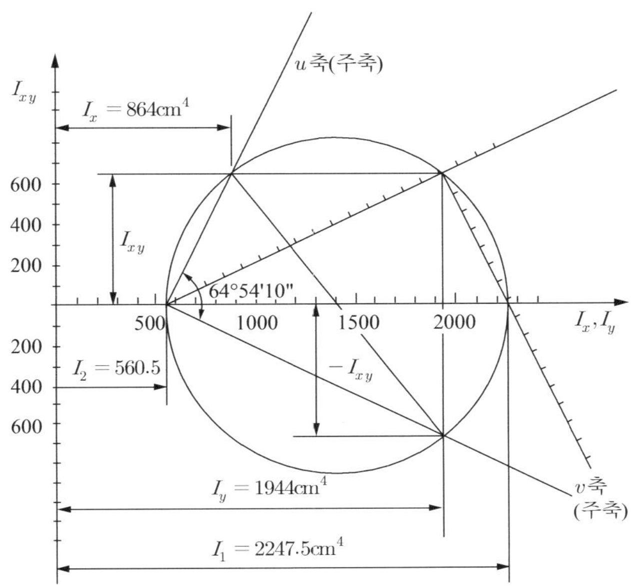

그림 2.36

표 2.2 단면의 성질

단면	단면적 A	도심의 거리 y	단면의 2차 모멘트	단면계수 Z	단면 2차 반경 r
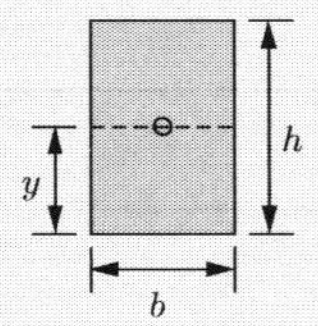	bh	$\frac{h}{2}$	$\frac{bh^3}{12}$	$\frac{bh^2}{6}$	$\frac{h}{\sqrt{12}}=0.2887h$
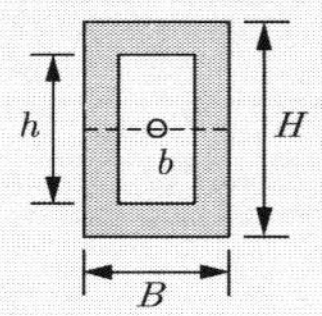	$BH-bh$	$\frac{H}{2}$	$\frac{BH^3-bh^3}{12}$	$\frac{BH^3-bh^3}{6H}$	$\sqrt{\frac{BH^3-bh^3}{12(BH-bh)}}$
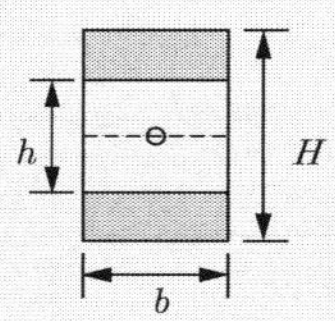	$b(H-h)$	$\frac{H}{2}$	$\frac{b}{12}(H^3-h^3)$	$\frac{b}{6H}(H^3-h^3)$	$\sqrt{\frac{H^2+Hh+h^2}{12}}$
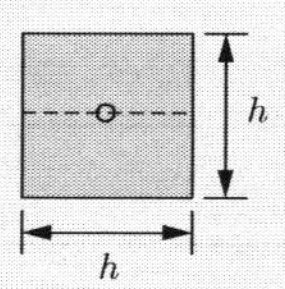	h^2	$\frac{h}{2}$	$\frac{h^4}{12}$	$\frac{h^4}{6}$	$\frac{h}{\sqrt{12}}=0.2887h$
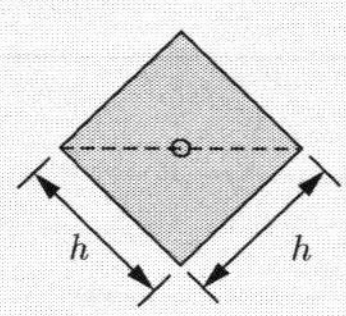	h^2	$\frac{h}{\sqrt{2}}=0.7071h$	$\frac{h^4}{12}$	$\frac{h^3}{6\sqrt{2}}=0.1179h^3$	$\frac{h}{\sqrt{12}}=0.2887h$

표 2.2 (계속)

단면	단면적 A	도심의 거리 y	단면의 2차 모멘트	단면계수 Z	단면 2차 반경 r
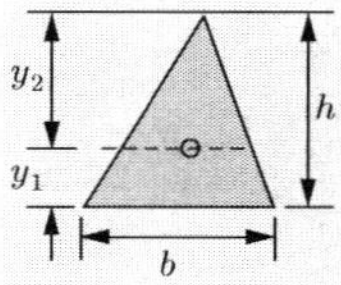	$\frac{bh}{2}$	$y_1 = \frac{h}{3}$ $y_2 = \frac{2h}{3}$	$\frac{bh^3}{36}$	$W_1 = \frac{bh^2}{12}$ $W_2 = \frac{bh^2}{24}$	$\frac{h}{3\sqrt{2}} = 0.2357h$
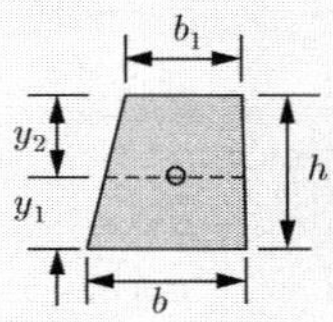	$\frac{(b+b_1)h}{2}$	$y_1 = \frac{b+2b_1}{b+b_1} \times \frac{h}{3}$ $y_2 = \frac{2b+b_1}{b+b_1} \times \frac{h}{3}$	$\frac{b^2+4bb_1+b_1^2}{36(b+b_1)} h^3$	$W_2 = \frac{b^2+4bb_1+b_1^2}{12(2b+b_1)} h^2$	$\frac{\sqrt{b^2+4bb_1+b_1^2}}{6(b+b_1)} \sqrt{2}\,h$
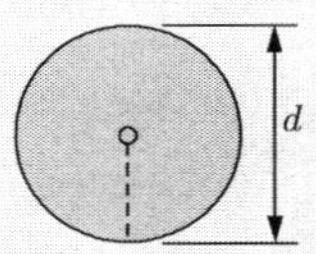	$\pi r^2 = \frac{\pi d^2}{4}$	$r = \frac{d}{2}$	$\pi r^4 = 0.7854 r^4$ $= \frac{\pi d^4}{64} = 0.04809\, d^4$	$\pi r^3 = 0.7854 r^3$ $= \frac{\pi d^3}{32} = 0.09818\, d^3$	$\frac{r}{2} = \frac{d}{4}$
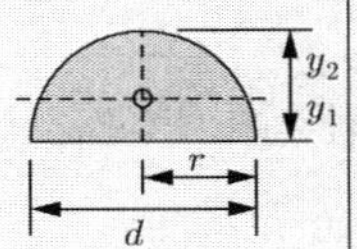	$\frac{\pi r^2}{2} = \frac{\pi d^2}{8}$	$y_1 = \frac{4r}{3\pi} = 0.4244r$ $y_2 = \frac{(3\pi-4)r}{3\pi}$ $= 0.5756r$	$\left(\frac{\pi}{8} - \frac{8}{9\pi}\right) r^4$ $= 0.1098\, r^4$ $= 0.00686\, d^4$	$W_1 = 0.2587\, r^3$ $W_2 = 0.1908\, r^3$	$0.2643r = 0.1322d$
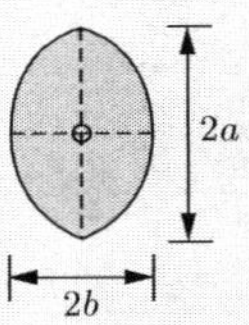	πab	a	$\frac{\pi a^3 b}{4} = 0.7854 a^3 b$	$\frac{\pi a^2 b}{4} = 0.7854 a^2 b$	$\frac{a}{2}$

표 2.3 단면 2차 모멘트와 상승모멘트

도 형	I_x	I_y	I_{xy}
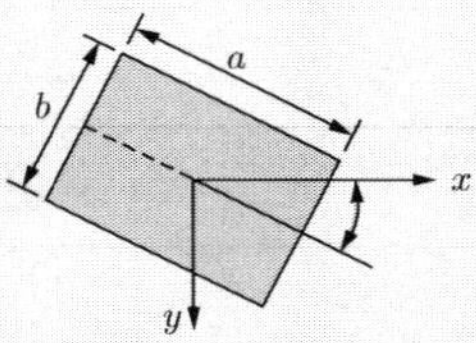	$\frac{ab}{12}(a^2\sin^2\alpha\ b^2\cos^2\alpha)$	$\frac{ab}{12}(a^2\cos^2\alpha\ b^2\sin^2\alpha)$	$\frac{ab}{24}(a^2-b^2)\sin2\alpha$
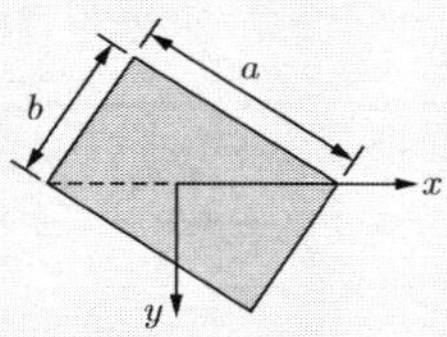	$\frac{1}{6}\frac{a^3b^3}{a^2+b^2}$	$\frac{ab}{12}\frac{a^4+b^4}{a^2+b^2}$	$\frac{a^2b^2}{12}\frac{a^2-b^2}{a^2+b^2}$
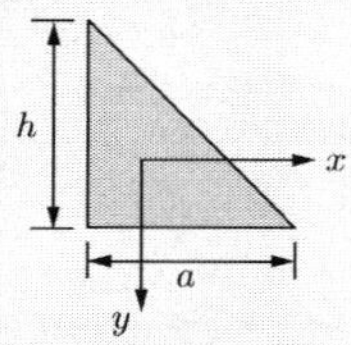	$\frac{1}{36}ah^3$	$\frac{1}{36}a^3h$	$\frac{1}{72}a^2h^2$
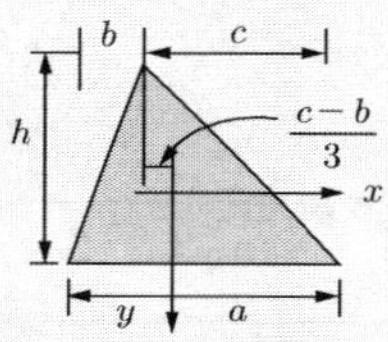	$\frac{1}{36}ah^3$	$\frac{1}{36}ah(a^2-bc)$	$\frac{1}{72}h^2(c^2-b^2)$
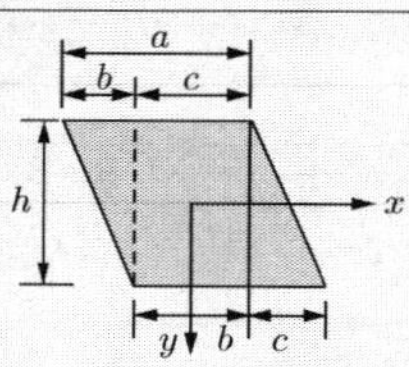	$\frac{1}{12}ah^3$	$\frac{ah}{12}(a^2+c^2)$	$\frac{1}{12}ach^2$
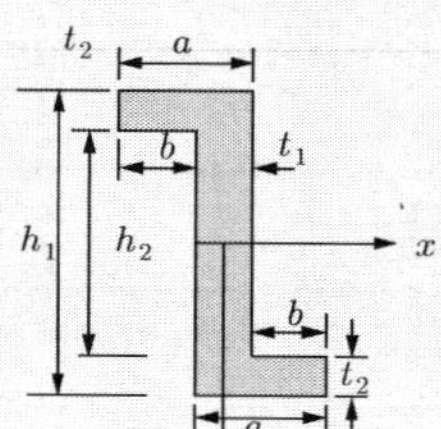	$\frac{1}{12}(ah_1^3-bh_2^3)$	$\frac{1}{12}\left[(h_2+t_2)t_1^3+t_2(a+b)^3\right]$	$\frac{1}{2}abt_2(h_2+t_2)$

PROBLEMS

01. 그림 2.37에서 각 도형의 각 축에 대한 단면 1차 모멘트를 구하여라.

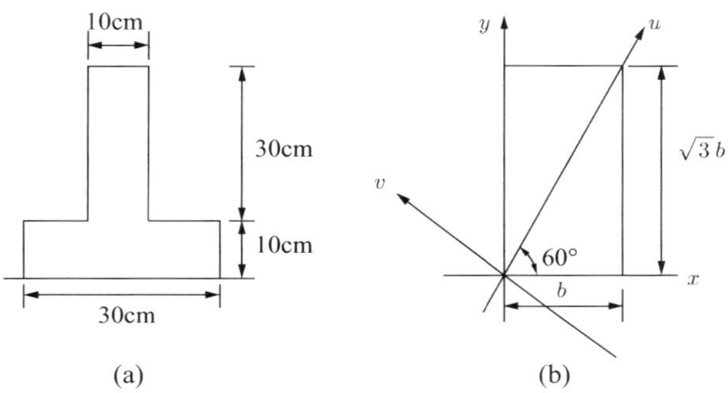

그림 2.37

답 : (a) $G_x = 9{,}000\ \text{cm}^3$

(b) $G_x = \dfrac{3}{2}b^3,\ \ G_y = \dfrac{\sqrt{3}}{2}b^3, G_u = 0,\ \ G_v = \sqrt{3}\,b^3$

02. 그림 2.38에서 각 도형의 도심을 구하여라.

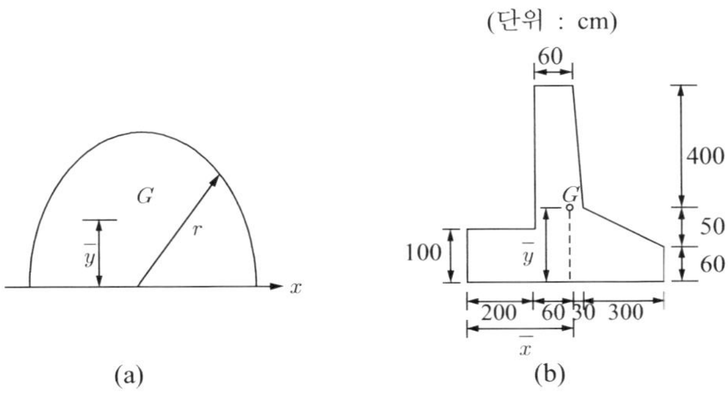

그림 2.38

답 : (a) $\dfrac{4r}{3\pi}$ (b) $\bar{x} = 228.96\ \text{cm},\ \ \bar{y} = 146.19\ \text{cm}$

03. 그림 2.39에서 각 도형의 단면 2차 모멘트를 구하여라.

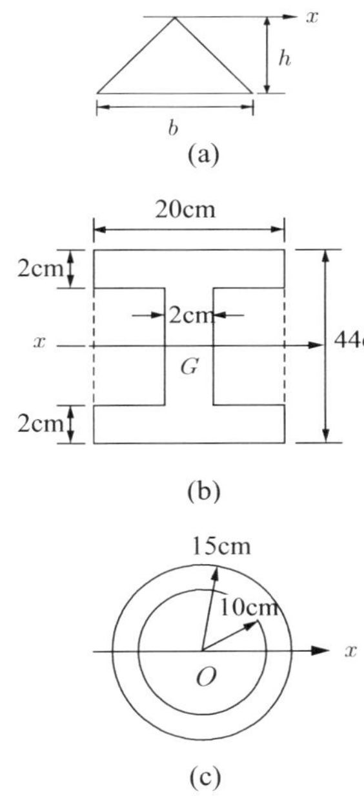

그림 2.39

답 : (a) $I_x = \dfrac{bh^3}{4}$

(b) $I_x = 45{,}973\ \text{cm}^4$

(c) $I_x = 31{,}906.80\,\text{cm}^4 = 3.191 \times 10^4\,\text{cm}^4$

04. 그림 2.40에서 최소단면 2차 반경, N축에 대한 단면계수 및 단면 상승모멘트 I_{xy}를 구하여라.

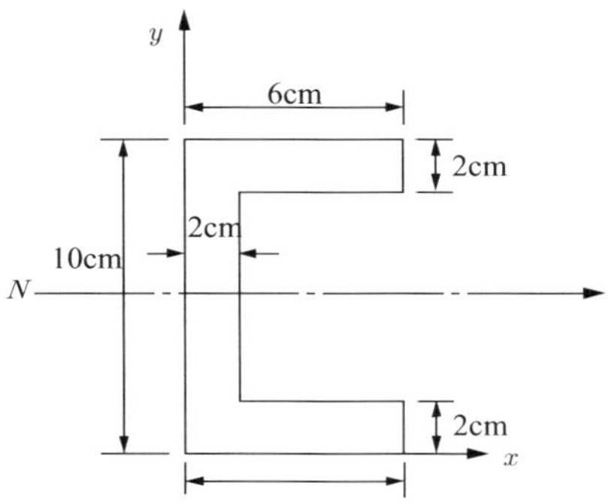

그림 2.40

답 : $r_y = 2.9$ cm $Z_n = 85.6$ cm^3 $I_{xy} = 420$ cm^4

05. 그림 2.39(b)에서 I형 단면의 2차 극모멘트를 구하여라.

답 : 48,666 cm^4

06. 그림 2.41의 O점에서의 주축 및 주단면 2차 모멘트를 구하여라.

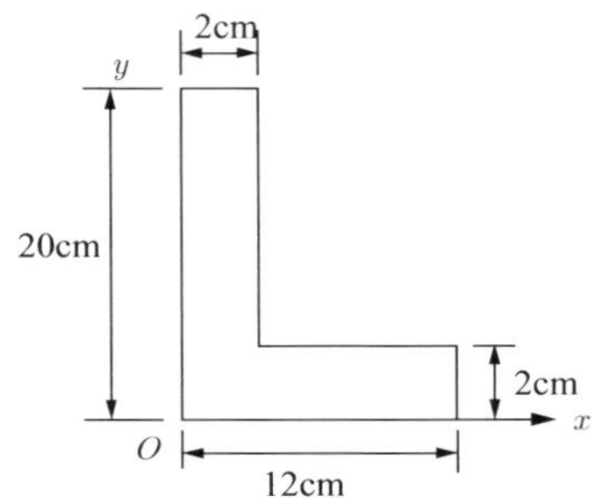

그림 2.41

답 : 주축의 회전각은 밑변으로부터

$\theta_1 = 172°44'23.04''$, $\theta_2 = 82°44'23.04''$

$I_1 = 5{,}428.95$ cm^4, $I_2 = 1{,}131.05$ cm^4

CHAPTER 3

응력과 변형

3.1 응력과 응력의 종류

그림 3.1과 같이 물체에 외력이 작용하면 그 물체를 이루고 있는 작은 분자 사이에는 외력에 저항하여 원형으로 돌아가려는 힘이 생긴다. 그림 (a)와 같이 축방향에 외력 P를 받고 있는 물체를 $a-a$ 단면으로 자른다고 생각하면 그림 (b)와 같이 분자의 결합력에 의하여 외력 P와 크기가 같고 방향이 반대인 힘 P가 생기게 된다. 이와 같이 물체 내부에 일어나는 힘을 내력(internal stress) 또는 응력(stress)이라고 한다.

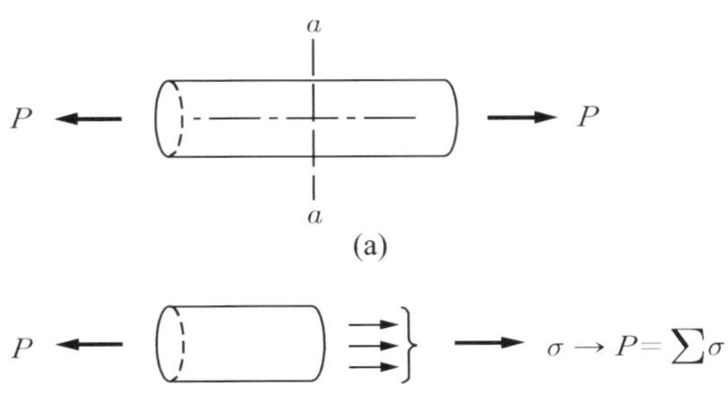

그림 3.1

일반적으로 응력이라 하면 단위응력(intensity of force)을 말하며 단면 전체에 대하여 생각한 응력을 총응력(total stress)이라고 한다. 총응력의 단위는 N, kN 등으로 표시되며, 응력의 단위는 MPa, N/mm^2 등으로 된다. 응력의 종류에는 다음과 같이 것이 있다.

3.1.1 인장응력

그림 3.1의 (a)와 같이 부재가 축방향으로 늘어나게 하려는 힘을 받을 때 부재 내부에서 생기는 응력을 인장응력(tensile stress)이라 하며, 이를 수식으로 표시하면 그림 3.2의 (a)에서 단위면적에 작용하는 응력을 f, 면적요소를 dA라 하고 f가 그 단면 위에서 고르게 분포할 때 면적요소 dA 위에 작용하는 법선방향의 힘 요소는 $f\,dA$로 표시된다.

$f\,dA$를 총단면적 A에 대하여 모아 놓으면 외력 P와 평형을 이루게 된다. 즉

$$P = \int f\,dA = f\int dA = f \cdot A \tag{3.1}$$

인장응력 f_t는

$$f_t = \frac{P}{A} \tag{3.2}$$

외력 P가 각 단면 위에 균일분포응력을 생기게 하려면 단면의 도심에 작용해야 한다. 다시 말하면 식 (3.1)이 성립하려면 외력 P가 단면의 도심에 반드시 작용해야 한다는 것이다. 일반적으로 부호는 인장력과 인장응력을 (+)로 한다.

3.1.2 압축응력

그림 3.2의 (b)와 같이 부재가 줄어들게 하려는 힘을 받을 때 부재 내부에서 생기는 응력을 압축응력(compressive stress)이라 하고, 이때의 외력을 압축력이라 한다. 외력 P가 단면의 도심축에 작용하면 응력이 단면에 고르게 분포되고 압축응력을 f_c라 하면

$$f_c = \frac{P}{A} \tag{3.3}$$

이며 부호는 압축력과 압축응력을 (−)로 한다.

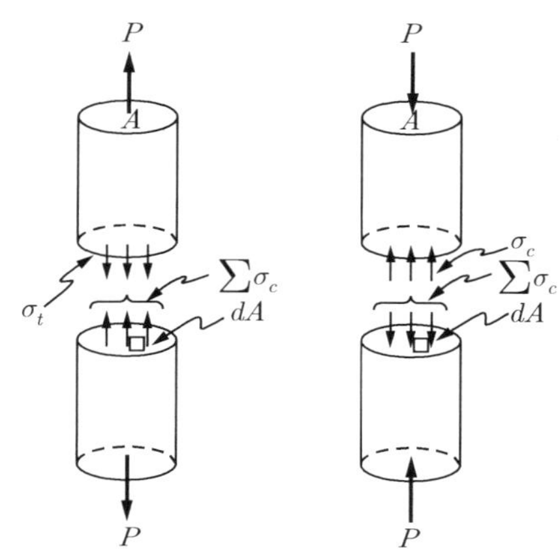

그림 3.2

3.1.3 휨응력

그림 3.3과 같은 부재에 연직방향의 하중이 작용하면 부재에는 휨모멘트에 의하여 부

재의 중심축(중립축)에서 상부에는 부재가 줄어들려는 압축력을 받게 되고 하부에는 늘어나려는 인장력을 받게 된다. 이때 부재의 내부에는 이러한 힘에 저항하기 위하여 응력이 생기게 되는데 이 응력을 휨응력(bending stress)이라 한다.

또 부재 내부에는 압축력과 인장력을 받지 않는 어떤 면이 생기게 되는데, 이 면을 중립면 이라 하고 중립면에 수직한 면과 중립면이 만나는 점을 연결한 선을 중립축이라 한다. 이 중립축의 상부에는 압축응력이, 하부에는 인장응력(그림 3.3)이 생기게 된다. 그러나 실제에는 부재가 휘면 전단응력도 함께 생기게 된다.

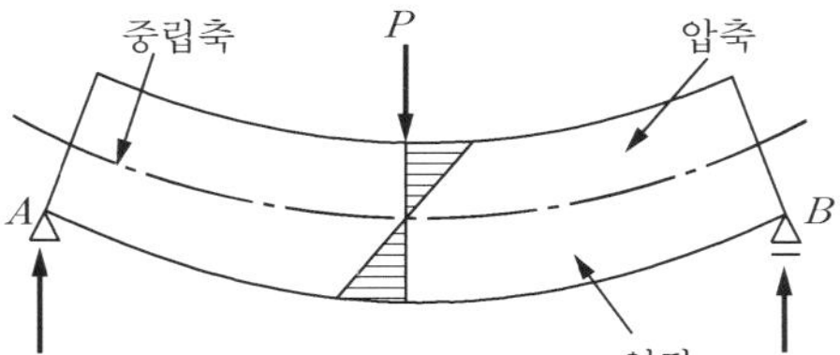

그림 3.3

3.1.4 전단응력

그림 3.4와 같이 부재에 외력 S가 작용하면 부재는 축과 수직인 방향으로 잘리는 힘을 받는데, 이 힘을 전단력(shearing force)이라 하고 전단력에 저항하기 위한 부재의 응력을 전단응력(shearing stress)이라고 한다.

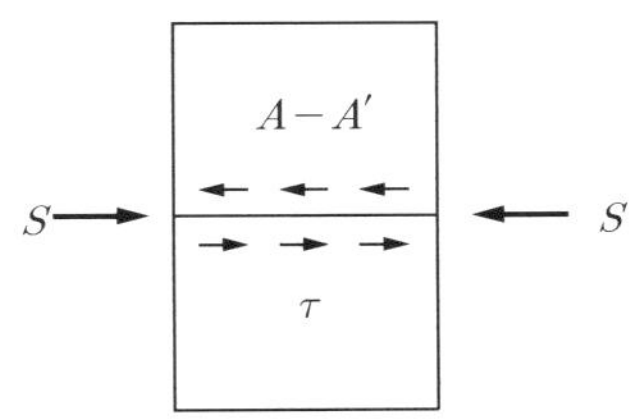

그림 3.4

전단응력이 단면에 고르게 분포된다고 생각하고 전단응력을 τ, 단면적을 A, 전단력을 S라 하면

$$\tau = \frac{S}{A} \tag{3.4}$$

또 전단응력을 접선응력(tangential stress)이라고도 한다.

그림 3.5와 같은 직선봉의 양단에 크기가 같고 방향이 반대인 우력 모멘트가 작용하면 이 부재는 비틀어지게 된다. 이 비틀림에 저항하여 생기는 응력을 비틀림응력(torsional stress)이라 하고, 이는 전단응력과 성질이 같다.

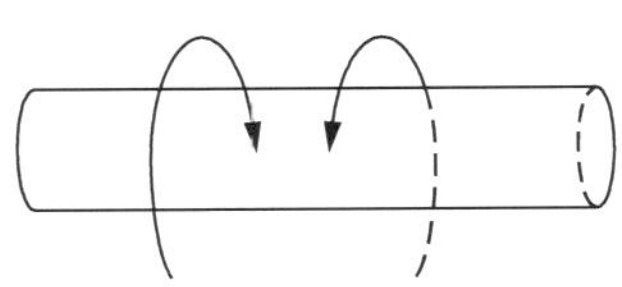

그림 3.5

Example 3.1 단면이 20cm×20cm인 기둥에 100 kN의 압축력이 작용할 때 기둥의 압축응력은 얼마인가?

$$f=\frac{P}{A}=\frac{100\times 10^3}{200\times 200}=2.5\text{ MPa}$$

Example 3.2 지름이 19 mm인 강봉에 32,000 N의 인장력이 작용할 때 인장응력을 구하여라.

$$f=\frac{P}{A}=\frac{32{,}000}{\dfrac{\pi\times(19)^2}{4}}=112.86\text{ MPa}$$

Example 3.3 정사각형의 목재기둥에 150 kN의 하중이 작용한다. 이 목재 기둥의 허용응력 $f_{ca}=9\text{ MPa}$라고 할 때 필요한 단면의 최소치수를 구하여라.

$$f=\frac{P}{A}\quad \therefore\ A=\frac{P}{f}=\frac{150\times 10^3}{9}=16{,}667\text{ mm}^2=166.67\text{ cm}^2$$

$\therefore$ 최소치수 $l=\sqrt{A}=12.9\fallingdotseq 13\text{ cm}$

3.2 부재단면에 생기는 응력

그림 3.6과 같이 단면적 A인 봉이 축방향에 인장력을 받는 경우 수직단면 $m-n$에 생기는 응력은 균일하며, 그 크기는 $f=\dfrac{P}{A}$이다. 이 수직단면과 θ의 각을 이루는 경사단면 $p-q$ 위의 응력상태를 생각해 보기로 하자. 그림 (b)와 같이 이 봉을 절단하였다고 가정하면 힘의 평형조건에 의하여 외력 P와 내력 S는 크기가 같고 방향이 반대이다. 이 힘 P를 법선방향과 접선방향의 성분 N과 Q로 분해하면

$$N=P\cos\theta$$

$$Q=P\sin\theta$$

이며 경사단면 $p-q$의 면적을 A'라 하면

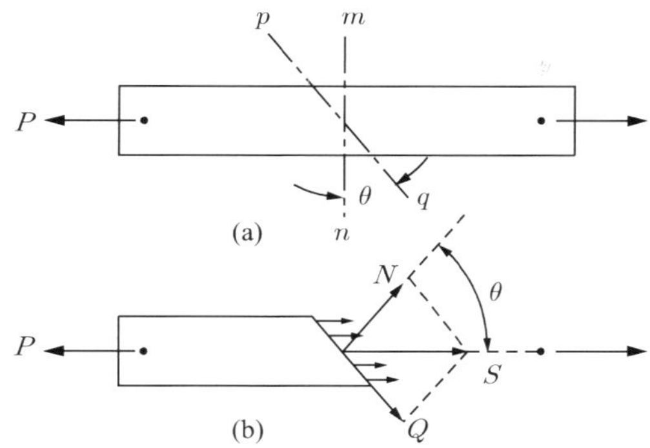

그림 3.6

$$A' = \frac{A}{\cos\theta}$$

이므로 이들 N, Q 성분의 응력은

$$f_n = \frac{N}{A'} = \frac{P}{A}\cos^2\theta = f \cdot \frac{1+\cos 2\theta}{2} \tag{3.5}$$

$$\tau = \frac{Q}{A'} = \frac{P}{A}\sin\theta\ \cos\theta = \frac{f}{2}\sin 2\theta \tag{3.6}$$

으로 된다. 위의 식 (3.5), (3.6)에서 보는 바와 같이 f_n 및 τ는 θ의 함수로 나타나며 f_n은 $\theta = 0$일 때 최대로 되고, 이때 $f_{n_{max}} = \frac{P}{A}$로 된다. 그러나 θ가 증가하면 법선응력 f_n은 감소하며 $\theta = \frac{\pi}{2}$일 때 0이 된다. 이때는 법선응력이 작용하지 않음을 알 수 있다. 전단응력은 각 θ가 커짐에 따라 증가하여 $\theta = \frac{\pi}{4}$에서 최대치

$$\tau_{max} = \frac{1}{2} \cdot \frac{P}{A} \tag{3.7}$$

에 달하고 각 θ의 증가에 따라 감소하여 $\theta = \frac{\pi}{2}$에서 $\tau = 0$이 된다.

위의 결과로 보면 만약 직접 인장 또는 압축보다 전단에 대하여 약한 재료로 만들어진 봉이 축하중에 의해 파괴된다면 최대전단응력이 걸리는 45° 단면에 연한 그 봉의 두 부분 사이의 상대적인 미끄러짐으로 인한 파괴일 것이다.

Example 3.4 지름 6 cm의 봉이 양축에 100 kN의 인장력을 받을 때 봉의 축에 45°인 면에 생기는 법선응력과 전단응력을 구하여라.

$$A=\frac{\pi d^2}{4}=\frac{\pi 6^2}{4}=28.26\ \text{cm}^2$$

$$\text{법선응력 } f_n=\frac{P}{A}\cos^2\theta=\frac{100\times10^3}{28.26\times10^2}\left(\frac{1}{\sqrt{2}}\right)^2=17.69\ \text{MPa}$$

$$\text{전단응력 } f_t=\frac{P}{A}\sin\theta\cos\theta=\frac{100\times10^3}{28.26\times10^2}\left(\frac{1}{\sqrt{2}}\right)^2=17.69\ \text{MPa}$$

3.3 변형률

그림 3.7과 같은 물체에 방향이 서로 반대인 힘을 작용시키면 이 물체는 늘어나든가 줄어든다. 변형량을 Δl, 변형하기 전의 길이를 l, 늘어난 후의 길이를 l_1, 줄어든 후의 길이를 l_2라 하면 인장력에 의해 늘어난 길이

$$\Delta l=l_1-l>0$$

압축력에 의해 줄어든 길이

$$\Delta l=l_2-l<0$$

을 세로변형이라 하고 부호는 인장을 (+), 압축을 (−)로 표시한다.

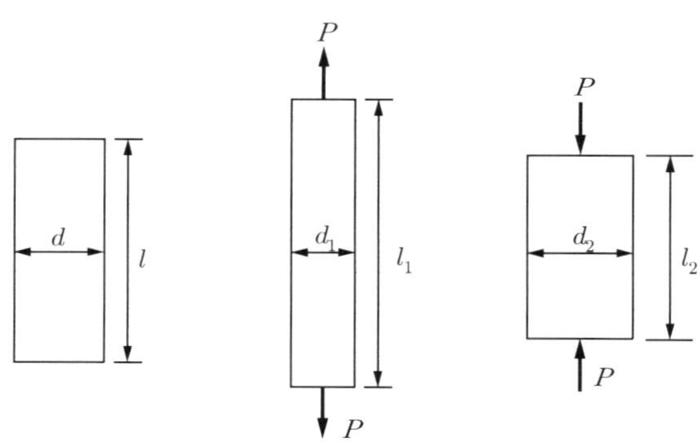

그림 3.7

본래의 길이와 변형량과의 비를 세로변형률(longitudinal strain)이라 하며 부호를 ϵ으로 표시한다. 즉

$$\epsilon=\frac{\Delta l}{l} \tag{3.8}$$

그림 3.7에서 굵기에 대한 가로변형량 Δd는 그림 (b)에서

$$\Delta d = d_1 - d < 0$$

그림 (c)에서

$$\Delta d = d_2 - d > 0$$

로서 세로변형과 반대이다.

Δd의 본래의 굵기 d에 대한 비를 가로변형률이라 하며 부호를 β라 표시한다. 즉

$$\beta = \frac{\Delta d}{d} \tag{3.9}$$

세로변형과 가로변형의 사이에는 일정한 관계가 성립하는데 이 비를 포아슨비(Poisson's ratio)라 한다. 즉

$$\nu = \frac{\beta}{\epsilon} = -\frac{1}{m} \tag{3.10}$$

여기서 ν : 포아슨비, m : 포아슨수

라 하고 ϵ과 β 사이에는 항상 반대의 성질이 있으므로 (−)를 붙이며 m의 값은 구조용 강재에서는 $m = 3 \sim 4$, 콘크리트에서는 $m = 6 \sim 12$이다. 부피가 V인 물체에 압력을 가하여 부피가 V_1으로 되었다면 $\Delta V = V_1 - V$를 부피의 변형이라 하고 부피의 변형을 ϵ_v라 하면

$$\epsilon_v = \frac{V_1 - V}{V} = \frac{\Delta V}{V} \tag{3.11}$$

으로 나타낸다.

한 변의 길이를 l이라 하고 V_1일 때의 길이를 l_1이라 하면

$$\begin{aligned} \Delta V = V_1 - V &= (l \pm \Delta l)^3 - l^3 \\ &= l^3 \pm 3l^2\,\Delta l \pm 3l(\Delta l)^2 \pm \Delta l^3 - l^3 \end{aligned}$$

Δl은 극히 미소하므로 Δl^2 이하의 항을 생략하면

$$\Delta V = \pm\, 3l^2 \cdot \Delta l \tag{3.12}$$

식 (3.11)에 식 (3.12)를 대입하면

$$\epsilon_v = \frac{+3l^2 \cdot \Delta l}{l^3} = 3 \times \left(\pm \frac{\Delta l}{l} \right) \tag{3.13}$$

식 (3.13)에서 $\dfrac{\Delta l}{l}$ 은 세로변형이므로 부피의 변형과 세로변형 사이에는 세배의 차가 있음을 알 수 있다.

Example 3.5 지름 20 mm, 길이 2.5 m 되는 강봉에 인장력을 작용했더니 1.25 mm 늘어나고 지름은 0.002 mm 축소되었다. 이 강봉의 푸아송비를 구하여라.

$$\epsilon = \frac{\Delta l}{l} = \frac{0.125}{250} = 0.0005$$

$$\beta = \frac{\Delta d}{d} = \frac{0.0002}{2} = 0.0001$$

$$\therefore \text{ 푸아송비 } \nu = \frac{\beta}{\epsilon} = \frac{0.0001}{0.0005} = 0.2$$

3.4 탄성계수

그림 3.8과 같이 길이가 l인 균일한 단면을 가지고 있는 봉에 인장력 P를 가하면 그 봉은 하중을 서서히 증가시킬 때마다 조금씩 늘어나고 그 하중을 서서히 감소시켜 완전히 제거하면 늘어난 양 Δl은 점점 줄어들어 봉의 처음 길이 l로 되돌아오려는 경향을 나타낸다.

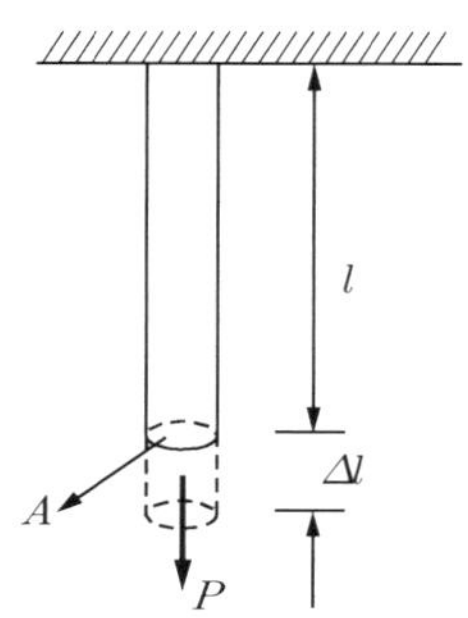

그림 3.8

이와 같이 재료에 가했던 하중을 제거했을 때 원형으로 돌아오려는 성질을 탄성(elasticity)이라 부르며 완전히 처음 길이로 되돌아오면 완전 탄성체라 부르고 그렇지 않으면 불완전 탄성체라 한다.

구조용 재료는 모두 어떤 한도 내에서는 완전탄성체라 할 수 있다.

여러 가지 재료에 의한 인장시험 결과 탄성한도 내에서 늘어난 양 Δl은 인장력 P와 길이 l에 비례하고 단면적 A에 반비례한다는 것을 알 수 있다. 즉

$$\Delta l = \frac{1}{E} \cdot \frac{Pl}{A} = \frac{P \cdot l}{A \cdot E} \tag{3.14}$$

여기서 E는 재료에 따라 정해지는 상수이며, 이를 탄성계수(modulus of elasticity) 또는 영계수(Young's modulus)라 한다.

식 (3.14)는 1968년 영국사람 Robert Hooke가 고안한 식이며, 그의 이름을 따라 Hooke의 법칙이라 부른다.

$f = \dfrac{P}{A}$, $\epsilon = \dfrac{\Delta l}{l}$의 관계식을 이용하면

$$\epsilon = \frac{f}{E} \tag{3.15}$$

Hooke의 법칙은 식 (3.15)에서 보는 바와 같이 응력은 변형에 비례한다고 간단히 정의할 수 있다. 즉

$$E = \frac{f}{\epsilon} = \frac{\text{응력}}{\text{변형}} \tag{3.16}$$

다음에는 탄성계수가 서로 다른 두 가지 이상의 재료를 하나로 하여 하중을 작용시켜 꼭 같은 변형이 일어나도록 만든 합성부재에 대하여 생각하기로 하자.

그림 3.9와 같이 단면적과 탄성계수가 서로 다른 재료가 압축력을 받을 때 각 재료의 응력은 Hooke의 법칙에 의하여

$$f_1 = \epsilon E_1, \quad f_2 = \epsilon E_2 \tag{3.17}$$

외력 P와 내력 f는 평형상태이므로

$$P = f_1 A_1 + f_2 A_2 \tag{3.18}$$

$\epsilon = \dfrac{f_1}{E_1} = \dfrac{f_2}{E_2}$, $f_2 = f_1 \dfrac{E_2}{E_1}$, $f_1 = f_2 \dfrac{E_1}{E_2}$이므로 이것을 식 (3.18)에 각각 대입하여 f_1, f_2에 관하여 정리하면

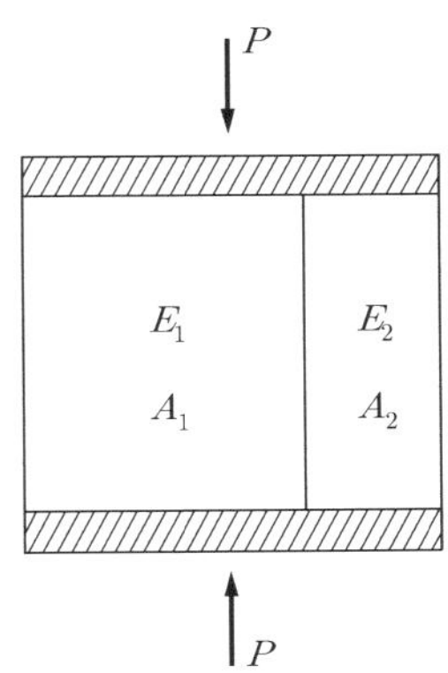

그림 3.9

$$f_1 = \frac{PE_1}{A_1E_1 + A_2E_2}, \quad f_2 = \frac{PE_2}{A_1E_1 + A_2E_2} \tag{3.19}$$

식 (3.19)에서

$$\frac{f_1}{f_2} = \frac{E_1}{E_2} \tag{3.20}$$

즉, 부재에 생기는 응력은 부재의 탄성계수에 비례한다.

Example 3.6 철근콘크리트 기둥에 압축력 P가 작용할 때 철근과 콘크리트의 응력을 구하여라.

철근과 콘크리트의 단면적을 각각 A_s, A_c, 탄성계수를 각각 E_s, E_c라 하고 $n = \frac{E_s}{E_c}$(탄성계수비)라 한다. 식 (3.20)에서 $f_s : f_c = E_s : E_c$

$$f_s = \frac{E_s}{E_c} f_c = n f_c$$

철근과 콘크리트의 응력이 외력과 평형을 이루므로

$$P = f_s A_s + f_c A_c, \quad f_c = \frac{f_s}{n}$$

$$\therefore\ f_c = \frac{P}{nA_s + A_c}, \quad f_s = \frac{P \cdot n}{nA_s + A_c}$$

Example 3.7 단면이 15 cm×15 cm, 길이 1 m인 각재에 120 kN의 압축력을 가했더니 1 mm가 줄어들었다. 이 각재의 탄성계수를 구하여라.

$$E = \frac{f}{\epsilon} = \frac{\frac{P}{A}}{\frac{\Delta l}{l}} = \frac{Pl}{A\Delta l} = \frac{120 \times 10^3 \times 1 \times 10^3}{150 \times 150 \times 1} = 5{,}333\ \text{MPa}$$

Example 3.8 지름 5 cm, 길이 200 cm의 강봉을 15 mm만큼 늘어나게 하려면 얼마의 힘이 필요한가? 단, $E = 2.1 \times 10^5$ MPa

$$E = \frac{Pl}{A\Delta l}$$

$$P = \frac{EA\,\Delta l}{l} = \frac{2.1 \times 10^5 \times \frac{\pi \times 50^2}{4} \times 15}{2{,}000} = 3{,}092.5\ \text{kN}$$

Example 3.9 단면적 3 cm²인 강봉이 그림 3.10과 같은 힘을 받을 때 이 강봉은 얼마나 늘어나겠는가? 단, $E = 2.1 \times 10^5$ MPa

$$E = \frac{P\,l}{A\Delta l} \quad \text{따라서} \quad \Delta l = \frac{P\,l}{A\,E}$$

$$\Delta l_1 = \frac{120\times 10^3 \times 2\times 10^3}{3\times 10^2 \times 2.1\times 10^5} = 3.81\ \text{mm}$$

$$\Delta l_2 = \frac{70\times 10^3 \times 3\times 10^3}{3\times 10^2 \times 2.1\times 10^5} = 3.33\ \text{mm}$$

$$\Delta l_3 = \frac{100\times 10^3 \times 4\times 10^3}{3\times 10^2 \times 2.1\times 10^5} = 6.35\ \text{mm}$$

∴ 총 늘어난 양 $\Delta l = \Delta l_1 + \Delta l_2 + \Delta l_3 = 3.81 + 3.33 + 6.35 = 13.49\ \text{mm}$

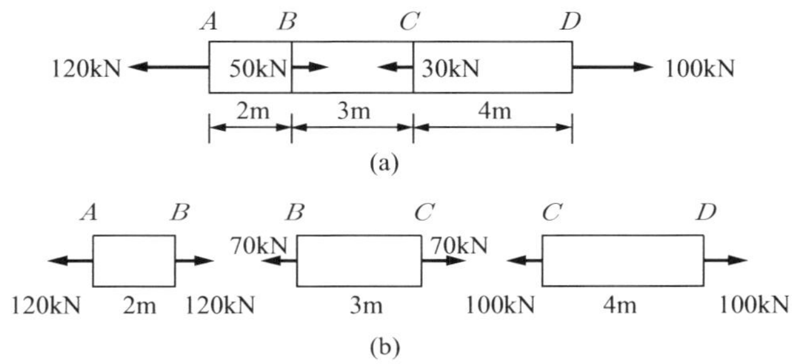

그림 3.10

3.5 응력과 변형의 관계

재료의 양단을 인장하면 재료에는 인장응력 f와 변형도 ϵ이 일어나게 된다. 공시체(test piece)의 시험에 의해 f를 종축, ϵ을 횡축에 취하여 그린 곡선을 응력-변형곡선(stress-strain diagram)이라고 하며 강재의 인장시험에 의해 그린 곡선의 예를 들면 그림 3.11과 같다. 인장력이 증가하면 철재의 지름이 가늘어져 단면적이 작게 되지만 변화가 작으므로 f를 구할 때는 최소의 단면을 그대로 이용하고 있다.

O에서 A까지는 직선이고 응력과 변형은 정비례하여 신장한다. 이 부분이 훅크의 법칙에 따르는 구간으로 하중을 제거하면 원상태로 돌아가는 완전탄성체의 성질을 나타낸다. A점에 대응하는 응력을 비례한도(proportional limit)라 한다.

다시 응력이 증가하면 조금씩 직선에서 벗어나게 된다. $A-B$ 구간에서는 $O-A$구간에서와 같이 하중을 제거하면 원상태로 돌아가는 완전탄성체의 성질을 보이지만 정비례하지 않으며 훅크의 법칙에 따르지 않는다.

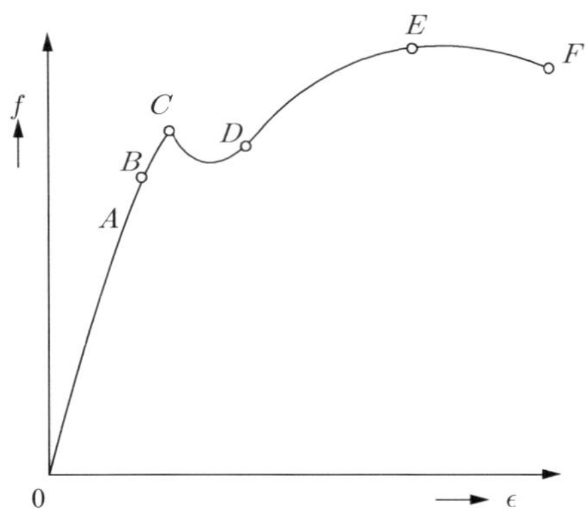

그림 3.11

B점을 탄성한도(limit of elasticity)라고 한다. B점을 넘어서면 하중을 제거하여도 공시체는 완전히 원상태로 돌아오지 않고 일부의 변형이 잔재하게 되며 이 변형을 영구변형이라 한다. B점을 넘어서 응력을 증가시키면 변형도가 급격히 증가하여 항복점(yielding point)에 도달하게 되며, 이때부터 소성변형을 일으킨다. C점을 상항복점(upper yield point), D점을 하항복점(lower yield point)이라 한다.

D점을 넘어서 하중을 증가시키면 응력은 조금씩 증가하는 반면에 변형이 급격히 증가하여 E점에 도달하며 최대응력도를 나타낸다. E점에서의 응력을 극한강도(ultimate strength)라 한다. E점을 지나면 강재지름이 가늘어져 점 F에 이르러 파괴된다. E점의 하중을 최초의 단면적으로 나눈 값을 파괴강도(breaking strength)라 한다.

구조물의 설계에서 각 부재의 응력이 최대응력이 되게 하는 것이 가장 경제적이라 하겠으나 몇 개의 공시체로 행한 시험의 결과가 전체를 정확하게 표시하기 어려우며 재료 자체의 결함이나 단면의 치수 차 혹은 설계이론의 부정확성, 시공상의 불완전 등 기타 여러 가지 이유로 최대응력을 그래도 설계에 쓰는 것은 대단히 위험한 일이므로 구조물 설계에서는 실제 사용할 수 있는 재료의 최대응력을 정하여야 하는데, 이 최대응력을 허용응력(allowable stress)이라 한다. 그리고 극한강도와 허용응력과의 비를 안전율이라 하고 안전율 S는 다음과 같다.

$$S = \frac{\text{극한강도}}{\text{허용응력}} = \frac{f_b}{f_a} \tag{3.21}$$

이때 $S > 1$의 관계가 항상 성립해야 한다.

PROBLEMS

01. 소나무의 압축허용응력이 6 MPa이고 탄성계수는 8,000 MPa라 한다. 100 kN의 압축력을 받는 원형 기둥의 지름은 얼마로 적당한가? 또 이 기둥의 길이가 4 m라 할 때 줄어드는 양을 구하여라.

답 : 14.57 cm, 0.3 cm

02. $f_{sa} = 120$ MPa, 지름 16 mm의 철근은 몇 톤의 인장력에 견딜 수 있는가?

답 : 24.12 kN

03. 단면이 10 cm×10 cm, 길이 30 cm의 각재에 200 kN의 압축력을 가했더니 0.20 mm가 줄었다. 이 각재의 탄성계수를 구하여라.

답 : 30,000 MPa

04. 지름이 10 cm, 길이 20 cm인 재료에 인장력을 작용시켰더니 지름은 9.98 cm로, 길이는 20.2 cm로 변화되었음을 측정하였다. 이 재료의 포아송비는 얼마인가?

답 : 0.2

05. 길이 5 m, $d=20$ cm인 강봉을 100 kN의 힘으로 잡아당길 때 이 강봉은 몇 cm나 늘어나느냐? 단, $E = 2.1 \times 10^5$ MPa

답 : 0.00758 cm

06. 길이 15 m, 지름 15 mm의 철근에 1.5 cm의 신축을 허용한다면 이 철근의 최대 허용하중은 얼마인가? 단, $E = 2.1 \times 10^5$ MPa

답 : 37,110.06 N

07. 극한강도 560 MPa인 재료의 안전율이 3이라 하면 이 재료의 허용응력은 얼마인가?

답 : $f_a = 186.7$ MPa

08. 길이 6 m의 중공강관이 50 kN의 하중을 받는다. 이 관의 내경을 3 cm, 외경을 4.5 cm라고 할 때 관의 응력 f, 변형률 ϵ, 길이의 변형 Δl를 구하여라. 단, $E = 2.1 \times 10^5$ MPa

답 : $f = 70.74$ MPa, $\epsilon = 0.000337$, $\Delta l = 2.02$ mm

09. 그림 3.12와 같은 강판의 응력을 구하여라. 단, 판의 두께는 3 mm이다.

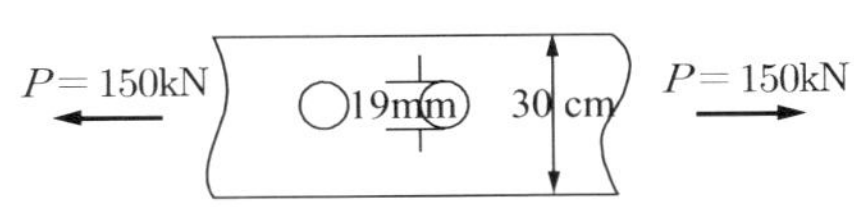

그림 3.12

답 : 177.9 MPa

10. 무게 40 kN인 두 개의 물체를 그림 3.13과 같이 단면적이 2 cm^{2}인 동선과 그 양쪽에 단면적이 1.22 cm^{2}인 두 개의 철선으로 매달았다. 동

선의 탄성계수를 1.06×10^5 MPa, 철선의 탄성계수를 2.1×10^5 MPa라 할 때 동선과 철선의 인장응력은 얼마인가?

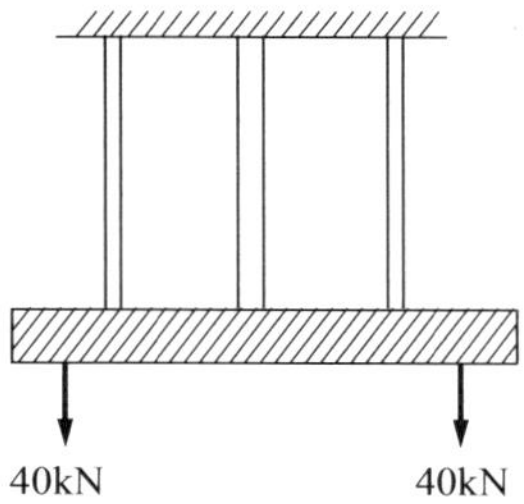

그림 3.13

답 : 동선의 인장응력 117.1 MPa,
철선 231.9 MPa

11. 44 cm×44 cm인 철근콘크리트 기둥에 19 mm의 철근 네 개를 넣었다. 이 기둥에 400 kN의 압축력을 작용시켰을 때 콘크리트 및 철근에 일어나는 응력을 구하여라. 단, 탄성계수비 $n=15$이다.

답 : $f_c = 1.90$ MPa, $f_s = 28.49$ MPa

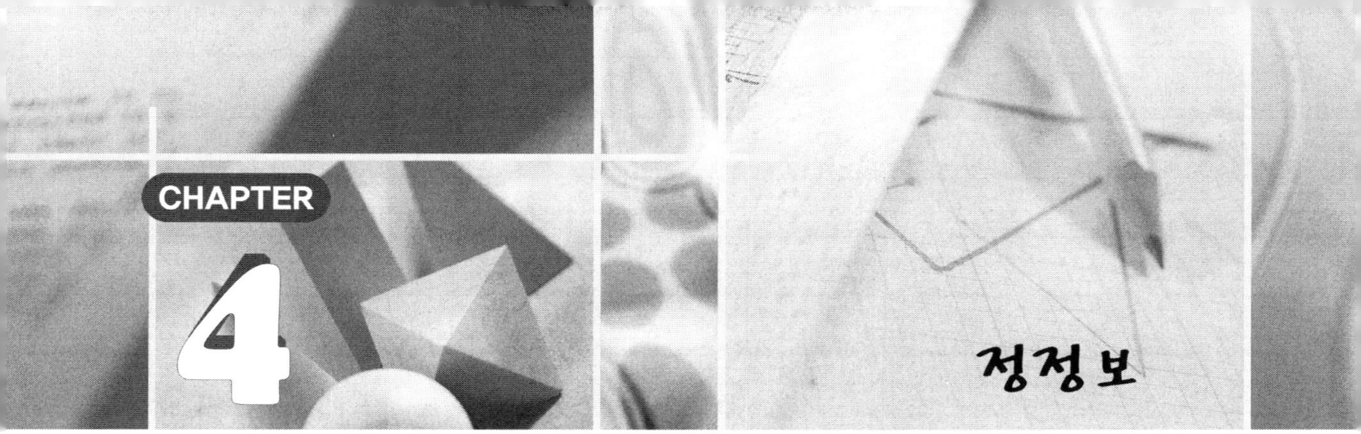

CHAPTER 4 정정보

4.1 개 론

4.1.1 보의 종류

구조물을 구성하는 부재(member) 중에서 그의 축선에 대하여 저항하는 것을 보(beam)라 한다. 보가 교량 등에 쓰일 때는 특히 이를 거더(girder)라 부르기도 한다. 보를 지지하고 있는 지점의 종류는 1.4.3장에서와 같이 이동지점, 회전지점, 고정지점이 있는데 이들 지점의 지지상태에 따라 여러 종류로 분류한다.

① 단순보(Simple beam) : 그림 4.1(a)에서와 같이 1단 회전지점 타단 이동지점으로 지지된 보를 단순보라 하고 이와 같은 지지방법을 단순지지(simple support)라 한다.
② 캔틸레버보(Cantilever beam) : 캔틸레버보는 내다지보라고도 하며 1단 고정지점 타단 자유단(free end)인 보를 말한다(그림 4.1(b)).

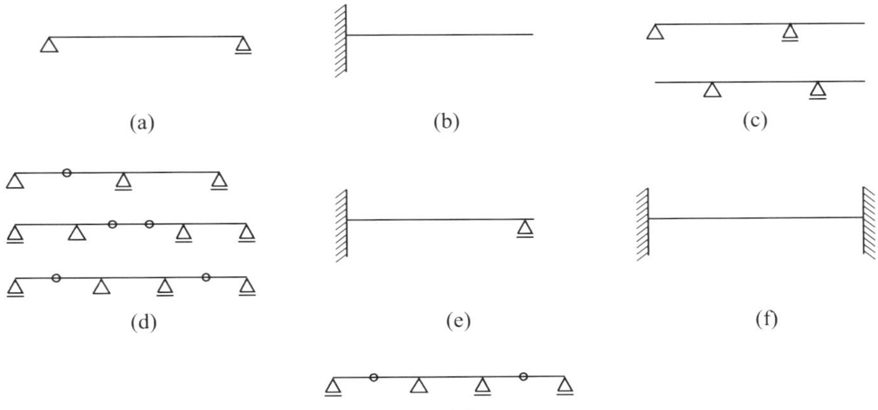

그림 4.1

③ 내민보(Overhanging beam) : 그림 4.1(c)에서와 같이 단순보의 지점이 한쪽이나 또는 양쪽이 지간의 도중에 이동 지지된 보를 내민보라 한다. 한쪽만 내민보를 한쪽 내민보(one side overhanging beam)라 하고 양쪽이 다 내민보를 양쪽 내민보(both sides overhanging beam)라 한다.

④ 게르버보(Gerber beam) : 지점의 수가 세 개 이상인 보(회전지점 한 개에 나머지는 모두 이동지점)에서 부정정차수의 수만큼 힌지(hinge)를 지간의 중간에 넣어 정정보를 만든 보를 게르버보라 한다(그림 4.1(d)).

⑤ 고정보(Fixed beam) : 그림 4.1(e)에서와 같이 고정지점을 갖는 보를 고정보라 한다. 1단이 고정지점이고 타단이 이동지점인 보를 1단 고정보(one end fixed beam)라 하고 그림 4.1(f)에서와 같이 양단이 고정지점으로 되어 있는 보를 양단 고정보(both ends fixed beam)라 한다.

⑥ 연속보(Continuous beam) : 보 하나를 세 개 이상의 지점으로 지지한 것으로 지점반력의 수를 네 개 이상으로 그림 4.1(g)에서와 같은 모양의 보를 연속보라 한다.

위의 ①, ②, ③, ④의 보는 평형조건식만으로 풀 수 있는 정정보이고 ⑤, ⑥의 보는 평형조건식만으로는 풀 수 없는 부정정보이다. 본 장에서는 정정보만 다루고 부정정보는 뒤에서 다루기로 한다.

4.1.2 지점반력

(1) 단순보

① 집중하중을 받을 경우

그림 4.2에서와 같이 A단은 회전지점이고 B단이 이동지점인 보에 집중하중 P가 경사져서 작용할 때 A지점의 반력은 수평반력 H_A와 수직반력 R_A가, B지점의 반력은 수직반력 R_B가 생긴다. 각 반력의 방향을 그림에서와 같이 가정할 때 평형조건식을 적용하면 다음과 같이 된다.

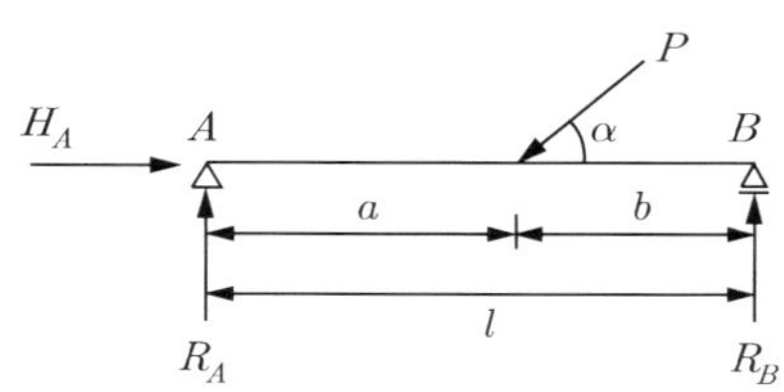

그림 4.2

하중 P를 수직력과 수평력으로 분해하면 $P_H = -P\cos\alpha$, $P_V = -P\sin\alpha$

$$\sum H = 0 \text{으로부터} \quad H_A - P\cos\alpha = 0 \quad (\rightarrow \oplus)$$

$$\sum V = 0 \text{으로부터} \quad R_A + R_B - P\sin\alpha = 0 \quad (\uparrow \oplus)$$

$$\sum M_B = 0 \text{으로부터} \quad R_A \cdot l - P\sin\alpha \cdot b = 0 \quad (\curvearrowright \oplus)$$

따라서 각 반력이 다음과 같이 구해진다.

$$H_A = P\cos\alpha$$

$$R_A = \frac{P \cdot b}{l}\sin\alpha \tag{4.1}$$

$$R_B = \frac{P \cdot a}{l}\sin\alpha$$

이들 모든 값의 부호는 정(+)이므로 반력의 방향은 가정과 같고 만약에 부호가 부(−)로 될 때는 가정과 반대방향이 된다.

하중 P가 수직으로 작용하는 경우는 $\alpha = \frac{\pi}{2}$로서 다음 식에 의하여 구할 수 있다.

$$H_A = 0$$

$$R_A = \frac{P \cdot b}{l} \tag{4.2}$$

$$R_B = \frac{P \cdot a}{l}$$

그림 4.3에서와 같이 다수의 수직 집중하중이 작용하는 경우는 위에서와 같은 방법으로 계산한 다음 식에 의하여 구할 수 있다.

$$R_A = \frac{1}{l}(P_1 b_1 + P_2 b_2 + \ldots + P_n b_n) = \frac{1}{l}\sum P_i\, b_i$$

$$R_B = \frac{1}{l}(P_1 a_1 + P_2 a_2 + \ldots + P_n a_n) = \frac{1}{l}\sum P_i\, a_i \tag{4.3}$$

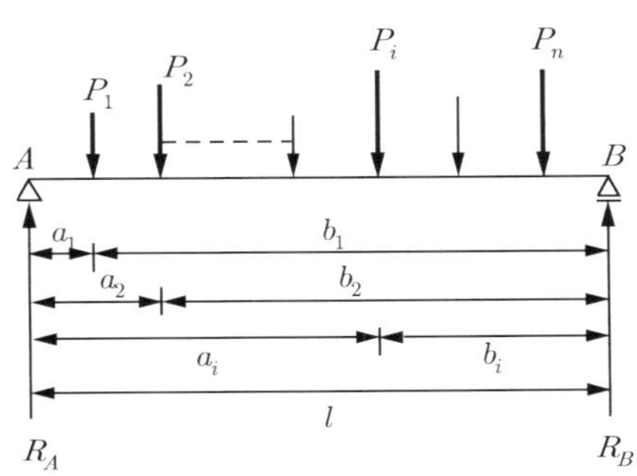

그림 4.3

② 모멘트하중을 받는 경우

그림 4.4에서와 같이 보의 양단에 모멘트 M_A, M_B가 작용하는 경우 평형조건식을 적용하여 구한다.

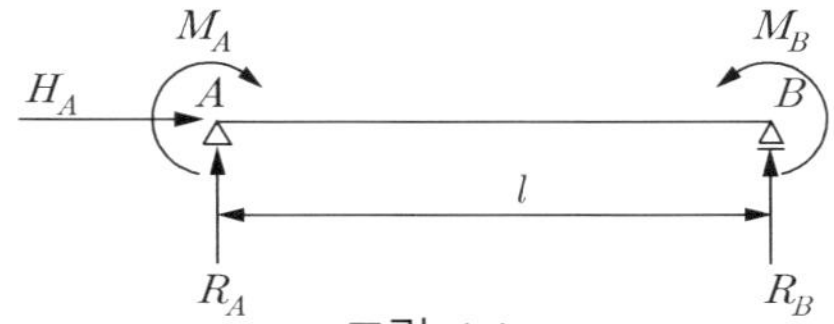

그림 4.4

$$\sum H = 0\text{으로부터} \quad H_A = 0$$

$$\sum V = 0\text{으로부터} \quad R_A + R_B = 0$$

$$\sum M_B = 0\text{으로부터} \quad R_A \cdot l + M_A - M_B = 0$$

$$\therefore \; R_A = -\frac{M_A - M_B}{l}, \quad R_B = \frac{M_A - M_B}{l} \tag{4.4}$$

그림 4.5에서와 같이 보의 중간부 임의의 점 C에 모멘트 M이 작용하는 경우도

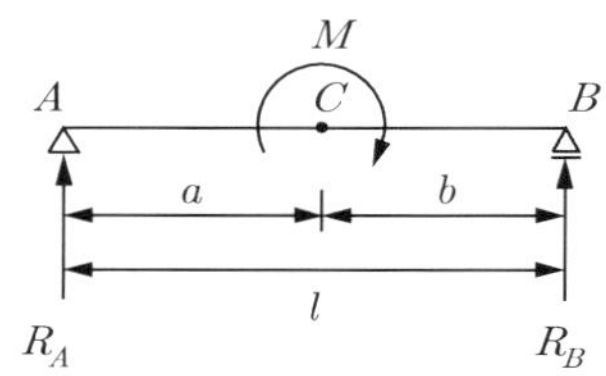

그림 4.5

$$\sum H = 0\text{으로부터} \quad H_A = 0$$

$$\sum V = 0\text{으로부터} \quad R_A + R_B = 0$$

$$\sum M_B = 0\text{으로부터} \quad R_A \cdot l + M = 0$$

$$\therefore \; R_A = -\frac{M}{l}, \quad R_B = \frac{M}{l} \tag{4.5}$$

③ 분포하중을 받을 경우

그림 4.6에서와 같이 분포하중이 작용할 때 하중원의 중심에 작용하는 총중량 W로 바꾸어 놓을 수가 있기 때문에 중심 위치에 작용하는 집중하중 W의 반력을 구하면 이것이 바로 $R_A \cdot R_B$이다.

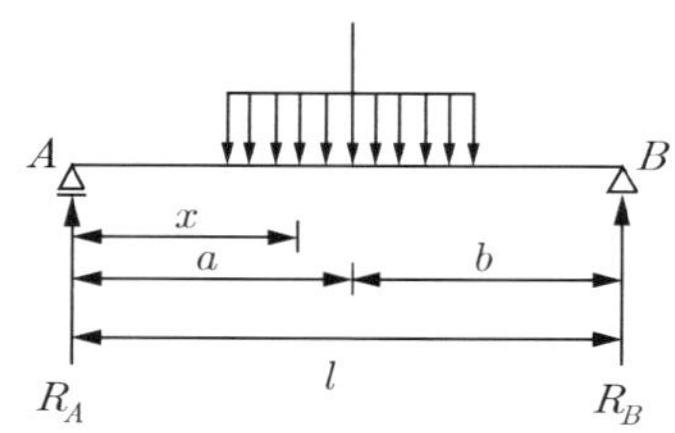

그림 4.6

$$R_A = \frac{W \cdot b}{l}, \quad R_B = \frac{W \cdot a}{l} \tag{4.6}$$

그림 4.7에서와 같이 등분포하중이 만재되었을 때는 $W = w \cdot l$, $a = b = \dfrac{l}{2}$이므로 식 (4.6)으로부터

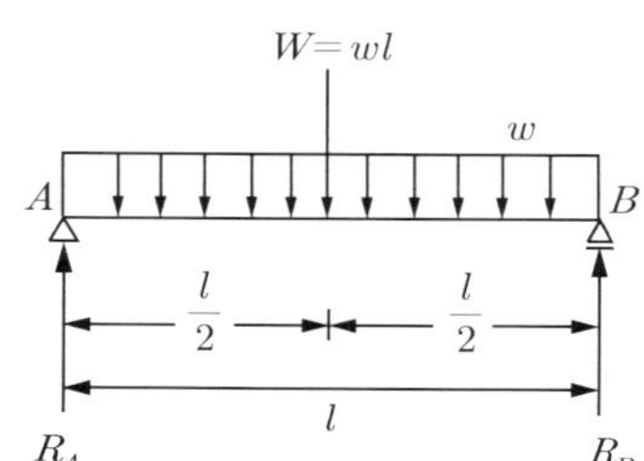

그림 4.7

$$R_A = \frac{w \cdot l}{2} = R_B \tag{4.7}$$

그림 4.8에서와 같이 등변분포하중이 작용할 때는 $W = \dfrac{w \cdot l}{2}$, $b = \dfrac{l}{3}$로 되므로 식 (4.6)으로부터

$$R_A = \frac{W \cdot b}{l} = \frac{\dfrac{w \cdot l}{2} \cdot \dfrac{l}{3}}{l} = \frac{w \cdot l}{6}$$

$$R_B = \frac{W \cdot a}{l} = \frac{\dfrac{w \cdot l}{2} \cdot \dfrac{2l}{3}}{l} = \frac{w \cdot l}{3} \tag{4.8}$$

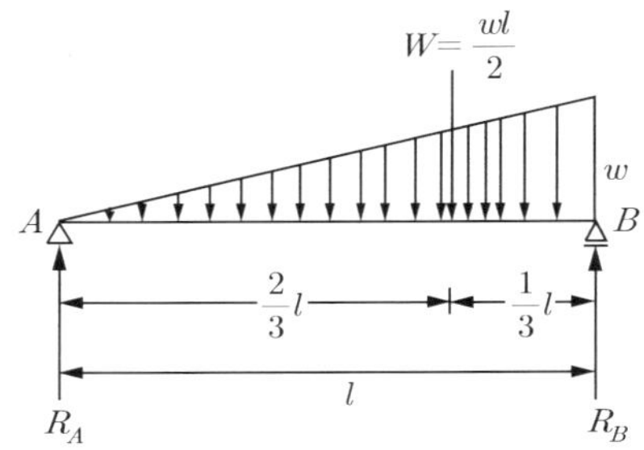

그림 4.8

(2) 캔틸레버보

① 집중하중을 받을 경우

그림 4.9에서와 같이 A단 고정단, B단 자유단일 때 반력은 A단에서 H_A, R_A, M_A가 생기는데 평형조건식으로부터 다음과 같이 각 지점 반력이 구해진다.

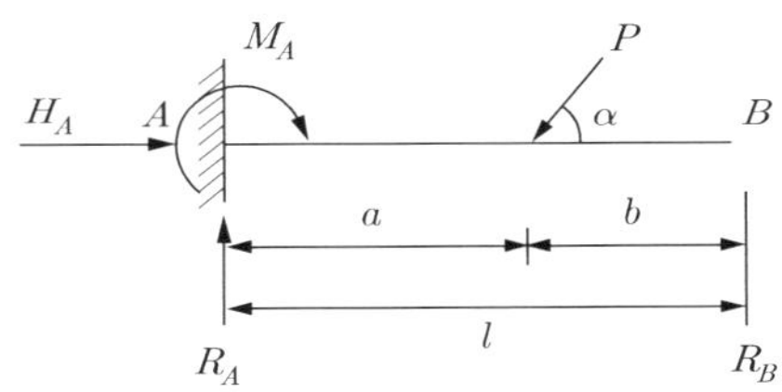

그림 4.9

$$\begin{aligned} &\sum H = 0\text{으로부터} \quad H_A = P\cos\alpha \\ &\sum V = 0\text{으로부터} \quad R_A = P\sin\alpha \\ &\sum M = 0\text{으로부터} \quad M_A = -P\sin\alpha \cdot a \end{aligned} \tag{4.9a}$$

H_A, R_A의 방향은 가정과 같으나 M_A는 가정과 반대인 반시계방향의 반력모멘트이다. 특히 P가 수직하중이면 $\alpha = \dfrac{\pi}{2}$여서 식 (4.9a)는 식 (4.9b)로 된다.

$$H_A = 0, \quad R_A = P, \quad M_A = -P \cdot a \tag{4.9b}$$

② 모멘트하중을 받을 경우

그림 4.10에서와 같이 고정지점 A에서 거리 a의 위치에 모멘트 M이 작용할 때 평형조건식을 적용하면 각 지점반력을 구할 수 있다.

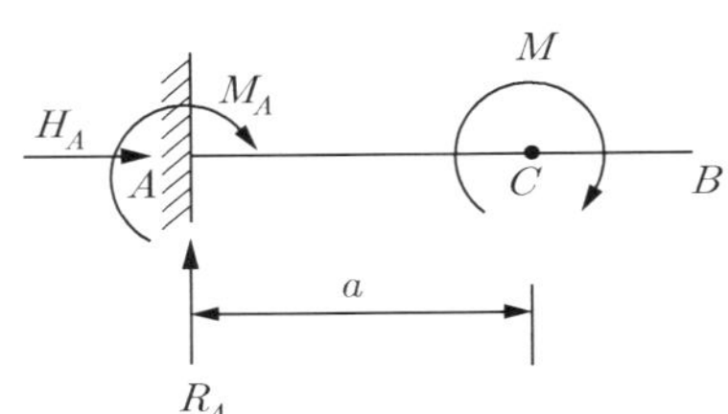

그림 4.10

$$\sum H = H_A = 0$$

$$\sum V = R_A = 0$$

$$\sum M = M_A + M = 0 \quad \therefore \; M_A = -M$$

③ 분포하중을 받을 경우

그림 4.11에서와 같이 분포하중이 작용할 때 전 중량 W로 바꾸어 놓고 하중 W의 반력을 구하면 된다.

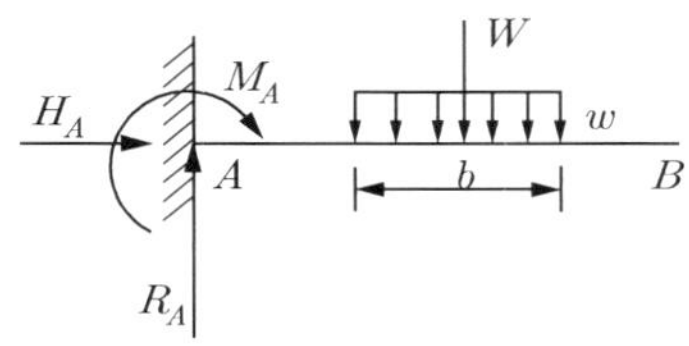

그림 4.11

$$\sum H = H_A = 0$$

$$\sum V = R_A - W = 0 \qquad \therefore \; R_A = W = wb$$

$$\sum M = M_A + Wa = 0 \quad \therefore \; M_A = -Wa = -wab$$

(3) 내민보

내민보는 단순보에서와 같은 방법으로 각 지점반력을 구할 수 있다. 그림 4.12에서와 같이 하중이 재하되었을 때는 평형조건식을 적용하면

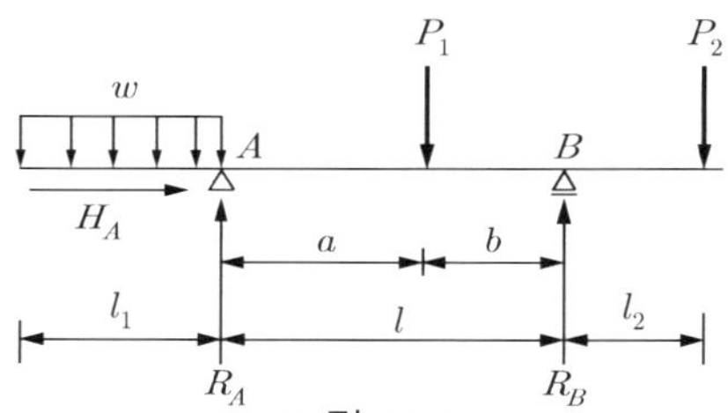

그림 4.12

$$\sum H = 0\text{으로부터} \qquad H_A = 0$$

$$\sum V = 0\text{으로부터} \qquad R_A + R_B - P_1 - P_2 - w\,l_1 = 0$$

$$\sum M_B = 0\text{으로부터} \quad R_A\,l - w\,l_1\left(l + \frac{l_1}{2}\right) - P_1\,b + P_2\,l_2 = 0$$

로 되어 반력 R_A, R_B는 다음과 같이 구해진다.

$$R_A = \frac{1}{l}\left\{w\,l_1\left(l + \frac{l_1}{2}\right) + P_1\,b - P_2\,l_2\right\}$$

$$R_B = P_1 + P_2 + w_1 l_1 - R_A$$

(4) 게르버보

그림 4.13에서와 같이 게르버보는 단순보와 내민보의 결합으로 이루어져 있기 때문에 해법도 이들 두 보의 계산법을 연관시켜 풀어야 한다.

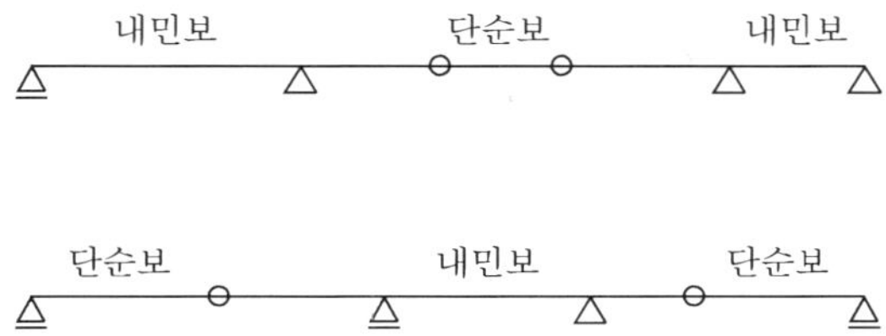

그림 4.13

그림 4.14의 게르버보를 살펴보면 힌지 H에서의 모멘트는 0이고 수직하중만이 작용되었으므로 수평력도 0이다. 그림 (b)에서와 같이 H점에서 내민보와 단순보가 결합되어 있으므로 먼저 단순보를 풀면

$$R_C = \frac{a_3}{l_3} \cdot P_2, \quad R_H = \frac{b_3}{l_3} \cdot P_2$$

로 되고 다음에 R_H를 포함해서 내민보를 풀면 반력 R_A, R_B가 구해진다.

$$R_A = \frac{1}{l_1} P_1 \, b_1 - \frac{l_2}{l_1} \frac{b_3}{l_3} P_2$$

$$R_B = \frac{1}{l_1} P_1 \, a_1 + \frac{l_1 + l_2}{l_1} \frac{b_3}{l_3} P_2$$

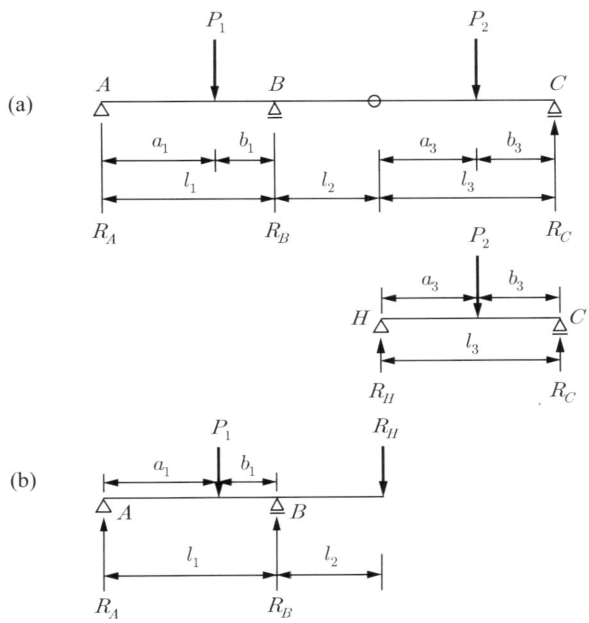

그림 4.14

4.1.3 단면력

일반적으로 구조물에 하중이 작용할 때 부재내부에 응력이 생기어 외력과 평형을 이루나 이 응력이 어느 단면에 어떠한 상태로 생기는가를 이해하는 것은 구조물의 설계상 대단히 중요한 일이다. 부재내의 응력은 단면의 위치 및 경사에 따라 다르다. 이 때문에 응력을 다루는 데는 단면의 위치 및 경사가 주어지지 않으면 안되나 이 절에서는 부재축에 직각인 단면에 대하여 생각해 보기로 한다.

응력은 복잡한 분포상태여서 이를 직접 결정하기는 어려우므로 응력의 산정에는 우선 응력의 합력과 모멘트에 대하여 이와 외력과의 관계를 구한 후 응력의 분포상태를 결정하는 방법이 일반적으로 쓰인다.

그림 4.15(a)에서와 같이 보 AB상에 하중 $P_1, \cdots, P_4$가 작용할 때 반력 R_A 및 R_B가 생겨 전체 외력이 평형상태가 이루어졌다고 하면 지점 A로부터 임의의 거리에 있는

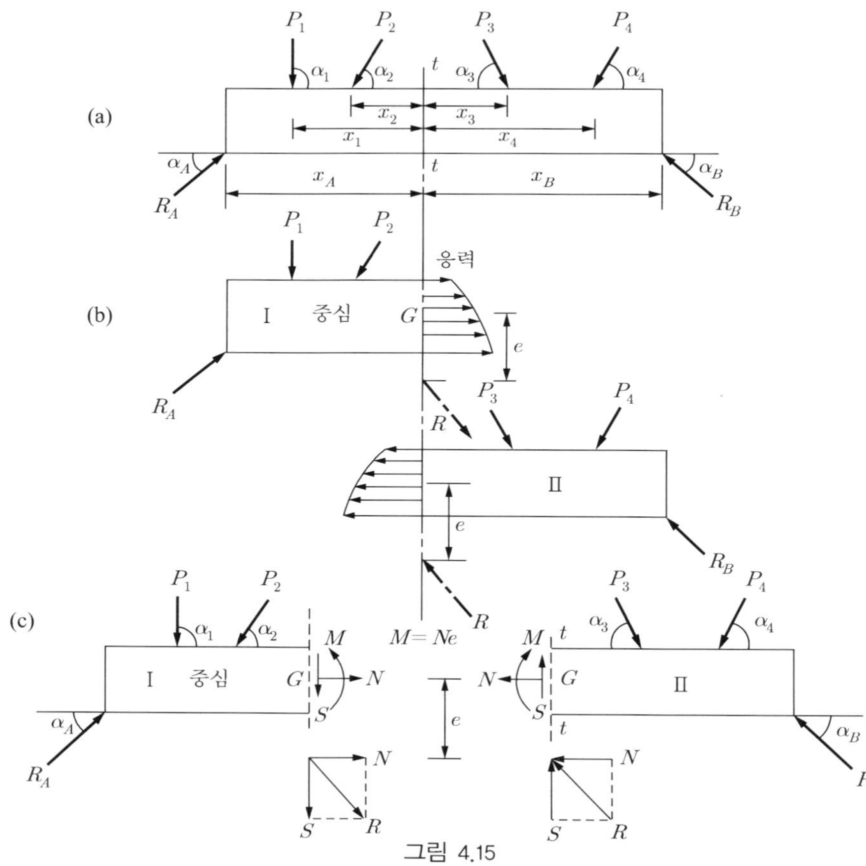

그림 4.15

수직단면 $t-t$로 보 AB를 절단할 때 그림 (b)와 같이 두 부분 I, II로 분해된다. I의 부분은 외력 P_1, P_2, R_A 외에 단면 $t-t$에 II의 부분에서 힘의 작용을 받아 평형을 이루고 II의 부분도 외력 P_3, P_4, R_B와 단면 $t-t$에 I 부분에서의 힘에 의하여 평형을 이룬다. 이 단면 $t-t$에서 서로 작용하는 힘은 작용과 반작용의 법칙에 따라 서로 크기가 같고 방향이 반대임을 알 수 있고, 단면에 연하여 규칙적인 분포상태로 나타내는 힘을 응력이라 한다. 그림 (b)에서와 같이 응력을 합성한 결과는 단면 $t-t$ 상의 중심으로부터 거리 e의 위치에 작용하는 힘 R로 보의 축에 경사져 작용한다.

R의 수평분력을 N, 수직분력을 S라 하면 힘 R은 보의 단면의 중심 G에 작용하는 힘 N, S 및 모멘트 $M=N \cdot e$로 바꿔 놓을 수 있다(그림 (c) 참조). 따라서 단면 $t-t$에서 작용하는 응력은 힘 N, S와 모멘트 M의 작용과 같게 되어, 이들 여러 힘과 보의 I 및 II 부분에 작용하는 외력이 서로 각기 평형상태에 있다고 할 수 있다.

N, S, M을 총칭하여 단면력(section force)이라 하고, N을 수직력(normal force), 축방향력 또는 축력(axial force), S를 전단력(shearing force), M을 휨모멘트(bending moment)라 한다.

(1) 축방향력

임의의 단면에서의 축방향력 N은 평형조건으로부터 그의 단면의 좌측부분에 작용하는 외력의 수평분력의 총화와 크기가 같고 방향이 반대이다. 부호는 인장력을 정(+), 압축력을 부(−)로 한다.

그림 4.15(a)에서 $t-t$ 단면에서의 축방향력 N은

$$N+R_A\cos\alpha_A+P_1\cos\alpha_1-P_2\cos\alpha_2=0$$

$$\therefore\ N=R_A\cos\alpha_A+P_1\cos\alpha_1-P_2\cos\alpha_2 \tag{a}$$

로 된다. 또 단면의 우측부분에 대한 외력의 총화를 구하여도 같은 값의 축방향력 N을 구할 수도 있다.

$$N=-R_B\cos\alpha_B+P_3\cos\alpha_3-P_4\cos\alpha_4 \tag{b}$$

축방향력의 크기는 단면의 위치에 따라 변화하는데 이 변화상태를 단면 직하의 종거로 나타낸 그림을 축방향력도(axial force diagram : A.F.D) 또는 $N-$diagram이라 부른다. $N-$diagram은 대체로 기선의 윗 부분을 정(+), 아래 부분에 부(−)의 값을 기입한다. 그림 4.16의 (a)는 단순보, (b)는 캔틸레버보의 집중하중이 작용한 때의 $N-$diagram이다.

식 (a) 및 (b)에 있어서 α_i가 모두 90°, 즉 외력의 모두가 수평분력이 없을 때는 각 단면의 축방향력은 모두 0으로 되어 처음부터 생각 할 필요가 없다.

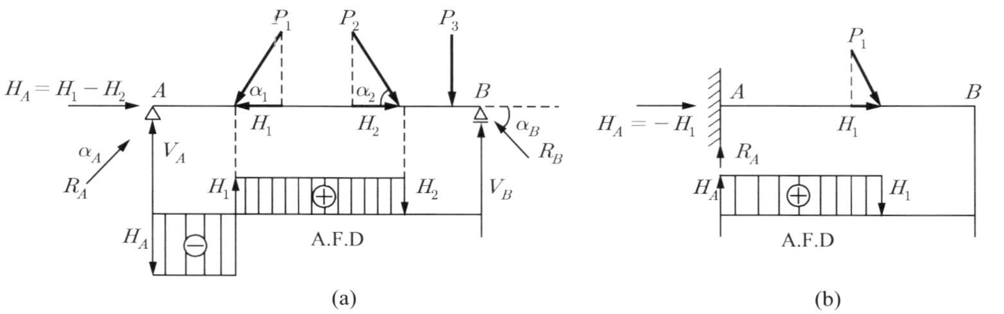

그림 4.16

(2) 전단력

임의의 단면의 전단력 S는 I의 단면부터 좌측 또는 우측 부분의 어느 한쪽에서 그 부분에 작용하는 외력의 수직분력의 총화와 크기가 같고 방향이 반대로 된다. 그림 4.15에서 I의 부분수직 분력의 평형조건으로부터 $t-t$ 단면의 전단력 S가 다음과 같이 구해진다.

$$-S + R_A \sin\alpha_A - P_1 \sin\alpha_1 - P_2 \sin\alpha_2 = 0$$

$$\therefore \ S = R_A \sin\alpha_A - P_1 \sin\alpha_1 - P_2 \sin\alpha_2 \tag{c}$$

또는 II의 부분의 수직력의 평형조건으로부터 S가 다음과 같이 구해지고 이 값은 (c)식의 S값과 동일값이 된다.

$$S = -R_B \sin\alpha_B + P_4 \sin\alpha_4 + P_3 \sin\alpha_3 \tag{d}$$

부호는 외력이 작용했을 때 (c)와 (d)가 동일 부호가 되도록 $t-t$ 단면부터 좌측을 생각할 때 동향의 외력을 정(+), 하향의 외력을 부(−)로 하고, $t-t$ 단면에서 우측을 생각할 때는 하향의 외력을 정(+), 상향의 외력을 부(−)로 한다.

각 단면의 전단력의 변화상태를 나타내는 그림을 전단력도(shearing force diagram : S.F.D) 또는 $S-$diagram이라 하고 축방향력과 같이 정의 전단력을 기선 위에 그리고 (−)의 전단력을 기선 아래에 그리는 것이 보편화되어 있다.

(3) 휨모멘트

임의 단면의 휨모멘트는 그 단면에서 좌 또는 우의 어느 한 부분을 생각하여 그 부분에 작용하는 외력이 그 단면에 미치는 모멘트의 총화와 같고 방향은 반대이다. 즉 그림 4.15의 I 부분에서 단면 $t-t$ 상의 중심 G 둘레의 모멘트의 평형조건에서 휨모멘트 M이 다음과 같이 구해진다.

$$(R_A \sin\alpha_A)\,x_A - (P_1 \sin\alpha_1)\,x_1 - (P_2 \sin\alpha_2)\,x_2 - M = 0$$

$$\therefore\ M = R_A\, x_A \sin\alpha_A - P_1\, x_1 \sin\alpha_1 - P_2\, x_2 \sin\alpha_2 \tag{e}$$

또는 II의 부분에 대한 모멘트의 평형조건식으로부터 M을 구하면 다음 식 (f)와 같고 식 (e)와 동일한 값을 갖는다.

$$M = R_B\, x_B \sin\alpha_B - P_4\, x_4 \sin\alpha_4 - P_3\, x_3 \sin\alpha_3 \tag{f}$$

휨모멘트의 부호는 단면에서 좌측을 생각할 때는 시계방향을 정(+)으로 하고, 우측을 생각할 때는 반시계방향을 정(+)으로 한다. 바꾸어 말하면 보에서 아래쪽에 인장을 생기게 하는 휨모멘트를 정(+), 위쪽에 인장을 생기게 하는 휨모멘트를 부(−)로 한다.

각 단면의 휨모멘트의 변화상태를 나타낸 그림을 휨모멘트도(bending moment diagram : B.M.D) 또 $M-$diagram이라 부르며 보통 기선보다 아래쪽에 (+)의 값을, 위쪽에 (−)의 값을 그린다.

축방향력, 전단력, 휨모멘트의 부호를 그림으로 나타내면 그림 4.17과 같다.

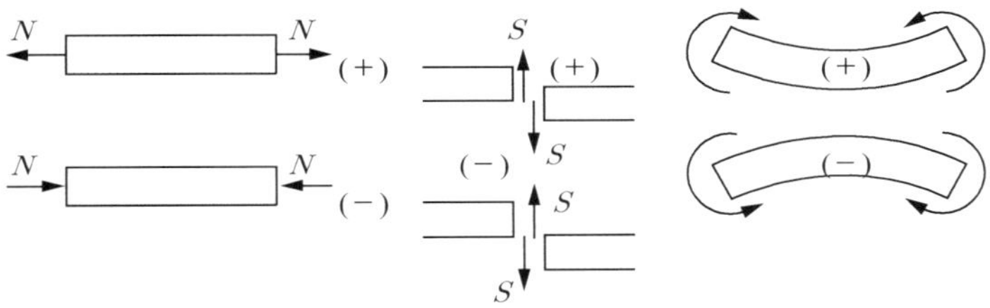

그림 4.17

Example 4.1 그림 4.18과 같은 보의 반력 R_A, R_B를 구하여라.

평형조건식을 적용하면

$\sum V = 0$으로부터 $R_A + R_B - P = 0$

$\sum M_B = 0$으로부터 $R_A\, l - P\dfrac{l}{2} = 0$

$\therefore\ R_A = \dfrac{P}{2},\quad R_B = \dfrac{P}{2}$

또는 $a = \dfrac{l}{2}$, $b = \dfrac{l}{2}$이므로 식 (4.2)로부터

$$R_A = \frac{P\,b}{l} = \frac{P\dfrac{l}{2}}{l} = \frac{P}{2},\quad R_B = \frac{P\,a}{l} = \frac{P}{2}$$

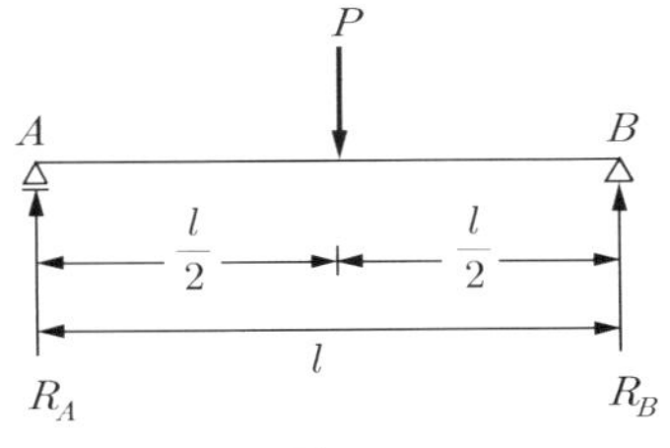

그림 4.18

Example 4.2 그림 4.19(a)와 같은 보의 반력 R_A, R_B를 구하여라.

평형조건식을 적용하여 구하면 그림 (b)와 같은 하중상태로 바꾸어 놓을 수 있으므로

$\sum M_B = 0$으로부터

$$10R_A - 80 \times 8 - 120 \times 3 = 0$$

$$\therefore \ R_A = 100 \text{ kN}$$

$\sum V = 0$으로부터

$$R_A + R_B - 80 - 120 = 0$$

$$\therefore \ R_B = 100 \text{ kN}$$

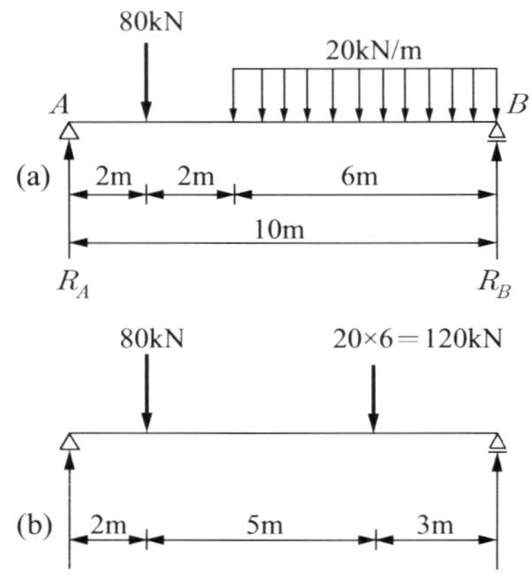

그림 4.19

Example 4.3 그림 4.20(a)와 같은 보의 반력 R_A, R_B를 구하여라.

그림 (a)의 하중상태를 그림 (b)의 하중상태로 바꾸어 생각할 수 있으므로 식 (4.2)를 적용하면

$$R_A = \frac{Pb}{l} = \frac{120 \times 5}{12} = 50 \text{ kN}$$

$$R_B = \frac{Pa}{l} = \frac{120 \times 7}{12} = 70 \text{ kN}$$

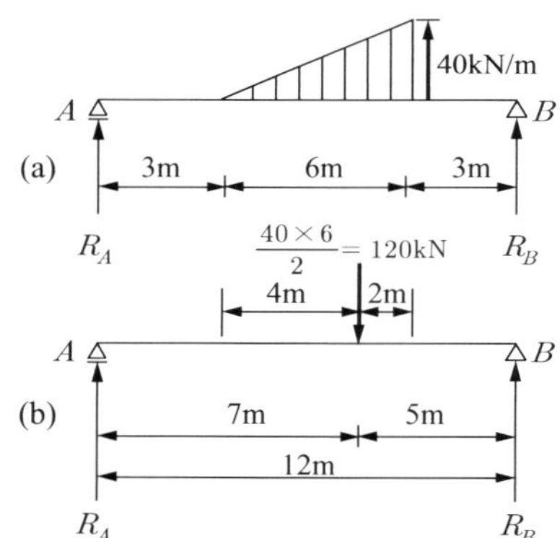

그림 4.20

Example 4.4 그림 4.21과 같은 보의 반력 R_A, R_B를 구하여라.

$$\sum M_B = 10 \times R_A - 40 \times 10 + 80 = 0$$

$$\therefore \ R_A = \frac{320}{10} = 32 \text{ kN}$$

$$\sum V = R_A + R_B - P = 0$$

$$\therefore \ R_B = 40 - 32 = 8 \text{ kN}$$

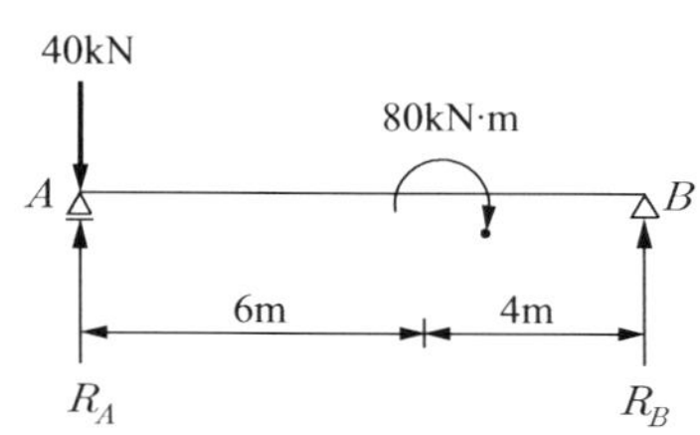

그림 4.21

Example 4.5 그림 4.22(a)에서 반력을 구하여라.

그림 (b)와 같이 반력을 가정하면

$\sum V = 0$으로부터

$R_A - 20 \times 5 - 60 = 0$

$\therefore\ R_A = 160\ \text{kN}$

$\sum H = 0$으로부터

$H_A = 0$

$\sum M_A = 0$으로부터

$M_A + 100 \times 2.5 + 60 \times 7 + 40 = 0$

$\therefore\ M_A = -710\ \text{kN} \cdot \text{m}$

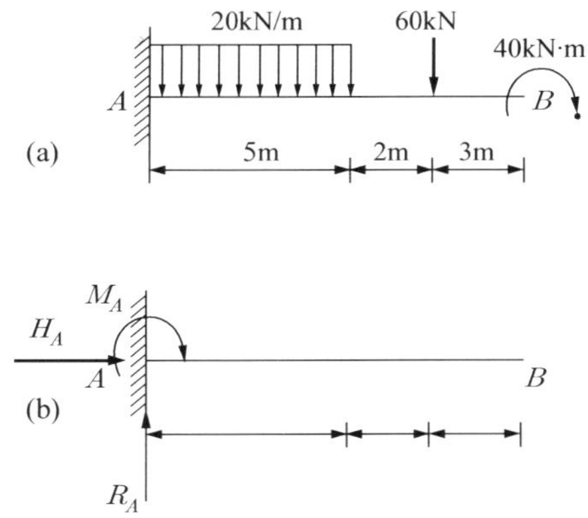

그림 4.22

Example 4.6 그림 4.23과 같은 보의 반력을 구하여라.

$\sum M_B = 0$으로부터

$10R_A - 40 \times 13 - 100 \times 6 + 20 \times 2 \times 1 = 0$

$\therefore\ R_A = \dfrac{1080}{10} = 108\ \text{kN}$

$\sum V = 0$으로부터

$R_A + R_B - 40 - 100 - 20 \times 2 = 0$

$\therefore R_B = 72\ \text{kN}$

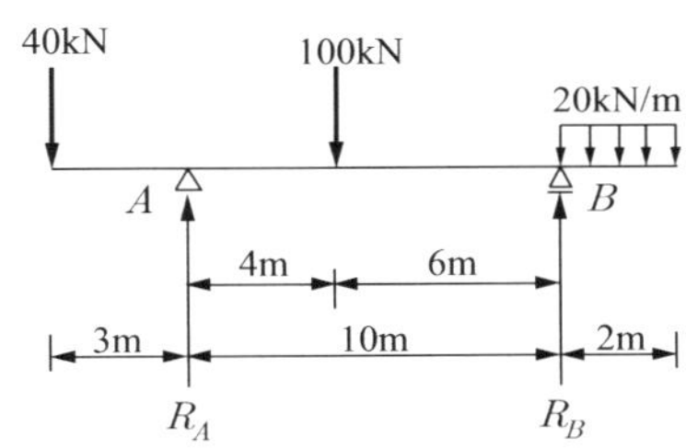

그림 4.23

Example 4.7 그림 4.24(a)와 같은 보의 반력을 구하여라.

그림 (b)와 같이 단순보와 내민보로 나누어 계산하면

$\sum M_B = 12R_A - 20 \times 12 \times 6 + 40 \times 4 + 4 \times 20 \times 2 = 0$

$\therefore\ R_A = \dfrac{1120}{12} = 93.3\ \text{kN}$

$\sum V = 0$으로부터

$R_A + R_B - 20 \times 16 - 40 = 0$

$\therefore\ R_B = 360 - 93.3 = 266.7\ \text{kN}$

$\sum M_C = 30 \times 10 \times 5 - 60 \times 4 - 4 \times 30 \times 2 - 10R_D = 0$

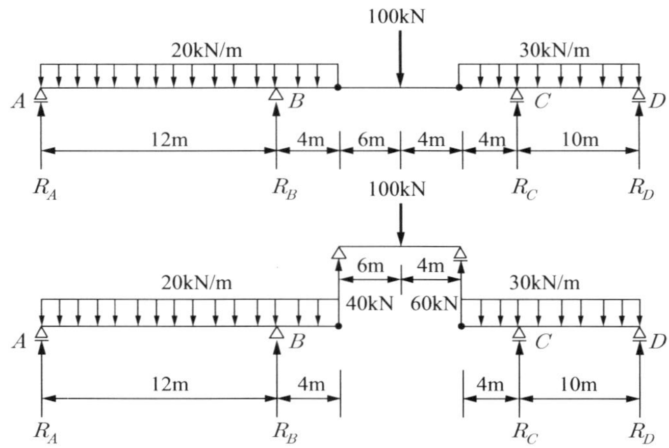

그림 4.24

$$\therefore\ R_D = \frac{1020}{10} = 102\ \text{kN}$$

$$\sum V = R_C + R_D - 30 \times 14 - 60 = 0$$

$$\therefore\ R_C = 378\ \text{kN}$$

4.2 단순보

4.2.1 집중하중을 받을 경우

(1) 한 개의 집중하중을 받을 경우

그림 4.25(a)에서와 같이 A단에서 a거리만큼 떨어진 위치 C에 한 개의 집중하중 P가 수직으로 작용할 때 전단면(S.F)과 휨모멘트(B.M)를 구해보자.

① 지점반력

식 (4.2)로부터

$$R_A = \frac{P\,b}{l}, \quad R_B = \frac{P\,a}{l}$$

② 전단력

임의의 거리 x만큼 떨어진 단면의 전단력을 S_x라 하면 반력과 단면력이 평형이 되어야 하므로 $\sum V = 0$을 적용하면

$$AC \text{ 사이 } 0 \leqq x \leqq a,\ S_x = R_A$$

$$CB \text{ 사이 } a \leqq x \leqq l,\ S_x = R_A - P = -R_B \tag{4.10}$$

S_x는 x에 관계없이 일정함을 알 수 있고 이로서 S.F.D를 그리면 그림 (b)와 같이 된다.

③ 휨모멘트

지점 A로부터 x거리만큼 떨어진 곳의 단면의 휨모멘트를 M_x라 하고 단면의 왼쪽을 생각하면

$$AC \text{ 사이 } 0 \leqq x \leqq a,\ M_x = R_A \cdot x$$

$$CB \text{ 사이 } a \leqq x \leqq l,\ M_x = R_A \cdot x - P(x-a) \tag{4.11}$$

M_x는 x에 관하여 1차식으로 직선변화를 이루고

AC 사이에서 $x = 0$이면 $M_A = 0$

$x = a$이면 $M_C = R_A \cdot a$

CB 사이에서 $x = a$이면 $M_C = R_A \cdot a$

$x = l$ 이면 $M_B = 0$

로 되며 이로서 B.M.D를 그리면 그림 (c)와 같다.

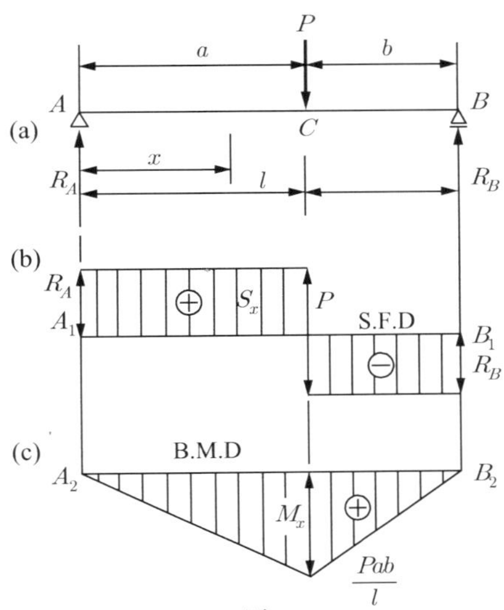

그림 4.25

(2) 여러 개의 집중하중을 받을 경우

그림 4.26(a)에서와 같이 보 위에 여러 개의 집중하중이 작용할 경우는

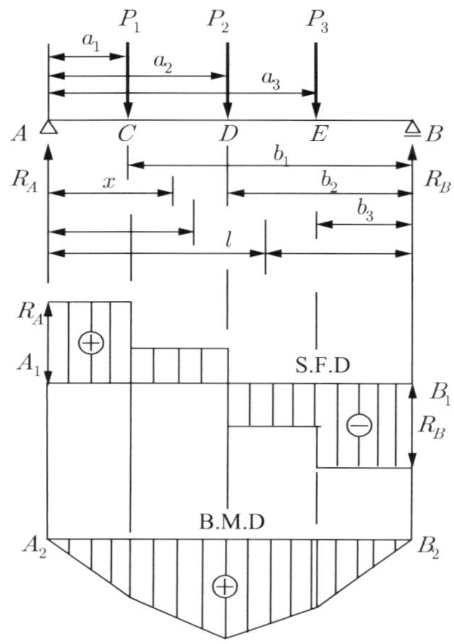

그림 4.26

① 지점반력

A, B점의 반력 R_A, R_B는 식 (4.3)으로부터

$$R_A = \frac{P_1 b_1 + P_2 b_2 + P_3 b_3}{l} = \frac{1}{l}\sum P \cdot b$$

$$R_B = \frac{P_1 a_1 + P_2 a_2 + P_3 a_3}{l} = \frac{1}{l}\sum P \cdot a$$

② 전단력

지점 A로부터 임의의 거리 x만큼 떨어진 단면의 전단력을 S_x라고 하면

AC 사이 $0 \leqq x \leqq a_1$, $S_x = R_A$

CD 사이 $a_1 \leqq x \leqq a_2$, $S_x = R_A - P_1$

DE 사이 $a_2 \leqq x \leqq a_3$, $S_x = R_A - P_1 - P_2$

EB 사이 $a_3 \leqq x \leqq l$, $S_x = R_A - P_1 - P_2 - P_3 = -R_B$ (4.12)

S_x의 값은 어디서든 x에 관계없이 일정한 값이다. 이로써 S.F.D를 그리면 그림 (b)와 같다.

③ 휨모멘트

지점 A로부터 x거리만큼 떨어진 곳의 단면에 대한 휨모멘트를 M_x라 하고 단면의 왼쪽을 생각하면

$$AC \text{ 사이 } \quad 0 \leqq x \leqq a_1, \quad M_x = R_A x$$

$$CD \text{ 사이 } \quad a_1 \leqq x \leqq a_2, \quad M_x = R_A x - P_1(x - a_1)$$

$$DE \text{ 사이 } \quad a_2 \leqq x \leqq a_3, \quad M_x = R_A x - P_1(x - a_1) - P_2(x - a_2)$$

$$EB \text{ 사이 } \quad a_3 \leqq x \leqq l, \quad M_x = R_A x - P_1(x - a_1) - P_2(x - a_2) - P_3(x - a_3) \quad (4.13)$$

식 (4.13)을 살펴보면 M_x의 값은 어디서든 x에 관하여 1차식이므로 직선변화를 이룬다. 이로서 B.M.D를 그리면 그림 (c)와 같다. S.F.D의 부호는 기선의 상부를 (+), 하부를 (−)로 취하고, B.M.D의 부호는 기선의 하부를 (+), 상부를 (−)로 취하는 것이 일반적이다.

Example 4.8 그림 4.27(a)와 같은 보의 단면력을 구하고 S.F.D 및 B.M.D를 그려라.

예제 4.1에서 반력

$$R_A = \frac{P}{2}, \quad R_B = \frac{P}{2}$$

$$S_{A\sim C} = R_A$$

$$S_{C\sim B} = R_A - P = -R_B$$

AC 사이 $M_x = R_A \cdot x$

$x = 0$이면 $M_A = 0$,

$$M_C = R_A \cdot \frac{l}{2} = \frac{P}{2} \cdot \frac{l}{2} = \frac{P \cdot l}{4}$$

CB 사이 $M_x = R_A \cdot x - P\left(x - \frac{l}{2}\right)$

$x = l$이면 $M_B = 0$

이로서 S.F.D와 B.M.D를 그리면 그림 (b), (c)와 같다.

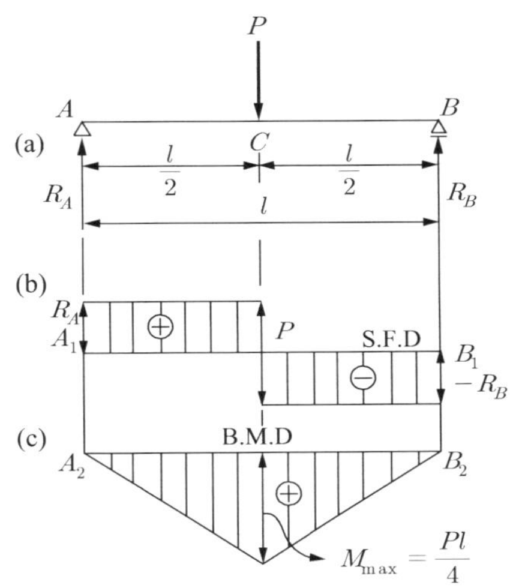

그림 4.27

Example 4.9 그림 4.28(a)와 같은 단순보의 단면력을 구하고 S.F.D 및 B.M.D를 그려라.

$\sum M_B = 0$으로부터 $R_A \times 10 - 100 \times 6 = 0$

$\therefore\ R_A = \dfrac{600}{10} = 60\ \text{kN}$

$\sum V = 0$으로부터 $R_A + R_B - 100 = 0$

$\therefore\ R_B = 40\ \text{kN}$

$S_{A\sim C} = R_A = 60\ \text{kN}$

$S_{C\sim B} = R_A - P$

$\quad = 60 - 100 = -40\ \text{kN} = -R_B$

$M_A = 0$

$M_C = R_A \times 4 = 60 \times 4 = 240\ \text{kN}$

$M_B = 0$

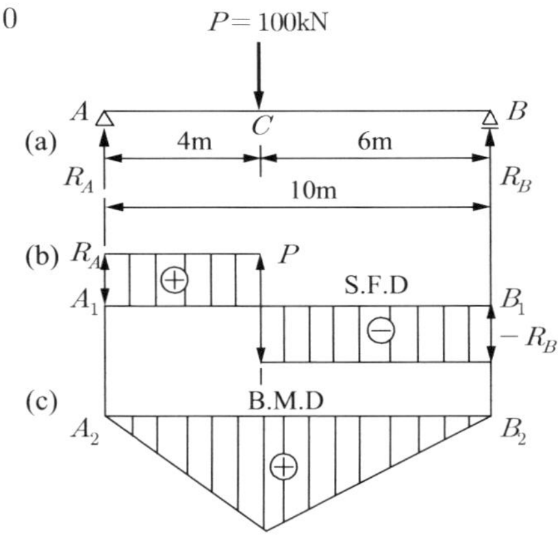

그림 4.28

이로서 S.F.D와 B.M.D를 그리면 그림 (b), (c)와 같다.

Example 4.10 그림 4.29(a)와 같은 보의 단면력을 구하고 S.F.D, B.M.D 및 A.F.D를 그려라.

$\sum H = 0$으로부터 $H_A - 100\cos 60^\circ = 0$

$\therefore\ H_A = 100 \times 0.5 = 50\ \text{kN}$

$R_A \times 10 - 100\sin 60^\circ \times 5 = 0$

$\therefore\ R_A = \dfrac{433}{10} = 43.3\ \text{kN}$

$-R_B \times 10 + 100\sin 60^\circ \times 5 = 0$

$\therefore\ R_B = \dfrac{433}{10} = 43.3\ \text{kN}$

$S_{A\sim C} = R_A = 43.3\ \text{kN}$

$S_{C\sim B} = R_A - 100\sin 60^\circ$

$\quad = 43.3 - 86.6 = -43.3\ \text{kN} = -R_B$

$M_A = 0$

$M_C = R_A \times 5 = 43.3 \times 5 = 216.5\ \text{kN} \cdot \text{m}$

$M_B = 0$

$N_{A\sim C} = -H_A = -50\ \text{kN}$ (압축)

$N_{C\sim B} = 0$

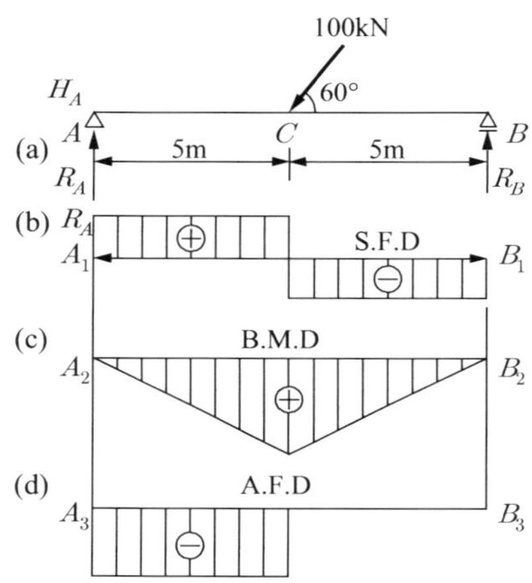

그림 4.29

이로서 S.F.D, B.M.D 및 A.F.D를 그리면 그림 (b), (c), (d)와 같다.

Example 4.11 그림 4.30(a)와 같은 보의 단면력을 구하고 S.F.D 및 B.M.D를 그려라.

식 (4.3)으로부터

$$R_A = \frac{30\times 8 + 20\times 5 + 20\times 2}{10} = \frac{380}{10} = 38\text{ kN}$$

$$R_B = \frac{30\times 2 + 20\times 5 + 20\times 8}{10} = \frac{320}{10} = 32\text{ kN}$$

식 (4.12)로부터

$S_{A\sim C} = 38\text{ kN}$

$S_{C\sim D} = 38 - 30 = 8\text{ kN}$

$S_{D\sim E} = 38 - 30 - 20 = -12\text{ kN}$

$S_{E\sim B} = 38 - 30 - 20 - 20$

$\quad = -32\text{ kN} = -R_B$

식 (4.13)으로부터

$M_A = 0$

$M_C = 38\times 2 = 76\text{ kN}\cdot\text{m}$

$M_D = 38\times 5 - 30\times 3 = 100\text{ kN}\cdot\text{m}$

$M_E = 38\times 8 - 30\times 6 - 20\times 3 = 64\text{ kN}\cdot\text{m}$

$M_B = 0$

이로서 S.F.D와 B.M.D를 그리면 그림 (b), (c)와 같다.

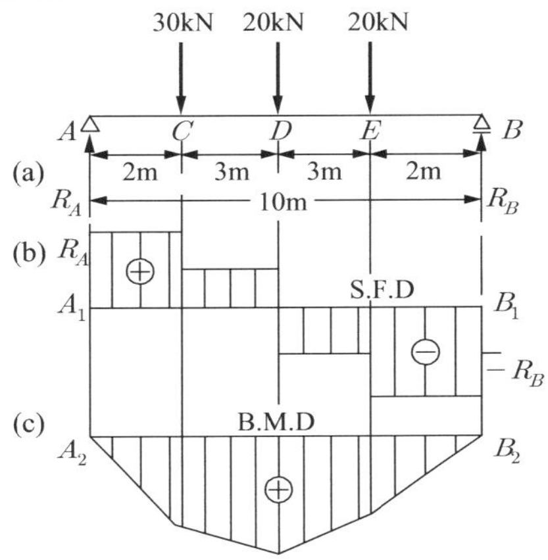

그림 4.30

4.2.2 분포하중을 받을 경우

(1) 등분포하중을 받을 경우

① 지점반력

그림 4.31(a)와 같이 등분포하중인 경우에 단면력을 구해 보자. 식 (4.7)로부터

$$R_A = \frac{w\,l}{2}$$

$$R_B = \frac{w\,l}{2}$$

② 전단력

지점 A로부터 임의의 거리 x만큼 떨어진 단면 C의 전단력을 S_x라 하고 그 왼쪽을 생각하면

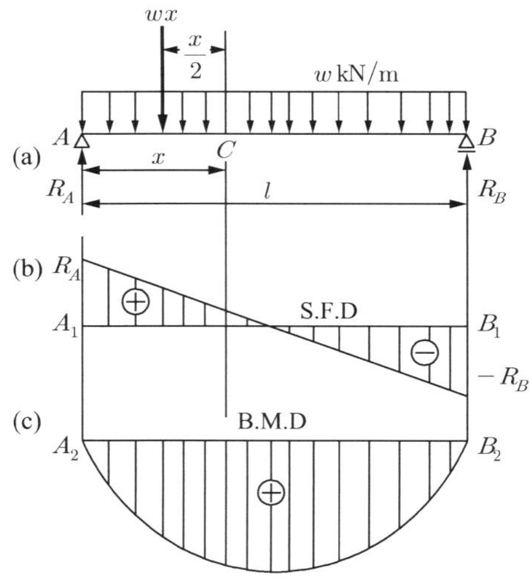

그림 4.31

$$S_x = R_A - wx = \frac{wl}{2} - wx = \frac{w}{2}(l - 2x) \tag{4.14}$$

이것은 x에 관한 1차식이므로 전단력 또는 직선변화를 한다. 따라서

$$\begin{aligned} &x = 0\text{이면} && S_A = R_A = \frac{wl}{2} \\ &x = \frac{l}{2}\text{이면} && S_C = R_A - w \times \frac{l}{2} = \frac{wl}{2} - \frac{wl}{2} = 0 \\ &x = l\text{이면} && S_B = R_A - wl = \frac{wl}{2} - \frac{2wl}{2} = -\frac{wl}{2} = -R_B \end{aligned} \tag{4.15}$$

③ 휨모멘트

단면 C에서의 휨모멘트를 M_x라 하면 전술한 바와 같이 등분포하중은 x구간의 총하중이 AC의 중앙점에 집중하중으로서 작용한다고 생각할 수 있으므로

$$\begin{aligned} M_x &= R_A x - wx\frac{x}{2} = \frac{wl}{2}x - \frac{wx^2}{2} \\ &= \frac{wx}{2}(l - x) = \frac{w}{2}(lx - x^2) \end{aligned} \tag{4.16}$$

이것은 x에 관한 2차스이므로 휨모멘트도는 포물선이 된다.

x거리에 있는 휨모멘트를 M_C라고 하면 M_C가 최대로 되는 단면의 위치를 구하려면 M_x를 거리 x에 관하여 미분하여 0으로 놓으면 된다. 즉

$$\frac{dM_x}{dx} = \frac{wl}{2} - wx = 0$$

$$\therefore\ x = \frac{l}{2}$$

$x = \frac{l}{2}$의 위치, 다시 말하면 보의 중앙점에서 휨모멘트는 최대이다. $x = \frac{l}{2}$을 식 (4.16)에 대입하여 $M_x = \frac{l}{2}$를 구하면 휨모멘트의 최대값인 M_{max}가 구해진다.

$$M_{max} = \frac{w}{2}\left\{l\frac{l}{2} - \left(\frac{l}{2}\right)^2\right\} = \frac{w}{2}\left\{\frac{l^2}{2} - \frac{l^2}{4}\right\} = \frac{wl^2}{8} \tag{4.17}$$

이로서 S.F.D와 B.M.D를 그리면 그림 (b), (c)와 같다.

(2) 등변분포하중을 받을 경우

① 지점반력

총하중 $P = \frac{wl}{2}$은 지점 B에서 $\frac{l}{3}$인 하중의 중심점에 집중하중으로 작용한다고 생각할 수 있으므로 식 (4.8)로부터

$$R_A = \frac{wl}{6}$$

$$R_B = \frac{wl}{3}$$

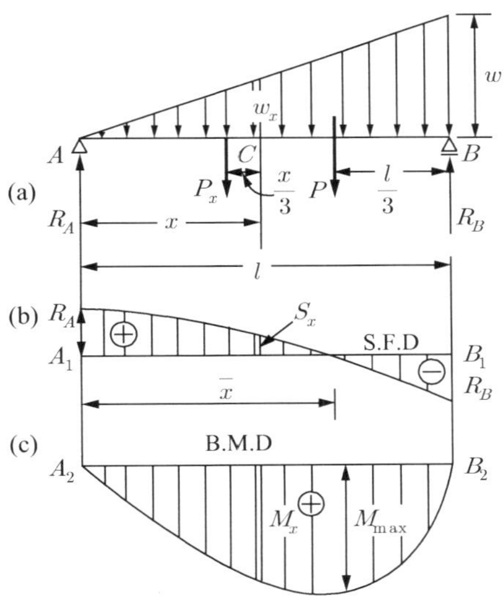

그림 4.32

② 전단력

지점 A로부터 임의의 거리 x만큼 떨어진 단면 C의 단위하중의 크기 w_x는

$$l : w = x : w_x$$

$$w_x = \frac{wx}{l}$$

따라서 단면 C의 왼쪽에 있는 하중의 합력 P_x는

$$P_x = \frac{wx^2}{2l} \tag{4.18}$$

그러므로 단면 C의 전단력 S_x는

$$S_x = R_A - P_x = \frac{w\,l}{6} - \frac{wx^2}{2\,l} \tag{4.19}$$

이것을 x에 관한 2차식이므로 전단력도는 포물선을 이룬다.

③ 휨모멘트

임의의 단면 C의 휨모멘트를 M_x라고 하면

$$M_x = R_A\,x - P_x\,\frac{x}{3} = \frac{w\,l\,x}{6} - \frac{wx^3}{6\,l} \tag{4.20}$$

그리고 최대휨모멘트가 생기는 위치는 $\frac{dM_x}{dx} = 0$으로부터 구할 수 있다. 즉

$$\frac{dM_x}{dx} = \frac{w\,l}{6} - \frac{w\bar{x}^2}{2\,l} = 0$$

$$\frac{w\,l}{6} = \frac{w\,\bar{x}^2}{2\,l}$$

$$\bar{x}^2 = \frac{w\,l}{6} \cdot \frac{2\,l}{w} = \frac{l^2}{3}$$

$$\bar{x} = \frac{l}{\sqrt{3}} \tag{4.21}$$

식 (4.21)의 $\bar{x}$의 값을 식 (4.20)에 대입하면 최대휨모멘트값 $M_{\max}$가 얻어진다.

$$M_{\max} = \frac{w\,l}{6}\frac{l}{\sqrt{3}} - \frac{w}{6\,l}\left(\frac{l}{\sqrt{3}}\right)^3$$

$$= \frac{w\,l^2}{6\sqrt{3}} - \frac{w\,l^2}{18\sqrt{3}} = \frac{w\,l^2}{9\sqrt{3}} \tag{4.22}$$

이로서 S.F.D와 B.M.D를 그리면 그림 (b), (c)와 같다.

4.2.3 모멘트하중을 받을 경우

그림 4.33(a)에서와 같이 A단에서 a거리에 위치한 C점에 모멘트 M이 작용하는 경우에 전단력과 휨모멘트를 구해보면

① 지점반력

식 (4.5)로부터

$$R_A = -\frac{M}{l}$$

$$R_B = \frac{M}{l}$$

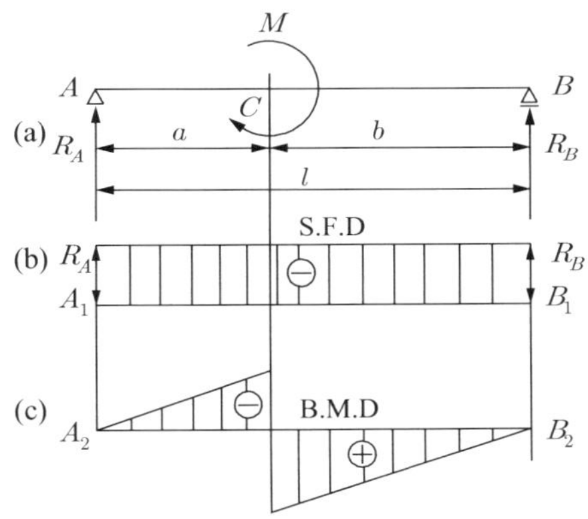

그림 4.33

② 전단력

AC 사이 $S_{A\sim C} = R_A = -\dfrac{M}{l}$

CB 사이 $S_{C\sim B} = R_A = -\dfrac{M}{l}$

$$S_{A\sim B} = -\frac{M}{l} \tag{4.23}$$

③ 휨모멘트

$$M_A = 0$$

AC 사이 $M_x = R_A\,x$, $x = a$이면 $\quad M_{C1} = -\dfrac{M}{l}a$

CB 사이 $M_x = R_A\,x + M$, $x = a$이면 $\quad M_{C2} = -\dfrac{M}{l}a + M = \dfrac{M}{l}\,b \qquad (4.24)$

$$M_B = 0$$

이로서 S.F.D와 B.M.D를 그리면 그림 (b), (c)와 같다.

Example 4.12 그림 4.34(a)와 같은 보의 단면력을 구하고, S.F.D 및 B.M.D를 그려라.

$\sum M_B = 0$으로부터

$R_A \times 10 - 5 \times 3 \times 8.5 - 10 \times 5 - 5 \times 3 \times 1.5 = 0$

$10R_A = 127.5 + 50 + 22.5 = 200$

$\therefore\ R_A = \dfrac{200}{10} = 20\ \text{kN}$

같은 방법으로 $R_B = 20\ \text{kN}$

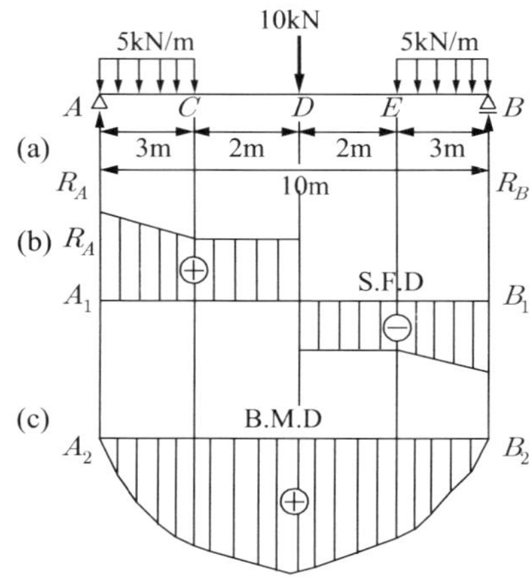

그림 4.34

① 전단력

$S_A = R_A = 20\ \text{kN}$

$S_C = R_A - 5 \times 3 = 5\ \text{kN}$

$S_D = R_A - 5 \times 3 = 5\ \text{kN}$

$S_E = R_A - 5 \times 3 - 1 = -5\ \text{kN}$

$S_B = -R_B = -20\ \text{kN}$

② 휨모멘트

$M_A = 0$

AC 사이 $\quad M_x = R_A x - \dfrac{wx^2}{2}$ (포물선)

$x = 1.5$이면 $\quad M_{1.5} = 20 \times 1.5 - \dfrac{5 \times 1.5^2}{2} = 30 - 5.625 = 24.375\ \text{kN} \cdot \text{m}$

CD 사이 $\quad M_x = R_A x - 5 \times 3(x - 1.5)$ (1차식이므로 직선변화)

$x = 3$이면 $\quad M_C = 20 \times 3 - \dfrac{5 \times 3^2}{2} = 60 - 22.5 = 37.5\ \text{kN} \cdot \text{m}$

$x = 5$이면 $\quad M_D = 20 \times 5 - 5 \times 3 \times (2 + 1.5) = 100 - 52.5 = 47.5\ \text{kN} \cdot \text{m}$

$M_E = 2 \times 3 - \dfrac{5 \times 3^2}{2} = 60 - 22.5 = 37.5\ \text{kN} \cdot \text{m}$

$M_B = 0$

이로서 S.F.D 및 B.M.D를 그리면 그림 (b), (c)와 같다.

Example 4.13 그림 4.35(a)와 같은 보의 단면력을 구하고 S.F.D 및 B.M.D를 그려라.

$R_A \times 12 - 30 \times 4 \times 6 = 0$

$12R_A = 720$

$\therefore\ R_A = 60\ \text{kN} = \text{R}_\text{B}$

$S_{A\sim C} = R_A = 60\ \text{kN}$

$S_{C\sim D} = R_A - 30(x-4)$

$x = 4$이면 $S_C = R_A = 60\ \text{kN}$

$x = 8$이면 $S_D = R_A - 60 \times 4$

$= 60 - 120 = -60\ \text{kN}$

$S_B = -R_B = -60\ \text{kN}$

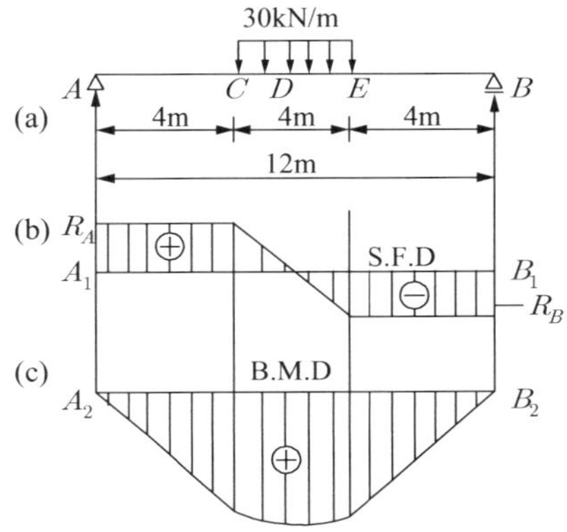

그림 4.35

AC 사이 $M_x = R_A x = 60x$ (직선)

$x = 0$이면 $M_A = 0$

$x = 4$이면 $M_C = 60 \times 4 = 240\ \text{kN}\cdot\text{m}$

CD 사이 $M_x = R_A x - \dfrac{30}{2}(x-4)^2 = 60x - 15(x-4)^2$ (포물선)

$x = 6$이면 $M_M = 60 \times 6 - 1.5 \times (6-4)^2 = 300\ \text{kN}\cdot\text{m}$

$x = 8$이면 $M_D = 60 \times 4 = 240\ \text{kN}\cdot\text{m}$ 혹은 $M_D = 480 - 240 = 240\ \text{kN}\cdot\text{m}$

$M_B = 0$

이로서 S.F.D와 B.M.D를 그리면 그림 (b), (c)와 같다.

Example 4.14 그림 4.36(a)와 같은 보의 단면력을 구하고 S.F.D 및 B.M.D를 그려라.

$R_A \times 10 - 20 \times 5 \times 7.5 - 10 \times 3 = 0$

$10R_A = 750 + 30 = 780$

$\therefore\ R_A = 78\ \text{kN}$

$R_B = 100 + 10 - R_A = 110 - 78 = 32\ \text{kN}$

$S_A = R_A = 78\ \text{kN}$

$S_C = R_A - 2 \times 5 = 78 - 100 = -22\ \text{kN}$

$S_{D1} = -22\ \text{kN}$

$S_{D2} = -R_B = -32\ \text{kN}$

$M_A = 0$

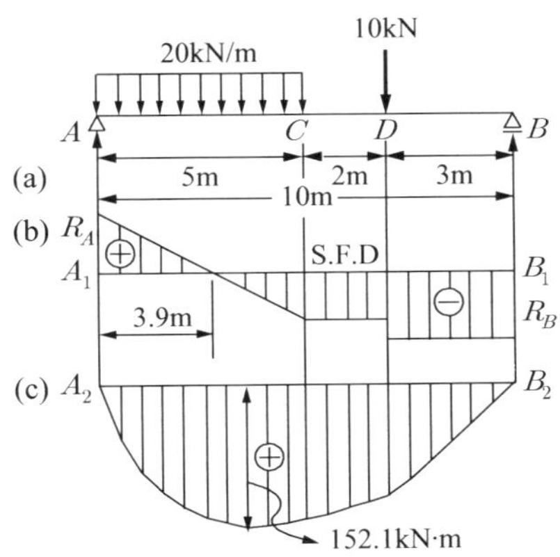

그림 4.36

$$M_C = 78 \times 5 - 20 \times 5 \times 2.5 = 390 - 250 = 140 \text{ kN} \cdot \text{m}$$

$$M_D = R_B \times 3 = 32 \times 3 = 96 \text{ kN} \cdot \text{m}$$

$$M_B = 0$$

최대휨모멘트가 일어나는 위치는

$$M_x = R_A x - \frac{wx^2}{2}$$

$$\frac{dM_x}{dx} = R_A - wx = 0$$

$$78 - 20x = 0$$

$$\therefore\ x = \frac{78}{20} = 3.9\,\text{m}$$

$$M_{\max} = 78 \times 3.9 - \frac{20 \times 3.9^2}{2} = 304.2 - 152.1 = 152.1 \text{ kN} \cdot \text{m}$$

Example 4.15 그림 4.37(a)와 같은 보의 단면력을 구하고 S.F.D 및 B.M.D를 그려라.

식 (4.8)로부터

$$R_A = \frac{wl}{6} = \frac{20 \times 6}{6} = 33.33 \text{ kN}$$

$$R_B = \frac{wl}{3} = \frac{20 \times 10}{3} = 66.67 \text{ kN}$$

$$S_A = R_A = 33.33 \text{ kN}$$

$$S_B = -R_B = -66.67 \text{ kN}$$

식 (4.21)로부터

$$\bar{x} = \frac{l}{\sqrt{3}} = \frac{10}{\sqrt{3}} = 5.77 \text{ m}$$

$$M_A = 0$$

식 (4.22)로부터

$$M_{\max} = \frac{wl^2}{9\sqrt{3}} = \frac{20 \times 10^2}{9\sqrt{3}} = 128.3 \text{ kN} \cdot \text{m}$$

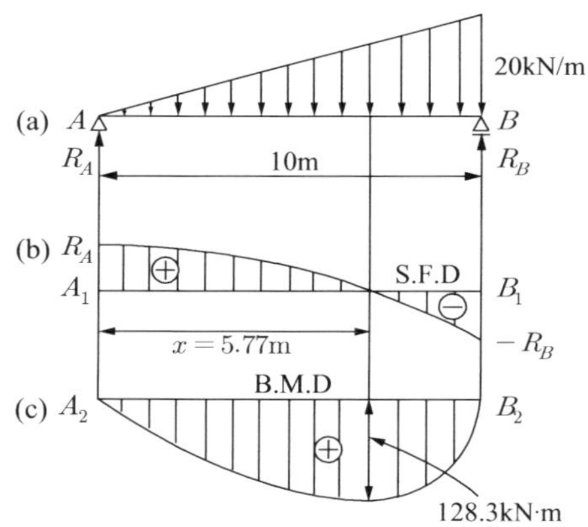

그림 4.37

이로서 S.F.D와 B.M.D를 그리면 그림 (b), (c)와 같다.

Example 4.16 그림 4.38(a)와 같은 보의 단면력을 구하고 S.F.D 및 B.M.D를 그려라.

반력 $\sum M_B = 0$로부터

$$8R_A - 20 \times 8 + 40 = 0$$

$$\therefore\ R_A = 15 \text{ kN}$$

$\sum V=0$으로부터

$R_A+R_B-20=0$

$R_B=-R_A+20=5\text{ kN}$

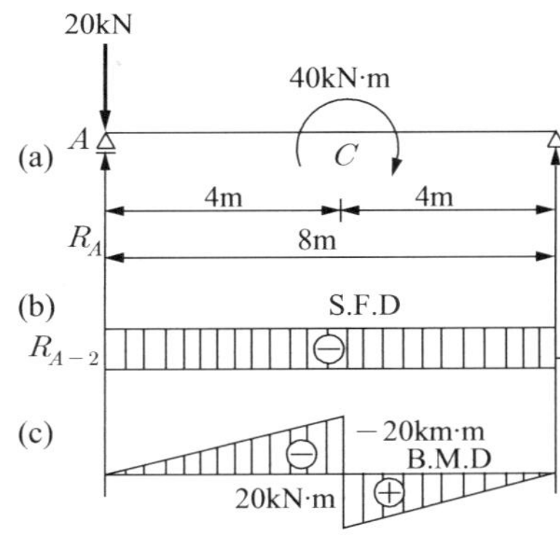

그림 4.38

전단력

AB 사이 $\quad S_{AB}=R_A-20$

$=-R_B=-5\text{ kN}$

(모두일정)

휨모멘트

$M_A=0$

AC 사이 $\quad M_x=R_A\cdot x-20x=15x-20x=-5x$

$x=4$이면 $\quad M_{C1}=-5\times 4=-20\text{ kN}\cdot\text{m}$

CB 사이 $\quad M_x=R_A\cdot x-20x+40=40-5x$

$x=4$이면 $\quad M_{C2}=40-5\times 4=20\text{ kN}\cdot\text{m}$

$M_B=0$

이로서 S.F.D와 B.M.D를 그리면 그림 (b), (c)와 같다.

Example 4.17 그림 4.39(a)와 같은 보의 단면력을 구하고 S.F.D 및 B.M.D를 그려라.

반력 $\sum M_B=0$으로부터

$10R_A-100\times 6-20+30=0$

$\therefore\ R_A=\dfrac{590}{10}=59\text{ kN}$

$\sum V=0$으로부터

$R_A+R_B-100=0$

$\therefore\ R_B=100-59=41\text{ kN}$

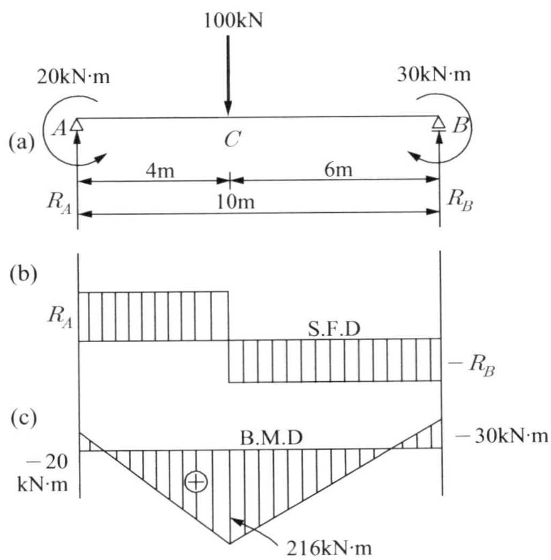

그림 4.39

전단력

AC 사이

$S_{A\sim C}=R_A=59\text{ kN}$

CB 사이

$S_{C\sim B}=R_A-100$

$=-R_B=-41\text{ kN}$

휨모멘트

AC 사이 $M_x = R_A \cdot x - 20 = 59x - 20$

$x=0$이면 $M_A = -20\ \text{kN} \cdot \text{m}$

$x=4$이면 $M_C = 59 \times 4 - 20 = 216\ \text{kN} \cdot \text{m}$

CB 사이 $M_x = R_A \cdot x - 20 - 100(x-4) = 380 - 41x$

$x=4$이면 $M_C = 380 - 41 \times 4 = 216\ \text{kN} \cdot \text{m}$

$x=10$이면 $M_B = 380 - 41 \times 10 = -30\ \text{kN} \cdot \text{m}$

4.2.4 하중, 전단력 및 휨모멘트와의 관계

앞에서 배운 바와 같이 하중이 실린 보의 B.M.D와 S.F.D를 검토해 보면 어느 경우든 모두 B.M.D의 구배가 변화하는 구간에서는 S.F.D의 값이 변화함을 보이고 있다. 따라서 휨모멘트 M과 전단력 S와의 사이에 어떤 관계가 있다는 것을 알 수 있다.

임의의 하중 w_x를 가하여 M과 S와의 관계에 대하여 생각해 보자.

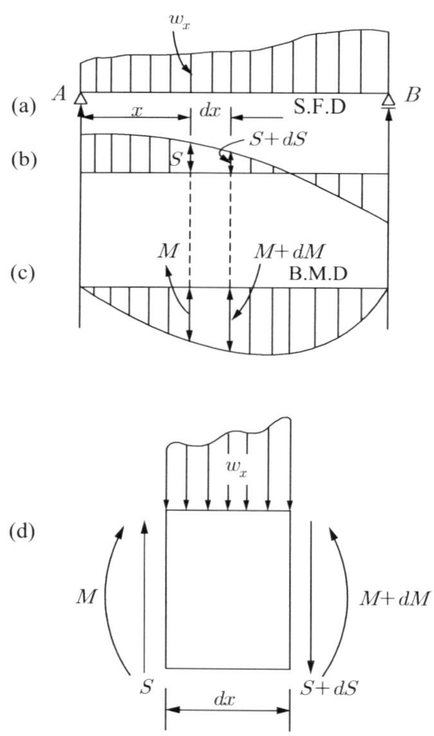

그림 4.40

지금 그림 4.40(a)에서와 같이 보 위에 분포하중이 작용할 때 지점 A에서 x거리만큼 떨어진 곳의 단면과 $x+dx$의 위치에 있는 단면을 떼어내어 살펴보면 x점의 전단력과 휨모멘트를 S, M라 하고, dx 구간에서 dS, dM만큼 변화한 것으로(그림 (b), (c) 참조) 구간 dx를 떼 내어 여러 힘의 작용상태를 나타낸 것이 그림 (d)이다. 여기에 평형조건식을 적용하면 $\sum V=0$으로부터

$$S-w_x\,dx-(S+dS)=0$$

$$-w_x\,dx=dS$$

$$\therefore\ \frac{dS}{dx}=-w_x \tag{4.25}$$

$\sum M=0$으로부터

$$M+S\,dx-(M+dM)-\frac{w_x\,dx^2}{2}$$

2차 이상의 미소항을 무시하여 제거하면

$$S\,dx=dM$$

$$\therefore\ \frac{dM}{dx}=S \tag{4.26}$$

로 된다. 또 식 (4.25)와 식 (4.26)으로부터

$$\frac{d^2M}{dx^2}=\frac{dS}{dx}=-w_x \tag{4.27}$$

이 얻어진다. 이들 식 (4.25), (4.26) 및 (4.27)은 하중과 전단력과 휨모멘트와의 관계를 나타내고 이들 식으로부터 다음과 같은 여러 사항을 알 수 있다.

① $\frac{dS}{dx}$는 S.F.D의 구배이므로 S.F.D의 구배가 $-w_x$로 나타낸다. 따라서 $w_x=0$ 즉, 비재하 구간에서는 S가 일정함을 알 수 있다. 등분포하중 w를 받는 구간은

$$\frac{dS}{dx}=-w_x=-w$$

로 되어 S.F.D는 직선변화함을 알 수 있다.

② $\frac{dM}{dx}$는 B.M.D의 구배로 식 (4.26)은 B.M.D의 구배가 전단력 S로 나타난다. 따라서 S가 일정한 경우에는 B.M.D는 직선변화를 하고 또 보가 등분포하중을 받아 S가 직선변화를 하는 경우 B.M.D는 x의 이차곡선 즉, 포물선으로 된다. $S=0$인 경우는

$\frac{dM}{dx}=0$이고, 또 $\frac{d^2M}{dx^2}=-w_x<0$이므로 B.M.D는 $S=0$의 점에서 최대값을 가짐을 알 수 있다.

③ 식 (4.25), (4.26)의 양변을 x에 대하여 적분하면

$$S=-\int_{x_1}^{x_2} w_x\,dx \qquad M=\int_{x_1}^{x_2} S\,dx$$

여기서 x_1, x_2는 서로 이웃하는 좌표이다. 이상으로 서로 이웃한 단면 사이의 하중곡선의 면적 및 S.F.D의 면적은 그들 양단면간의 S와 M의 변화와 같음을 알 수 있다.

④ 단순보에 집중하중이나 분포하중이 작용하는 경우와 같이 B.M.D가 연속하고 또 양 지간에 M이 생기지 않을 때는 다음식이 성립한다.

$$\int_0^l S\,dx=\int_0^l dM=(M)_{x=l}-(M)_{x=0}=0 \qquad (4.28)$$

위 식에서 단순보의 S.F.D의 총화는 0이다. 바꿔 말하면 S.F.D의 면적은 정(+)의 부분과 부(−)의 부분이 같다.

Example 4.18 지간이 l 인 단순보에 등분포하중이 작용할 때 식 (4.27)을 풀어 S.F와 B.M을 구하여라.

등변분포하중을 w라 하면 식 (4.27)에서

$$\frac{d^2M}{dx^2}=-w_x$$

1차 적분하면 $\frac{dM}{dx}=S=-w_x+c_1$ (4.29)

2차 적분하면 $M=-\frac{w\,x^2}{2}+c_1\,x+c_2$ (4.30)

여기서 c_1, c_2는 적분상수이다. 양단에서 휨모멘트는 0이므로

$x=0$일 때 $M=0$이므로 $c_2=0$

$x=l$ 일 때 $M=0$이여서 $-\frac{w\,l^2}{2}+c_1\,l=0 \quad \therefore c_1=\frac{w\,l}{2}$

이 c_1, c_2의 값을 식 (4.29), (4.30)에 대입하면

$$S=\frac{w\,l}{2}-w\,x$$

$$M=\frac{w\,x}{2}(l-x)$$

로 되어 식 (4.14)와 식 (4.16)이 같은 결과가 된다.

Example 4.19 그림 4.41(a)와 같은 단순보의 최대휨모멘트가 생기는 위치와 크기를 구하라.

반력을 구하면

$\sum M_B = 10R_A - 40 \times 8 \times 6 = 0$

$\therefore\ R_A = \dfrac{1920}{10} = 192\ \text{kN}$

$\sum V = R_A + R_B - 40 \times 8 = 0$

$\therefore\ R_B = 320 - 192 = 128\ \text{kN}$

AC 사이에 임의 거리 x에서의 휨모멘트 M_x는

$$M_x = R_A \cdot x - \frac{4x^2}{2} = 19.2x - 2x^2 \quad (4.31)$$

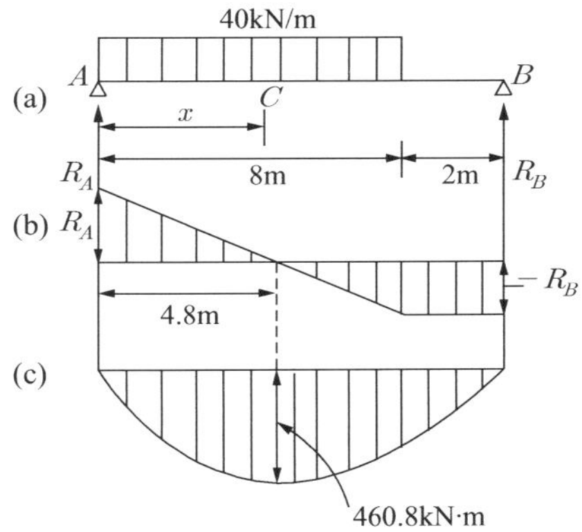

그림 4.41

식 (4.26)에서

$$\frac{dM_x}{dx} = S_x = 192 - 40x = 0$$

$\therefore\ x = \dfrac{192}{40} = 4.8\ \text{m}$

A단에서 4.8 m 떨어진 위치에서 최대 B.M가 생긴다. 최대 B.M $M_{\max}$는 식 (4.31)로부터

$$M_{\max} = M_{x=4.8} = 192 \times 4.8 - 20 \times 4.8^2 = 460.8\ \text{kN} \cdot \text{m}$$

이로서 S.F.D와 B.M.D를 그려보면 그림 (b), (c)와 같다.

4.2.5 간접하중을 받을 경우

그림 4.42(a)는 강재를 이용한 상부구조로서 하중 P는 수직방향으로 작용하고, 이 하중은 P의 양측에 횡부재로 전달되고, 횡부재를 통하여 주부재에 작용한다. 이와 같이 주부재가 하중의 작용을 직접적으로 받지 않는 형태의 보를 간접하중보라 한다.

그림 (b)는 상부구조의 측면도로 이 측면도를 모형적으로 그린다면, 그림 (c)와 같이 되어 간접하중보로 나타난다.

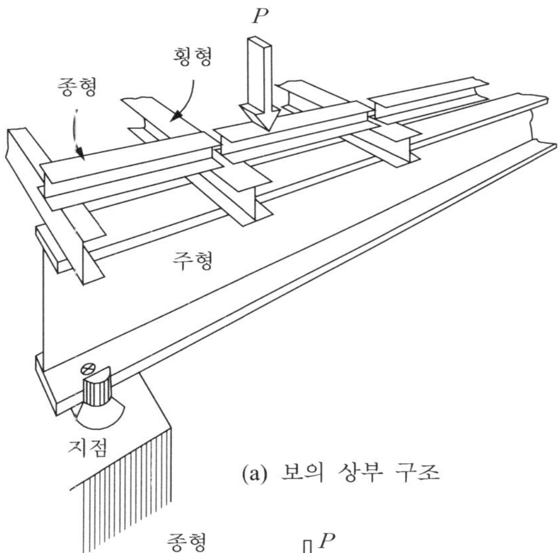

(a) 보의 상부 구조

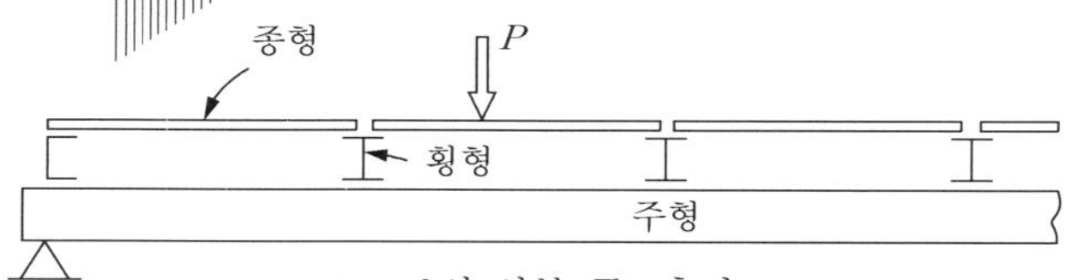

(b) 보의 상부 구조측면

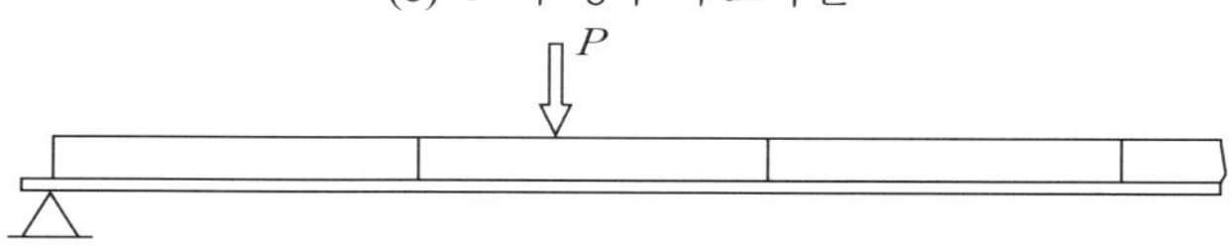

(c) 간접하중

그림 4.42

그림 4.43과 같이 간접하중보는 종부재를 각 횡부재를 지점으로 하는 단순보로 분해하여 그 단순보의 반력과 크기가 같고, 반대방향에 하중으로 각 횡부재의 위치에 주부재로 작용된다.

하중 P_1, P_2, P_3은 그림 4.43(b)와 같이 분해되고 이것을 정리한 그림 (c)의 단순보를 해석한 것에 따라 그림 (a)의 간접하중보를 해석할 수 있다.

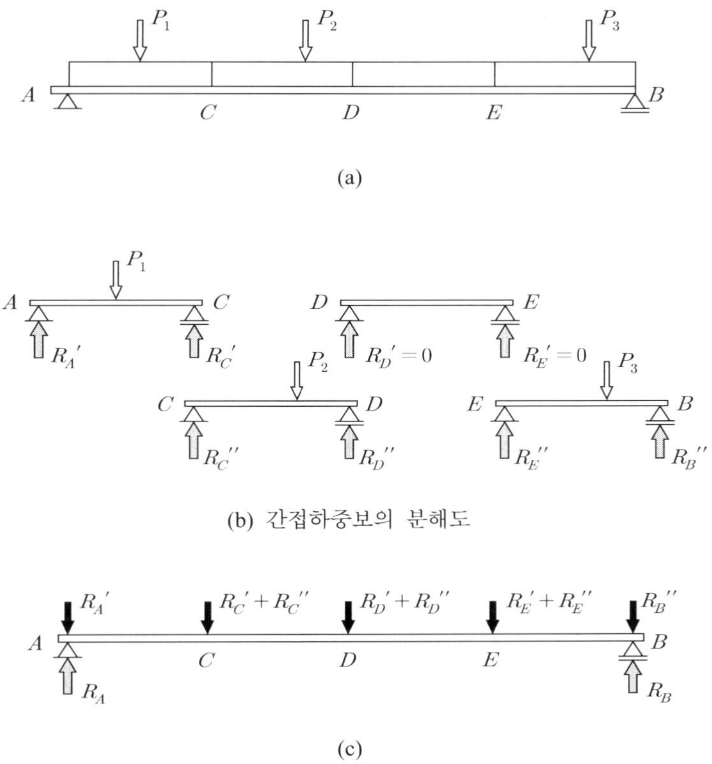

그림 4.43

그림 4.44(a)의 간접하중보를 해석하여 보자.

그림 4.44(a)는 그림 (b)와 같이 분해하여 정리한 그림 (c)의 보를 해석하는 것이 좋다.

반력, R_A, R_B는

$$R_A = \frac{3\times6}{9} + \frac{9\times3}{9} + \frac{6\times0}{9} = 5\text{ kN}$$

$$R_B = \frac{3\times3}{9} + \frac{9\times6}{9} + \frac{6\times9}{9} = 13\text{ kN}$$

가 되며, 전단력도는 그림 (d), 휨모멘트도는 그림 (e)와 같이 된다.

그림 (d), (e)의 점선으로 그려진 것은 하중이 보에 직접 작용한 경우의 것이다.

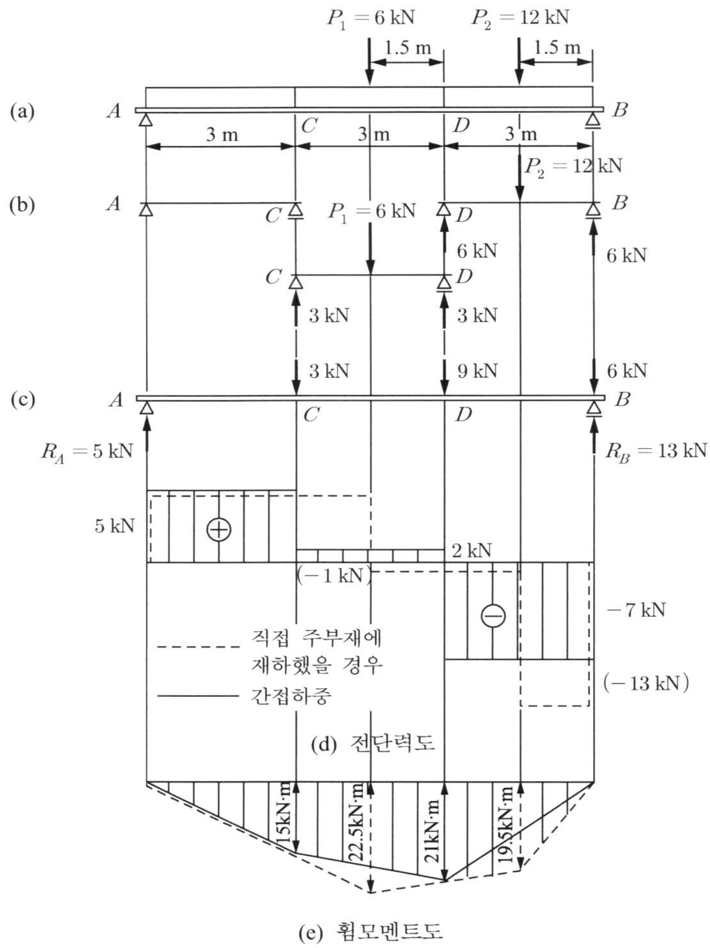

그림 4.44

Example 4.20 그림 4.45(a)의 간접하중보를 해석하고, 하중이 직접 작용하는 경우도 계산하여 비교하여라.

그림 4.45(a)의 3 kN는 분해하는 경우, 단순보 DE, EB 모두 작용시키더라도 결과는 같다. 따라서, 그림 (c)의 보를 해석하는 것이 좋다.

반력 R_A, R_B는

$$R_A = \frac{4\times 16}{16} + \frac{8\times 12}{16} + \frac{7\times 8}{16} + \frac{4\times 4}{16} = 14.5\text{ kN}$$

$$R_B = \frac{8\times 4}{16} + \frac{7\times 8}{16} + \frac{4\times 12}{16} + \frac{4\times 0}{16} = 8.5\text{ kN}$$

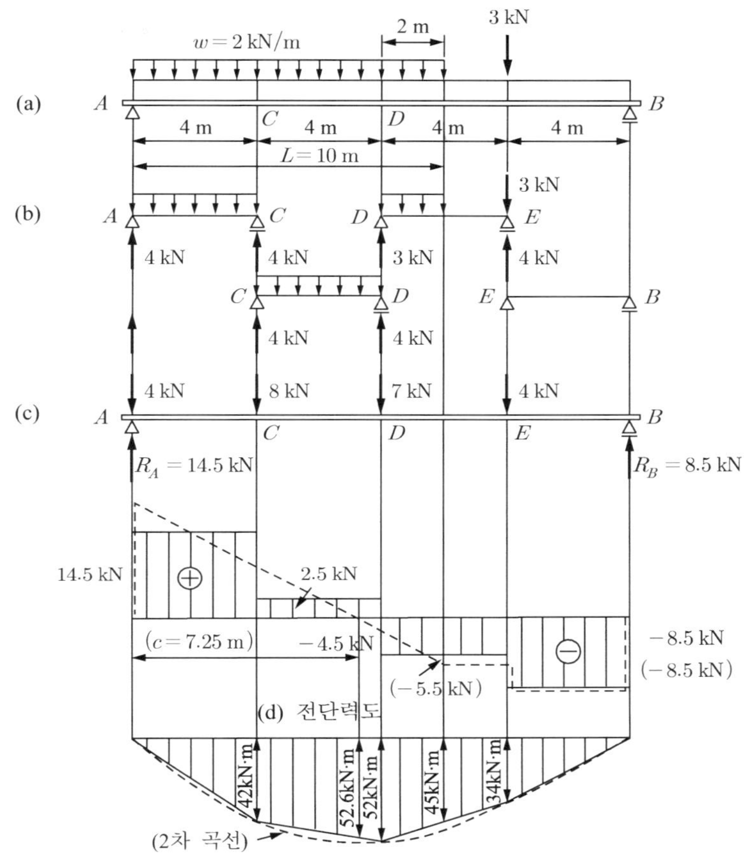

(e) 휨모멘트도

그림 4.45

그림 (d)의 실선은 간접하중보의 전단력도를 표시하며, 그림 (e)의 실선은 간접하중보의 휨모멘트도를 표시한다.

하중이 직접작용하는 경우, 등분포하중을 집중하중으로 환산하여, $P_1 = wL = 2 \times 10 = 20$ kN, 그 작용점은 점 A로부터 우측으로 5 m인 점이다.

따라서,

$$R_A = \frac{20 \times 11}{16} + \frac{3 \times 4}{16} = 14.5 \text{ kN}$$

$$R_B = \frac{20 \times 5}{16} + \frac{3 \times 12}{16} = 8.5 \text{ kN}$$

그림 (d)의 파선은 직접작용하는 하중에 대한 전단력도이다. 전단력도의 부호가 변화하는 점은,

$$c = \frac{V_1}{V_1 + V_2} \times L = \frac{14.5}{20} \times 10 = 7.25 \text{ m}$$

휨모멘트는,

$$M_{\max} = \frac{14.5 \times 7.25}{2} = 52.6\ \text{kN} \cdot \text{m}$$

그림 (e)의 파선은 직접작용하는 하중에 대한 휨모멘트도를 표시하며, 등분포하중이 작용하는 구간은 이차곡선이다.

4.3 캔틸레버보

4.3.1 집중하중을 받을 경우

그림 4.46(a)에서와 같이 세 개의 집중하중이 작용할 때 단면력을 구해본다.

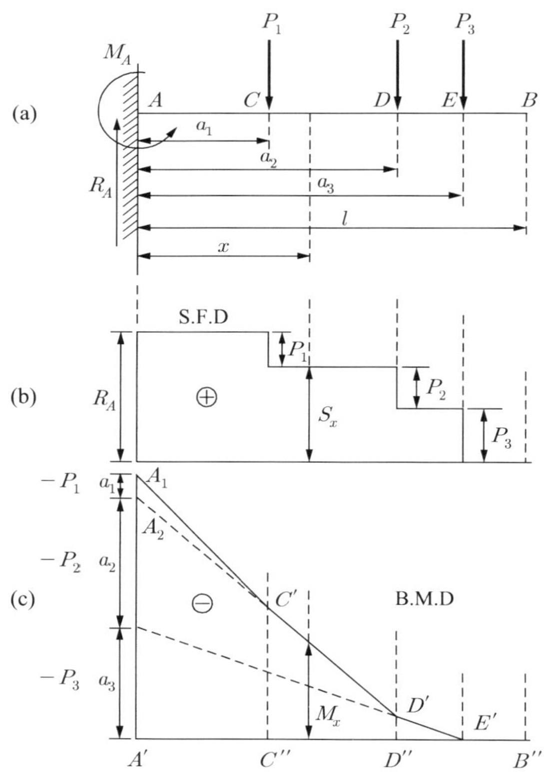

그림 4.46

① 지점반력

평형조건식을 적용하여 구하면 $\sum V=0$으로부터 $R_A = P_1 + P_2 + P_3$이다.

일반적으로 $$R_A = \sum P_i \tag{4.32}$$

$\sum M=0$으로부터 $M_A = -(P_1\,a_1 + P_2\,a_2 + P_3\,a_3)$이다.

일반적으로 $$M_A = -\sum P_i \cdot a_i \tag{4.33}$$

② 전단력

A단에서 x거리만큼 떨어진 단면의 전단력 S_x는

$$\begin{aligned} AC \text{ 사이} \quad & S_x = R_A = P_1 + P_2 + P_3 \\ CD \text{ 사이} \quad & S_x = R_A - P_1 = P_2 + P_3 \\ DE \text{ 사이} \quad & S_x = R_A - P_1 - P_2 = P_3 \\ EB \text{ 사이} \quad & S_x = R_A - P_1 - P_2 - P_3 = 0 \end{aligned}$$

이로서 S.F.D를 그리면 그림 (b)와 같다.

③ 휨모멘트

A단에서 x거리만큼 떨어진 단면의 휨모멘트를 M_x라 하면

$$\begin{aligned} AC \text{ 사이} \quad M_x &= R_A \cdot x + M_A \\ &= (P_1 + P_2 + P_3)x - (P_1a_1 + P_2a_2 + P_3a_3) \\ &= -[P_1(a_1 - x) + P_2(a_2 - x) + P_3(a_3 - x)] \end{aligned}$$

이 우변은 x점부터 자유단 쪽에 있는 하중의 x점에 대한 모멘트의 합이다. 따라서 캔틸레버보의 임의의 점의 B.M을 구할 때는 구하고자 하는 점과 자유단과의 사이에 있는 하중에 의한 두 점의 B.M을 합하면 간단히 구해진다. 이 방법에 따르면

$$\begin{aligned} CD \text{ 사이} \quad & M_x = -[P_2(a_2 - x) + P_3(a_3 - x)] \\ DE \text{ 사이} \quad & M_x = -P_3(a_3 - x) \\ EB \text{ 사이} \quad & M_x = 0 \end{aligned}$$

이로서 S.F.D와 B.M.D를 그리면 그림 (b), (c)와 같고 캔틸레버보의 최대휨모멘트는 일반적으로 고정단에서 생기고 그 크기는 고정단 모멘트와 같다.

4.3.2 분포하중을 받을 경우

(1) 등분포하중을 받을 경우

그림 4.47(a)에서와 같이 등분포하중이 만재되어 있을 경우 단면력을 구하면

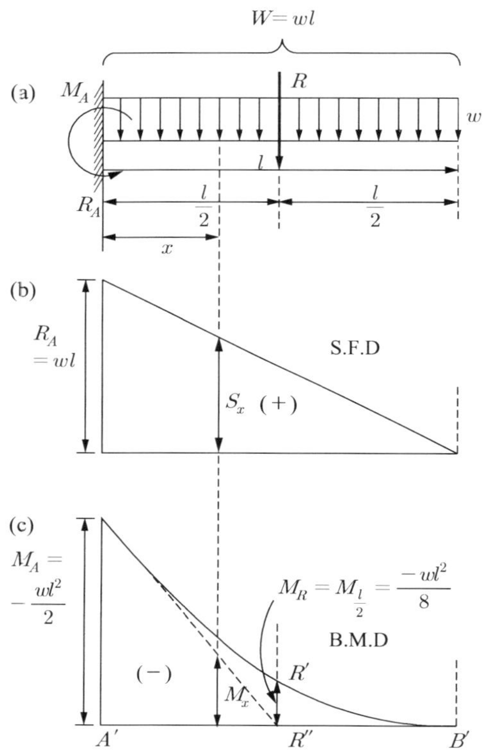

그림 4.47

① 지점반력

$$\sum V = R_A - w\,l = 0$$

$$\therefore\ R_A = w\,l \tag{4.34}$$

② 전단력

고정단 A로부터 x거리에 위치한 단면의 전단력을 S_x라 하면

$$S_x = w(l - x) \tag{4.35}$$

③ 휨모멘트

고정단 A로부터 x거리 떨어진 단면의 휨모멘트를 M_x라 하면

$$M_x = -w(l-x)\cdot\frac{(l-x)}{2}$$
$$= \frac{-w(l-x)^2}{2} \tag{4.36}$$

$x=0$이면 고정단 모멘트로 $M_A = -\frac{wl^2}{2}$로 되고, 이 값은 반력모멘트와 같다.
이로서 S.F.D와 B.M.D를 그리면 그림 (b), (c)와 같은데, S.F.D는 S_x가 1차식이므로 직선 변화를 이루고 B.M.D는 M_x가 2차식이므로 포물선을 이루고 있다.

(2) 등변분포하중을 받을 경우

그림 4.48(a)와 같이 삼각형 하중이 작용할 때 하중의 합력의 크기 $W=\frac{wl}{2}$이고 A단에서 $\frac{l}{3}$의 거리에 위치하며 단면력을 구하면

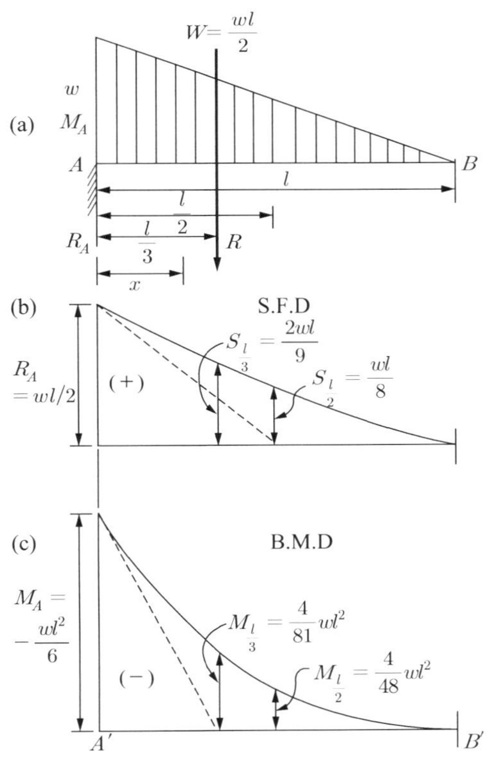

그림 4.48

① 지점반력

$$R_A = \frac{w\,l}{2} \tag{4.37}$$

② 전단력

A단에서 x거리 단면의 전단력 S_x는 x점의 분포하중강도 $w_x = \frac{w}{l}(l-x)$이므로

$$S_x = \frac{1}{2}w_x(l-x) = \frac{w}{2l}(l-x)^2 \tag{4.38}$$

③ 휨모멘트

A단에서 x거리 단면의 휨모멘트 M_x는

$$M_x = -\frac{w}{2l}(l-x)^2 \cdot \frac{l-x}{3} = -\frac{w}{6l}(l-x)^3 \tag{4.39}$$

이로서 S.F.D를 그리면 S_x는 x에 관하여 2차식이므로 그림 (b)와 같이 포물선을 이루고 B.M.D를 그리면 x에 관하여 3차식이므로 그림 (c)와 같이 3차 곡선을 이룬다.

4.3.3 모멘트하중을 받을 경우

그림 4.49(a)와 같이 캔틸레버보의 자유단 B에 모멘트하중이 작용하는 경우의 단면력을 구해보자.

지점반력으로서는 수평 및 수직반력은 0이고 다만, 반력 모멘트만이 생길 것이다.

$$\sum M = M_A + M = 0$$

$$\therefore\ M_A = -M$$

수직력이 없으므로 전단력도 보 전체를 통하여 0이고 휨모멘트는 보 전체를 통하여 일정하며 부호는 ↺ − ↻ (그림 4.17 참조)이므로 (−)이다.

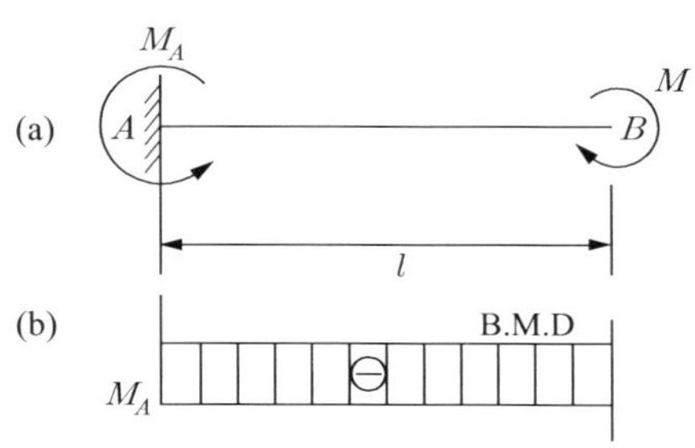

그림 4.49

Example 4.21 그림 4.50(a)와 같은 캔틸레버보의 단면력을 구하고 S.F.D와 B.M.D를 그려라.

반력을 구하면

$R_A = 10 + 2 \times 12 = 34$ kN

전단력을 구하면

AC 사이 $S_x = 34 - 2x$

$x = 0$에서 $S_A = 34$ kN

$x = 8$에서 $S_{C1} = 18$ kN

CB 사이 $S_x = 24 - 2x$

$x = 8$에서 $S_{C2} = 8$ kN

$x = 12$에서 $S_B = 0$

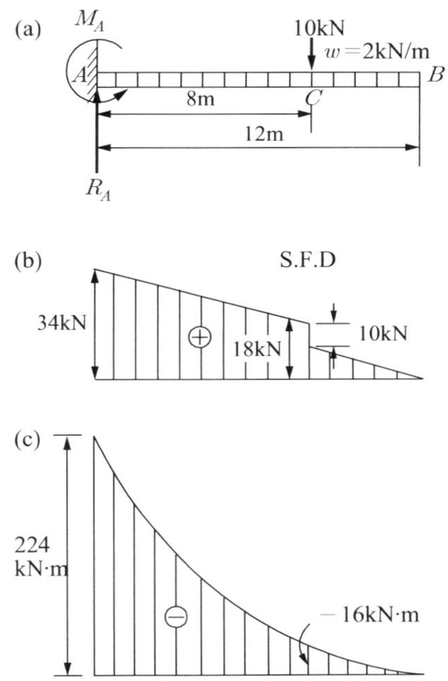

그림 4.50

휨모멘트를 구하면

AC 사이 $M_x = -\left[10(8-x) + 2(12-x) \cdot \dfrac{(12-x)}{2}\right]$

$= -224 + 34x - x^2$

$x = 0$에서 $M_A = -224$ kN · m

$x = 8$에서 $M_C = -224 + 34 \times 8 - 8^2 = -16$ kN · m

CB 사이 $M_x = -2(12-x) \cdot \dfrac{(12-x)}{2} = -(12-x)^2$

$x = 8$에서 $M_C = -(12-8)^2 = -16$ kN · m

$x = 12$에서 $M_B = 0$

이로서 S.F.D와 B.M.D를 그리면 그림 (b), (c)와 같이 S_x는 1차식이므로 직선변화를 이루고 있고 M_x는 2차식이므로 포물선을 이루고 있다.

Example 4.22 그림 4.51(a)와 같은 보의 B.M.D를 그려라.

$\sum M_B = 0$으로부터

$M_B + 20 = 0$

$\therefore\ M_B = 20\ \text{kN} \cdot \text{m}$

$R_B = H_B = 0$

$S_A = S_B = 0$

$M_A = 20\ \text{kN} \cdot \text{m}$

이로서 B.M.D를 그리면 그림 (b)와 같다.

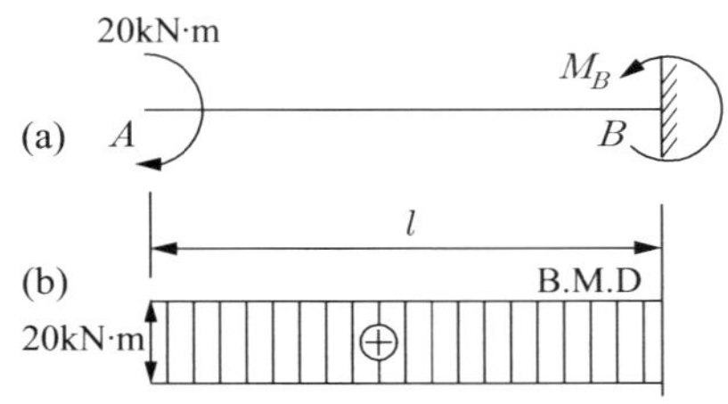

그림 4.51

Example 4.23 그림 4.52(a)와 같은 보의 단면력을 구하고 S.F.D와 B.M.D를 그려라.

지점반력

$\sum V = 0$

$R_A - 50 = 0$

$\therefore\ R_A = 50\ \text{kN}$

$\sum M = 0$

$50 \times 4 - 40 + 20 + M_A = 0$

$\therefore\ M_A = -180\ \text{kN} \cdot \text{m}$

전단력

AC 사이 $S_x = R_A = 50\ \text{kN}$

CB 사이 연직력이 없으므로

$S_x = 0$

모멘트

DB 사이 $M_{D\sim B} = -20\ \text{kN} \cdot \text{m}$

CD 사이 $M_{C\sim D} = 40 - 20 = 20\ \text{kN} \cdot \text{m}$

AC 사이 $M_x = -50(4-x) + 20$

$x = 4$이면 $M_C = 20\ \text{kN} \cdot \text{m}$

$x = 0$이면 $M_A = -180\ \text{kN} \cdot \text{m}$

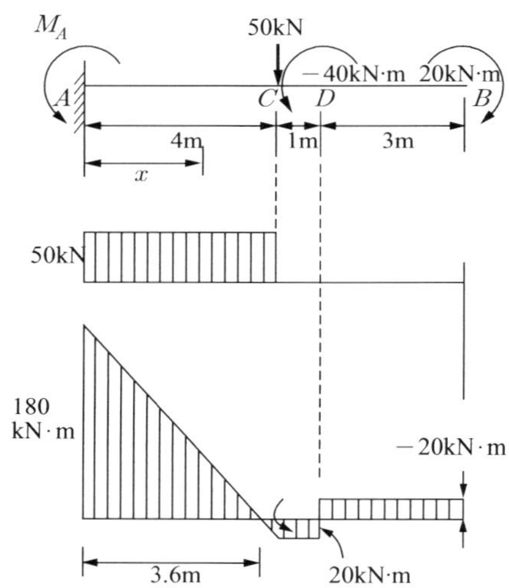

그림 4.52

이로서 S.F.D와 B.M.D를 그리면 그림 (b), (c)와 같다. 휨모멘트가 0인 점은 $M_x = 0$으로 놓고 x를 구하면 $x = 3.6\ \text{m}$이다.

4.4 내민보

4.4.1 1단 내민보

(1) 집중하중을 받을 경우

그림 4.53(a)에서와 같이 내민보에 집중하중이 작용하는 경우 단면력을 구해보자.

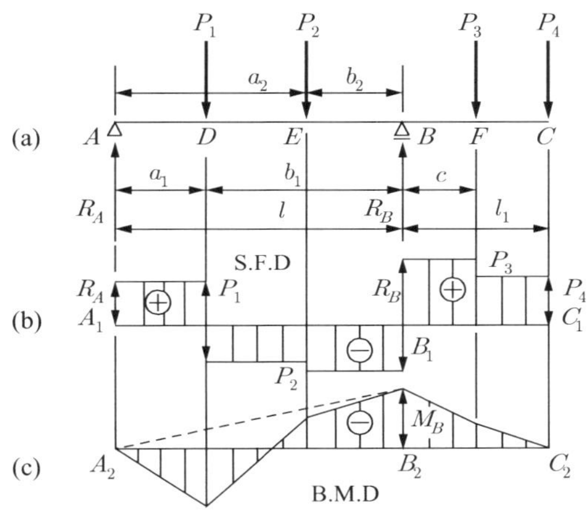

그림 4.53

① 지점반력

평형조건식을 적용하여 반력을 구하기 위해 R_A, R_B를 그림 (a)와 같이 상향으로 가정한다. $\sum M_B = 0$으로부터 $R_A\, l - P_1\, b_1 - P_2\, b_2 + P_3\, c + P_4\, l_1 = 0$

$$R_A = \frac{P_1\, b_1 + P_2\, b_2 - P_3\, c - P_4\, l_1}{l} \tag{4.40}$$

또 $\sum V = 0$으로부터

$$R_B = \sum P - R_A \tag{4.41}$$

반력 R_A, R_B의 계산결과가 (+)로 되면 처음 가정한 상향과 같은 방향이고 (−)로 되면 처음 가정한 방향에 반대인 하향으로 된다.

② 전단력

반력의 방향이 계산결과 그림 (a)와 같은 방향이라 하고 전단력을 구하면

$$
\begin{aligned}
&AD \text{ 사이} \quad S_{A\sim D} = R_A \\
&DE \text{ 사이} \quad S_{D\sim E} = R_A - P_1 \\
&EB \text{ 사이} \quad S_{E\sim C} = R_A - P_1 - P_2 \\
&BF \text{ 사이} \quad S_{B\sim F} = P_3 + P_4 \\
&FC \text{ 사이} \quad S_{F\sim C} = P_4
\end{aligned}
\tag{4.42}
$$

③ 휨모멘트

지점 및 하중 작용점에 대한 휨모멘트를 구하면

$$
\begin{aligned}
&M_A = 0 \\
&M_D = R_A \cdot a_1 \\
&M_E = R_A\, a_2 - P_1(a_2 - a_1) \\
&M_B = -(P_3\, c + P_4\, l_1) \\
&M_F = -P_4(l_1 - c) \\
&M_C = 0
\end{aligned}
\tag{4.43}
$$

이로서 S.F.D와 B.M.D를 그리면 그림 (b), (c)와 같다.

AB 보 부분에는 휨모멘트가 (+)로부터 (−)로 변화는 위치, 즉 $M=0$의 점이 있다. 이와 같이 보에서 휨모멘트의 값이 변화하는 점을 반곡점이라 한다.

(2) 등분포하중을 받을 경우

그림 4.54의 (a)와 같이 1단 내민보에 등분포하중이 만재되어 있을 경우 단면력을 구해 보자.

① 지점반력

$\sum M_B = 0$으로부터 $\quad R_A\, l - w\, l\,\frac{l}{2} + w\, l_1\,\frac{l_1}{2} = 0$

$$R_A = \frac{w\,l}{2} - \frac{w\,l_1^2}{2\,l} \tag{4.44}$$

$\sum V = 0$으로부터 $\quad R_A + R_B - w(l + l_1) = 0$

$$R_B = w(l + l_1) - \left(\frac{w\,l}{2} - \frac{w\,l^2}{2}\right) = \frac{w\,l}{2} + \frac{w\,l_1}{l}\left(l + \frac{l_1}{2}\right) \tag{4.45}$$

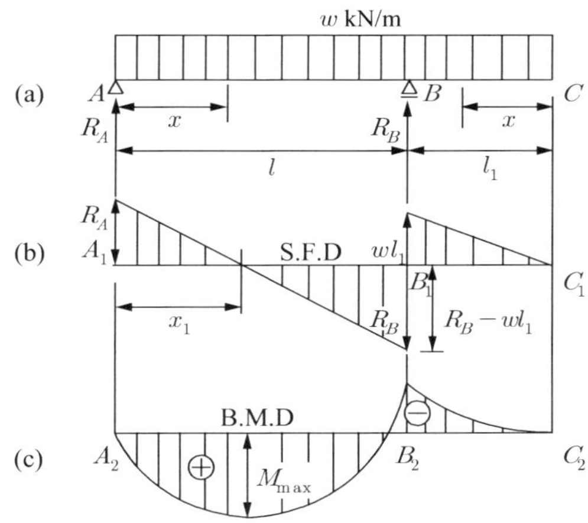

그림 4.54

② 전단력

AB 사이에서 A로부터 x거리 단면의 전단력을 S_x라 하면

$$S_x = R_A - w_x \tag{4.46}$$

$x=0$이면 $\quad S_A = R_A = \dfrac{wl}{2} - \dfrac{wl_1^2}{2l}$

$x=l$ 이면 $\quad S_B = R_A - wl = -\dfrac{wl}{2} - \dfrac{wl_1^2}{2l} \quad (4.47)$

BC 사이 C단부터 x거리 떨어진 위치의 전단력을 S_x라 하면

$$S_x = wx \tag{4.48}$$

$x=l_1$이면 $\quad S_B = wl_1$

③ 휨모멘트

AB 사이에서 A단부터 x거리 단면의 휨모멘트를 M_x라 하면

$$M_x = R_A x - \frac{wx^2}{2} \tag{4.49}$$

$x=0$이면 $\quad M_A = 0$

$x=l$ 이면 $\quad M_B = \left(\dfrac{wl}{2} - \dfrac{wl_1^2}{2l}\right) l - \dfrac{wl^2}{2} = -\dfrac{wl_1^2}{2}$

혹은 내민부분에서 구하면

$$M_B = -wl_1\frac{l_1}{2} = -\frac{wl_1^2}{2} \quad (4.50)$$

$$M_C = 0$$

휨모멘트가 최대로 되는 점의 위치는 식 (4.46)을 0으로 놓고 x_1을 구하면

$$S_x = R_A - wx_1 = 0$$

$$\frac{wl}{2} - \frac{wl_1^2}{2l} - wx_1 = 0$$

$$\therefore\ x_1 = \frac{l}{2} - \frac{l_1^2}{2l} \quad (4.51)$$

최대휨모멘트 $M_{\max}$는 식 (4.51)에서 구한 x_1의 값을 식 (4.49)의 x에 대입하여 휨모멘트를 구하면 된다.

$$M_{\max} = R_A x_1 - \frac{wx_1^2}{2} = \left\{\left(\frac{l}{2} - \frac{l_1^2}{2l}\right)\left(\frac{wl}{2} - \frac{wl_1^2}{2l}\right)\right\} - \frac{w}{2}\left(\frac{l}{2} - \frac{l_1^2}{2l}\right)^2 \quad (4.52)$$

(3) 모멘트하중을 받을 경우

그림 4.55와 같이 1단 내민보에 모멘트하중이 작용하는 경우에 단면력을 구하면

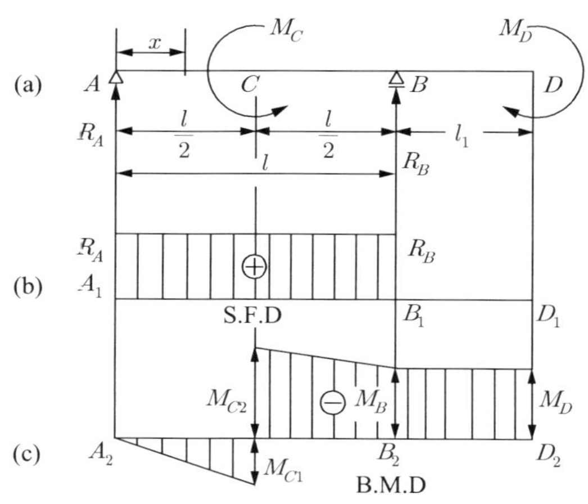

그림 4.55

① 지점반력

$\sum M_B = 0$으로부터 $R_A l - M_C + M_D = 0$

$$\therefore\ R_A = \frac{M_C - M_D}{l} \tag{4.53}$$

$\sum M_A = 0$으로부터 $\quad -R_B l - M_C + M_D = 0$

$$\therefore\ R_B = \frac{M_D - M_C}{l} \tag{4.54}$$

② 전단력

AB 사이 $\quad S_{A\sim B} = R_A = \dfrac{M_C - M_D}{l}$ (4.55)

$S_{B\sim D} = 0$

③ 휨모멘트

AC 사이 $\quad M_x = R_A x$ (4.56)

$x = 0$이면 $\quad M_A = 0$

$x = \dfrac{l}{2}$이면 $\quad M_{C1} = R_A \dfrac{l}{2} = \dfrac{M_C - M_D}{l} \cdot \dfrac{l}{2} = \dfrac{M_C - M_D}{2}$

CB 사이 $\quad M_x = R_A x - M_C$ (4.57)

$x = \dfrac{l}{2}$이면 $\quad M_{C2} = R_A \dfrac{l}{2} - M_C = \dfrac{M_C - M_D}{2} - M_C = -\dfrac{(M_D + M_C)}{2}$

$x = l$이면 $\quad M_B = -M_D$

$M_D{}' = -M_D$, 이로서 S.F.D와 B.M.D를 그리면 그림 (b), (c)와 같다.

4.4.2 양단 내민보

(1) 집중하중을 받을 경우

그림 4.56(a)에서와 같이 양단 내민보에 집중하중이 작용할 때 단면력을 구해보자.

① 지점반력

$\sum M_B = 0$으로부터 $\quad R_A l - P_1(l + a_2) - P_2 b_1 + P_3 b_2 = 0$

$$R_A = \frac{P_1(l + a_2) + P_2 b_1 - P_3 b_2}{l} \tag{4.58}$$

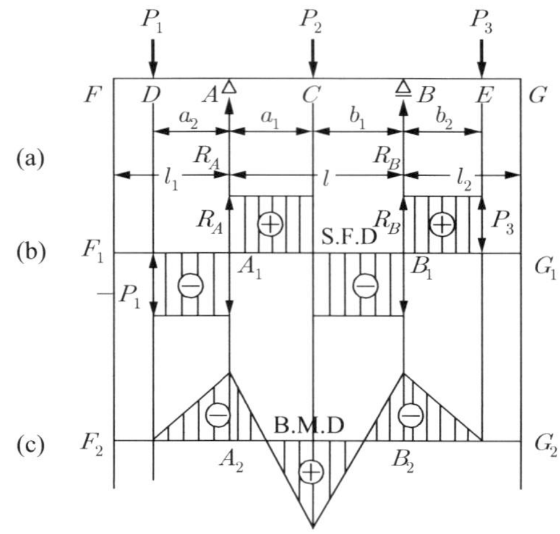

그림 4.56

$\sum V = 0$으로부터

$$R_B = P_1 + P_2 + P_3 - R_A \tag{4.59}$$

② 전단력

내민부분의 전단력은 캔틸레버보와 같이 계산하고 중앙경(徑)간의 전단력은 내민부분의 영향을 고려하여 계산한다. 반력의 방향이 그림 (a)와 같다고 하면 각 구간에서의 전단력은

$$\begin{aligned} S_{F\sim D} &= 0 \\ S_{D\sim A} &= -P_1 \\ S_{A\sim C} &= R_A - P_1 \\ S_{C\sim B} &= R_A - P_1 - P_2 \\ S_{B\sim E} &= P_3 \\ S_{E\sim G} &= 0 \end{aligned} \tag{4.60}$$

③ 휨모멘트

위에서와 같은 생각으로 지점과 각 작용점의 휨모멘트를 구하면

$$\begin{aligned} M_F &= M_D = 0 \\ M_A &= -P_1 a_2 \\ M_C &= R_A a_1 - P_1 (a_1 + a_2) \\ M_B &= -P_3 b_2 \end{aligned} \tag{4.61}$$

$$M_E = M_G = 0$$

이로서 S.F.D와 B.M.D를 그리면 그림 (b), (c)와 같다.

(2) 등분포하중을 받을 경우

그림 4.57(a)와 같이 양단 내민보에 등분포하중이 작용할 경우 단면력을 구해 보자.

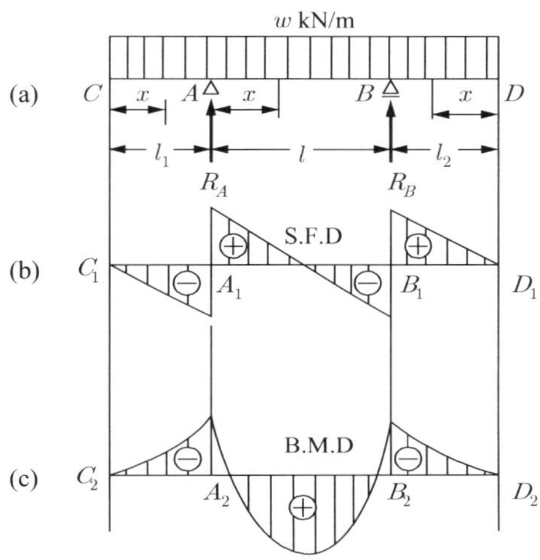

그림 4.57

① 지점반력

$\sum M_B = 0$으로부터 $$R_A\, l - w\, l_1\left(l + \frac{l_1}{2}\right) - w\, l\,\frac{l}{2} + w\, l_2\frac{l_2}{2} = 0$$

$$\therefore\ R_A = \frac{1}{l}\left\{w\, l_1\left(l + \frac{l_1}{2}\right) + \frac{w\, l^2}{2} - \frac{w\, l_2^2}{2}\right\} \qquad (4.62)$$

$\sum V = 0$으로부터 $$R_B = w\,(l + l_1 + l_2) - R_A$$

② 전단력

내민부분의 전단력은 캔틸레버보와 같이 계산하고 중앙경간의 전단력은 내민부분의 영향을 고려하여 계산하면

CA 사이 $\quad S_x = -wx \qquad (4.63)$

$x = 0$이면 $\quad S_C = 0$

$x = l_1$이면 $\quad S_{A1} = -w\, l_1$

AB 사이 $\qquad S_x = R_A - w(l_1 + x) \qquad (4.64)$

$x = 0$이면 $\qquad S_{A2} = R_A - w l_1$

$x = l$이면 $\qquad S_{B1} = R_A - w(l_1 + l) = - R_B + w l_2$

BD 사이 $\qquad S_x = wx \qquad (4.65)$

$x = 0$이면 $\qquad S_D = 0$

$x = l_2$이면 $\qquad S_{B2} = w l_2$

③ 휨모멘트

CA 사이 $\qquad M_x = -\dfrac{w x^2}{2} \qquad (4.66)$

$x = 0$이면 $\qquad M_C = 0$

$x = l_1$이면 $\qquad M_A = -\dfrac{w l_1^2}{2}$

AB 사이 $\qquad M_x = R_A x - \dfrac{w(l_1 + x)^2}{2} \qquad (4.67)$

$x = l$이면 $\qquad M_B = R_A l - \dfrac{w(l_1 + l)^2}{2} = -\dfrac{w l_2^2}{2}$

이로서 S.F.D와 B.M.D를 그리면 그림 (b), (c)와 같다.

Example 4.24 그림의 1단 내민보의 단면력을 구하고 단면력도를 그려라.

$\sum M_B = 0$

$R_A \times 12 - 8 \times 15 - 9 \times 6 = 0$

$\therefore\ R_A = \dfrac{1}{12}(8 \times 15 + 9 \times 6)$

$= 14.5\ \text{kN}$

$\sum V = 0$

$R_A + R_B - 8 - 9 = 0$

$\therefore\ R_B = 17 - 14.5 = 2.5\ \text{kN}$

전단력

CA 사이 $S_{C\sim A} = -8\ \text{kN}$

AD 사이 $S_{A\sim D} = -8 + R_A = -8 + 14.5 = 6.5\ \text{kN}$

DB 사이 $S_{D\sim B} = 6.5 - 9 = -2.5\ \text{kN}$

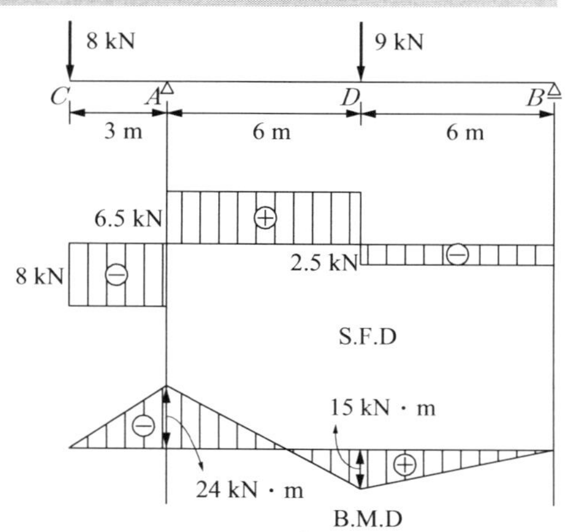

그림 4.58

휨모멘트

CA 사이 $M_x = -P \cdot x$

$M_C = 0$

$M_A = -8 \times 3 = -24\ \text{kN} \cdot \text{m}$

AD 사이 $M_x = -P \cdot x + R_A(x-3)$

$x = 3\ \text{m}$ 이면 $M_A = -8 \times 3 = -24\ \text{kN} \cdot \text{m}$

$x = 9\ \text{m}$ 이면 $M_D = -8 \times 9 + 14.5 \times 6 = 15\ \text{kN} \cdot \text{m}$

$M_B = 0$

Example 4.25 그림 4.59(a)와 같은 내민보의 단면력을 구하고 S.F.D 및 B.M.D를 그려라.

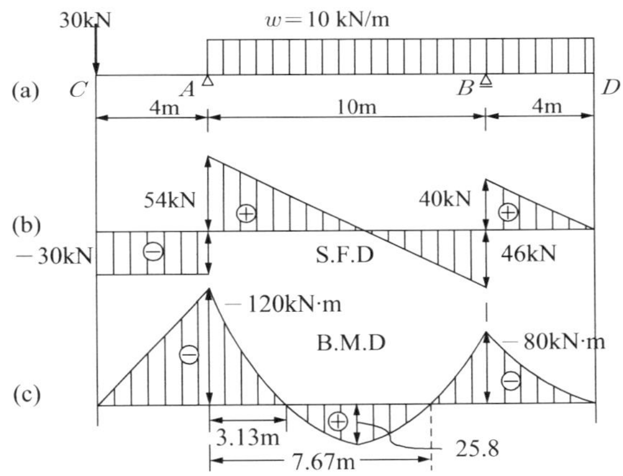

그림 4.59

지점반력

$\sum M_B = 0$으로부터 $R_A l - P_1(l_1 + l) - \dfrac{wl^2}{2} + \dfrac{wl_2^2}{2} = 0$

$$\therefore\ R_A = \frac{1}{l}\left\{P_1(l_1+l) + \frac{wl^2}{2} - \frac{wl_2^2}{2}\right\}$$

$$= \frac{1}{10}\left\{30(4+10) + \frac{10 \times 10^2}{2} - \frac{10 \times 4^2}{2}\right\} = 84\ \text{kN}$$

$\sum V = 0$으로부터 $R_B = P_1 + w(l + l_2) - R_A = 30 + 10(10+4) - 84 = 86\ \text{kN}$

전단력

CA 사이 $S_{C\sim B} = -P_1 = -30\ \text{kN}$

AB 사이 $S_x = R_A - P_1 - wx = 84 - 30 - 10x = 54 - 10x$

$x = 0$이면 $S_A = 54\ \text{kN}$

$x = l$ 이면 $S_B = 54 - 100 = -46\ \text{kN}$

BD 사이 $S_x = wx = x$

$x = 0$이면 $S_D = 0$

$x = 4$이면 $S_B = 40\ \text{kN}$

중앙경간에서 전단력이 0인 위치는 AB 사이의 전단력 $S_x = 0$로 놓아 x_0를 구하면 된다.

$S_x = 54 - 10x_o = 0 \quad \therefore\ x_0 = 5.4\ \text{m}$

휨모멘트

$M_A = -P_1 l_1 = -30 \times 4 = -120\ \text{kN}\cdot\text{m}$

$M_B = -\dfrac{wl_2^2}{2} = \dfrac{-10 \times 4^2}{2} = -80\ \text{kN}\cdot\text{m}$

$M_C = 0$

$M_D = 0$

AB 사이에서의 임의 위치의 휨모멘트 M_x는

$$M_x = R_A x - P_1(l_1 + x) - \frac{wx^2}{2} = -120 + 54x - 5x^2$$

최대휨모멘트 $M_{\max}$는 A지점부터 x_0 떨어진 위치에 존재하므로 위 식에 $x_0 = 5.4\ \text{m}$를 대입하여 구하면

$$M_{\max} = -120 + 54 \times 5.4 - 5 \times 5.4^2 = 25.8\ \text{kN}\cdot\text{m}$$

그리고 모멘트가 0인 위치는 $M_x = 0$으로 놓고 x를 구하면

$$-120 + 54x - 5x^2 = 0 \quad \therefore\ x = 7.67\ \text{m} \quad \text{또는} \quad x = 3.13\ \text{m}$$

이로서 S.F.D와 B.M.D를 그리면 그림 (b), (c)와 같다.

Example 4.26 그림 4.60(a)와 같은 내민보의 단면력도를 그려라.

지점반력

$\sum M_B = 10R_A - 80 \times 6 - 30 + 40 = 0$

$\therefore\ R_A = \dfrac{470}{100} = 47\ \text{kN}$

$\sum V = R_A + R_B - 8 = 0$

$\therefore\ R_B = 80 - 47 = 33\ \text{kN}$

전단력

CA 사이와 BD 사이에서는 수직력이 없으므로 전단력은 0이다.

AE 사이 $S_{A\sim E} = R_A = 47\ \text{kN}$

EB 사이 $S_{E\sim B} = R_A - 8 = -33\ \text{kN} = -R_B$

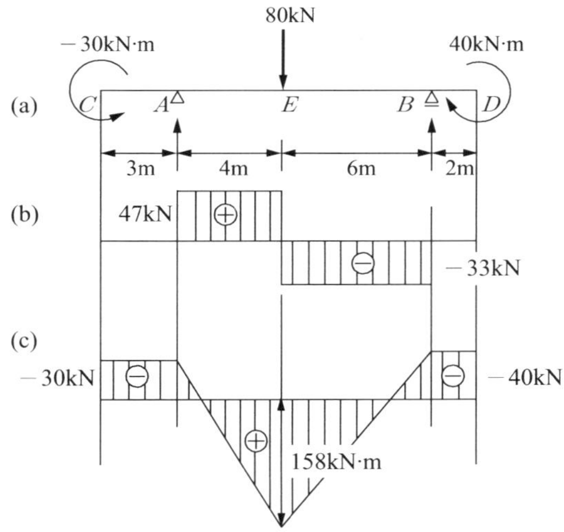

그림 4.60

휨모멘트

CA 사이와 BD 사이에서는 모멘트하중만이 작용하므로 일정하다.

$M_{C\sim A} = -30\ \text{kN}\cdot\text{m}$

$M_{B\sim D} = -40\ \text{kN}\cdot\text{m}$

AE 사이 $\quad M_x = R_A x - 30 = 47x - 30$

$x = 0$이면 $M_A = -30\ \text{kN}\cdot\text{m}$

$x = 4\ \text{m}$ 이면 $M_E = 47\times 4 - 30 = 158\ \text{kN}\cdot\text{m}$

이로서 S.F.D와 B.M.D를 그리면 그림 (b), (c)와 같다.

4.5 게르버보

게르버보는 그림 4.61(a)와 같이 내민보와 양단 힌지로 지지되는 보를 연결한 구조이다. 지반이 약한 장소에서 긴 지간을 갖는 다리에는 지점이 다소 침하하더라도 보는 그 변화에 대응하여 휨 작용등의 변화를 받지 않으므로 게르버보를 이용하는 경우가 많다. 일반적으로, 양단이 힌지로 지지되는 보는 수직하중만이 작용하는 경우에는 모두 한쪽을 이동지점으로 한 단순보로서 취급하는 것이 좋으므로 게르버보는 정정보가 모여진 것으로 고려되어 게르버보를 각 정정보로 분해하여 해석하는 것이 좋다.

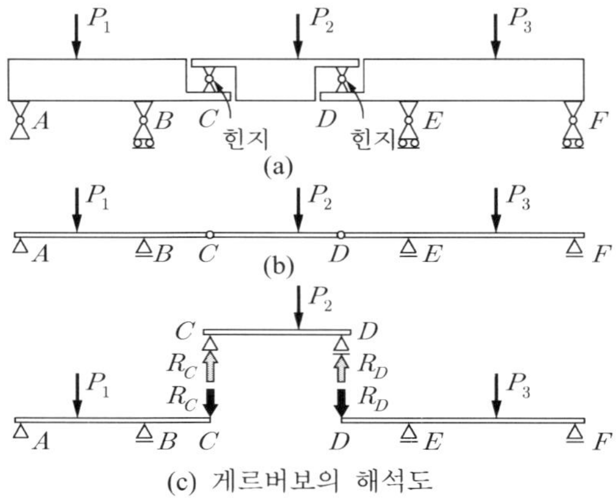

그림 4.61

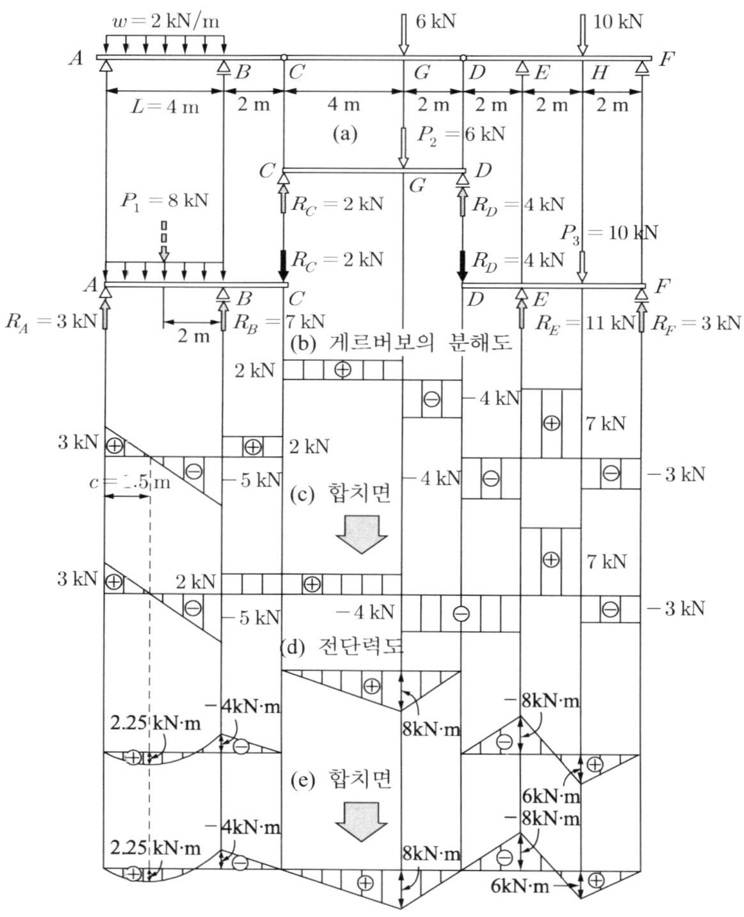

(f) 휨모멘트도

그림 4.62

그림 4.61은 게르버보를 정정보로 분해한 그림이다. CD의 부분은 단순보로서 취급하여 내민보의 선단 C, D에는 단순보의 부분에 작용하는 반력과 크기는 같으므로, 방향이 반대인 하중이 작용한다고 가정하여 해석한다.

4.5.1 집중하중을 받는 경우

그림 4.63(a)와 같은 3경간 게르버보의 단면력을 구해보자.

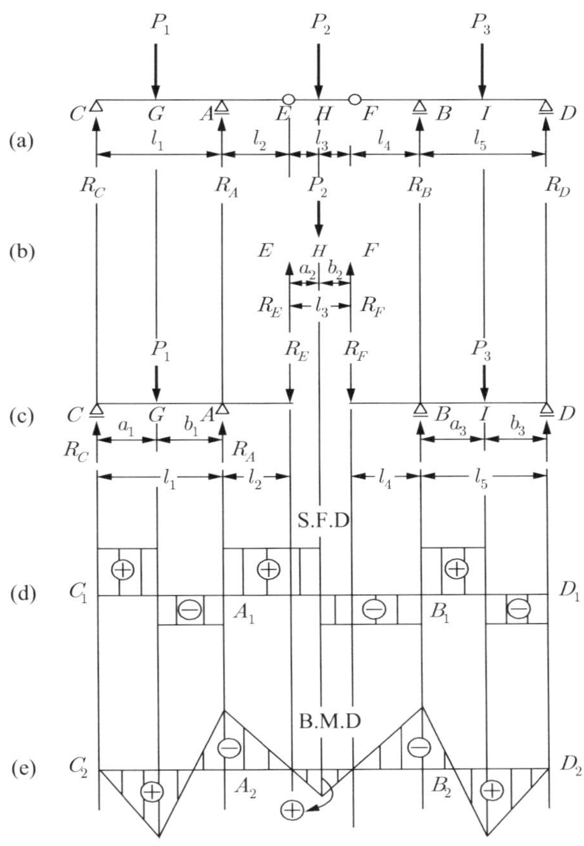

그림 4.63

① 지점반력

우선 단순부분의 단순보의 반력부터 구하면 그림 (b)로부터

EF점의 반력 $R_E = \dfrac{P_2\, b_2}{l_3}$

$$R_F = \frac{P_2\, a_2}{l_3}$$

그림 (c)에서와 같이 내민보로 하여 각 지점반력을 구하면

C, A점의 반력

$\sum M_A = 0$으로부터 $R_C\, l_1 - P_1\, b_1 + R_E\, l_2 = 0$

$$\therefore\ R_C = \frac{P_1 b_1 - R_E l_2}{l_1}$$

$\sum M_C = 0$으로부터 $-R_A\, l_1 + P_1\, a_1 + R_E\,(l_1 + l_2) = 0$

$$\therefore\ R_A = \frac{P_1 a_1 + R_E (l_1 + l_2)}{l_1}$$

B, D점의 반력

$\sum M_D = 0$으로부터 $R_B\, l_5 - R_F\,(l_4 + l_5) - P_3\, b_3 = 0$

$$\therefore\ R_B = \frac{R_F\,(l_4 + l_5) + P_3\, b_3}{l_5}$$

$\sum M_B = 0$으로부터 $-R_D\, l_5 + P_3\, a_3 - R_F\, l_4 = 0$

$$\therefore\ R_D = \frac{P_3 a_3 - R_F l_4}{l_5}$$

② 전단력

각 구간에서의 전단력을 구하면

CG 사이 $S_{C\sim G} = R_C = \dfrac{P_1 b_1 - R_E l_2}{l_1}$

GA 사이 $S_{G\sim A} = R_C - P_1$

AH 사이 $S_{A\sim H} = R_C - P_1 + R_A$

HB 사이 $S_{H\sim B} = R_C - P_1 + R_A - P_2$

BI 사이 $S_{B\sim I} = R_C - P_1 + R_A - P_2 + R_B = -R_D + P_3$

ID 사이 $S_{I\sim D} = R_C - P_1 + R_A - P_2 + R_B - P_3 = -R_D$

③ 휨모멘트

각 하중점과 지점에서의 휨모멘트를 구하면

$$M_C = 0$$

$$M_G = R_C\, a_1$$

$$M_A = -\, R_E\, l_2$$

$$M_E = 0$$

$$M_H = R_E\, a_2$$

$$M_F = 0$$

$$M_B = -\, R_F\, l_4$$

$$M_I = R_D\, b_3$$

$$M_D = 0$$

이로서 S.F.D 및 B.M.D를 그리면 그림 (d), (e)와 같다.

4.5.2 등분포하중을 받을 경우

그림 4.64(a)와 같이 등분포하중을 받는 게르버보의 단면력을 구해 보자.

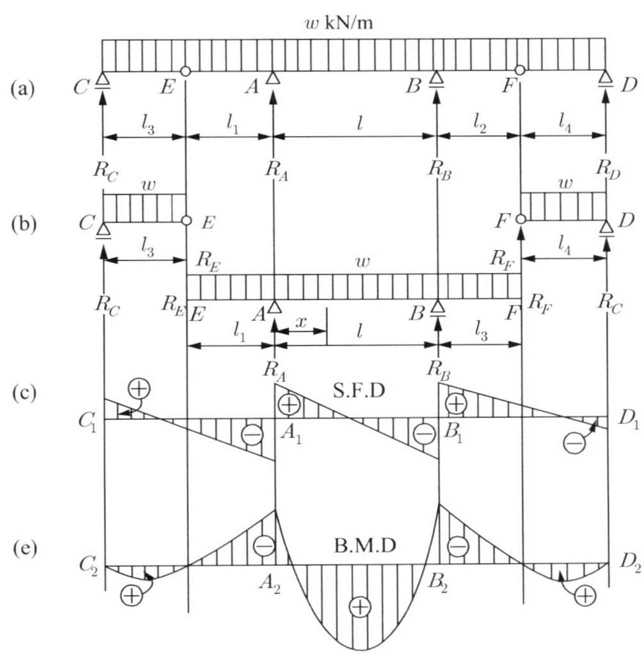

그림 4.64

① 지점반력

우선 단순부분인 단순보의 반력부터 구한다면 그림 (b)로부터

$$R_E = R_C = \frac{w\,l_3}{2}$$

$$R_D = R_F = \frac{w\,l_4}{2}$$

그림 (b)에서 $\sum M_B = 0$을 적용하면

$$-R_E(l_1 + l) - w\,l_1\left(\frac{l_1}{2} + l\right) + R_A\,l - \frac{w\,l^2}{2} + R_F\,l_2 + \frac{w\,l_2^2}{2} = 0$$

$$R_A = \frac{1}{l}\left\{R_E(l_1 + l) + \frac{w(l_1 + l)^2}{2} - R_F\,l_2 - \frac{w\,l_2^2}{2}\right\}$$

$\sum V = 0$으로부터

$$R_B = R_E + w(l_1 + l_2 + l) + R_F - R_A$$

② 전단력

등분포하중이므로 전단력 또는 직선변화를 하므로 각 지점에서의 전단력을 구하면

$$S_C = R_C$$

$$S_E = R_C - w\,l_3 = -R_E$$

$$S_{A1} = -R_E - w\,l_1$$

$$S_{A2} = -R_E - w\,l_1 + R_A$$

$$S_{B1} = -w(l_1 + l) - R_E + R_A$$

$$S_{B2} = -w(l_1 + l) - R_E + R_A + R_B$$

$$S_F = -w(l_1 + l + l_2) - R_E + R_A + R_B = R_F$$

$$S_D = -R_D$$

③ 휨모멘트

$$M_C = 0,\ M_E = 0,\ M_D = 0,\ M_F = 0$$

$$M_A = -R_E\,l_1 - \frac{w\,l^2}{2}$$

$$M_B = -R_F\, l_2 - \frac{w\, l_2^2}{2}$$

최대휨모멘트는 내민보에서와 같은 방법으로 AB 사이의 위치에서 모멘트는 M_x를 구하고 $S_x = 0$으로 놓아 구한 x의 값을 M_x에 대입하여 구하면 된다. 이로서 S.F.D와 B.M.D를 그리면 그림 (d), (e)와 같다.

4.5.3 모멘트하중을 받을 경우

그림 4.65(a)에서와 같이 게르버보의 단순부분인 단순보에 모멘트하중이 작용하는 경우의 단면력을 구해보자.

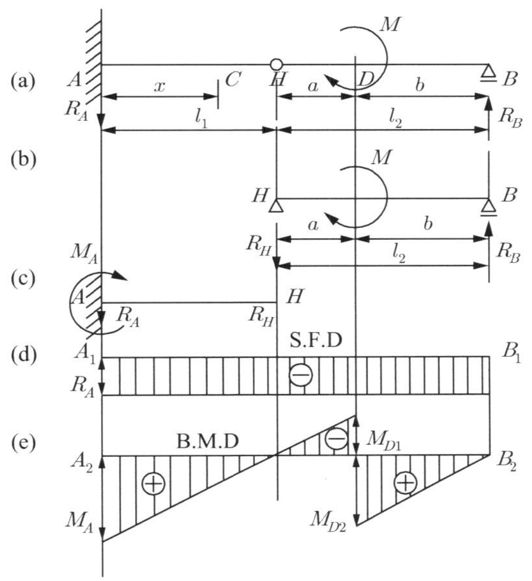

그림 4.65

① 지점반력

우선 그림 (b)에서와 같이 반력의 방향을 가정하고 반력을 구하면

$\sum V = 0$으로부터 $\quad R_H - R_B = 0$

$\sum M_B = 0$으로부터 $\quad -R_H\, l_2 + M = 0$

$$R_H = \frac{M}{l_2} = R_B$$

A점의 반력을 그림 (c)에서와 같이 캔틸레버 끝에 R_H가 상향으로 작용하는 경우로 생각하여 구하면 된다.

$$R_A = R_H = \frac{M}{l_2}$$

$$M_A = R_H\, l_1 = \frac{l_1}{l_2}\, M$$

② 전단력

$$S_{A\sim H} = -R_H = -R_A = -\frac{M}{l_2}$$

$$S_{H\sim B} = -R_H = -\frac{M}{l_2}$$

③ 휨모멘트

그림 (b), (c)에서와 같이 집중하중을 받는 캔틸레버보와 모멘트하중을 받는 단순보로 구분하여 풀면 된다.

$$M_A = R_H\, l_1 = \frac{l_1}{l_2} M$$

$$M_H = 0$$

$$M_{D1} = -R_H\, a = -\frac{M}{l_2}\, a$$

$$M_{D2} = -R_H\, a + M = M\left(1 - \frac{a}{l_2}\right)$$

$$M_B = 0$$

그러므로 S.F.D와 B.M.D를 그리면 그림 (d), (e)와 같다.

Example 4.27 그림 4.66(a)에서와 같은 3경간 게르버보의 단면력을 구하여라.

그림 4.66(b), (c)에서와 같이 단순보와 내민보로 나누어 단면력을 구한다.

지점반력

우선 그림 (b)의 단순보 부분의 반력을 구하면

$$R_A = R_{G1} = \frac{w\, l_1}{2} = \frac{10 \times 6}{2} = 30\ \text{kN}$$

$$R_{G2} = \frac{P_3\, b_3}{l_5} = \frac{60 \times 4}{6} = 40\ \text{kN}$$

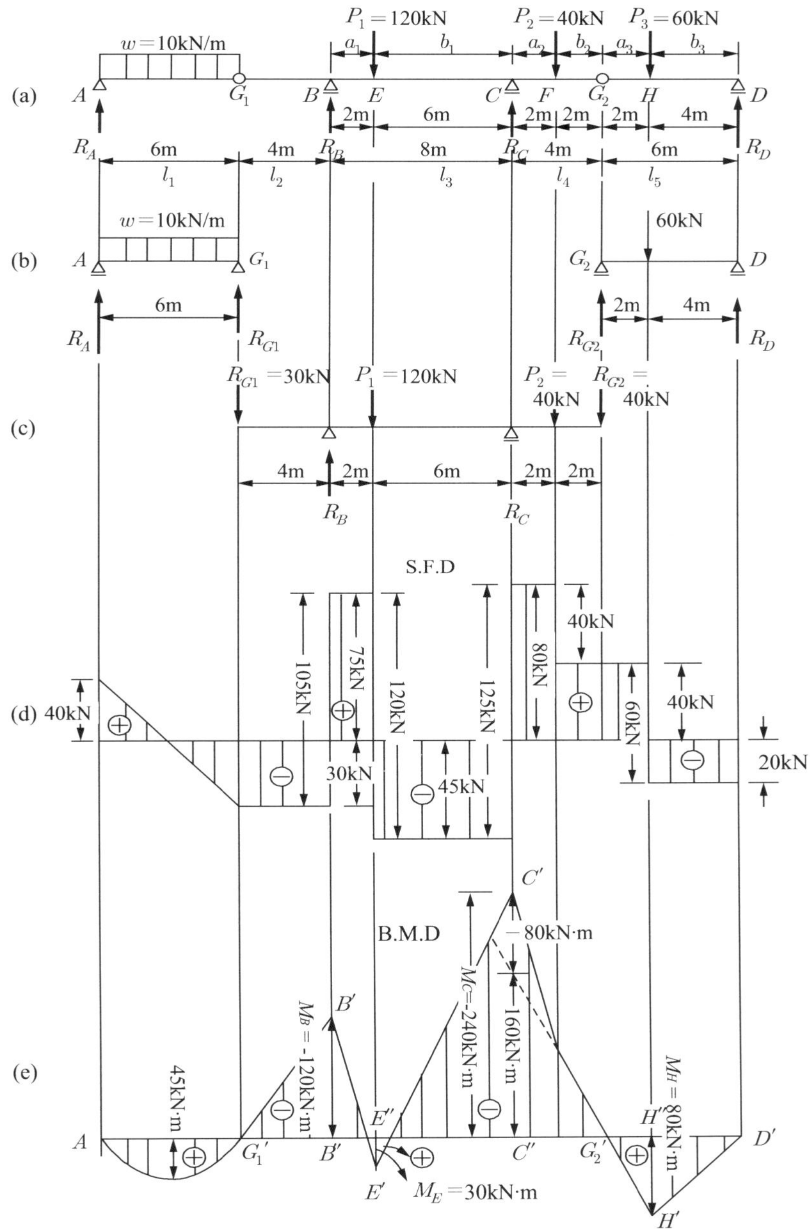

그림 4.66

$R_D = P_3 - R_{G2} = 60 - 40 = 20$ kN

그림 (c)의 내민보의 반력을 구하면

$\sum M_C = 0$으로부터 $\quad R_B l_3 - R_{G1}(l_2 + l_3) - P_1 b_1 + P_2 a_2 + R_{G2} l_4 = 0$

$$R_B = \frac{1}{l_3}\{R_{G1}(l_2+l_3)+P_1b_1-P_2a_2-R_{G2}l_4\}$$

$$= \frac{1}{8}\{30(4+8)+120\times 6-40\times 2-40\times 4\}= 105\ \text{kN}$$

$\sum V=0$ 으로부터

$$R_C = R_{G1}+P_1+P_2+R_{G2}-R_B = 30+120+40+40-105 = 125\ \text{kN}$$

전단력

각 구간에서의 전단력을 구하면

AG_1 사이 $\quad S_x = R_A - wx = 30-10x$

$x=0$이면 $\quad S_A = 30\ \text{kN}$

$x=l_1=6\ \text{m}$이면 $\quad S_{G_1} = 30-60 = -30\ \text{kN}$

S.F가 0인 위치는 $30-10x=0 \quad \therefore\ x=3\ \text{m}$

$S_{G1\sim B} = -30\ \text{kN}$

$S_{B\sim E} = R_B - R_{G1} = 105-30 = 75\ \text{kN}$

$S_{E\sim C} = R_B - R_{G1} - P_1 = 105-30-120 =-45\ \text{kN}$

$S_{C\sim F} = R_B - R_{G1} - P_1 + R_C = P_2 + R_{G2} = 40+40 = 80\ \text{kN}$

$S_{F\sim G2} = R_{G2} = 4\ \text{kN}$

$S_{G2\sim H} = R_{G2} = 4\ \text{kN}$

$S_{H\sim D} = -R_D = -2\ \text{kN}$

휨모멘트

A_{G1} 사이의 임의의 위치에서의 휨모멘트 M_x는

$$M_x = R_A x - \frac{wx^2}{2} = 30x-5x^2$$

$M_A = M_{G1} = 0$

$M_{\max} = M_{x=3} = 30\times 3 - 5\times 3^2 = 45\ \text{kN}\cdot\text{m}$

그림 (c)로부터 각 하중점과 지점에서의 휨모멘트를 구하면

$M_B = -R_{G1}\,l_2 = -30\times 4 = -120\ \text{kN}\cdot\text{m}$

$M_E = R_B\,a_1 - R_{G1}\,(l_2+a_1) = 105\times 2 - 30(4+2) = 30\ \text{kN}\cdot\text{m}$

$M_F = -R_{G2}\cdot b_2 = -40\times 2 = -80\ \text{kN}\cdot\text{m}$

$M_{G2} = M_D = 0$

$M_H = R_{G2}\,a_3 = 40\times 2 = 80\ \text{kN}\cdot\text{m}$

이로서 S.F.D와 B.M.D를 그리면 그림 (d), (e)와 같다.

4.6 보의 영향선

4.6.1 단순보의 영향선

지금까지는 보에 작용하는 하중이 정지된 경우만 생각했는데 하중에는 자동차와 열차 하중처럼 교량 桁의 위를 이동하는 것이 있다. 이와 같이 시간마다 위치를 바꾸는 하중이 보의 반력이나 단면력에 변화를 가져오는데 이 변화하는 상태를 알아보는 데는 영향선(influence line)을 이용한다. 영향선이란 한 개의 단위하중이 구조물 위를 지나가는 동안에 지점반력 또는 어떤 주어진 단면의 전단력이나 휨모멘트의 크기를 하중이 이동될 때마다 하중이 실린 바로 밑에 표시한 선을 말한다. 이 영향선은 A. Winkler에 의해 제안되어 그 후 J.J. Wegrauch와 H. Muller-Breslau 등의 여러 사람에 의하여 각 방면으로 응용 연구된 것으로 이동하중을 받는 교량구조물 등의 설계에는 대단히 중요하다.

(1) 지점반력의 영향선

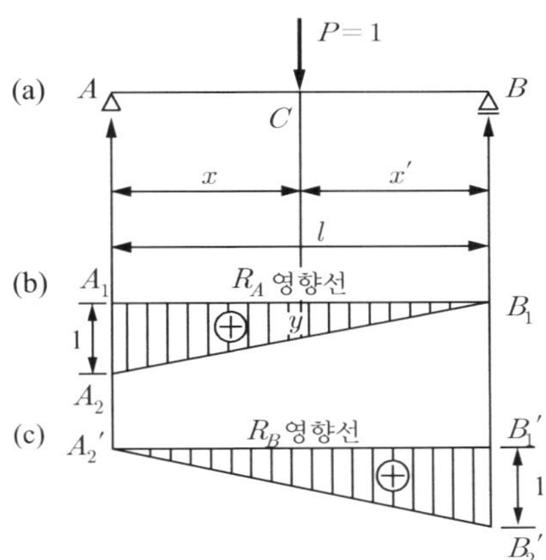

그림 4.67

그림 4.67(a)와 같이 보의 AB의 지점 A에서 x되는 거리에 $P=1$의 단위하중이 작용할 때 지점 A의 반력 R_A는

$$R_A = 1 \times \frac{l-x}{l} = 1 - \frac{x}{l}$$

윗 식의 x가 O에서 l까지 변화할 때 R_A의 변화를 그림으로 나타낸 것이 R_A의 영향선이다. 이것은 x에 관하여 일차식이므로 직선이다.

$x=0$에서 $R_A=1$, $x=l$이면 $R_A=1$이 되므로 이 영향선은 지점 A에서 1, 지점 B에서 0의 값을 가진 직선이다. 이것을 그림으로 나타내면 그림 (b)와 같이 먼저 기선 A_1B_1을 AB의 밑에 긋고 A_1에서 여기에 연직으로 $A_1A_2=1$이 되게 A_2를 잡으면 A_2B_1이 구하는 R_A의 영향선(R_A, $I.L$)이 된다. 또, 이 $A_1A_2B_1$의 면적을 영향면적이라 한다. 따라서 $P=1$이 그림 (a)에서와 같이 C점에 작용할 때의 반력 R_A는 P의 작용점 위치에서 영향선의 세로거리 y로 주어진다. 같은 방법으로 R_B의 영향선은 그림 (c)로 나타내진다.

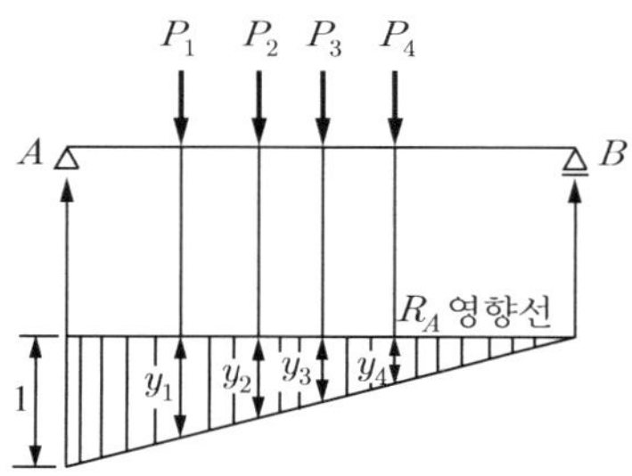

그림 4.68

이 영향선이 그려지면 그림 4.68과 같이 많은 집중하중이 작용할 때도 쉽게 반력이 구해진다. 즉, 그림에서와 같이 P_1, P_2, P_3,... 이 작용할 때의 반력은 아래와 같다.

$$R_A = P_1\,y_1 + P_2\,y_2 + P_3\,y_3 + \ldots = \sum P_i\,y_i \qquad (4.68)$$

또 등분포하중이 작용하고 있을 때에는 지점 A의 반력은

$$R_A = \int_a^b w\,y\,dx = w\int_a^b y\,dx = w\,A \qquad (4.69)$$

가 된다. 여기에 A는 CD간의 영향면적이다(그림 4.69).

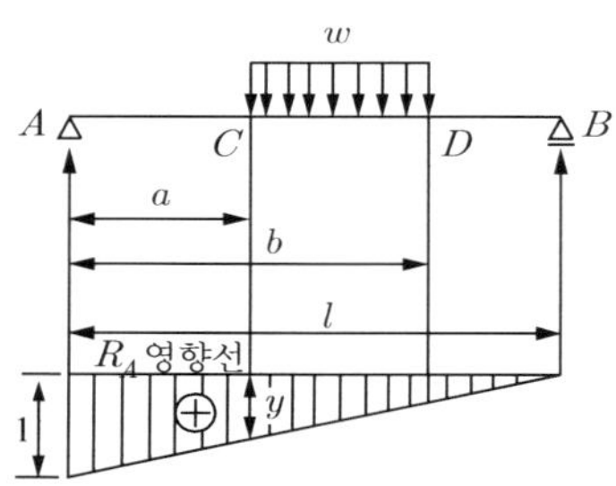

그림 4.69

(2) 전단력의 영향선

그림 4.70과 같이 보 AB 위의 임의의 단면 C의 전단력 S_C를 생각하면 하나의 하중 P가 AC 사이에 있을 때에는 $S_C=R_A-P=-R_B$와 같고 P가 CB 사이에 있을 때에는 $S_C=R_A$와 같다. 따라서 전단력의 영향선은 지점반력의 영향선을 이용하여 구할 수 있다. 곧, 그림 (b)와 같이 기선 A_1B_1을 기준선으로 하고 A_1에서 아래로 $A_1A_2=1$, B_1에서 위로 $B_1B_2=-1$이 되게

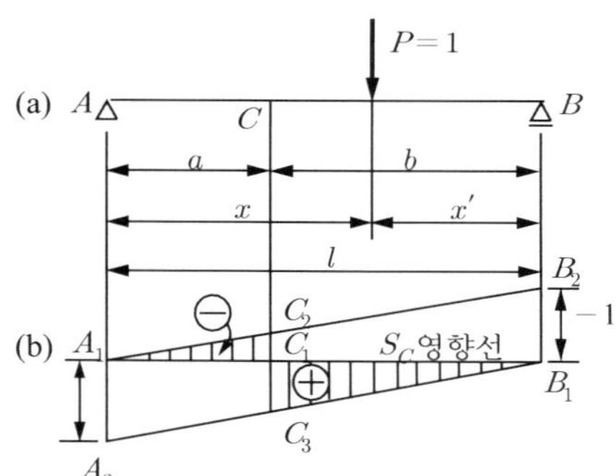

그림 4.70

점 A_2, B_2를 구한다. A_1과 B_2, B_1과 A_2를 잇고 각각 C를 지나는 연직선과 만난 점을 각각 C_2, C_3로 하고 또 A_1, B_1과의 교점을 C_1으로 하면 A_1C_2 및 C_3B_1이 S_C의 영향선이 되고 $A_1C_2C_1$과 $B_1C_3C_1$의 두 삼각형이 영향면적이 된다. 이때 그림과 같이 AC 사이는 (−), BC 사이는 (+)의 세로거리가 된다.

만일 P가 보의 위를 이동할 때는 P가 C의 오른편에서 C에 무한히 가까워질 때 S_C는 최대가 된다. 그 값은

$$S_{C\max} = \frac{Pb}{l} \tag{4.70}$$

또 P가 C의 왼쪽에서 C에 무한히 가까워질 때에는 S_C는 최소가 되고 그 값은

$$S_{C\min} = -\frac{Pa}{l} \tag{4.71}$$

보의 위를 등분포하중 w가 이동할 때에는 그림 4.71과 같이 BC 간에 w를 만재할 때에 단면 C의 전단력은 최대의 값

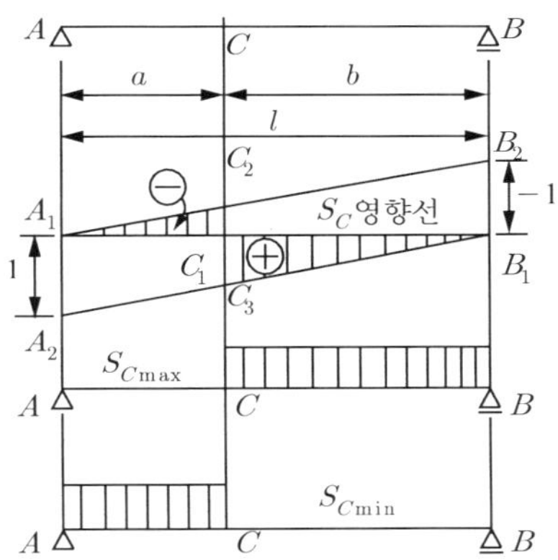

그림 4.71

$$S_{C\max} = w\,(\text{삼각형}\;\; C_1C_3B_1\text{의 면적}) = \frac{wb^2}{2l} \tag{4.72}$$

로 되고, 또 AC 간에 w가 만재인 때는 단면 C의 전단력은 최소의 값

$$S_{C\min} = w\,(\text{삼각형}\;\; A_1C_1C_2\text{의 면적}) = \frac{-wa^2}{2l} \tag{4.73}$$

으로 된다. 부재의 설계는 절대값이 큰 쪽의 전단력을 사용한다.

(3) 휨모멘트의 영향선

그림 4.72와 같이 단순보 위의 임의의 단면 C에서의 휨모멘트는 $P=1$이 BC 사이에 있는 동안은 $M_C = R_A\,a$, AC 사이에 있을 때에는 $M_C = R_B\,b$로 된다. R_A, R_B의 영향선을 각각 a곱 및 b곱한 것을 이용하여 단면 C의 휨모멘트의 영향선을 구한다. A_1B_1을 기준선으로 이 밑에 $A_1A_2 = a$, $B_1B_2 = b$가 되게 A_2B_2를 정하고 A_1B_2, A_2B_1을 맺어 그 교점을 C_1으로 하면 $A_1C_1B_1$이 M_C의 영향선이 된다. 이때 단면 C에서의 세로거리가 최대이며 그 값은 아래와 같다.

$$y_C = a\frac{b}{l} = b\frac{a}{l} = \frac{ab}{l} \tag{4.74}$$

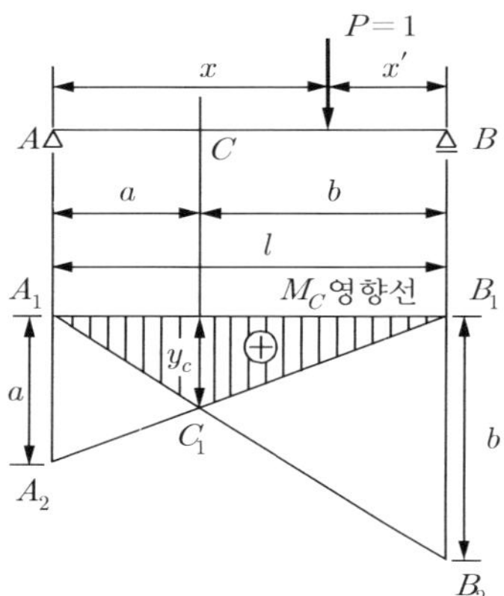

그림 4.72

만일 P가 이동할 때, 즉 P가 C 위에 올 때 단면 C의 휨모멘트의 최대값은

$$M_{C\max} = P\,y_C = \frac{P\,a\,b}{l} \tag{4.75}$$

로 되고, 또 등분포하중 w가 이동할 때에는 그림 4.73과 같이 전 스판에 걸쳐 w가 만재될 때 단면 C에 최대휨모멘트는 다음과 같다.

$$M_{C\max} = w\,(\text{삼각형 } A_1B_1C_1\text{의 면적}) = w\frac{1}{2}\,l\,y_C = \frac{w\,a\,b}{2} \tag{4.76a}$$

특히 C가 AB의 중앙점일 때는 다음과 같다.

$$M_{C\max} = \frac{w\,l^2}{8} \tag{4.76b}$$

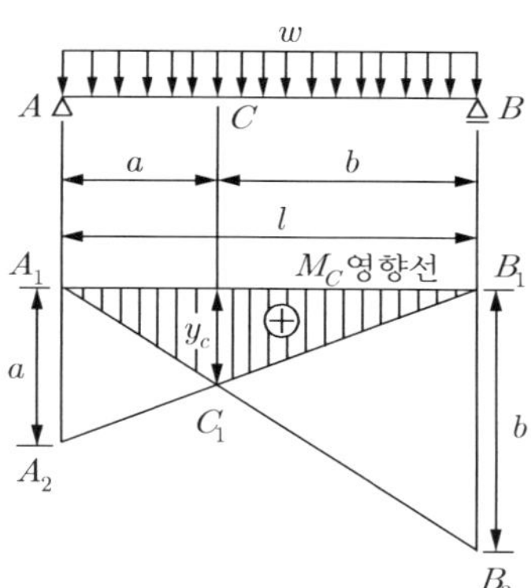

그림 4.73

(4) 간접하중을 받는 단순보의 영향선

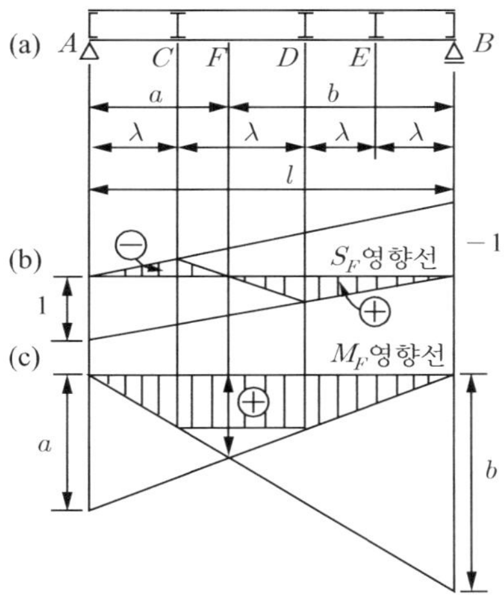

그림 4.74

보가 간접하중을 받을 때에도 반력은 직접하중을 받을 때와 꼭 같이 구해지므로 그 영향선도 꼭 같다.

다음에 전단력의 영향선을 생각한다. 그림 4.74(a)에서 격점 CD간의 한 점 F를 생각하면 F가 있는 격간 이외에 단위하중 $P=1$이 작용해도 단면 F의 전단력은 직접하중이 작용할 때와 꼭 같다. 따라서 그 영향선도 직접하중 때와 꼭 같다. 또 F가 있는 격점에서의 영향선은 그림 4.74(b)와 같이 변화한다.

곧 그림 4.75와 같이 $P=1$이 CD사이에서 x의 거리에 작용하고 있다고 하면 격점하중은 아래와 같다.

$$P_C = P\,\frac{\lambda - x}{\lambda} = \frac{\lambda - x}{\lambda}$$

$$P_D = P\,\frac{x}{\lambda} = \frac{x}{\lambda}$$

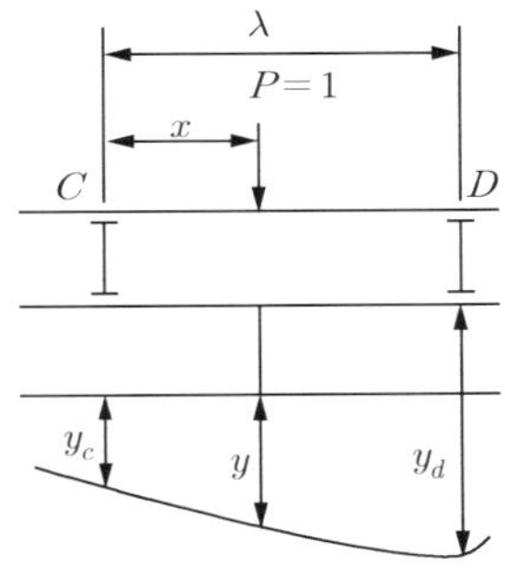

그림 4.75

영향선의 점 C, D의 세로거리를 각각 y_C, y_D로 하고 P의 작용점의 세로거리를 y로 하면 영향선의 성질에서

$$P \cdot y = P_C\, y_C + P_D\, y_D$$

여기에 윗 식을 대입하면

$$y = y_C\,\frac{\lambda - x}{\lambda} + y_D\,\frac{x}{\lambda}$$

이 식은 CD 사이의 영향선의 세로거리를 나타낸 식으로 변수 x에 대한 일차식이다. 따라서 CD간의 영향선은 직선변화함을 알 수 있다. 그러므로 앞에서 구한 AC, DB 사이의 영향선의 C, D를 연결하면 그림 4.74(b)와 같이 영향선이 얻어지며 휨모멘트의 영향선에 대해서도 꼭 같은 이유로 그림 (c)와 같이 된다.

4.6.2 캔틸레버보의 영향선

(1) 지점반력의 영향선

그림 4.76(a)와 같이 캔틸레버보의 자유단에 단위하중 $P=1$이 보위를 이동하여 작용할 때 지점반력 R_A는 항상

$$R_A = P = 1$$

그러므로 R_A의 영향선은 평행한 직선으로 그림 4.76(b)와 같다.

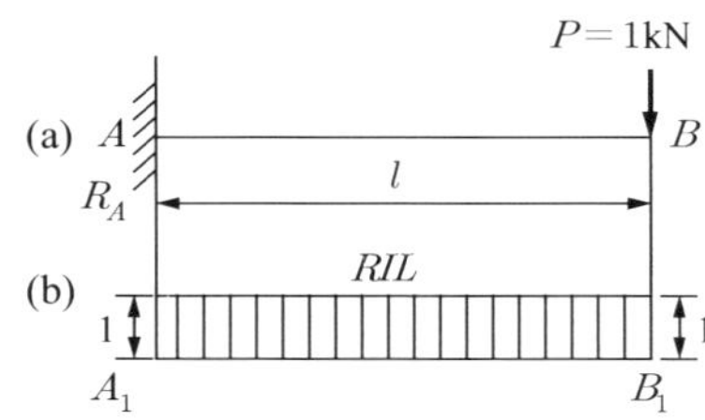

그림 4.76

(2) 전단력의 영향선

그림 4.77(a)와 같이 단위하중 $P=1$이 보 위를 이동하여 작용할 때 임의의 단면 C의 전단력 S_C는 AC 사이에 있을 때

$$S_C = 0$$

BC 사이에 있을 때 항상 $S_C = P = 1$이므로 S_C의 영향선은 그림 (b)와 같다.

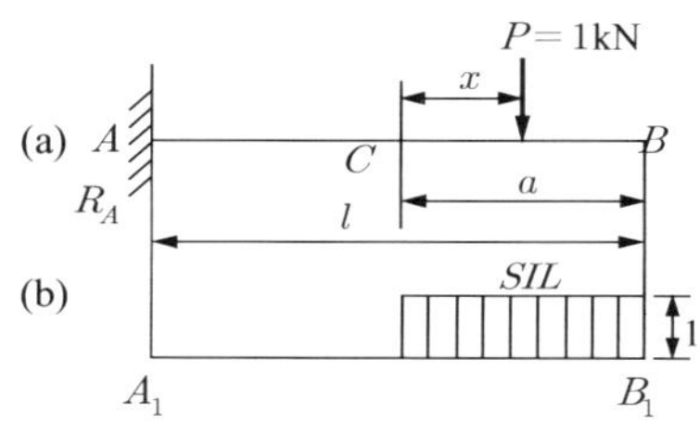

그림 4.77

(3) 휨모멘트의 영향선

그림 4.78과 같이 단위하중 $P=1$이 이동하여 작용할 때 임의의 단면 C의 휨모멘트 M_C는

AC 사이에 있을 때 $M_C = 0$

BC 사이에 있을 때 $M_C = -P \cdot x = -x$

로 x에 관하여 1차식이므로 직선변형을 이룬다. $x=a$이면 자유단 B점에 단위하중 $P=1$이 있을 때로서 C점의 모멘트 M_C는

$$M_C = -a$$

이므로 M_C의 영향선은 그림 4.78(b)와 같다.

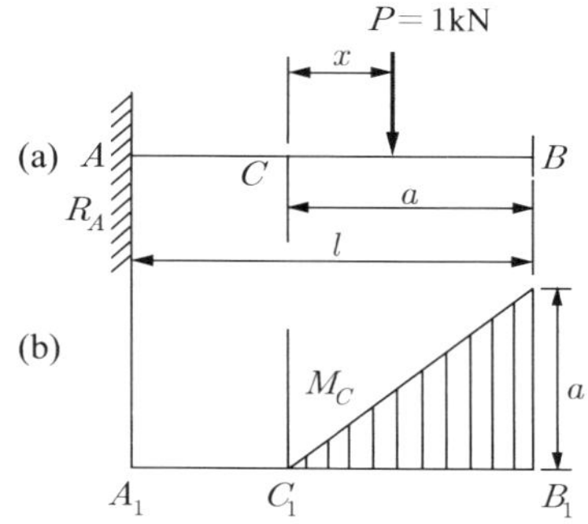

그림 4.78

4.6.3 내민보의 영향선

(1) 지점반력의 영향선

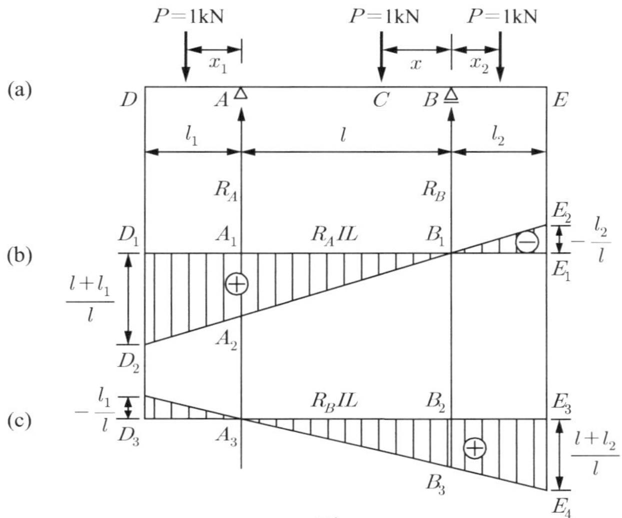

그림 4.79

그림 4.79(a)와 같은 내민보는 그 중앙경간인 AB보가 단순보로 취급할 수 있으므로 AB 사이에 단위하중 $P=1$이 작용하면 반력 R_A의 영향선은 그림 4.79에서 보는 바와 같이 단순보에서의 반력의 영향선과 같으며 A_2, B_1으로 된다.

단위하중 $P=1$이 지점 A의 왼쪽에 작용할 때는 $R_A = \dfrac{1(l+x_1)}{l}$이므로 반력 R_A의 영향선은 직선변화를 이루고

$$x_1 = 0\text{이면} \quad R_A = 1$$

$$x_1 = l_1\text{이면} \quad R_A = \frac{(l+l_1)}{l} = 1+\frac{l_1}{l} = y_D$$

위의 관계에서 그림 (b)와 같이 직선 A_2, B_1의 연장선 A_2, D_2가 A의 왼쪽에 단위하중 $P=1$이 작용할 때의 반력 R_A의 영향선이 된다. 또한 단위하중 $P=1$이 B점의 오른쪽에 작용할 때 단위하중 $P=1$이 BE 사이에 작용할 때는 $R_A = -\dfrac{x^2}{l}$로 되고

$$x_2 = 0\text{이면} \quad R_A = 0$$

$$x_2 = l_2\text{이면} \quad R_A = -\frac{l_2}{l}$$

따라서 R_A의 영향선은 A_2, B_1의 연장선 B_1, E_2로 되고 그 값은 (−)이다. 반력 R_B의 영향선도 R_A의 영향선과 같은 방법으로 구하면 그림 (c)와 같다.

(2) 전단력의 영향선

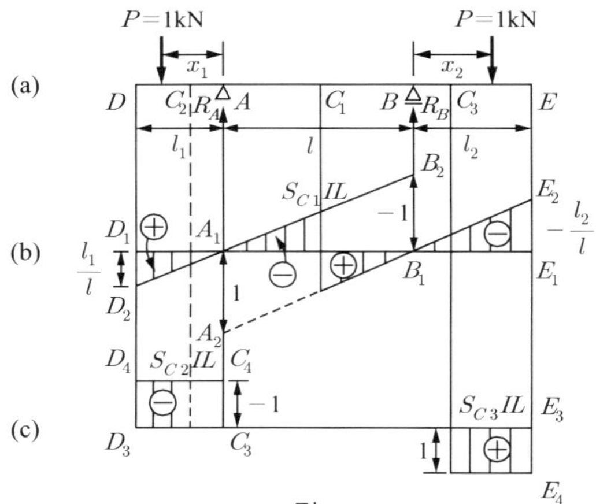

그림 4.80

그림 4.80(a)와 같이 AB 사이에 있는 C_1점의 전단력 S_{C1}의 영향선은 단위하중 $P=1$이 AB보 사이에 있을 때 그림 (b)와 같이 단순보의 전단력의 영향선과 같다.

단위하중 $P=1$이 AD 사이에 있을 때는

$$S_{C1}=R_A-1=\frac{(l+x_1)}{l}-1=\frac{x_1}{l}$$

이 되며 전단력 S_{C1}의 영향선은 직선으로 된다.

$$x_1=0\text{이면}\quad S_{C1}=0$$

$$x_1=l_1\text{이면}\quad S_{C1}=\frac{l_1}{l}=y_D\quad(1:l=y_D:l_1)$$

위의 관계로부터 B_2, A_1의 연장선 A_1, P_2가 A지점의 왼쪽에 단위하중 $P=1$이 작용할 때의 S_{C1}의 영향선이 된다. 지점 B의 오른쪽에 단위하중 $P=1$이 작용할 때의 S_{C1}의 영향선은 A_2, B_1을 연장하면 된다.

내민보 DA 사이에 있는 C_2점의 전단력 S_{C2}의 영향선은 단위하중 $P=1$이 C_2점에 작용하였을 때 $S_{C2}=0$이므로 영향선은 없고 $P=1$이 C_2점에서 왼쪽에 작용하였을 때는 $S_{C2}=-1$이며 캔틸레버보에서의 전단력의 영향선과 같다. 또 BE 사이의 C_3점의 영향선도 같은 방법으로 그릴 수 있고 이들을 그리면 그림 (c)와 같다.

(3) 휨모멘트의 영향선

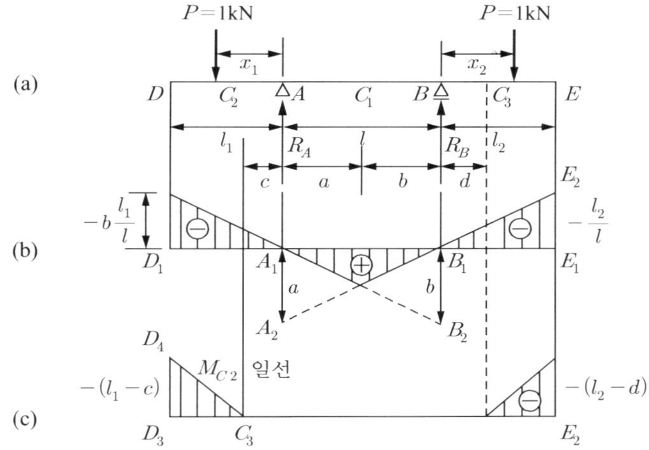

그림 4.81

그림 4.81(a)는 중앙경간인 AB보 위에 있는 점 C_1의 휨모멘트 M_{C1}의 영향선을 표시한 것이다. 단위하중 $P=1$이 AB 사이에 작용할 때의 영향선은 단순보에 대한 휨모멘트의 영향선과 같다. 단위하중 $P=1$이 AD 사이에 작용할 때는

$$M_{C1} = R_A \times a - (a+x_1) = \frac{(l+x_1)}{l} \times a - (a+x_1)$$

이 되며 휨모멘트 M_{C1}의 영향선은 직선변화를 이룬다.

$x_1 = 0$이면 $\quad M_{C1} = 0$

$x_1 = l_1$이면 $\quad M_{C1} = \dfrac{l_1(a-l)}{l} = -y_D = -\dfrac{l_1}{l}b$

이상의 관계를 그림 (b)에서 살펴보면 AD 사이에 단위하중 $P=1$이 작용할 때의 M_{C1}의 영향선은 B_2, A_1을 연장한 A_1, D_2로 표시되는 것을 알 수 있다. 단위하중 $P=1$이 BE 사이에 작용할 때의 M_{C1}의 영향선은 같은 방법으로 A_2B_1의 연장선 B_1E_2로 표시된다. 내민부에 있는 C_2점의 휨모멘트의 영향선은 0이다. 그러나 C_2점에서 왼쪽에 단위하중 $P=1$이 작용할 때의 $M_{C2}=-1 \cdot x$이며 M_{C2}의 영향선은 직선으로 표시된다.

$x = 0$이면 $\quad M_{C2} = 0$

$x = l_1 - c$이면 $\quad M_{C2} = -(l_1 - c) = -y_D$

가 되므로 M_{C2}의 영향선은 그림 (c)와 같다.

4.6.4 게르버보의 영향선

게르버보는 단순보와 내민보의 조합으로 이루어진 구조이므로 지점반력, 전단력 및 휨 모멘트의 영향선은 단순보와 내민보의 각 영향선의 조합으로 이루어진다.

그림 4.82(a)와 같이 중앙부에 힌지가 있는 3경간 게르버보의 각 영향선을 그려본다.

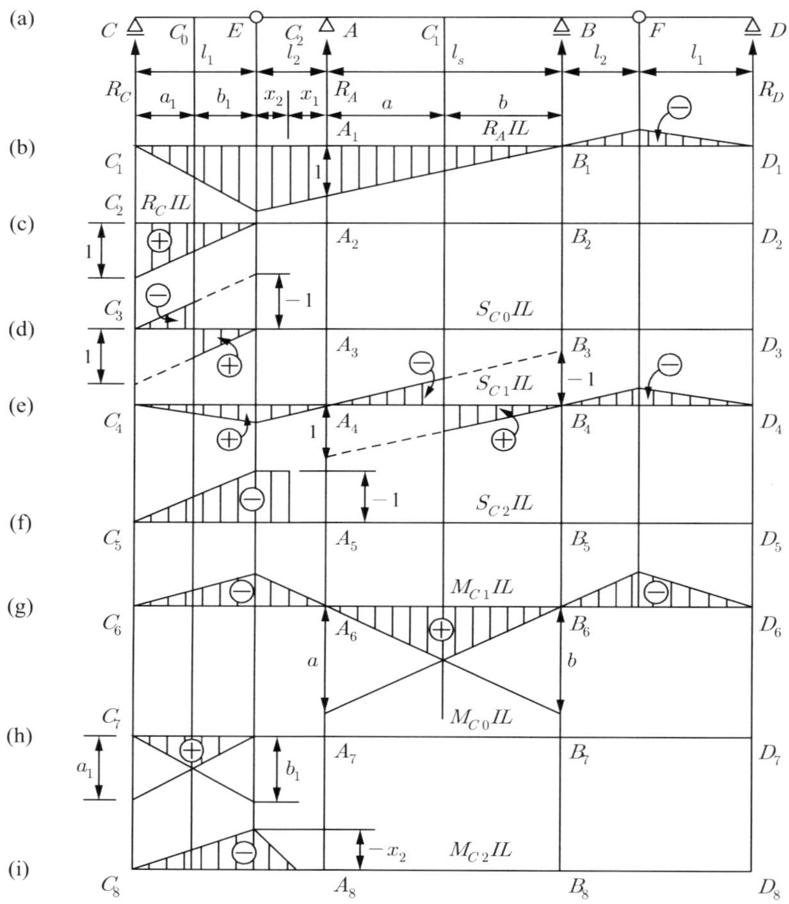

그림 4.82

(1) 지점반력의 영향선

그림 4.82(a)에서 EF 사이는 내민보로서 R_A의 영향선은 그림 4.79(b)와 같이 되고 CE 사이와 FD 사이는 단순보로서 단위하중 $P=1$이 이 사이에 작용할 때는 E, F점의 반력 R_E, R_F가 내민보의 내민부 단부인 E, F에 작용하는 것이 되므로 CE와 FD

사이는 그림 (b)에서 보는 바와 같이 직선으로 연결된다. 즉 $R_E = \dfrac{a_1}{l_1}$으로 지점 C에 단위하중 $P=1$이 있을 때는 $a_1=0$이므로, $R_E=0$이고 단위하중 $P=1$이 E점에 있을 때는 $R_E=1$이 되므로 EC 사이가 직선으로 연결된다.

R_C의 영향선은 CE 사이가 단순보이므로 단순보의 반력의 영향선과 같아서 그림 (c)와 같다.

(2) 전단력의 영향선

CE 사이는 단순보이므로 CE 사이의 임의 점 C_0의 전단력 S_{C0}의 영향선은 그림 4.71과 같고 이를 그리면 그림 (c)와 같다.

AB 사이의 임의 점 C_1의 전단력의 영향선은 EF 사이가 내민보이므로 그림 4.80(b)와 같은 영향선도를 이루고 CE와 FD 사이는 반력에서와 같은 그림 (e)와 같이 직선으로 연결된다.

EA 사이의 임의 점 C_2의 전단력 S_{C2}의 영향선은 내민보의 내민부의 영향선으로 그림 4.80(c)와 같은 모양으로 그림 (f)와 같이 CE 사이는 반력에서와 같은 이유로 직선으로 연결된다.

(3) 휨모멘트의 영향선

AB 사이의 임의점 C_1의 휨모멘트 M_{C1}의 영향선은 EF 사이가 내민보이므로 그림 4.81(b)와 같은 모양의 영향선도를 이루고 CE 사이와 FD 사이는 반력에서와 같은 이유로 직선으로 연결된다. 따라서 M_{C1}의 영향선도는 그림 (g)와 같다.

CE 사이의 임의점 C_2의 휨모멘트 M_{C2}의 영향선은 EA 사이가 내민보의 내민부이므로 C_2의 휨모멘트의 영향선은 그림 4.81(c)와 같으며 CE 사이는 반력에서와 같은 이유로 직선으로 연결되며 M_{C2}의 영향선도는 그림 (f)와 같다.

Example 4.28 영향선을 이용하여 그림 4.83(a)에서와 같은 단순보의 지점반력 R_A, R_B 및 점 E의 전단력 S_E 및 휨모멘트 M_E를 계산하여라.

R_A, R_B, S_E, M_E의 각 영향선은 그림 4.82(b), (c), (d), (e)와 같다. 따라서

$$R_A = \sum P_i\, y_i + wA$$
$$= 50\times 0.8 - 10\times 0.6 + 20\times 0.8 = 50\ \text{kN}$$

$$R_B = \sum P_i\, y_i + wA$$

$$= 50 \times 0.2 - 10 \times 0.4 + 20 \times 3.2 = 70 \text{ kN}$$

$$S_E = \sum P_i\, y_i + wA$$

$$= -50 \times 0.2 + 10 \times 0.4 + 20 \times 0.8 = 10 \text{ kN}$$

$$M_E = 50 \times 0.8 - 10 \times 1.6 + 20 \times 4.8 = 120 \text{ kN} \cdot \text{m}$$

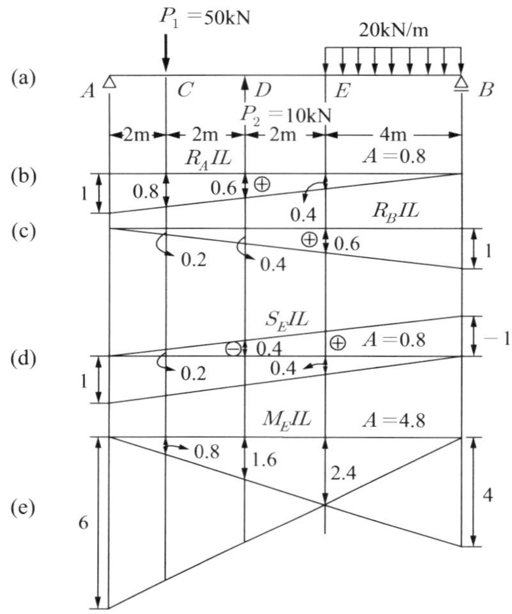

그림 4.83

4.7 최대전단력 및 최대휨모멘트

4.7.1 보의 최대지점반력

등분포하중 w가 단순보 위를 이동할 때 지점 A의 반력 R_A는 이 등분포하중의 1단이 A지점에 실렸을 때 최대가 되고 그 크기는 그림 4.84에서 영향면적($A_1C_1C_2A_2$의 면적)에 w를 곱한 값이 되기며 지점반력 R_B의 최대값은 이와 같이 하중 w의 지단이 B점에 실렸을 때 생긴다.

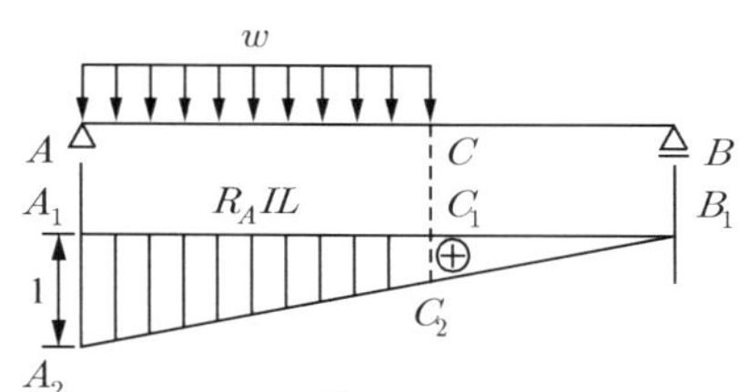

그림 4.84

등분포하중의 길이가 보의 길이보다 긴 경우는 R_A 및 R_B의 최대값은 이 하중 w가 만재한 때에 생긴다.

단일 집중이동하중에 의한 지점반력 R_A, R_B의 최대값은 그 하중이 A지점, B지점에 실릴 때 생기고 그 크기는 하중의 크기와 같다.

그림 4.85(a)에서와 같이 연행하중 P_1, P_2, ⋯ , P_{n+1}이 이동하여 그림과 같은 위치에 왔을 때의 지점반력 R_A를 영향선에 의하여 구하여 보면 다음과 같다.

$$R_A = P_1\, y_1 + P_2\, y_2 + \ldots\ldots + P_n\, y_n = \sum P\, y \tag{4.77}$$

이 식에 의하면 하중이 그림의 위치로부터 좌측으로 이동함에 따라 R_A의 값은 증대되고 하중 P_1이 A점에 실린 순간 그 값이 최대가 됨을 알 수 있다. 이때에 하중 P_n에 연속하는 다음의 하중 P_{n+1}이 새로 보 위에 실리더라도 R_A가 최대로 된다는 것에는 변함이 없다.

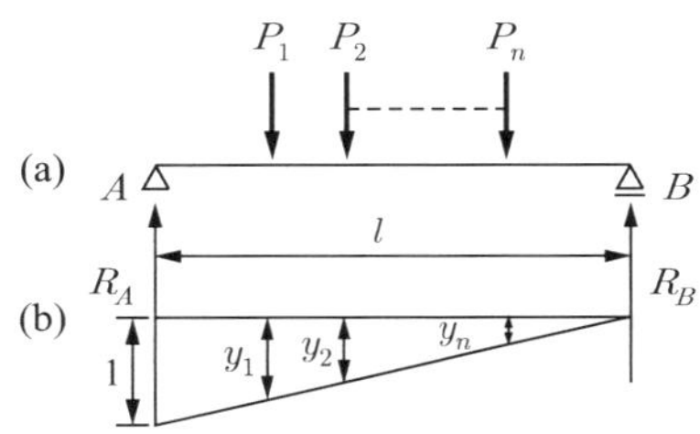

그림 4.85

다음에 하중 P_1이 A지점을 통과하면 R_A는 갑자기 작아졌다가 P_2가 A지점에 접근함에 따라서 다시 커질 것이다. 이와 같이 하여 P_1, P_2, ...가 A지점에 실릴 때마다 R_A가 최대로 되는데 그 중에서 가장 큰 것을 최대반력(maximum reaction)이라 한다.

4.7.2 보의 임의점의 최대전단력

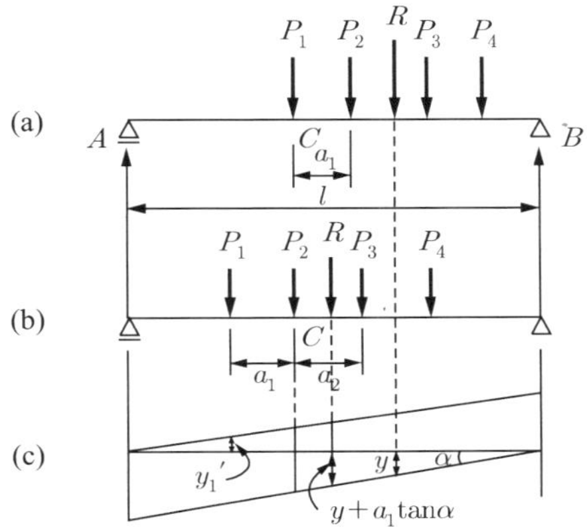

그림 4.86

그림 4.86과 같이 단순보 위 임의 단면 C에 연행하중 P_1, ⋯, P_4가 작용할 때 C단면의 전단력을 S_C라 하면 일반적으로 S_C는 연행하중의 선두쪽에 속하는 하중이 C점의 바로 우측에 왔을 때 최대가 되는데 그림 (a)와 그림 (b)의 어느 하중상태에서 C단면에 최대전단력이 생기는가를 알아보자.

지금 $P_1 \sim P_4$의 합력을 R이라 하고 그림 (a)와 (b)의 재하상태에 대해서 S_C를 각각 S_{C1}, S_{C2}라 하면

$$S_{C1} = R\,y = P_1 y_1 + P_2 y_2 + P_3 y_3 + P_4 y_4$$

$$S_{C2} = P_2(y_2 + a_1 \tan\alpha) + P_3(y_3 + a_1 \tan\alpha) + P_4(y_4 + a_1 \tan\alpha) - P_1 y'_1$$

이 두 전단력의 차를 ΔS_C라 하면

$$\Delta S_C = S_{C2} - S_{C1} = R\,a_1 \tan\alpha - P_1(a_1 \tan\alpha + y'_1 + y_1) = R\frac{a_1}{l} - P_1 \qquad (4.78)$$

$\therefore\ R\dfrac{a_1}{l} - P_1 < 0$ 그림 (a)의 재하상태에서 S_{C1}이 최대

$R\dfrac{a_1}{l} - P_1 = 0$ 그림 (a)의 재하상태에서 S_C는 같아서 $S_{C1} = S_{C2}$

$R\dfrac{a_1}{l} - P_1 > 0$ 그림 (a)의 재하상태에서 S_{C2}가 최대

다음에 P_3가 C점상에 재하될 때 그림 (b)와 비교해서 전단력의 차 $\Delta S_C'$는 앞에서와 같은 계산방법에 따라

$$\Delta S_C' = S_{C3} - S_{C2} = R\frac{a_2}{l} - P_2 \qquad (4.79)$$

$R \cdot \dfrac{a_2}{l} - P_2 < 0$ P_2가 C점상에 재하될 때 S_{C2}가 최대이고

$R \cdot \dfrac{a_2}{l} - P_2 > 0$ P_3가 C점상에 재하될 때 S_{C3}가 최대이고

$R \cdot \dfrac{a_2}{l} - P_2 = 0$ $S_{C2} = S_{C3}$로 되고 P_2, P_3중 어느 하중이든 C점상에 재하될 때 S_C가 최대이다.

위의 결과로서 다음과 같은 조건식이 얻어진다.

P_1이 C점상에 재하된 경우 $0 < \frac{1}{l}\sum_1^n P \leq \frac{P_1}{a_1}$

P_2가 C점상에 재하된 경우 $\frac{P_1}{a_1} \leq \frac{1}{l}\sum_1^n P \leq \frac{P_2}{a_2}$ (4.80)

따라서 식 (4.80)을 만족하는 재하상태일 때 C점의 전단력이 최대가 된다. 이 상으로 보아 임의 단면의 전단력의 절대값이 최대가 되는 경우는 연행하중의 선두 아니면 후미에, 또는 그 부근의 하중이 구하고자 하는 단면에 무한히 접근하였을 때 생긴다는 것을 짐작할 수 있다.

Example 4.29 그림 4.87의 단순보에서 연행하중이 작용할 때 C점의 최대전단력과 절대최대전단력을 구하여라.

조건식 (4.80)을 이용하는 방법과 각각의 경우에 대해 직접 계산하는 경우에 대해 비교해 본다.

(1) 조건식을 이용하는 경우

$$\frac{P_{r-1}}{a_{r-1}} \leq \frac{1}{l}\sum_1^n P \leq \frac{P_r}{a_r}$$

① 1 kN이 C점에 있을 때 ($P_r = 1\text{kN}$)

$$0 \leq \frac{16}{10} \leq \frac{1}{2}$$

$0 \leq 1.6 \leq 0.5$로 식이 성립하지 않으므로 1 kN이 C점에 있을 때 C점의 전단력은 최대가 아니다.

② 5 kN이 C점에 있을 때 ($P_r = 5\text{kN}$)

$$\frac{1}{2} \leq \frac{16}{10} \leq \frac{5}{2}$$

$0 \leq 1.6 \leq 2.5$로 식이 성립하므로 5 kN이 C점에 있을 때 C점의 전단력은 최대가 된다.

$\therefore\ S_{C,\max} = 1\times(-0.2) + 5\times 0.6 + 10\times 0.4 = 6.8\text{ kN}$

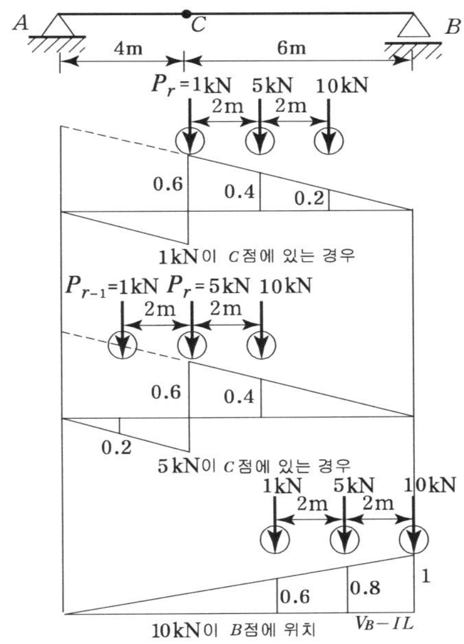

그림 4.87

(2) 경우의 수에 따라 직접계산

① 1 kN이 C점에 있을 때

$S_C = 1\times 0.6 + 5\times 0.4 + 10\times 0.2 = 4.6\,\text{kN}$

② 5 kN이 C점에 있을 때

$S_C = 1\times(-0.2) + 5\times 0.6 + 10\times 0.4 = 6.8\,\text{kN}$

10 kN이 C점에 있을 때는 직관적으로 위 두 경우보다 작으므로 $S_{C,\max} = 6.8\,\text{kN}$임을 알 수 있다.

(3) 절대최대전단력

절대최대전단력은 절대최대반력과 같으므로 10 kN이 B점에 있을 때 절대최대전단력이 됨을 알 수 있다.

$$\therefore\ S_{ab} = V_{ab} = 1\times 10 + 5\times 0.8 + 1\times 0.6 = 14.6\,\text{kN}$$

Example 4.30 그림 4.88 단순보에서 등분포하중이 작용할 때 C점의 최대전단력과 절대최대전단력을 구하여라.

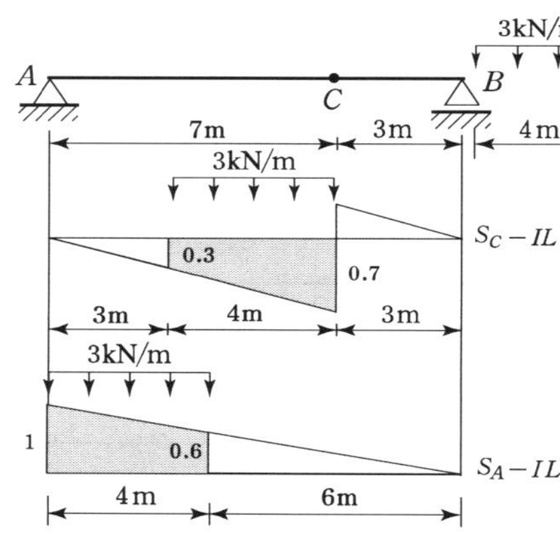

그림 4.88

C점의 전단력 영향선도와 같이 분포하중이 작용할 때 영향선도의 면적이 가장 크게 되고 전단력이 최대가 됨을 알 수 있다.

$$\therefore\ S_{C\max} = 3\times\left\{-\frac{0.3+0.7}{2}\times 4\right\} = -6\,\text{kN}$$

절대최대전단력은 지점에서 발생되므로

$$\therefore\ S_{ab} = 3\times\left\{\frac{1+0.6}{2}\times 4\right\} = 9.6\,\text{kN}$$

4.7.3 보의 임의점의 최대휨모멘트

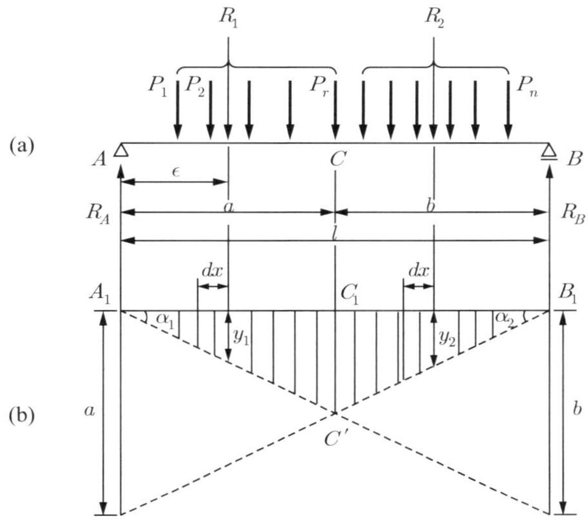

그림 4.89

그림 4.89(a)와 같이 연행하중이 A, B 위에 작용할 때 R_1, R_2를 각각 AC, CB 사이에 작용하는 하중의 합력이라 하고, 이때 임의점 C에 대한 휨모멘트의 영향선을 그려서 M_C를 구하면

$$M_C = R_1\, y_1 + R_2\, y_2$$

연행하중이 미소거리 dx만큼 왼쪽으로 이동함으로써 C점에서의 휨모멘트가 dM_C만큼 변화를 가져왔다면 C점의 휨모멘트는 다음과 같다.

$$M_C + dM_C = R_1(y_1 - dx\tan\alpha_1) + R_2(y_2 + dx\tan\alpha_2)$$

dx만큼 이동함으로써 생긴 휨모멘트의 변화량 dM_C는

$$\begin{aligned} dM_C &= R_2\, dx\, \tan\alpha_2 - R_1\, dx\, \tan\alpha_1 \\ &= R_2 \frac{a\,dx}{l} - R_1 \frac{b\,dx}{l} \end{aligned}$$

$$\therefore \frac{dM_C}{dx} = \frac{a\,b}{l}\left(\frac{R_2}{b} - \frac{R_1}{a}\right)$$

M_C가 최대로 되려면 $\dfrac{dM}{dx} = 0$이 되어야 하므로

$$\frac{R_2}{b} - \frac{R_1}{a} = 0$$

$$\therefore \frac{R}{l} = \frac{R_1}{a} \tag{4.81}$$

그런데 M_C가 최대가 되는 하중배치는 반드시 C점상에 하중이 실렸을 때이므로 그림 4.89의 AC 사이의 하중의 합력 R_1에 C점 위의 하중 P_r을 더해야 되는가가 문제가 된다. 그래서 더하는 경우와 더하지 않는 경우를 생각하면 식 (4.81)에서

C점상의 하중을 더하지 않는 경우는 $\quad \frac{R}{l} > \frac{R_1}{a}$

C점상의 하중을 더하는 경우는 $\quad \frac{R}{l} < \frac{R_1}{a}$

으로 된다. 따라서 다음 조건식이 얻어진다.

$$\frac{1}{a}\sum_1^{r-1} P < \frac{1}{l}\sum_1^{n} P < \frac{1}{a}\sum_1^{r} P \tag{4.82}$$

식 (4.82)를 적용하여 연행하중의 재하하중의 재하상태를 결정한 다음 M_C를 구하면 M_C가 임의의 점 C의 최대휨모멘트가 되는데 하중의 이동시 보 위에서 하중이 벗어나거나 또는 새로운 하중이 들어옴으로써 식 (4.82)를 만족하는 하중상태가 둘 이상 생기는 각 경우의 하중상태에서 휨모멘트를 구하여 그 중 큰 값을 취한다.

Example 4.31 그림 4.90의 단순보에서 연행하중이 작용할 때 C점의 최대휨모멘트를 구하여라.

조건식 (4.82)를 이용하는 방법과 각각의 경우에 대해 직접 계산하는 경우에 대해 비교해 본다.

(1) 조건식을 이용하는 경우

$$\frac{1}{a}\sum_1^{r-1} P < \frac{1}{l}\sum_1^{n} P < \frac{1}{a}\sum_1^{r} P$$

① 1 kN이 C점에 있을 때($P_r = 1\,\text{kN}$)

$0 \le \frac{16}{10} \le \frac{1}{4}$, $0 \le 1.6 \le 0.25$로 식이 성립하지 않으므로 1 kN이 C점에 있을 때 C점의 휨모멘트는 최대가 아니다.

② 5 kN이 C점에 있을 때 ($P_r = 5\,\text{kN}$)

$\frac{1}{4} \le \frac{16}{10} \le \frac{6}{4}$,

$0.25 \le 1.6 \le 1.5$로 식이 성립하지 않으므로 5 kN이 C점에 있을 때 C점의 휨모멘트는 최대가 아니다.

③ 10 kN이 C점에 있을 때 ($P_r = 10\,\text{kN}$)

$\frac{6}{4} \le \frac{16}{10} \le \frac{16}{4}$,

$1.5 \le 1.6 \le 4$로 식이 성립하므로 10 kN이 C점에 있을 때 C점의 휨모멘트는 최대가 된다.

$\therefore M_{C,\max} = 5 \times 1.2 + 10 \times 2.4$
$= 30\,\text{kN} \cdot \text{m}$

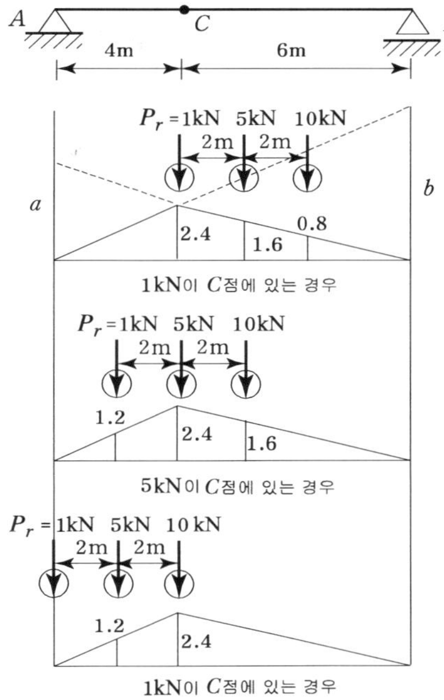

그림 4.90

(2) 경우의 수에 따라 직접계산

① 1 kN이 C점에 있을 때

$M_C = 1 \times 2.4 + 5 \times 1.6 + 10 \times 0.8 = 18.4\,\text{kN} \cdot \text{m}$

② 5 kN이 C점에 있을 때

$M_C = 1 \times 1.2 + 5 \times 2.4 + 10 \times 1.6 = 29.2\,\text{kN} \cdot \text{m}$

③ 10 kN이 C점에 있을 때

$M_{C,\max} = 5 \times 1.2 + 10 \times 2.4 = 30\,\text{kN} \cdot \text{m}$

4.8 절대최대전단력 및 절대최대휨모멘트

4.8.1 절대최대전단력

4.7.2장에서는 임의의 단면에 대한 최대전단력을 구하였는데, 보 위에는 단면이 무한히 존재하므로 각 단면에서의 최대전단력이 무한히 존재하게 된다. 이들 최대전단력 중에서 가장 큰 최대전단력을 절대최대전단력(absolute maximum shearing force)이라 한다.
이 절대최대전단력은 지점에 가장 가까운 단면에 생기고 그 값은 최대전단력과 같음을 전단력의 영향선으로 관찰할 때 쉽게 알 수 있다.

4.8.2 절대최대휨모멘트

그림 4.91에서와 같이 두 개의 집중하중이 보 위를 이동하여 작용할 경우 P_1 하중이 A로부터 x거리에 있는 n점의 휨모멘트는

$$R_A = P_1 \frac{(l-x)}{l} + P_2 \frac{(l-x-a)}{l}$$

$$M_n = R_A\, x = P_1 \frac{(l-x)}{l} x + P_2 \frac{(l-x-a)}{l} x$$

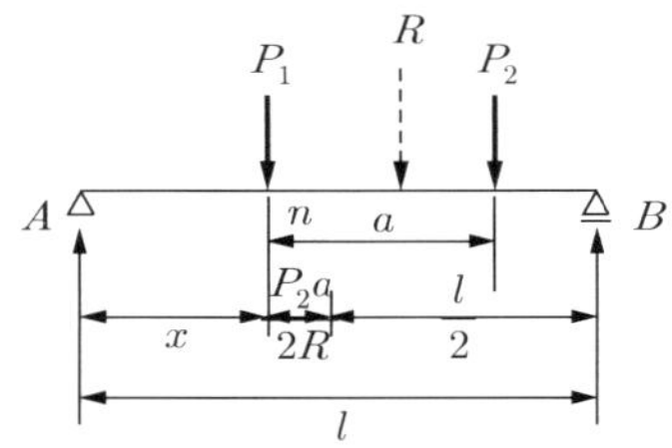

그림 4.91

M_n이 최대가 되는 조건은 $\frac{dM_n}{dx} = 0$에서

$$\frac{dM_n}{dx} = \frac{P_1 + P_2}{l}(l-2x) + \frac{P_2\, a}{l} = 0$$

$$\therefore\ x = \frac{(P_1+P_2)\, l - P_2\, a}{2(P_1+P_2)}$$

합력 R은 $R = P_1 + P_2$이므로

$$x = \frac{l}{2} - \frac{P_2\, a}{2R} \tag{4.83}$$

식 (4.83)의 둘째 항 $\frac{P_2\, a}{2R}$은 하중 P_1과 합력 R 사이의 거리 $\left(\frac{P_2\, a}{R}\right)$의 $\frac{1}{2}$이므로 이 식으로 보 위에서 최대휨모멘트가 생기는 위치를 구할 수 있다. 즉 그 위치는 두 하중의 합력과 가까운 하중과의 거리를 2등분한 점을 보의 중앙에 위치하도록 재하시켰을 때 가까운 하중 P_1 및 n점에서 최대휨모멘트가 생긴다. 이 최대휨모멘트를 절대최대휨모멘트(absolute maximum bending Moment)라 한다.

연행하중이 보 위를 지나갈 때 절대최대휨모멘트를 구해보자.

그림 4.92와 같은 하중상태에서 C점의 휨모멘트 M_C가 최대값을 갖는다고 하고 그 값을 구하면

$$M_C = \frac{R\, a}{l}\, x - M_1$$

$$= \frac{R}{l}(l-x-d)\, x - M_1 \tag{4.84}$$

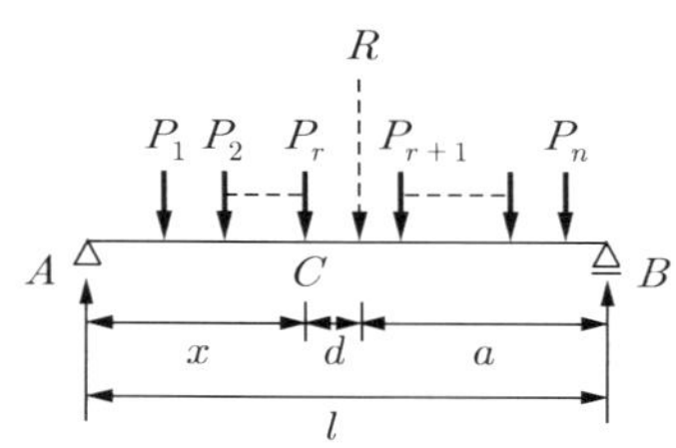

그림 4.92

여기서 M_1은 보 AC 사이에 실린 하중에 의한 C점의 모멘트의 총화이다. 지금 C점의 위치를 바꾸어 식 (4.84)에서의 최대 M_C의 최대값 즉, 절대최대휨모멘트를 생기게 하는 위치 a를 다음과 같이 구할 수 있다.

$$\frac{dM_C}{dx} = \frac{R}{l}(l - 2x - d) = 0$$

$$\therefore\ x = \frac{l-d}{2} \tag{4.85}$$

또는

$$a = l - x - d = \frac{l-d}{2}$$

따라서 판별식 (4.82)를 만족함과 동시에 d가 지간 중앙점에 의하여 2등분되는 하중조건일 때 C점에서 절대최대휨모멘트가 생긴다. 즉 연행하중 중 보에 실을 수 있는 만큼 싣고 그의 합력 R의 위치를 구하여 이것과 인접한 하중과의 거리 d를 2등분한 점을 보의 중앙에 일치시키도록 재하할 때 인접한 하중 작용점 C에서 절대최대휨모멘트가 생긴다.

인접한 하중 P_r은 대체로 합력과 가장 가까운 하중을 취하나 P_r이 극히 작을 때는 P_{r+1}의 위치에서 절대최대휨모멘트가 생기기도 한다.

Example 4.32 그림 4.93 단순보에서 연행하중이 작용할 때 절대최대휨모멘트를 구하여라.

① 합력의 크기

$R = 2 + 4 = 6$ kN

② R의 작용점(4 kN에서)

$6\,\text{kN} \times x = 2\,\text{kN} \times 3\,\text{m}$

$\therefore x = 1\,\text{m}$

③ 하중배치 [그림 참조]

④ R과 근접한 하중 4 kN에서 절대최대휨모멘트가 발생.

$\therefore\ M_{ab} = 2 \times 1.125 + 4 \times 2.475$

$= 12.15$ kN · m

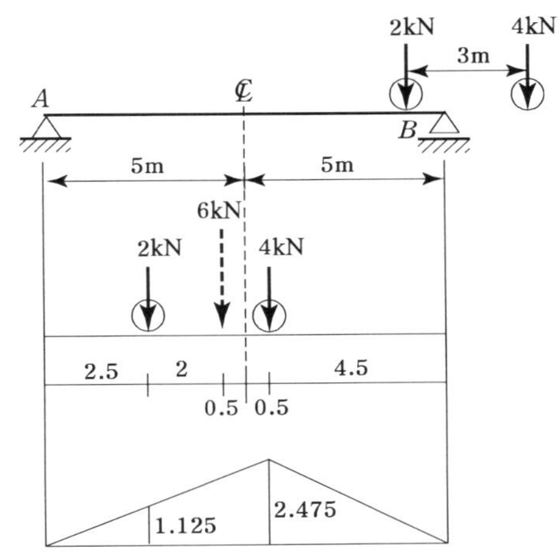

그림 4.93

Example 4.34 그림 4.94(a)와 같은 보 위를 그림 (b)와 같은 연행하중이 이동할 때 C점에서의 최대전단력 및 최대휨모멘트를 구하고 또 절대최대전단력과 절대최대휨모멘트를 구하여라.

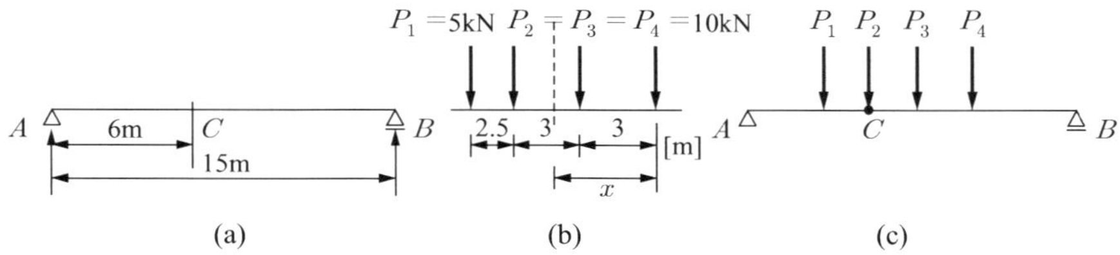

그림 4.94

최대전단력

연행하중 중 어느 하중이 C점 위에 실릴 때 C점의 전단력 S_C가 최대가 되는가를 알기 위해서 식 (4.80)을 적용하면

P_1 하중이 C점 상에 재하된 경우

$$0 < \left(\frac{1}{l}\sum_1^n P = \frac{1}{15} \times 35 = 2.33\right) > \left(\frac{P_1}{a_1} = \frac{5}{2.5} = 2\right)$$

P_2 하중이 C점 상에 재하된 경우

$$\left(\frac{P_1}{a_1} = \frac{5}{2.5} = 2\right) < \left(\frac{1}{l}\sum_1^n P = 2.33\right) < \left(\frac{P_2}{a_2} = \frac{10}{3} = 3.3\right)$$

따라서 그림 4.94(c)와 같이 C점 상에 재하될 때 S_C가 최대가 되고 그 값은

$$S_{C\max} = \frac{1}{15}(5 \times 11.5 + 10 \times 9 + 10 \times 6 + 10 \times 3) - 5 = 10.83 \text{ kN}$$

휨모멘트

식 (4.82)을 적용하면 P_2가 C점 상에 재하된 경우

$$\left(\frac{1}{a}\sum_1^{r-1} P = \frac{1}{6} \times 5 = 0.833\right) < \left(\frac{1}{l}\sum_1^n P = 2.33\right) < \left(\frac{1}{a}\sum_1^r P = \frac{1}{6} \times 15 = 2.5\right)$$

P_2가 C점 상에 재하된 경우

$$\left(\frac{1}{a}\sum_1^{r-1} P = \frac{1}{6} \times 15 = 2.5\right) > \left(\frac{1}{l}\sum_1^n P = 2.33\right) < \left(\frac{1}{a}\sum_1^r P = \frac{1}{6} \times 25 = 4.17\right)$$

따라서 P_2가 C점 상에 재하된 경우 M_C가 최대가 되고 그 값은

$$M_{C\max} = 15.83 \times 6 - 5 \times 2.5 = 82.48 \text{ kN} \cdot \text{m}$$

절대최대전단력

절대최대전단력은 P_4가 B점에 실릴 때 B점에서 일어나고 그의 값을 $S_{\max}$라 하면

$$S_{\max} = \frac{1}{15}(5 \times 6.5 + 10 \times 9.0 + 10 \times 12 + 10 \times 15) = 26.17 \text{ kN}$$

그림 (b)에서 합력의 위치 x는

$$x = \frac{10 \times 3 + 10 \times 6 + 5 \times 8.5}{35} = 3.78\text{ m}$$

절대최대휨모멘트

따라서 그림 4.95와 같은 하중상태일 때 P_3하중 밑에서 절대최대휨모멘트가 생기고 그 값을 $M_{\max}$라 하면

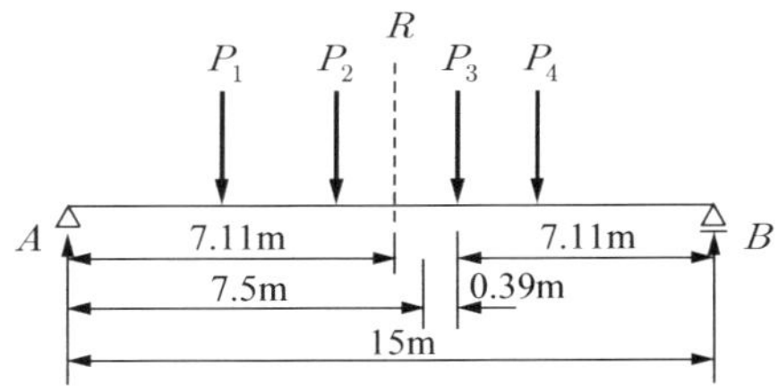

그림 4.95

$$R_B = \frac{35 \times 7.11}{15} = 16.59\text{ kN}$$

$$M_{\max} = 16.59 \times 7.11 - 10 \times 3 = 87.95\text{ kN}\cdot\text{m}$$

PROBLEMS

01. 그림 4.96과 같은 보의 반력을 구하여라.

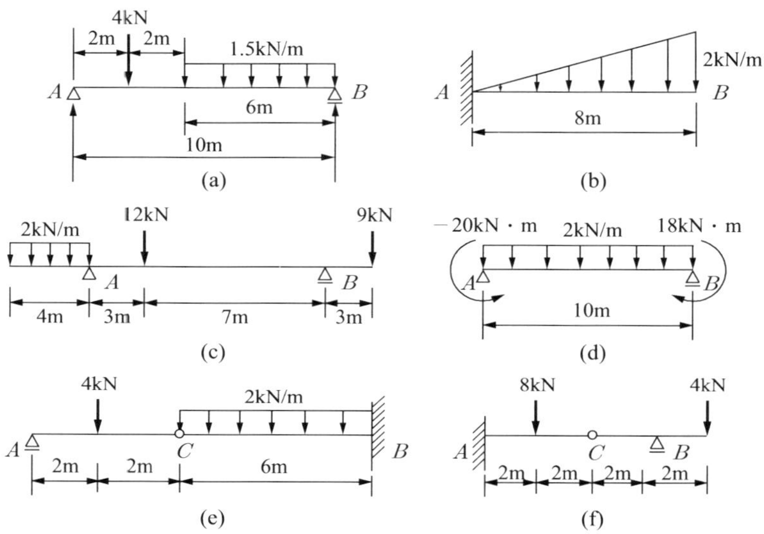

그림 4.96

답 : (a) $R_A = 5.9$ kN, $R_B = 7.1$ kN (b) $R_A = 8$ kN, $M_A = -42.67$ kN · m

(c) $R_A = 15.3$ kN, $R_B = 13.7$ kN, $M_B = 48$ kN · m (d) $R_A = 10.2$ kN, $R_B = 9.8$ kN

(e) $R_A = 2$ kN, $R_B = 14$ kN (f) $R_A = 4$ kN, $R_B = 8$ kN, $H_A = 0$

02. 그림 4.96과 같은 보의 단면력도를 그려라.

03. 그림 4.97과 같은 게르버보의 단면력도를 그려라.

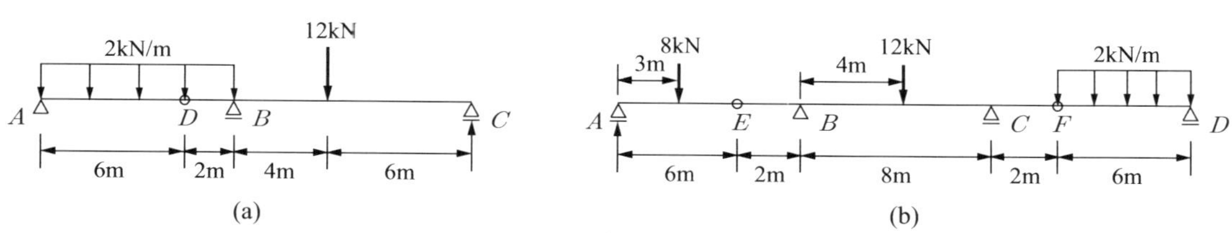

그림 4.97

04. 그림 4.98과 같은 보의 M점에 대한 단면력을 영향선을 이용하여 구하여라.

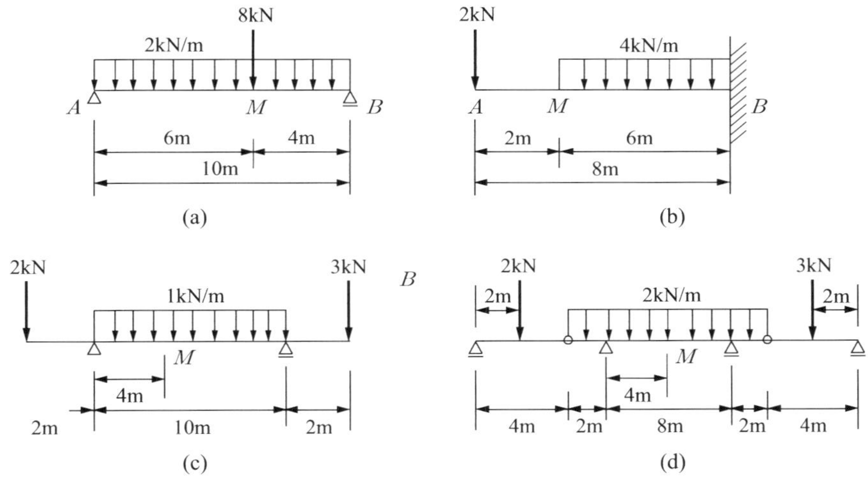

그림 4.98

답 : (a) $S=-6.8$ kN (b) $S=-2$ kN (c) $S=0.8$ kN

(d) $S=-0.125$ kN, $M=43.2$ kN · m, $M=-4$ kN · m, $M=7.2$ kN · m, $M=9.5$ kN · m

05. 그림 4.99와 같은 보의 최대휨모멘트를 구하여라.

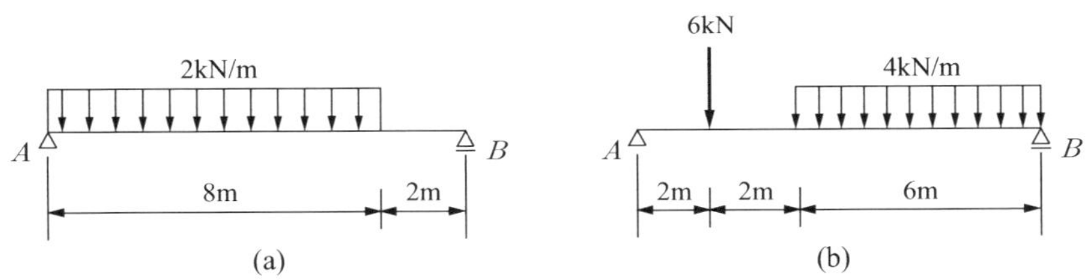

그림 4.99

답 : (a) $M_{max}=23.04$ kN · m (b) $M_{max}=40.5$ kN · m

06. 그림 4.100과 같은 보 위를 이동하중이 지나갈 때 C점의 최대전단력 및 최대휨모멘트를 구하라.

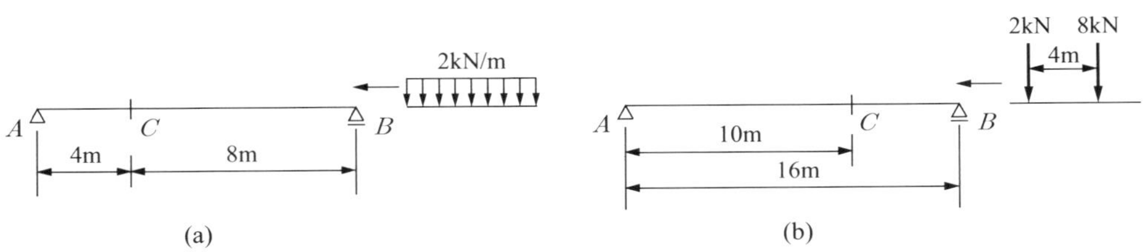

그림 4.100

답 : (a) $S=5.333$ kN, $M=32$ kN · m (b) $S=-5.75$ kN, $M=34.5$ kN · m

07. 그림 4.100(b)와 같은 단순보에 2개의 집중하중이 지나갈 때 절대최대전단력 및 절대최대휨모멘트를 구하여라.

답 : $S = -9.5$ kN, $M = 36.1$ kN · m

08. 그림 4.101과 같은 보에 연행하중이 이동할 때 C점의 최대전단력과 최대휨모멘트를 구하여라.

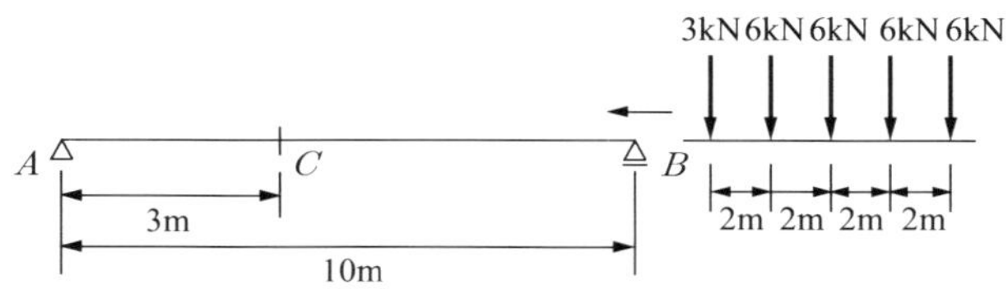

그림 4.101

답 : $S = 9.3$ kN, $M = 30.9$ kN · m

09. 그림 4.101과 같은 보에서 절대최대전단력을 구하여라.

답 : $S_{max} = -17.4$ kN

10. 그림 4.101과 같은 보에서 절대최대휨모멘트를 구하여라.

답 : $M_{max} = 37,691$ kN · m

CHAPTER 5

정정라아멘과 아아치

5.1 개 론

라아멘이란 각 직선부재의 연결이 강절로 결합되어 있으며 외력의 작용을 받아 구조물의 모양이 변하더라도 접합점에 모인 모든 부재의 각은 변하지 않는 구조이다.

이 장에서는 힘의 평형조건을 이용하여 휨모멘트, 전단력, 축방향력 등의 단면력을 구할 수 있는 정정라아멘을 취급하기로 한다.

정정라아멘은 1단 고정지점 라아멘, 3단 이동지점 라아멘, 1단 회전 타단 이동지점 라아멘으로 분류한다.

5.2 1단 고정지점 라아멘

5.2.1 집중하중을 받는 1단 고정지점 라아멘

① 지점반력

그림 5.1의 (a)와 같이 지점반력의 작용방향을 가정하여 결과가 (+)이면 가정한 방향과 같고 (−)이면 반대방향으로 작용한다.

$\sum H = 0$에 의하여 $H_A = P\cos\theta$

$\sum V = 0$에 의하여 $V_A = P\sin\theta$

$\sum M = 0$에 의하여 $M_A = Pa = Ph\cos\theta$

② 전단력

$C \sim D$ 부재 임의단면 m의 전단력을 S_x라 하고 그 우측, 구조물의 아래쪽을 생각하면 $S_x = P\cos\theta$

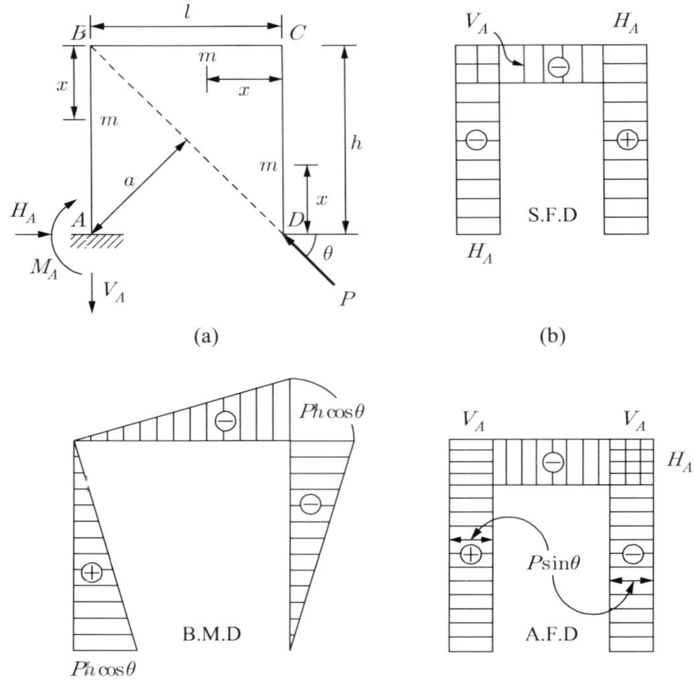

그림 5.1

$B \sim C$ 부재 임의단면 m의 전단력을 S_x라 하고 그 우측을 생각하면

$S_x = -P\sin\theta$

$A \sim B$ 부재 임의단면 m의 전단력을 S_x라 하고 그 우측(그림에서 위쪽) 생각하면

$S_x = -P\cos\theta$

전단력도는 그림 (b)와 같다.

③ 휨모멘트

$C \sim D$ 부재 임의단면 m의 휨모멘트를 M_x라 하고 그 우측을 생각하면

$M_x = -P\,x\cos\theta$ (x에 관한 일차식이므로 직선)

$\therefore\ M_C = -P\,h\cos\theta$

$B \sim C$ 부재 임의단면 m의 휨모멘트를 M_x라 하고 그 우측을 생각하면

$M_x = -P\,h\cos\theta + P\,x\sin\theta$

그림 (a)에서 P의 작용선이 절점 B를 통과하므로 B점의 휨모멘트는 0이 될 것이다.

$\therefore\ M_B = -P\,h\cos\theta + P\,l\sin\theta = 0$

$A \sim B$ 부재 임의단면 m의 휨모멘트를 M_x라 하고 그 우측을 생각하면

$$M_x = P\,x\cos\theta$$

$$\therefore\ M_A = P\,h\cos\theta = P\,a$$

휨모멘트도는 그림 (c)와 같다.

④ 축방향력

$C \sim D$ 부재에서 $A_x = -P\sin\theta$

$B \sim C$ 부재에서 $A_x = -P\cos\theta$

$A \sim B$ 부재에서 $A_x = P\sin\theta$

축방향력도는 그림 (d)와 같다.

5.2.2 등분포하중을 받는 고정지점 라아멘

① 지점반력

그림 5.2의 (a)와 같이 지점반력의 방향을 가정하여

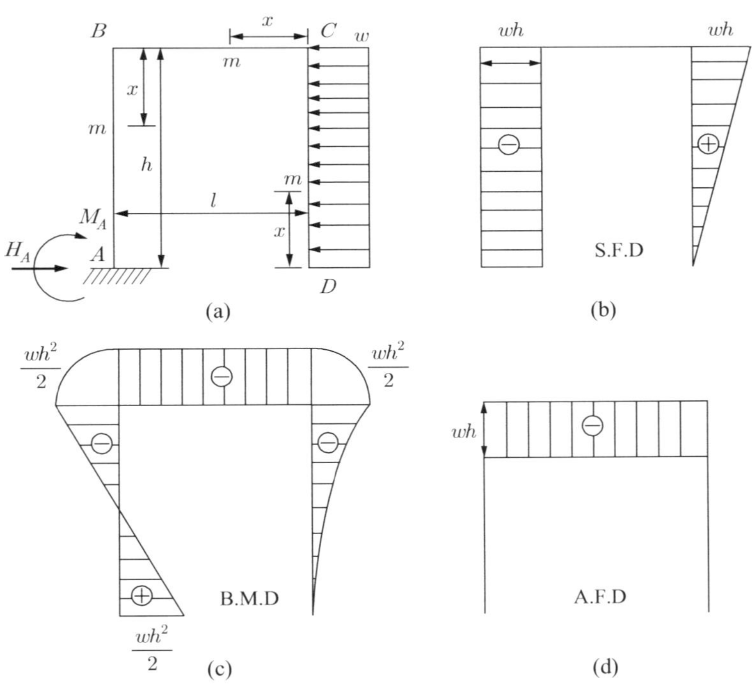

그림 5.2

$\sum H = 0$에 의하여 $H_A = wh$

$\sum M = 0$에 의하여 $M_A = \dfrac{wh^2}{2}$

② 전단력

$C \sim D$ 부재에서 임의단면 m의 전단력을 S_x라 하고 그 우측 구조물에서 아래쪽을 생각하면

$$S_x = wx$$

$B \sim C$ 부재에서 부재축과 수직한 방향의 하중이 없으므로 $S_x = 0$

$A \sim B$ 부재에서 하중 wh가 절절 B에 작용한다고 생각하면 $S_x = -wh$

전단력도는 그림 (b)와 같다.

③ 휨모멘트

$C \sim D$ 부재 임의단면 m의 휨모멘트를 M_x라 하고 그 우측을 생각하면

$$M_x = -\frac{wx^2}{2}$$

$$\therefore\ M_C = -\frac{wh^2}{2}$$

$B \sim C$ 부재 임의단면 m의 휨모멘트는 $M_x = -\dfrac{wh^2}{2}$

$A \sim B$ 부재 임의단면 m의 휨모멘트를 M_x라 하고 그 우측 즉, 위쪽을 생각하면 합력 wh가 절점 B에 그대로 작용한다 보고

$$M_x = -\frac{wh^2}{2} + whx$$

$$\therefore\ M_A = -\frac{wh^2}{2} + wh^2 = \frac{wh^2}{2}$$

휨모멘트도는 그림 (c)와 같다.

④ 축방향력

$C \sim D$ 부재 $A_x = 0$

$B \sim C$ 부재 $A_x = -wh$

$A \sim B$ 부재 $A_x = 0$

축방향력도는 그림 (d)와 같다.

5.2.3 모멘트하중을 받는 고정지점 라아멘

① 지점반력

지점반력의 방향을 그림 5.3과 같이 가정하여

$\sum H = 0$에 의하여 $H_A = P$

$\sum M = 0$에 의하여 $M_A = M - P\,h_1$

② 전단력

$C \sim D$ 부재 $S_x = P$

$B \sim C$ 부재 $S_x = 0$

$A \sim B$ 부재 $S_x = -P$

전단력도는 그림 (b)와 같다.

③ 휨모멘트

$C \sim D$ 부재 $M_x = -M - P\,x \quad \therefore\ M_C = -M - P\,h_2$

$B \sim C$ 부재 $M_x = -M - P\,h_2$

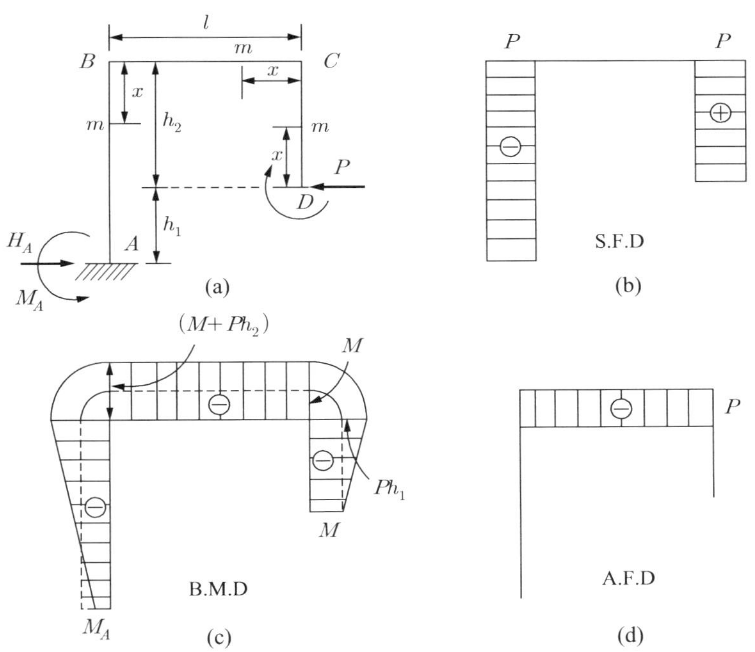

그림 5.3

$A \sim B$ 부재 $\quad M_x = -M - P h_2 + P x$

$$\therefore \ M_A = -M - P h_2 + P(h_2 + h_1) = -M + P h_1$$

휨모멘트도는 그림 (c)와 같다.

④ 축방향력

$C \sim D$ 부재 $\quad A_x = 0$

$B \sim C$ 부재 $\quad A_x = -P$

$A \sim B$ 부재 $\quad A_x = 0$

축방향력도는 그림 (d)와 같다.

5.3 1단 회전 타단 이동지점 라아멘

5.3.1 집중하중을 받을 때

① 지점반력

그림 5.4와 같이 지점반력의 방향을 가정하여

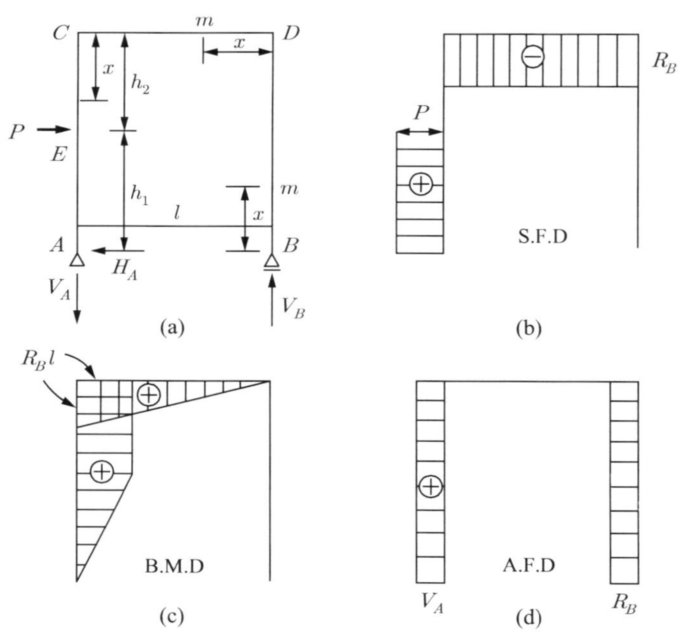

그림 5.4

$\sum H = 0$에 의하여 $H_A = P$

$\sum M_A = 0$에 의하여 $-V_B l + P h_1 = 0 \quad \therefore \; V_B = \dfrac{h_1}{l} P$

$\sum V = 0$에 의하여 $V_A = -\dfrac{h_1}{l} P$

② 전단력

$D \sim B$ 부재 $\quad S_x = 0$

$C \sim D$ 부재 $\quad S_x = -V_B = -\dfrac{h_1}{l} P$

$A \sim C$ 부재 $\quad CE$ 사이 $S_x = 0$

AE 사이 $S_x = P$

전단력도는 그림 (b)와 같다.

③ 휨모멘트

$B \sim D$ 부재 $\quad M_x = 0$

$C \sim D$ 부재 $\quad M_x = V_B x = \dfrac{h_1}{l} P x \quad \therefore \; M_C = V_B l = P h_1$

$A \sim C$ 부재 $\quad CE$ 사이 $M_x = M_C = P h_1$

EA 사이 $M_x = P h_1 - P(x - h_2), \; M_A = P h_1 - P h_1 = 0$

휨모멘트도는 그림 (c)와 같다.

④ 축방향력

$B \sim D$ 부재 $\quad A_x = -V_B = -\dfrac{h_1}{l} P$

$C \sim D$ 부재 $\quad A_x = 0$

$A \sim C$ 부재 $\quad A_x = V_A = \dfrac{h_1}{l} P$

축방향력도는 그림 (d)와 같다.

그림 5.5와 같은 라아멘에서

① 지점반력

$\sum M_B = 0$에 의해서 $R_A = \dfrac{P l_3}{l_1 + l_2 + l_3}$

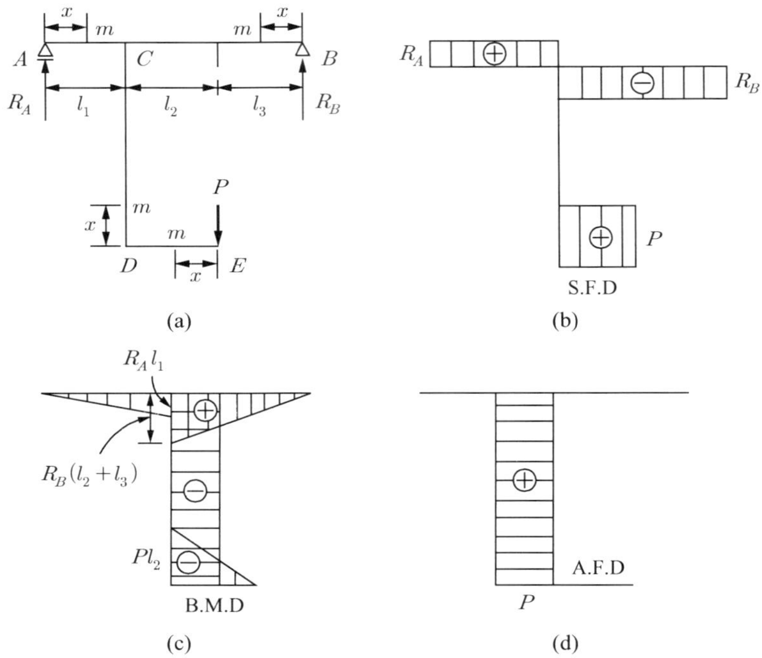

그림 5.5

$\sum M_A = 0$에 의해서 $\quad R_B = \dfrac{P(l_1 + l_2)}{l_1 + l_2 + l_3}$

② 전단력

$A \sim C$ 부재 $\quad S_x = R_A$

$B \sim C$ 부재 $\quad S_x = -R_B$

$D \sim E$ 부재 $\quad S_x = P$

$C \sim D$ 부재 $\quad S_x = 0$

전단력도는 그림 (b)와 같다.

③ 휨모멘트

$A \sim C$ 부재 $\quad M_x = R_A x \quad \therefore M_{C1} = R_A l_1$

$B \sim C$ 부재 $\quad M_x = R_B x \quad \therefore M_{C2} = R_B(l_2 + l_3)$

$D \sim E$ 부재 $\quad M_x = -Px \quad \therefore M_D = -Pl_2$

$C \sim D$ 부재 $\quad M_x = -Pl_2$

휨모멘트도는 그림 (c)와 같다.

④ 축방향력

$A \sim C$ 부재 $\quad A_x = 0$

$B \sim C$ 부재 $\quad A_x = 0$

$D \sim E$ 부재 $\quad A_x = 0$

$C \sim D$ 부재 $\quad A_x = P$

축방향력도는 그림 (d)와 같다.

5.3.2 등분포하중을 받을 때

① 지점반력

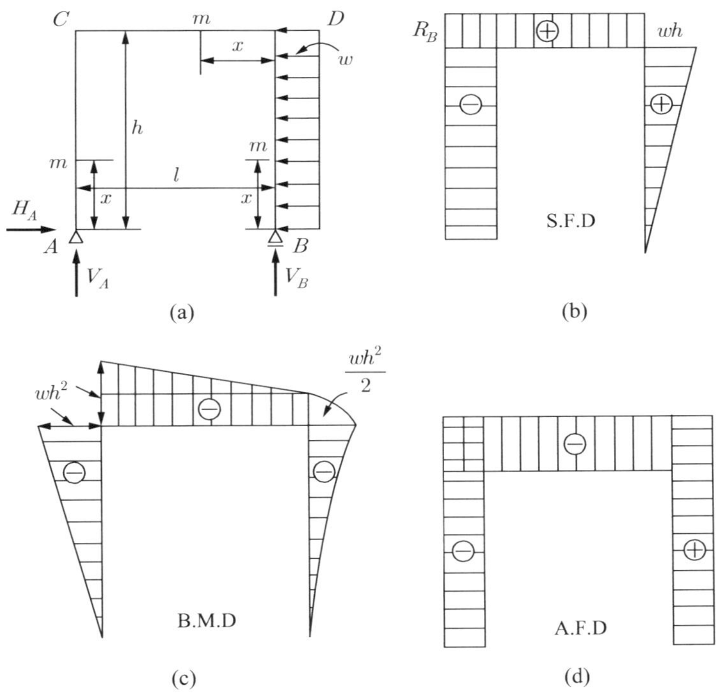

그림 5.6

$\sum H = 0$에 의하여 $\quad H_A = wh$

$\sum M_B = 0$에 의하여 $\quad V_A = \dfrac{wh^2}{2\,l}$

$\sum V = 0$에 의하여 $\quad V_B = -\dfrac{wh^2}{2\,l}$

② 전단력

각 부재의 임의단면 m에서의 전단력을 S_x라 하면

$B \sim D$ 부재 $S_x = wx \quad \therefore\ S_D = wh$

$C \sim D$ 부재 $S_x = V_B$

$A \sim C$ 부재 $S_x = -H_A$

전단력도는 그림 (b)와 같다.

③ 휨모멘트

각 부재의 임의단면 m에서의 휨모멘트를 M_x라 하면

$B \sim D$ 부재 $M_x = -\dfrac{wx^2}{2} \quad \therefore\ M_D = -\dfrac{wh^2}{2}$

$C \sim D$ 부재 $M_x = -\dfrac{wh^2}{2} + R_B x = -\dfrac{wh^2}{2} - \dfrac{wh^2}{2l}x = -\dfrac{wh^2}{2}\left(1 + \dfrac{x}{l}\right)$

$$\therefore\ M_C = -\frac{wh^2}{2} - \frac{wh^2}{2l}\, l = -wh^2$$

$A \sim C$ 부재에서 $M_x = -H_A x = -whx \quad \therefore\ M_A = 0$

휨모멘트도는 그림 (c)와 같다.

④ 축방향력

$B \sim D$ 부재 $A_x = V_B$

$C \sim D$ 부재 $A_x = -wh$

$A \sim C$ 부재 $A_x = -V_A$

축방향력도는 그림 (d)와 같다.

Example 5.1 그림 5.7 단순보식 라멘의 단면력도를 그려라.

(1) 지점반력

$(\overset{\rightarrow}{+})\sum H = 0,\ H_A + 2 - 1 \times 4 = 0 \qquad \therefore\ H_A = 2\,\text{kN}$

$(\overset{\curvearrowright}{+})\sum M_B = 0,\ V_A \times 4 + 2 \times 2 - 5 \times 2 - (1 \times 4) \times 2 = 0 \qquad \therefore\ V_A = 3.5\,\text{kN}$

$(+\uparrow)\sum V = 0,\ V_A + V_B - 5 = 0 \qquad \therefore\ V_B = 1.5\,\text{kN}$

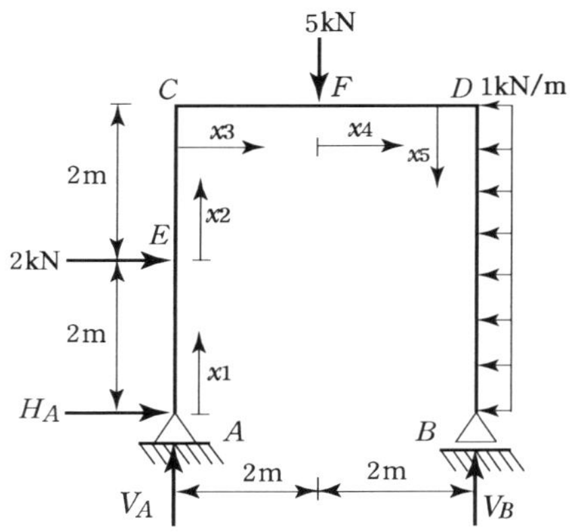

그림 5.7

(2) 단면력

① 구간 AE $(0 \leqq x_1 \leqq 2)$

$(+\uparrow)\sum V=0,\ P_{x1}+3.5=0$

$\therefore\ P_{x1}=-3.5\,\text{kN}$

$(\overset{\rightarrow}{+})\sum H=0,\ S_{x1}+2=0$

$\therefore\ S_{x1}=-2\,\text{kN}$

$(\overset{\curvearrowleft}{+})\sum M_{X1}=0,\ M_{x1}+2x_1=0$

$\therefore\ M_{x1}=-2x_1$

윗 식에서 $x_1=2\text{m}$일 때,

$P_E=-3.5\,\text{kN},\quad S_E=-2\,\text{kN},\quad M_E=-4\,\text{kN}\cdot\text{m}$

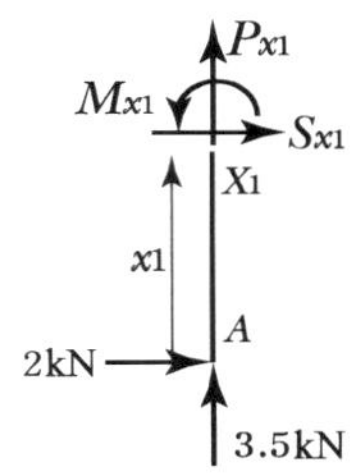

그림 5.7a 구간AE 자유물체도

② 구간 EC $(0 \leqq x_2 \leqq 2)$

$(+\uparrow)\sum V=0,\ P_{x2}+3.5=0$

$\therefore\ P_{x2}=-3.5\,\text{kN}$

$(\overset{\rightarrow}{+})\sum H=0,\ S_{x2}+2+2=0$

$\therefore\ S_{x2}=-4\,\text{kN}$

$(\overset{\curvearrowleft}{+})\sum M_{X2}=0,$

$M_{x2}+2(2+x_2)+2x_2=0$

$\therefore\ M_{x2}=-4x_2-4$

윗 식에서 $x_2=2\text{m}$일 때,

$P_C=-3.5\,\text{kN},\quad S_C=-4\,\text{kN},\quad M_C=-12\,\text{kN}\cdot\text{m}$

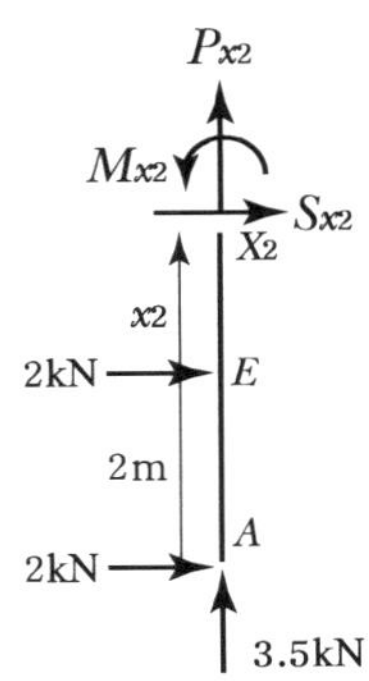

그림 5.7b 구간EC 자유물체도

③ 구간 CF $(0 \leqq x_3 \leqq 2)$

$(\overset{\rightarrow}{+})\sum H = 0,\ P_{x3} - (-4) = 0$

$\therefore\ P_{x3} = -4\,\text{kN}$

$(+\downarrow)\sum V = 0,\ S_{x3} + (-3.5) = 0$

$\therefore\ S_{x3} = 3.5\,\text{kN}$

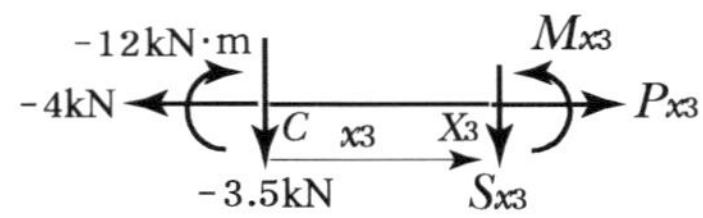

그림 5.7c 구간CF 자유물체도

$(\overset{\curvearrowleft}{+})\sum M_{X3} = 0,$

$M_{x3} - (-12) + (-3.5 \times x_3) = 0$

$\therefore\ M_{x3} = 3.5x_3 - 12$

$x_3 = 2\text{m}$ 일 때,

$P_F = -4\,\text{kN},\quad S_F = 3.5\,\text{kN},\quad M_F = -5\,\text{kN}\cdot\text{m}$

④ 구간 $FD(0 \leqq x_4 \leqq 2)$

$(\overset{\rightarrow}{+})\sum H = 0,\ P_{x4} - (-4) = 0$

$\therefore\ P_{x4} = -4\,\text{kN}$

$(+\downarrow)\sum V = 0,$

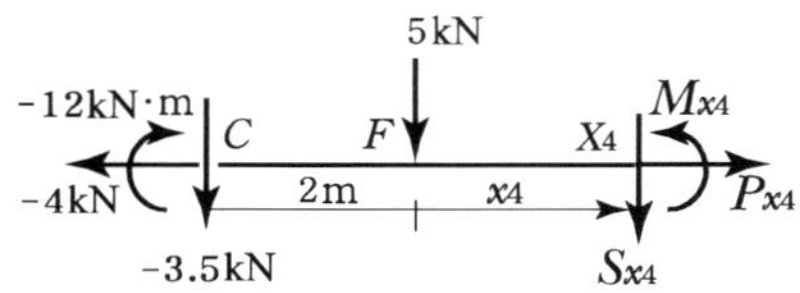

그림 5.7d 구간FD 자유물체도

$S_{x4} + (-3.5) + 5 = 0$

$\therefore\ S_{x4} = -1.5\,\text{kN}$

$(\overset{\curvearrowleft}{+})\sum M_{X4} = 0,\ M_{x4} - (-12) + \{-3.5(2 + x_4)\} + 5x = 0$

$\therefore\ M_{x4} = -1.5x_4 - 5$

$x_4 = 2\text{m}$ 일 때,

$P_D = -4\,\text{kN},\quad S_D = -1.5\,\text{kN},\quad M_D = -8\,\text{kN}\cdot\text{m}$

⑤ 구간 $DB\ (0 \leqq x_5 \leqq 4)$

$(+\downarrow)\sum V = 0,\ P_{x5} - (-1.5) = 0$

$\therefore\ P_{x5} = -1.5\,\text{kN}$

$(\overset{\leftarrow}{+})\sum H = 0,\ S_{x5} + (-4) + (1 \times x_5) = 0$

$\therefore\ S_{x5} = 4 - x_5$

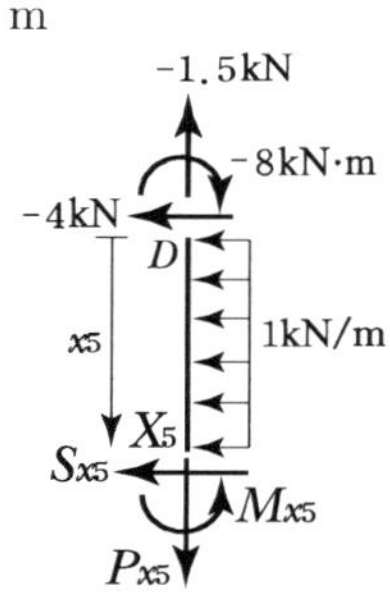

그림 5.7e 구간DB 자유물체도

$(\overset{\curvearrowleft}{+})\sum M_{X5} = 0,$

$M_{x5} - (-8) + (-4 \times x_5) + \left(1 \times x_5 \times \dfrac{x_5}{2}\right) = 0$

$\therefore\ M_{x5} = -8 + 4x_5 - \dfrac{x_5^2}{2}$

$x_5 = 4\text{m}$ 일 때,

$P_B = -1.5\,\text{kN},\quad S_B = 0,\quad M_D = 0$

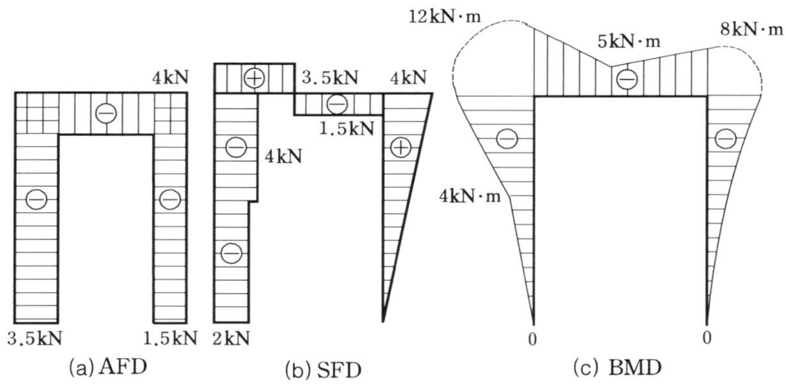

그림 5.7f 단면력도

5.3.3 모멘트하중을 받을 때

그림 5.8과 같은 모멘트하중을 받는 라아멘에서

① 지점반력

$\sum M_A = 0$, $\sum M_B = 0$에 의하여

$$R_A = R_B = \frac{M}{l_1 + l_2}$$

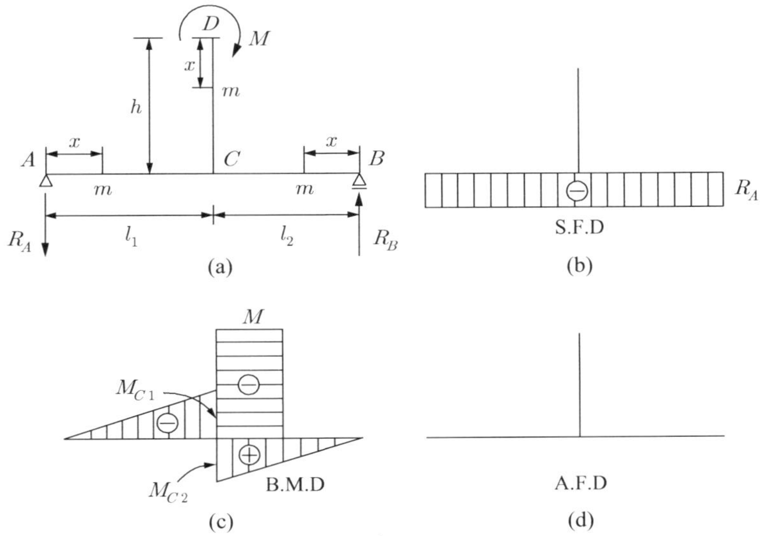

그림 5.8

② 전단력

그림 5.8의 각 부재의 임의단면 m에서의 전단력 S_x는

$A \sim C$ 부재 $\quad S_x = -R_A = -\dfrac{M}{l_1 + l_2}$

$B \sim C$ 부재 $\quad S_x = -R_B = -\dfrac{M}{l_1 + l_2}$

$C \sim D$ 부재 $\quad S_x = 0$

전단력도는 그림 (b)와 같다.

③ 휨모멘트

각 부재의 임의의 단면 m에서의 모멘트 M_x는

$A \sim C$ 부재 $\quad M_x = -R_A\, x \quad M_{C1} = -R_A\, l_1$

$B \sim C$ 부재 $\quad M_x = R_B\, x \quad M_{C2} = R_B\, l_2$

$C \sim D$ 부재 $\quad M_x = -M$

$C \sim D$ 부재와 같은 휨모멘트의 부호는 부재가 우측으로 불룩하게 구부러지는 경우는 (+) 그 반대인 경우를 (−)로 표시한다. 즉 그 부재가 받는 반력모멘트의 부호와 일치시킨 것이다. 휨모멘트도는 그림 (c)와 같다.

④ 축방향력

각 부재의 축방향력은 모두 0이고, 그림 (d)와 같다.

Example 5.2 그림 5.9와 같은 라아멘의 단면력도를 구하여라.

① 지점반력

$\sum V = 0$에서 $V_A - 40 \times 4 = 0 \qquad \therefore\ V_A = 40 \times 4 = 160\ \text{kN}$

$\sum H = 0$에서 $H_A - 30 = 0 \qquad \therefore\ H_A = 30\ \text{kN}$

② 전단력

$C \sim D$ 부재 $\quad S_x = 30\ \text{kN}$

$B \sim C$ 부재 $\quad S_x = 40\ \text{kN}$

$x = 0$ 일 때 $S_C = 0$, $\quad x = 4\,\text{m}$ 일 때 $S_B = 160\ \text{kN}$

$A \sim B$ 부재 $\quad S_x = -30\ \text{kN}$

전단력도는 그림 5.9(a)와 같다.

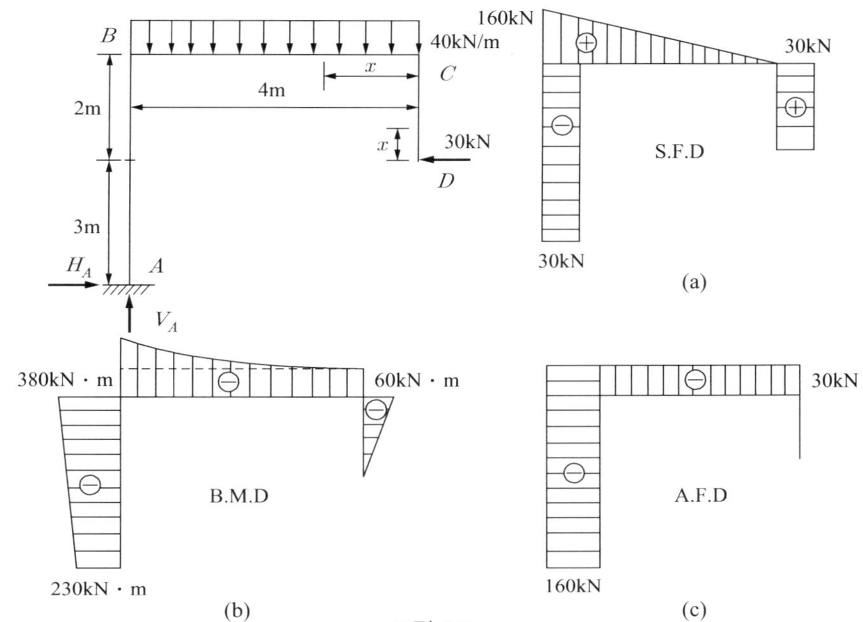

그림 5.9

③ 휨모멘트

$C\sim D$ 부재 $\quad M_x = -30x$

$\qquad x=0$ 일 때 $M_D = 0$

$\qquad x=2\,\text{m}$ 일 때 $M_C = -30\times 2 = -60\ \text{kN}\cdot\text{m}$

$B\sim C$ 부재 $\quad M_x = M_C - 2x^2 = -60-20x^2$

$\qquad x=0$ 일 때 $M_C = -60\ \text{kN}\cdot\text{m}$

$\qquad x=4\,\text{m}$일 때 $M_B = -60-20\times 4^2 = -380\ \text{kN}\cdot\text{m}$

$A\sim B$ 부재 $\quad M_x = M_B + 30x$

$\qquad x=0$ 일 때 $M_B = -380\ \text{kN}\cdot\text{m}$

$\qquad x=5\,\text{m}$일 때 $M_A = -380+30\times 5 = -230\ \text{kN}\cdot\text{m}$

휨모멘트도는 그림 5.9의 (b)와 같다.

④ 축방향력

$C\sim D$ 부재 $\quad A_x = 0$

$B\sim C$ 부재 $\quad A_x = -30\ \text{kN}$

$A\sim B$ 부재 $\quad A_x = -V_A = 160\ \text{kN}$

축방향력도는 그림 (c)와 같다.

Example 5.3 그림 5.10과 같은 라아멘을 풀어라.

① 지점반력

$\sum H=0$에서

$H_A+P_2=0 \quad \therefore\ H_A=-60\text{ kN}$

$\sum M_A=0$에서

$-V_B\times 6+P_1\times 4+P_2\times 4=0$

$\therefore\ V_B=\dfrac{40\times 4+60\times 4}{6}$

$=\dfrac{400}{6}=66.7\text{ kN}$

$\sum V=0$에서

$V_A+R_B+P_1=0$

$\therefore\ V_A=-R_B+P_1$

$=-66.7+40=-26.7\text{ kN}$

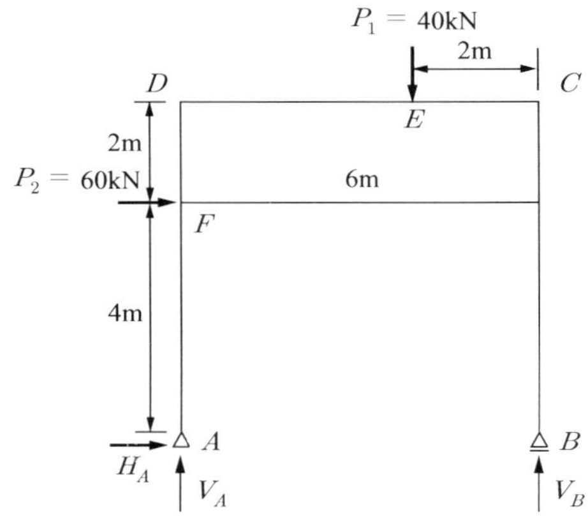

그림 5.10

② 전단력

$C\sim B$ 부재 $S_x=0$

$C\sim D$ 부재 CE 사이 $S_x=-R_B=-66.7\text{ kN}$

ED 사이 $S_x=-R_B+4=-66.7+40=-26.7\text{ kN}$

$A\sim D$ 부재 DF 사이 $S_x=0$

FA 사이 $S_x=60\text{ kN}$

③ 휨모멘트

$B\sim C$ 부재 $M_x=0$

$C\sim D$ 부재 CE 사이 $M_x=R_B\,x=66.7\,x, \quad M_E=66.7\times 2=133.4\text{ kN}\cdot\text{m}$

ED 사이 $M_x=R_B\,x-40(x-2)$

$M_D=66.7\times 6-40\times 4=240\text{ kN}\cdot\text{m}$

$A\sim D$ 부재 DF 사이 $M_x=M_D=M_F=240\text{ kN}\cdot\text{m}$

FA 사이 $M_x=M_f-P_2\,x=240-60\,x \quad \therefore\ M_A=240-60\times 4=0$

④ 축방향력

$B\sim C$ 부재 $A_x=-R_B=-66.7\text{ kN}$

$C\sim D$ 부재 $A_x=0$

$A\sim D$ 부재 $A_x=V_A=26.7\text{ kN}$

Example 5.4 그림 5.11과 같은 라아멘의 단면력도를 그려라.

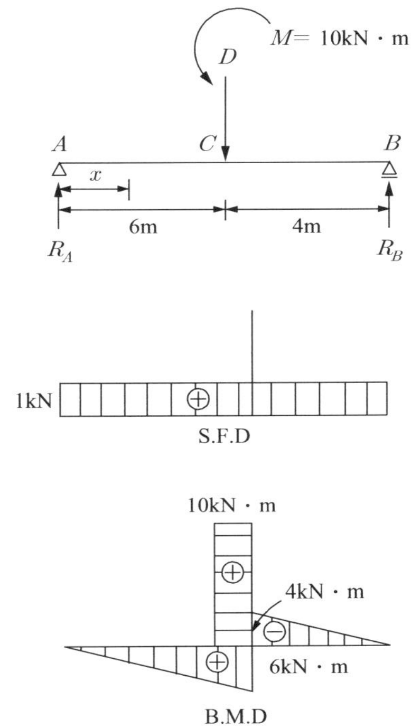

그림 5.11

① 지점반력

$\sum M_B = 0$에서 $R_A \times 10 - 10 = 0$

$$\therefore R_A = \frac{10}{10} = 1\text{ kN},$$

$$R_B = -1\text{ kN}$$

② 전단력

$A \sim B$ 부재 $S_{A \sim B} = R_A = 1\text{ kN}$ (일정)

$C \sim D$ 부재 $S_{C \sim D} = 0$

③ 휨모멘트

$A \sim B$ 부재 AC 사이 $M_x = R_A x$

$x = 0$일 때 $M_A = 0$

$x = 6\text{ m}$일 때

$M_C = 6\text{ kN} \cdot \text{m}$

BC 사이

$M_x = -R_B x = -x$

$x = 0$일 때 $M_B = 0$

$x = 4\text{ m}$일 때

$M_C = -4\text{ kN} \cdot \text{m}$

$C \sim D$ 부재 $M_x = 10\text{ kN} \cdot \text{m}$

④ 축방향력

축방향력은 모두 0이다.

5.4 3단 이동지점 라아멘 및 3힌지 라아멘

5.4.1 집중하중을 받을 때

① 지점반력

각 지점반력의 작용선방향은 지대와 수직하게 될 것이다. 작용선의 지점을 a, b라 하

고 반력의 방향을 그림 5.12(a)와 같이 가정하면

$\sum M_a = 0$에 의하여 $\quad R_A = \dfrac{P\,m_1}{l_1}$

$\sum M_b = 0$에 의하여 $\quad R_B = \dfrac{P\,m_2}{l_1}$

$\sum M_A = 0$에 의하여 $\quad R_C = \dfrac{1}{h_1}(R_B\,l_1 - P\,m_3) = \dfrac{P}{h_1}(m_2 - m_3)$

$\sum H = 0$에 의하여 $\quad R_C = P\cos\theta$

② 전단력

각 부재의 임의단면 m의 전단력을 S_x라고 하면

$E \sim C$ 부재 그 우측(이 경우에는 아랫쪽)을 생각하면 $S_x = -R_C = -P\cos\theta$

$D \sim E$ 부재 그 좌측을 생각하면 DB 사이 $S_x = -R_A = -\dfrac{P\,m_1}{l_1}$

BE 사이 $S_x = -R_A + R_B = \dfrac{P\,(m_2 - m_1)}{l_1} = P\sin\theta$

$A \sim D$ 부재 그 좌측(이 경우는 아래쪽)을 생각하면 $S_x = 0$

전단력도는 그림 (b)와 같다.

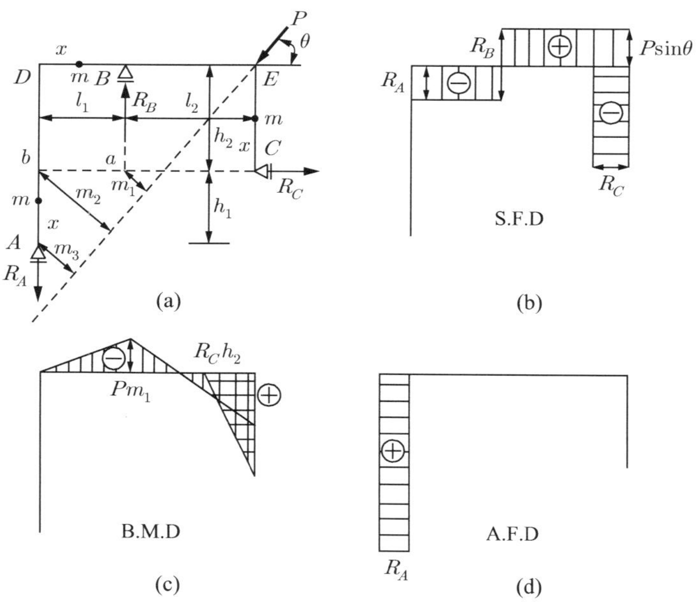

그림 5.12

③ 휨모멘트

그림에서 각 부재의 임의단면 m의 휨모멘트를 M_x라 하면

$E \sim C$ 부재　　그 우측(아랫쪽)을 생각하면 $M_x = R_C\, x$

$$\therefore\ M_E = R_C\, h_2 = P\, h_2 \cos\theta$$

$D \sim E$ 부재　　그 좌측을 생각하면

$$DB \text{ 사이}\quad M_x = -R_A\, x = -\frac{P\, m_1}{l_1}\, x, \quad \therefore\ M_B = -R_A\, l_1 = -P\, m_1$$

$$BE \text{ 사이}\quad M_x = -R_A\, x + R_B(x - l_1) = \frac{P}{l_1}(m_2 - m_1)\, x - P\, m_2$$

$A \sim D$ 부재　　그 좌측을 생각하면 $M_x = 0$

휨모멘트도는 그림 (c)와 같다.

④ 축방향력

지점구조 및 그 반력과 하중 P의 방향으로 보아 부재 EC, DE에서는 모두 0이고, AD 부재에서는 임의단면 m의 축방향력을 A_x라 하고 그 좌측(이 경우 아래쪽)을 생각하면

$$A_x = R_A = \frac{P\, m_1}{l_1}$$

축방향력도는 그림 (d)와 같다.

5.4.2 등분포하중을 받을 때

① 지점반력

지점반력의 방향을 그림 5.13(a)와 같이 가정하여

$\sum H = 0$에 의하여　　$R_B = wh$

$\sum M_C = 0$에 의하여　$R_A = \dfrac{wh^2}{2(l_1 + l_2)}$

$\sum V = 0$에 의하여　　$R_C = R_A = \dfrac{wh^2}{2(l_1 + l_2)}$

② 전단력

그림에서 각 부재의 임의단면 m의 전단력을 S_x라 하면

$F \sim C$ 부재 $\quad S_x = wx \quad \therefore\ S_F = wh$

$E \sim B$ 부재 $\quad S_x = -R_B = -wh$

$D \sim E,\ E \sim F$ 부재 $\quad S_x = R_A = R_C = \dfrac{wh^2}{2(l_1 + l_2)}$

$A \sim D$ 부재 $\quad S_x = 0$

전단력도는 그림 (b)와 같다.

③ 휨모멘트

임의단면 m에서의 휨모멘트를 M_x라 하면

$F \sim C$ 부재 $\quad M_x = -\dfrac{wx^2}{2} \quad \therefore\ M_F = -\dfrac{wh^2}{2}$

$E \sim B$ 부재 $\quad M_x = R_B x = whx \quad \therefore\ M_{E1} = wh^2$

$E \sim F$ 부재 $\quad M_x = -\dfrac{wh^2}{2} - R_C x = -\dfrac{wh^2}{2}\left(1 + \dfrac{x}{l_1 + l_2}\right)$

$$\therefore\ M_{E2} = -\frac{wh^2}{2}\left(1 + \frac{l_2}{l_1 + l_2}\right)$$

$D \sim E$ 부재 $\quad M_x = R_A x = \dfrac{wh^2}{2(l_1 + l_2)}x \qquad \therefore\ M_{E2} = \dfrac{wh^2}{2(l_1 + l_2)}l_1$

참고로 $M_{E3} = M_{E1} + M_{E2}$이다.

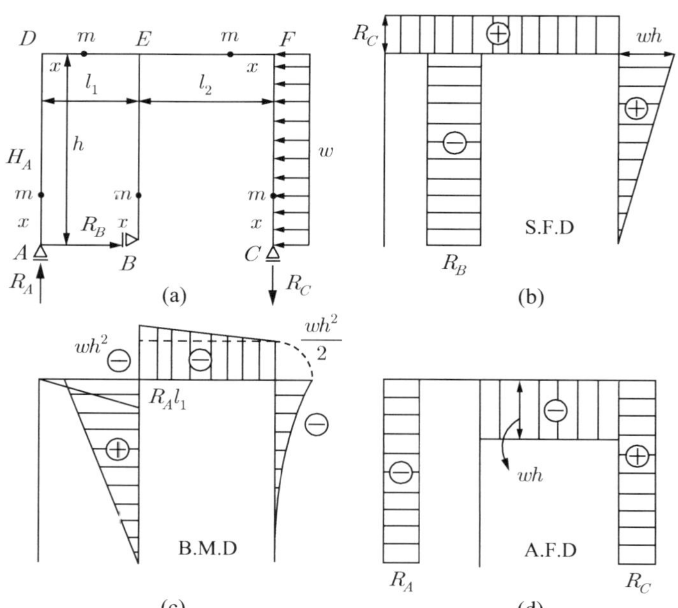

그림 5.13

④ 축방향력

$F \sim C$ 부재 $\quad A_x = R_C = \dfrac{wh^2}{2(l_1 + l_2)}$

$E \sim F$ 부재 $\quad A_x = -R_B = -wh$

$A \sim D$ 부재 $\quad A_x = -R_A = -\dfrac{wh^2}{2(l_1 + l_2)}$

나머지 부재의 축방향력은 모두 0이고 축방향력도는 그림 (d)와 같다.

5.4.3 모멘트하중을 받을 때

① 지점반력

방향을 그림 5.14와 같이 가정하고 각 지간에 대한 모멘트를 생각하면

$\sum M_A = 0$에 의하여 $\quad R_B = \dfrac{M}{l_1}$

$\sum V = 0$에 의하여 $\quad R_A = \dfrac{M}{l_1}$

$\sum M_B = 0$ 또는 $\sum H = 0$에 의하여 $R_C = 0$

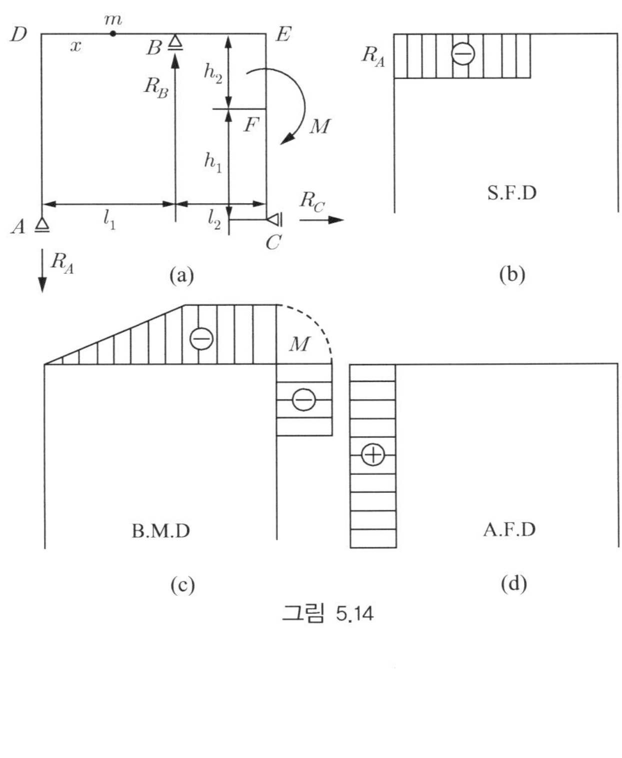

그림 5.14

② 전단력

$D \sim B$ 부재 $\quad S_x = -R_A = -\dfrac{M}{l_1}$

나머지 부재의 전단력은 모두 0이고 전단력도는 그림 (b)와 같다.

③ 휨모멘트

$A \sim D$ 부재 $\quad M_x = 0$

$B \sim D$ 부재 $\quad M_x = -R_A\, x = -\dfrac{M}{l_1}\, x \quad \therefore\ M_B = -M$

$B \sim E$ 부재 $\quad M_x = -M$

$E \sim C$ 부재 $\quad EF$ 사이는 $M_x = -M$

FC 사이는 $M_x = 0$

휨모멘트도는 그림 (c)와 같다.

④ 축방향력

$A \sim D$ 부재 $\quad A_x = R_A = \dfrac{M}{l_1}$

나머지 부재의 축방향력은 모두 0이므로 그림 (d)와 같다.

5.4.4 3힌지 라아멘

그림 5.15와 같이 양지점이 모두 회전지점으로 되어 있고 좌측강구조물과 우축강구조물이 회전절점으로 연결되어 구조물 전체가 세 개의 활절로 되어 있는 구조물을 3활절 라아멘이라 하는데 다음에는 이런 라아멘에 대하여 생각하기로 한다.

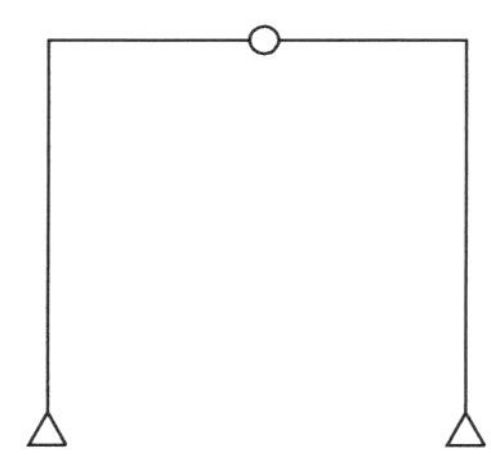

그림 5.15

5.4.5 3힌지 라아멘이 집중하중을 받을 때

그림 5.16과 같은 라아멘에서

① 지점반력

$\sum H = 0$에 의하여 $\quad -H_A - H_B + P = 0 \quad \therefore\ H_A + H_B = P$

$\sum V = 0$에 의하여 $\quad -V_A + V_B = 0 \quad \therefore\ V_A = V_B$

$\sum M_B = 0$에 의하여 $\quad -V_A\, l + P\, h_1 = 0 \quad \therefore\ V_A = \dfrac{P\, h_1}{l}$

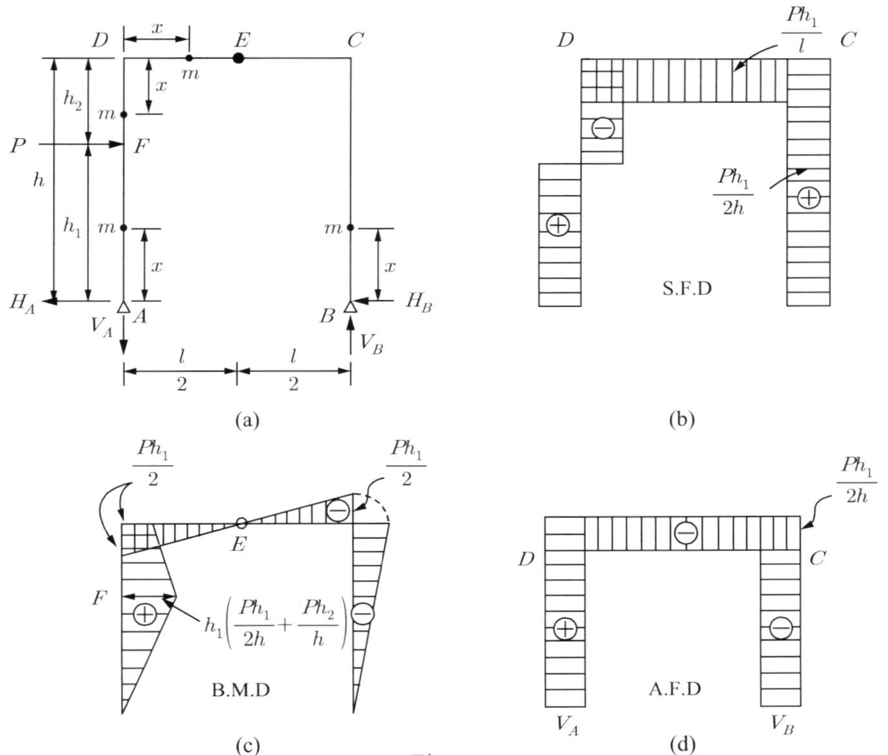

그림 5.16

$\sum M_E = 0$에 의하여 (E의 좌측을 생각하면)

$$H_A\, h - V_A\, \frac{l}{2} - P\, h_2 = 0$$

$$\therefore\ H_A = \frac{1}{h}\left(\frac{P\, h_1}{l}\ \frac{l}{2} + P\, h_2\right) = \frac{P\, h_1}{2h} + \frac{P\, h_2}{h}$$

$\sum M_E = 0$에서 E의 우측을 생각하여

$$H_B\, h - V_B\, \frac{l}{2} = 0 \qquad \therefore\ H_B = \frac{1}{h}\left(\frac{P\, h_1}{l}\ \frac{l}{2}\right) = \frac{P\, h_1}{2h}$$

② 전단력

AF 사이 $\qquad S_x = H_A = \dfrac{P\, h_1}{2h} + \dfrac{P\, h_2}{h}$

FD 사이 $\qquad S_x = H_A - P = \dfrac{P\, h_1}{2h} + \dfrac{P\, h_2}{h} - P = P\left(\dfrac{h_1 + 2h_2 - 2h}{2h}\right) = -\dfrac{P\, h_1}{2h}$

$D \sim C$ 부재 $\quad S_x = -V_A = -\dfrac{P h_1}{l}$

$B \sim C$ 부재 $\quad S_x = H_B = \dfrac{P h_1}{2h}$

전단력도는 그림 (b)와 같다.

③ 휨모멘트

$A \sim D$ 부재의 임의단면의 휨모멘트를 M_x라 하면

AF 사이 $\quad M_x = H_A\, x = \left(\dfrac{P h_1}{2h} + \dfrac{P h_2}{h}\right) x$

$$\therefore\ M_A = 0,\ \ M_F = h_1\left(\frac{P h_1}{2h} + \frac{P h_2}{h}\right)$$

FD 사이 $\quad M_x = H_A\, x - P(x - h_1) = \left(\dfrac{P h_1}{2h} + \dfrac{P h_2}{h}\right) x - P(x - h_1)$

$$\therefore\ M_D = \left(\frac{P h_1}{2h} + \frac{P h_2}{h}\right) h - P(h - h_1) = \frac{P}{2}(h_1 + 2h_2) - P h_2 = \frac{P h_1}{2}$$

DE 사이 $\quad M_x = -V_A\, x - P h_2 + H_A\, h = -\dfrac{P h_1}{l}\, x + \dfrac{P h_1}{2}$

$$\therefore\ M_D = \frac{P}{2} h_1,\quad M_E = 0$$

$B \sim C$ 부재 $\quad M_x = -H_B\, x = -\dfrac{P h_1}{2h}\, x$

$$\therefore\ M_B = 0,\quad M_C = -\frac{P h_1}{2}$$

$C \sim E$ 부재 $\quad M_x = V_B\, x - H_B\, h = \dfrac{P h_1}{l}\, x - \dfrac{P h_1}{2}$

$$\therefore\ M_C = -\frac{P h_1}{2},\quad M_E = 0$$

휨모멘트도는 그림 (c)와 같다.

④ 축방향력

$A \sim D$ 부재 $\quad A_x = V_A = \dfrac{P h_1}{l}$

$C \sim D$ 부재 $\quad A_x = -H_B = -\dfrac{P h_1}{2h}$

$B \sim C$ 부재 $\quad A_x = -V_B = -\dfrac{P h_1}{l}$

축방향력도는 그림 (d)와 같다.

그림 5.17과 같이 E점에 하중 P가 작용할 경우

① 지점반력

$\sum H = 0$에 의하여 $\quad H_A - H_B = 0 \quad \therefore H_A = H_B$

$\sum V = 0$에 의하여 $\quad V_A + V_B - P = 0 \quad \therefore V_A + V_B = P$

$\sum M_B = 0$에 의하여 $\quad V_A l - \dfrac{P}{2} l = 0 \quad \therefore V_A = \dfrac{P}{2}, \quad V_B = \dfrac{P}{2}$

$\sum M_E = 0$에서 좌측을 생각하여

$$-H_A h + V_A \frac{l}{2} = 0 \;\therefore\; H_A = \frac{l}{2h} V_A = \frac{Pl}{4h},\; H_B = \frac{Pl}{4h}$$

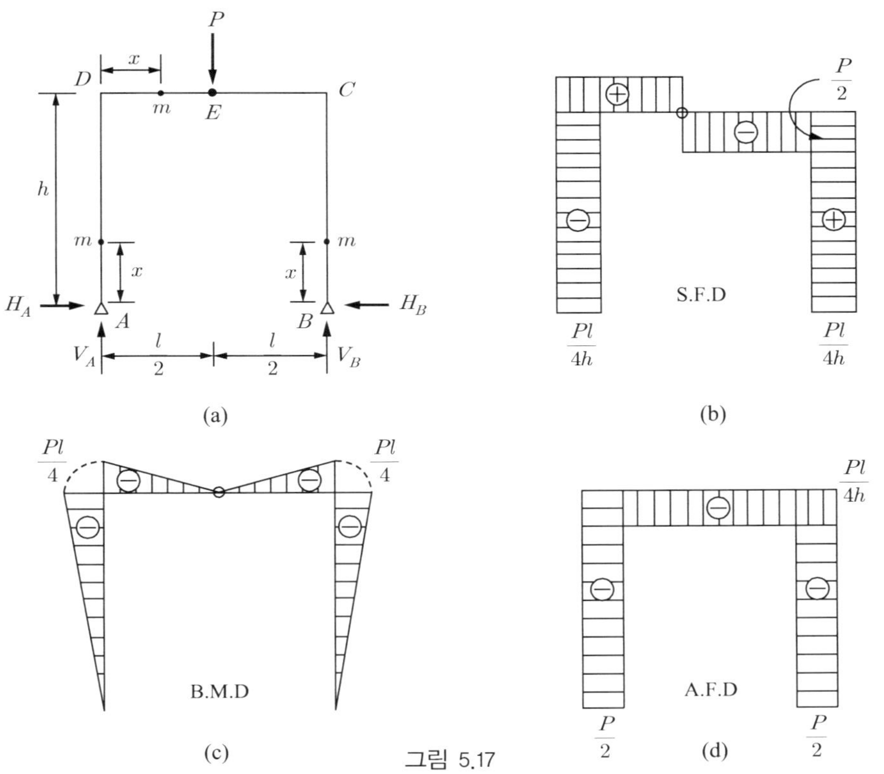

그림 5.17

② 전단력

$A \sim D$ 부재 $\quad S_x = -H_A = -\dfrac{Pl}{4h}$

$D \sim E$ 부재 $\quad S_x = V_A = \dfrac{P}{2}$

$C \sim E$ 부재 $\quad S_x = -\dfrac{P}{2}$

$B \sim C$ 부재 $\quad S_x = H_B = \dfrac{Pl}{4h}$

전단력도는 그림 (b)와 같다.

③ 휨모멘트

$A \sim D$ 부재 $\quad M_x = -H_A\,x = -\dfrac{Pl}{4h}x \quad \therefore\ M_{D1} = -\dfrac{Pl}{4}$

$B \sim C$ 부재 $\quad M_x = -H_B\,x = -\dfrac{Pl}{4h}x \quad \therefore\ M_C = -\dfrac{Pl}{4}$

$D \sim E$ 부재 $\quad M_x = -H_A\,h + V_A\,x = -\dfrac{Pl}{4h}h + \dfrac{P}{2}x = -\dfrac{Pl}{4} + \dfrac{P}{2}x$

$$\therefore\ M_{D2} = \frac{Pl}{4}, \quad M_E = 0$$

휨모멘트도는 그림 (c)와 같다.

④ 축방향력

$A \sim D$ 부재 $\quad A_x = -V_A = -\dfrac{P}{2}$

$D \sim C$ 부재 $\quad A_x = -H_A = -\dfrac{Pl}{4h}$

축방향력도는 그림 (d)와 같다.

5.4.6 3힌지 라아멘이 등분포하중을 받을 때

① 지점반력

지점반력의 방향을 그림 5.18(a)와 같이 생각하여

$\sum V = 0$에 의하여 $\qquad V_A = \dfrac{wl}{2}$

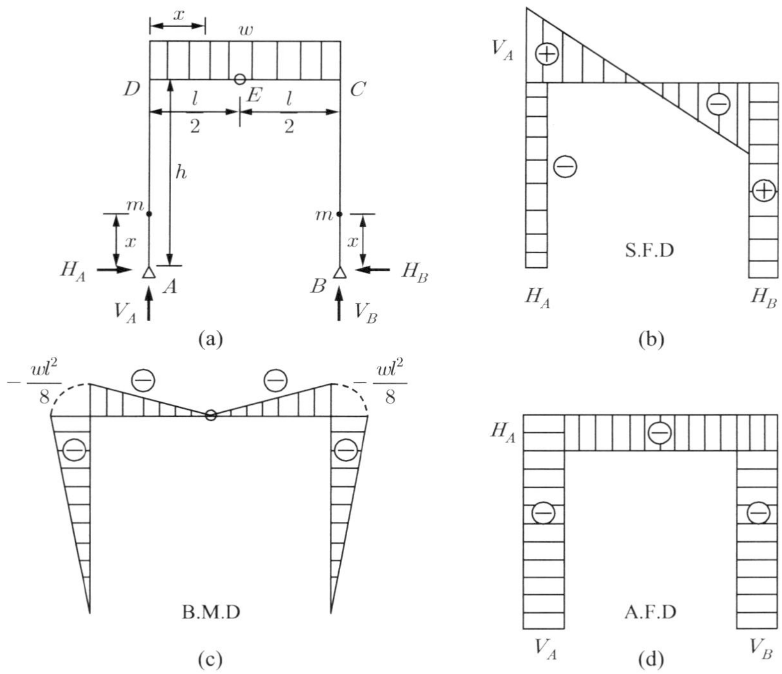

그림 5.18

$\sum M_E = 0$에 의하여 $\quad -H_A\, h + V_A\, \dfrac{l}{2} - \dfrac{w\,l^2}{8} = 0$

$$H_A\, h = \frac{w\,l}{2}\,\frac{l}{2} - \frac{w\,l^2}{8}$$

$$\therefore\ H_A = \frac{w\,l^2}{8h}$$

B점의 지점반력은 좌우대칭이므로

$$V_B = \frac{w\,l}{2},\quad H_B = \frac{w\,l^2}{8h}$$

$$\therefore\ R_A = R_B = \sqrt{(V_A)^2 + (H_A)^2}$$

② 전단력

$A \sim D$ 부재 $\quad S_x = -H_A = \dfrac{-w\,l^2}{8h}$

$B \sim C$ 부재 $\quad S_x = H_B = \dfrac{w\,l^2}{8h}$

$D \sim E$ 부재 $\quad S_D = V_A = \dfrac{w\,l}{2},\quad S_E = V_A - \dfrac{w\,l}{2} = 0$

③ 휨모멘트

$A \sim D$ 부재 $\quad M_x = -H_A\,x \quad \therefore\ M_D = -H_A\,h = \dfrac{-w\,l^2}{8}$

$B \sim C$ 부재는 $A \sim D$ 부재와 동일하다.

$D \sim E$ 부재 $\quad M_x = V_A\,x - \dfrac{wx^2}{2} - H_A\,h = \dfrac{wx}{2}(l-x) - \dfrac{w\,l^2}{8}$ (x에 관한 2차식)

$$\therefore\ M_D = -\frac{w\,l^2}{8},\quad M_E = 0$$

④ 축방향력

$A \sim D$ 부재 $\quad S_x = -V_A = \dfrac{-w\,l}{2}$

$D \sim C$ 부재 $\quad S_x = -H_A = \dfrac{-w\,l^2}{8h}$

축방향력도는 그림 (d)와 같다.

Example 5.5 그림 5.19와 같은 라아멘을 풀어라.

그림 5.19와 같이 부호를 가정하여 풀면

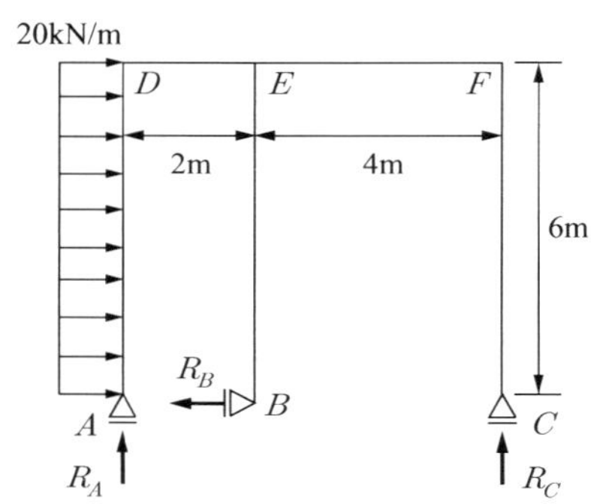

그림 5.19

① 지점반력

$\sum H = 0$에서 $\quad -R_B + 20 \times 6 = 0$

$\therefore\ R_B = 120$ kN

$\sum M_C = 0$에서 $\quad R_A \times 6 + \dfrac{20 \times 6^2}{2} = 0$

$\therefore\ R_A = -\dfrac{20 \times 6^2}{2 \times 6}$

$= -60$ kN

$\sum V = 0$에서 $\quad R_A + R_C = 0$

$\therefore\ R_C = 60$ kN

② 전단력

$A \sim D$ 부재 $\quad S_x = -wx = -20\,x$

$x = 0$일 때 $S_A = 0$

$x = 6\,\text{m}$ 일 때 $S_D = -20 \times 6 = -120\,\text{kN}$

$D \sim F$ 부재 $S_x = R_A = -60\,\text{kN}$

$B \sim E$ 부재 $S_x = R_B = 120\,\text{kN}$

$F \sim C$ 부재 $S_x = 0$

③ 휨모멘트

$A \sim D$ 부재 $M_x = -w\,x\,\dfrac{x}{2} = -\dfrac{wx^2}{2} = -10\,x^2$

$x = 0$ 일 때 $M_A = 0$

$x = 6\,\text{m}$ 일 때 $M_D = -360\,\text{kN} \cdot \text{m}$

$E \sim B$ 부재 $M_x = -R_B\,x = -120\,x$

$x = 0$ 일 때 $M_B = 0$

$x = 6\,\text{m}$ 일 때 $M_E = -720\,\text{kN} \cdot \text{m}$

$D \sim E$ 부재 $M_x = -36 + R_A\,x = -360 - 60\,x$

$x = 0$ 일 때 $M_D = -360\,\text{kN} \cdot \text{m}$

$x = 2\,\text{m}$ 일 때 $M_E = -480\,\text{kN} \cdot \text{m}$

$E \sim F$ 부재 $M_x = R_C\,x = 60\,x$

$x = 0$ 일 때 $M_F = 0$

$x = 4\,\text{m}$ 일 때 $M_E = 240\,\text{kN} \cdot \text{m}$

④ 축방향력

$A \sim D$ 부재 $A_x = -R_A = 60\,\text{kN}$

$D \sim E$ 부재 $A_x = -2 \times 6 = -120\,\text{kN}$

$E \sim F$ 부재 $A_x = 0$

$E \sim B$ 부재 $A_x = 0$

$F \sim C$ 부재 $A_x = -R_C = -60\,\text{kN}$

Example 5.6 그림 5.20과 같은 라아멘의 단면력도를 그려라.

① 지점반력

$\sum M_B = 0$ 에서 $V_A \cdot 8 - 40 \times 6 - 20 \times 6 = 0 \quad \therefore\ V_A = 45\,\text{kN}$

$\sum V = 0$ 에서 $V_A + V_B - 40 = 0 \quad \therefore\ V_B = -5\,\text{kN}$

$\sum M_G = 0$ 에서 G점의 좌측을 고려할 때

$4\,V_A - 10H_A - 40 \times 2 = 0 \quad \therefore\ H_A = 10\,\text{kN}$

G점의 우측을 고려할 때

$4\,V_B - 10H_B + 20 \times 4 = 0 \quad \therefore\ H_B = 10\,\text{kN}$

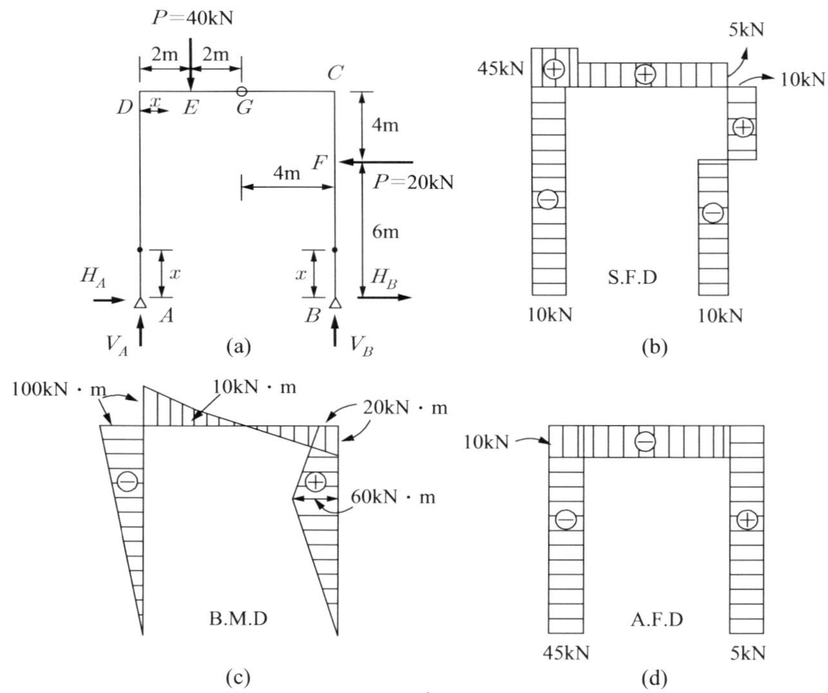

그림 5.20

② 전단력

$A\sim D$ 부재 $\quad S_x = -H_A = -10$ kN

$D\sim G$ 부재 DE 사이 $\quad S_x = V_A = 45$ kN

EG 사이 $\quad S_x = V_A - P = 45 - 40 = 5$ kN

$B\sim C$ 부재 BF 사이 $\quad S_x = -H_B = -10$ kN

FC 사이 $\quad S_x = -H_B + P = -10 + 20 = 10$ kN

$C\sim G$ 부재 $\quad S_x = V_B = 5$ kN

③ 휨모멘트

$A\sim D$ 부재 $\quad M_x = -H_A x = -10x$

$x = 0$일 때 $M_A = 0$

$x = 10\,\text{m}$일 때 $M_D = -100$ kN · m

$D\sim G$ 부재 DE 사이 $\quad M_x = -10H_A + V_A x = -10\times10 + 45x$

$x = 0$일 때 $M_D = -100$ kN · m

$x = 2\,\text{m}$일 때 $M_E = -100 + 45\times2 = -10$ kN · m

EG 사이 $M_x = -100 + V_A x - 40(x-2) = -20 + 5x$

$x = 2\,\text{m}$일 때 $M_E = -20 + 5\times2 = -10$ kN · m

$x = 4\,\text{m}$ 일 때 $M_G = -20 + 5 \times 4 = 0$

$B \sim C$ 부재 BF 사이 $M_x = H_B x = 10x$

$x = 0$ 일 때 $M_B = 0$

$x = 6\,\text{m}$ 일 때 $M_F = 60\,\text{kN} \cdot \text{m}$

FC 사이 $M_x = H_B x - 20(x-6) = 120 - 10x$

$x = 6\,\text{m}$ 일 때 $M_F = 120 - 60 = 60\,\text{kN} \cdot \text{m}$

$x = 10\,\text{m}$ 일 때 $M_C = 120 - 100 = 20\,\text{kN} \cdot \text{m}$

$C \sim G$ 부재 $M_x = 20 - V_B x = 20 - 5x$

$x = 4\,\text{m}$ 일 때 $M_G = 20 - 5 \times 4 = 0$

④ 축방향력

$A \sim D$ 부재 $A_x = -V_A = -45\,\text{kN}$

$D \sim G$ 부재 $A_x = -H_A = -10\,\text{kN}$

$B \sim C$ 부재 $A_x = V_B = 5\,\text{kN}$

$C \sim G$ 부재 $A_x = H_B - P = 10 - 20 = -10\,\text{kN}$

5.5 정정아아치

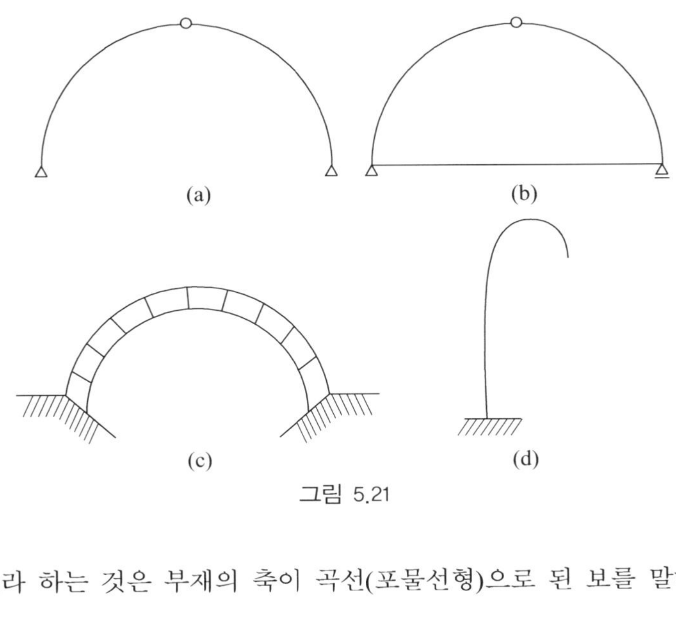

그림 5.21

아아치(arch)라 하는 것은 부재의 축이 곡선(포물선형)으로 된 보를 말하며, 이 장에서 취급할 정정아아치에는 철근콘크리트나 철골구조로 된 그림 5.21과 같은 종류가 있다. 그림 (a)와 같은 것을 3활절 아아치(three hinged arch), 그림 (b)와 같이 지점을 고정단과 이동단으로 하고 양 지점을 부재로 이은 타이드 아아치 또는 벽돌이나 돌로 쌓은 아아치(그림 c) 등이 있으며, 그림 (d)와 같은 캔틸레버 아아치 등도 있다.

5.5.1 3활절 아아치가 집중하중을 받을 경우

① 지점반력

각 지점반력을 수평과 수직으로 나누어 방향을 그림 5.22와 같이 가정하면

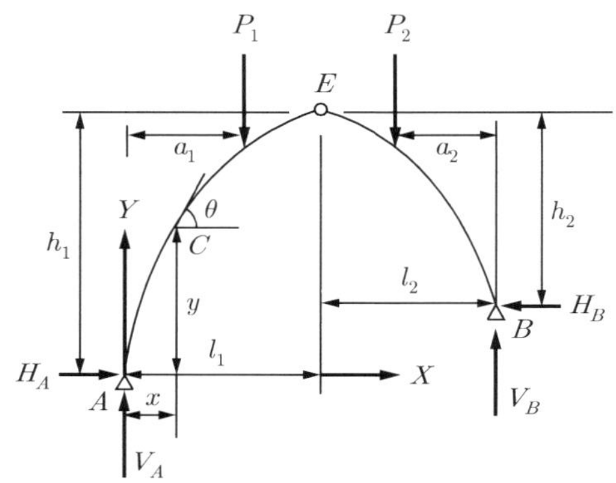

그림 5.22

$\sum V=0$에 의하여

$$V_A + V_B - P_1 - P_2 = 0 \qquad (1)$$

$\sum H=0$에 의하여

$$H_A - H_B = 0 \qquad (2)$$

$\sum M_E = 0$에서

절점 E의 좌측을 생각하여 $V_A\, l_1 - H_A\, h_1 - P_1(l_1 - a_1) = 0 \qquad (3)$

절점 E의 우측을 생각하면 $H_B\, h_2 - V_B\, l_2 + P_2(l_2 - a_2) = 0 \qquad (4)$

위의 (1), (2), (3), (4) 4개의 방정식을 연립으로 풀어 H_A, V_A, H_B, V_B를 구한다.

② 전단력

그림에서 A지점을 절점으로 하는 직교좌표를 생각하여 임의단면 C의 좌표를 $(x,\ y)$, 그 점에서 곡선에 그은 접선과 x축이 이루는 각을 θ라 하고 단면 C의 전단력을 S_x라 하면

$0 \leqq x \leqq a_1$ 일 경우 $\quad S_x = V_A \cos\theta - H_A \sin\theta$

$a_1 \leqq x \leqq l_1$ 일 경우 $\quad S_x = (V_A - P_1)\cos\theta - H_A \sin\theta$

③ 휨모멘트

그림에서 임의단면 C의 휨모멘트를 M_x라 하면

$0 \leqq x \leqq a_1$ 일 경우 $\quad M_x = V_A\, x - H_A\, y$

$a_1 \leqq x \leqq l_1$ 일 경우 $\quad M_x = V_A\, x - P_1(x - a_1) - H_A\, y$

④ 축방향력

그림에서 임의단면 C의 휨모멘트를 A_x라 하면

$0 \leqq x \leqq a_1$ 일 경우 $\quad A_x = -V_A \sin\theta - H_A \cos\theta$

$a_1 \leqq x \leqq l_1$ 일 경우 $\quad A_x = -(V_A - P_1)\sin\theta - H_A \cos\theta$

5.5.2 3활절 아아치가 등분포하중을 받을 때

① 지점반력

지점반력을 수평반력과 수직반력으로 나누고 방향을 그림 5.23과 같이 가정하면

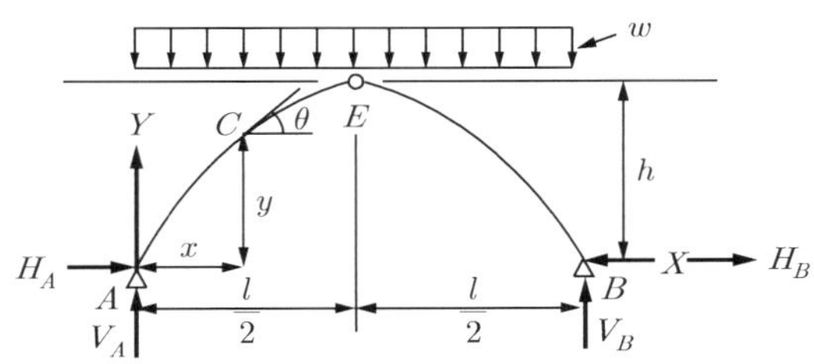

그림 5.23

$\sum V = 0$에 의하여

$$V_A = V_B = \frac{w\,l}{2} \qquad (1)$$

$\sum M_E = 0$에 의하여 절점 E의 좌측을 생각하여

$$V_A \times \frac{l}{2} - H_A\,h - \frac{w\,l^2}{8} = 0 \qquad (2)$$

$\sum H = 0$에 의하여 $\quad H_A - H_B = 0 \qquad (3)$

위의 식 (1), (2), (3)에 의하여

$$H_A = H_B = \frac{w\,l^2}{8h}$$

② 전단력

지점 A를 원점으로 하는 직교좌표를 생각하여 임의단면 C의 좌표를 $(x,\ y)$, 그 점에서 곡선에 그은 접선이 X축과 이루는 각을 θ라 할 때 단면 C의 전단력을 S_x라 하면

$$S_x = (V_A - wx)\cos\theta - H_A \sin\theta = w\left\{\left(\frac{l}{2} - x\right) - \frac{l^2}{8h}\tan\theta\right\}\cos\theta$$

③ 휨모멘트

단면 C의 휨모멘트를 M_x라 하면

$$M_x = V_A\,x - H_A\,y - \frac{wx^2}{2} = w\left\{\left(\frac{l-x}{2}\right)x - \frac{l^2}{8h}\,y\right\}$$

④ 축방향력

단면 C에서의 축방향력을 A_x라 하면

$$A_x = -(V_A - wx)\sin\theta - H_A\cos\theta = w\left\{\left(\frac{l}{2} - x\right)\sin\theta + \frac{l^2}{8h}\cos\theta\right\}$$

아아치의 곡선이 포물선이라 하면

$$y = \frac{4h}{l^2}(l-x)\,x$$

$$\tan\theta = \frac{dy}{dx} = \frac{8h}{l^2}\left(\frac{l}{2} - x\right)$$

이때 임의단면 C에서는

전단력 $S_x = 0$

휨모멘트 $M_x = 0$

축방향력 $A_x = -\dfrac{w\,l^2}{8h}\left\{\dfrac{8h}{l^2}\left(\dfrac{l}{2} - x\right)\sin\theta + \cos\theta\right\}$

$$A_x = -H_A\sec\theta$$

위의 결과에 의하면 등분포하중을 받는 포물선 아아치는 축방향력 즉 압축력만이 일어나므로 경제적인 구조이다.

포물선 이외의 곡선으로 된 아아치가 등분포하중을 받으면, 응력으로서 휨모멘트와 전단력이 일어나지만, 동일경간의 등분포하중을 받는 단순보의 휨모멘트에 비하여 상당히 작은 휨모멘트가 생긴다.

5.5.3 타이드 아아치가 집중하중을 받을 때

① 지점반력

$\sum H = 0$에 의하여

$$H_B = P_1\cos\theta_1 - P_2\cos\theta_2$$

$\sum M_B = 0$에 의하여

$$R_A\,l - P_1(l - a_1)\sin\theta_1 + P_1 b_1\cos\theta_1 - P_2 a_2\sin\theta_2 - P_2 b_2\cos\theta_2 = 0$$

$$\therefore\ R_A = \frac{1}{l}\{P_1(l-a_1)\sin\theta_1 - P_1 b_1\cos\theta_1 + P_2 a_2\sin\theta_2 + P_2 b_2\cos\theta_2\}$$

$\sum M_A = 0$에 의하여

$$V_B = \frac{1}{l}\{P_1 a_1 \sin\theta_1 + P_1 b_1 \cos\theta_1 + P_2(l - a_2)\sin\theta_2 - P_2 b_2 \cos\theta_2\}$$

② 전단력

AE 및 BE 부재는 3활절 아아치가 집중하중을 받는 경우(그림 5.22)와 같은 방법으로 구한다.

AB 부재는 부재의 양끝이 활절로 되어 있으므로 부재력은 축방향력 뿐이다. 그러므로 그림 (b)와 같이 절점 E를 지나는 임의단면으로 잘라서 잘린 곳에 부재가 받고 있던 부재력(A)을 그대로 작용시킨다.

절점 E의 좌측에 대한 모멘트를 생각하여

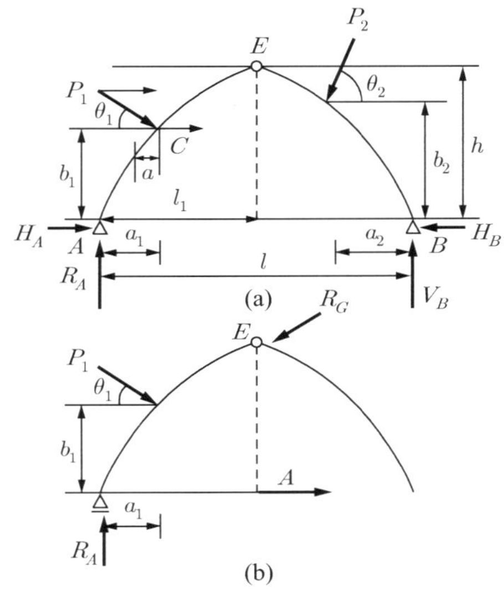

그림 5.24

$\sum M_E = 0$에 의하여

$$H_A = \frac{1}{h}\left\{R_A \times \frac{l}{2} - P_1\left(\frac{l}{2} - a_1\right)\sin\theta_1 - P_1(h - b_1)\cos\theta_1\right\}$$

5.5.4 캔틸레버 아아치

① 지점반력

$\sum V = 0$에 의하여 $R_A = P$

$\sum M_A = 0$에 의하여 $-M_A + P \cdot 2r = 0 \therefore M_A = 2Pr$

② 전단력

$A \sim B$ 부재에서 $S_x = 0$

$B \sim C$ 부재에서 $S_x = P\sin\theta$

③ 휨모멘트

$A \sim B$ 부재에서 $M = -2Pr$

$B \sim C$ 부재에서

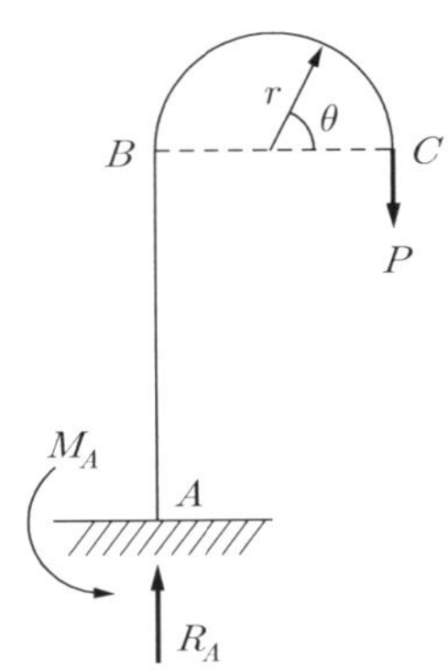

그림 5.25

$$M_x = -P(r - r\cos\theta) = -Pr(1-\cos\theta)$$

④ 축방향력

$A \sim B$ 부재에서 $\quad A_x = -P$

$B \sim C$ 부재에서 $\quad A_x = P\cos\theta$

Example 5.7 그림 5.26과 같은 포물선 아아치의 $x = 10\text{m}$ 지점에서 단면 C의 단면력을 구하여라.

$\sum M_B = 0$에서

$V_A \times 30 - 20 \times 25 = 0$

$\therefore\ V_A = 16.67\text{ kN}$

$\sum M_E = 0$에서

$-H_A \times 20 + V_A \times 15 - 20 \times 10 = 0$

$\therefore\ H_A = 2.5\text{ kN}$

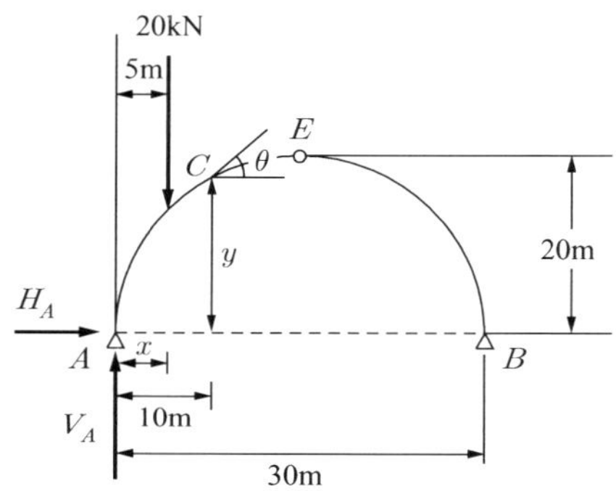

그림 5.26

$$y = \frac{4h}{l^2}(l-x)\,x$$

$$= \frac{4 \times 20}{30^2}(30-10) \times 10 = 17.78\text{ m}$$

$$\tan\theta = \frac{8h}{l^2}\left(\frac{l}{2} - x\right) = \frac{8 \times 20}{30^2}\left(\frac{30}{2} - 10\right) = 0.8889$$

$\therefore\ \theta = 41°38'00''$

$$S_C = (V_A - P)\cos\theta - H\sin\theta = (16.67 - 20)\cos\theta - 2.5\sin\theta$$

$$= -3.33 \times 0.74741 - 2.5 \times 0.66436 = -4.149\text{ kN}$$

$\therefore\ \cos\theta = 0.74741, \quad \sin\theta = 0.66436$

$$A_C = -(V_A - P)\sin\theta - H\cos\theta = -(16.67 - 20)\sin\theta - 2.5\cos\theta$$

$$= 3.33 \times 0.66436 - 2.5 \times 0.74741 = 0.3438\text{ kN}$$

$$M_C = V_A x - H_A y - P \times 5 = 16.67 \times 10 - 2.5 \times 17.78 - 20 \times 5 = 22.25\text{ kN}\cdot\text{m}$$

PROBLEMS

01. 그림 5.27과 같은 라아멘을 풀고 단면력도를 그려라.

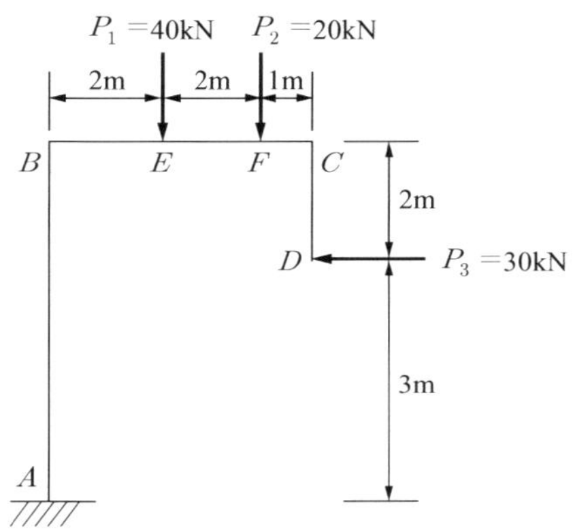

그림 5.27

02. 그림 5.28과 같은 라아멘을 풀어라.

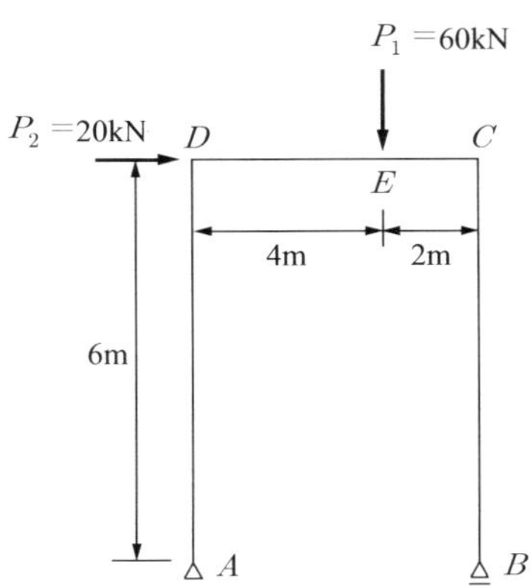

그림 5.28

03. 그림 5.29와 같은 라아멘의 단면력도를 그려라.

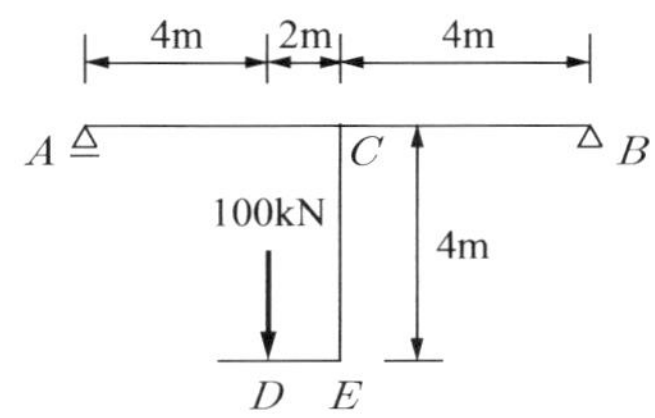

그림 5.29

04. 그림 5.30과 같이 모멘트하중을 받는 라아멘을 풀어라.

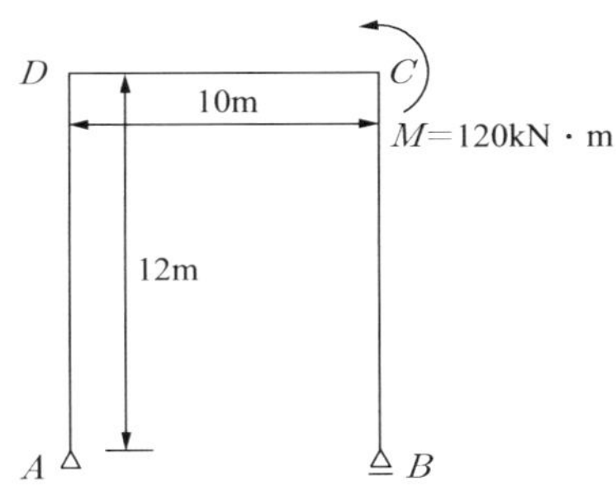

그림 5.30

05. 그림 5.31과 같은 라아멘을 풀어라.

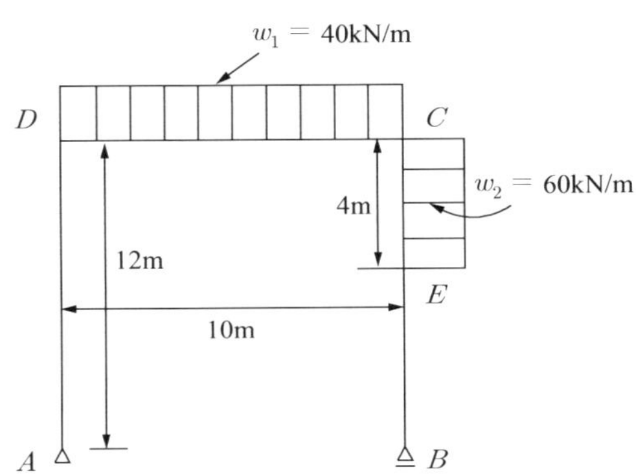

그림 5.31

06. 그림 5.32와 같은 라아멘을 풀고 단면력도를 그려라.

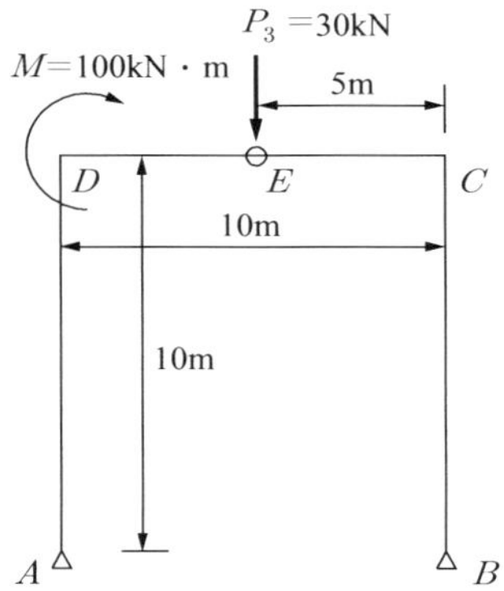

그림 5.32

07. 그림 5.33과 같은 라아멘을 풀어라.

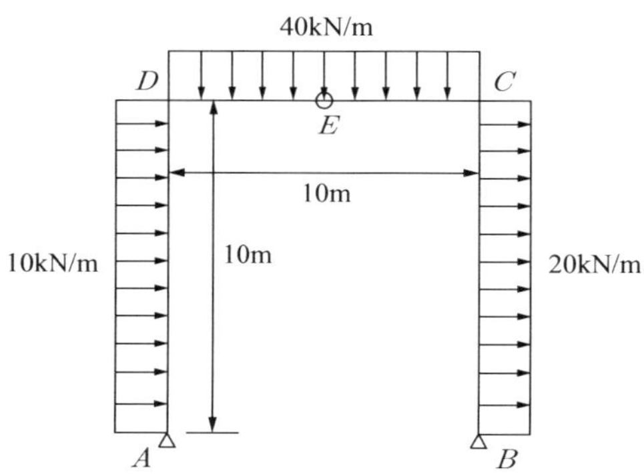

그림 5.33

08. 그림 5.34와 같은 라아멘을 풀어라.

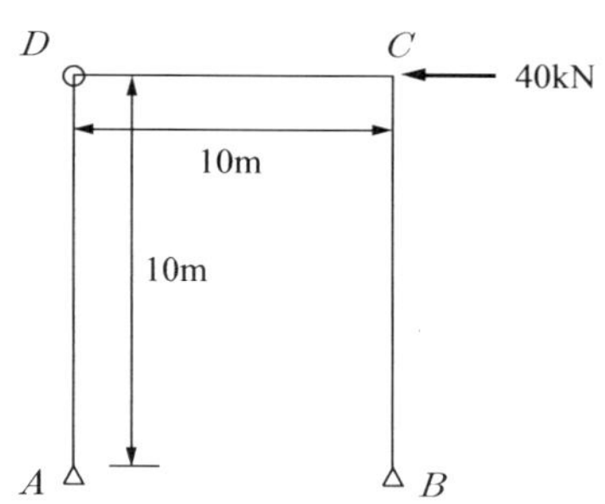

그림 5.34

09. 그림 5.35와 같은 포물선 아아치의 A점에서 $x=10\,\mathrm{m}$ 점의 단면력을 구하여라. 단 아아치는 $y=\dfrac{4h}{l^2}(l-x)\,x$인 포물선형이다.

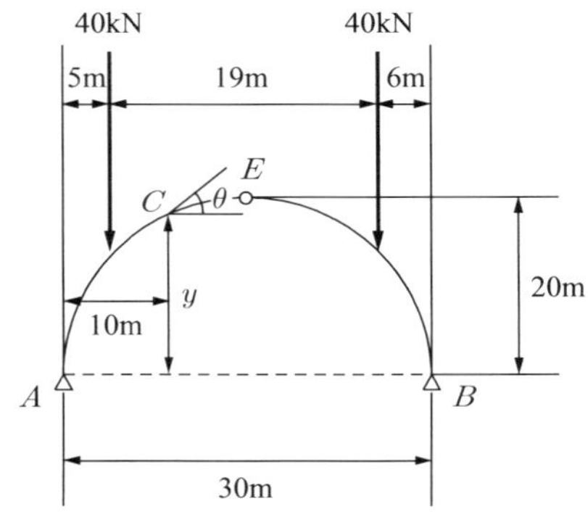

그림 5.35

답 : $A_C=-39.004\ \mathrm{kN}$, $S_C=-32.887\ \mathrm{kN}$,
$M_C=-693.45\ \mathrm{kN\cdot m}$

10. 그림 5.36과 같은 아아치의 단면 C의 단면력을 구하여라. 단, 아아치는 문제 9와 동일한 포물선형이다.

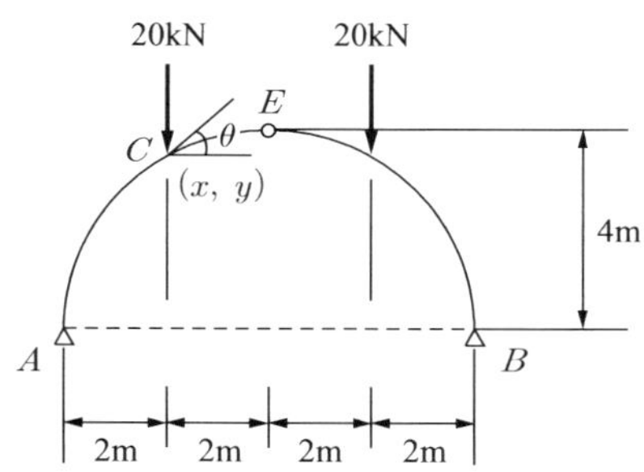

그림 5.36

답 : $A_C=-2.121\ \mathrm{kN}$, $S_C=0.707\ \mathrm{kN}$,
$M_C=0$

CHAPTER 6 보의 응력

6.1 휨응력

보에 외력이 작용하면 일반적으로 휨모멘트, 전단력 및 축방향력이 작용하게 된다. 그러나 그림 6.1에서와 같은 보에서 보의 중앙부분 $C \sim D$에는 전단력이 걸리지 않으며 균일한 휨모멘트 $M = Pl$만이 작용하고 있다. 이와 같이 순수 휨모멘트만이 작용하는 보에서의 응력상태를 조사하기로 하자.

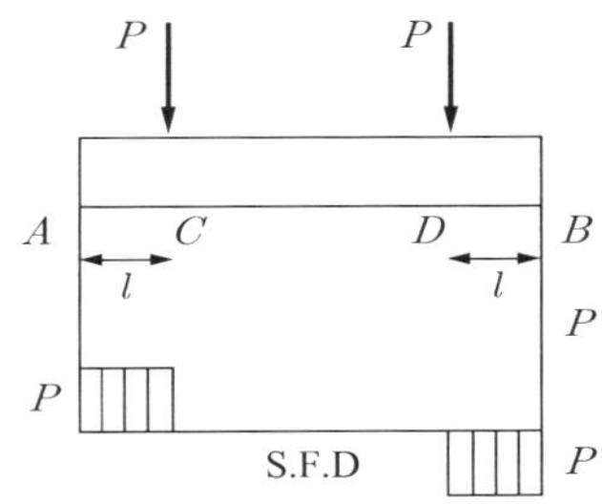

그림 6.1

보가 휨모멘트를 받게 되면 그림 6.2와 같이 한쪽 섬유는 늘어나고 오목한 쪽의 섬유들은 줄어든다. 따라서 이 보의 상면과 하면 사이에는 어디엔가 길이가 변하지 않는 층이 있게 된다. 이와 같이 변하지 않는 섬유들이 이루는 면을 중립면(neutral surface)이라 하고 보의 횡단면과 중립면과의 교선을 중립축이라 한다.

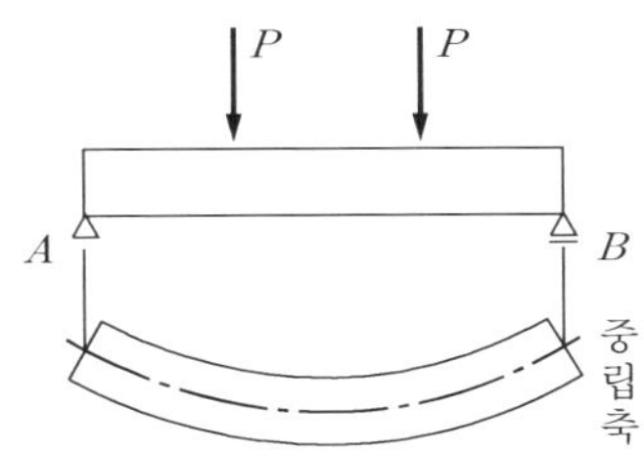

그림 6.2

보에서 줄어드는 면 즉, 압축단면에는 압축응력이 생긴다.

휨모멘트를 받는 보의 응력을 구하기 위하여 탄성한도 내에서 응력은 변형률에 비례한다는 훅크의 법칙이 성립하며 보의 축에 직각인 단면은 변형후에도 축에 직각인 평면을 갖는다고 가정한다. 이것을 베르누이(Bernoulli)의 가정이라 한다.

그림 6.3과 같이 변형이 일어난 두 인접단면 $m \sim n$과 $p \sim q$의 연장은 O점에서 만나게 되고 그들이 이루는 각을 $d\theta$, 중립축의 곡률을 $1/\rho$이라 하면 다음의 관계가 성립한다.

$$d\theta = \frac{dx}{\rho}$$

그림 6.3의 (a)에서 중립면으로부터 거리가 y만큼 떨어진 임의단면 $c \sim d$의 늘어난 길이는

$$d'd = y\ d\theta$$

$c\,d$의 원 길이는 $c\,d' = dx$이므로 변형률을 구하면

$$\epsilon = \frac{y\ d\theta}{dx} = \frac{y}{\rho}$$

보속의 응력은 변형률에 비례하므로

$$f = E\,\epsilon = \frac{E}{\rho}\ y \tag{6.1}$$

위의 결과로부터 재료가 훅크의 법칙을 따르는 범위내에서 응력 f는 중립면으로부터의 거리에 비례한다는 것을 알 수 있다.

그림 6.3의 (c)에서 중립축으로부터 y만큼 떨어진 곳의 면적요소를 dA라 하면 그 면적 위에 작용하는 힘 요소는 $f\ dA$이므로 식 (6.1)을 대입하여

$$f\ dA = \frac{E}{\rho}\,y\,dA$$

$f\ dA$를 그 단면의 면적 전체에 대하여 적분한 값이 0이 되어야 하므로

$$\frac{E}{\rho}\int_A y\ dA = 0$$

$$\therefore\ \int_A y\,dA = A\,\bar{y} = 0$$

이 식은 단면형에 따라 정해지는 식으로 단면 1차 모멘트가 되므로 균질한 보에서 그 단면의 중립축은 도심을 지난다는 것을 알 수 있다.

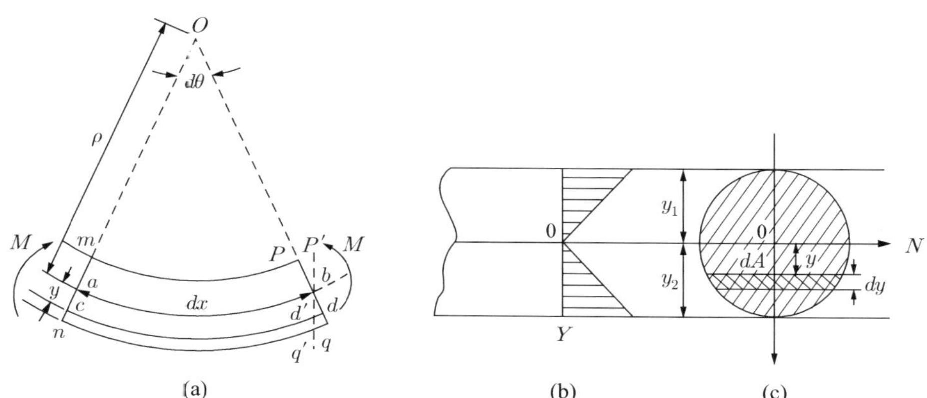

그림 6.3

또 인장응력의 합력과 압축응력의 합력은 서로 우력을 이루고 그 값은 단면의 휨모멘트와 같아야 한다. 즉

$$M = \int_A y\, f\, dA = \frac{E}{\rho}\int_A y^2\, dA$$

위에서 $\int_A y^2\, dA$는 단면의 중립축에 대한 단면 2차 모멘트이며

$$\int_A y^2\, dA = I, \qquad \frac{1}{\rho} = \frac{M}{EI}$$

이므로 휨응력 f는

$$f = \frac{M}{I}\, y \tag{6.2}$$

식 (6.2)에서 y는 중립축으로부터의 거리를 나타내므로 중립축에서 즉, $y = 0$일 때 $f = 0$이며 f는 y에 비례하고 중립축에서 가장 거리가 먼 압축측 끝과 인장측 끝에서의 최대응력 f_c, f_t가 발생하고 응력분포도는 그림 6.3의 (b)와 같다는 것을 알 수 있다.

$$\begin{aligned} f_c &= \frac{M}{I} \cdot y_1 \\ f_t &= \frac{M}{I} \cdot y_2 \end{aligned} \tag{6.3}$$

단면이 도심축에 대하여 대칭이면 f_c와 f_t는 같고 $\frac{I}{y_1}$, $\frac{I}{y_2}$를 단면계수라 하면

$$f_c = \frac{M}{Z_c}, \quad f_t = \frac{M}{Z_t} \tag{6.4}$$

$y_1 = y_2$, $\quad \frac{I}{y_1} = \frac{I}{y_2} = Z$라 하면

$$f = \frac{M}{Z} \tag{6.5}$$

Example 6.1 그림 6.4와 같이 균등질의 직사각형 단면보에 최대휨모멘트 10 kN·m가 작용할 때 f_{max}를 구하고 도심축에서 15 cm 떨어진 단면에서의 휨응력을 구하라.

$$I = \frac{bh^3}{12} = \frac{20 \times 40^3}{12} = 106{,}667\ \text{cm}^4$$

$$Z=\frac{bh^2}{6}=\frac{20\times 40^2}{6}=5{,}333\ \text{cm}^3$$

(1) $f_{\max}=\dfrac{M}{I}y=\dfrac{M_{\max}}{z}$

$$=\frac{100\times 10^3\times 10^3}{5{,}333\times 10^3}=18.77\ \text{MPa}$$

(2) $f=\dfrac{M}{I}y$

$$=\frac{100\times 10^3\times 10^3}{106{,}667\times 10^4}\times 150=14.06\ \text{MPa}$$

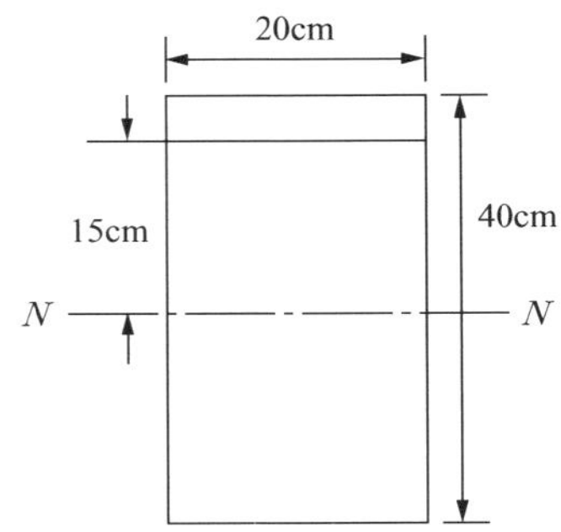

그림 6.4

Example 6.2 그림 6.5와 같은 균일한 단면은 얼마의 휨모멘트까지 견딜 수 있겠는가? 단 $f_a=8.5\ \text{MPa}$라 한다.

$$Z=\frac{bh^2}{6}$$

$$=\frac{15\times 30^2}{6}=2{,}250\ \text{cm}^3$$

$f=\dfrac{M}{Z}$에서

$$M=8.5\times 2{,}250\times 10^3$$

$$=19{,}125{,}000\ \text{N}\cdot\text{mm}$$

∴ 19,125 N·m까지 견딜 수 있다.

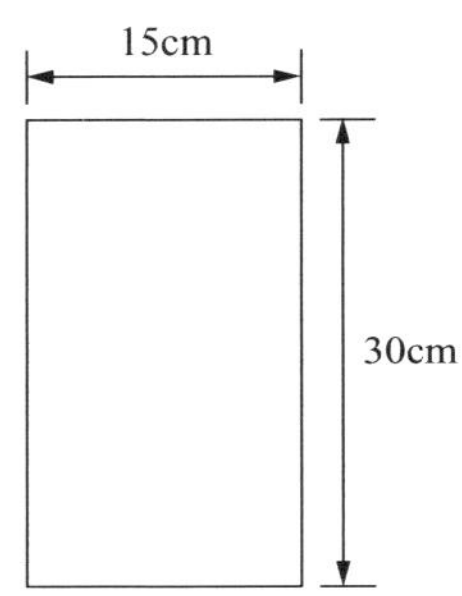

그림 6.5

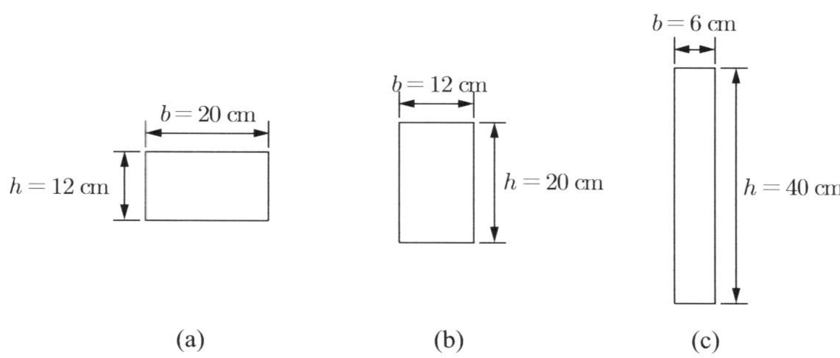

그림 6.6

그림 6.6과 같이 단면적 $A=240\ \text{cm}^2$인 세 종류의 단면에, 800 kN · m인 휨모멘트가 작용할 때, 각 단면에 발생하는 상면 및 하면의 휨응력을 계산해 보자.

각 직사각형 단면의 단면계수를 구하여, 식 (6.5)를 이용하여 수직응력을 계산한다면,

다음과 같다.

그림 (a)에서는, $Z_1 = \dfrac{bh^2}{6} = \dfrac{20 \times 12^2}{6} = 480\ \text{cm}^3$

$$f_1 = \frac{M}{Z_1} = \frac{800 \times 10^4}{480 \times 10^3} = 16.7\ \text{N/mm}^2 = 16.7\ \text{MPa}$$

그림 (b)에서는, $Z_2 = \dfrac{bh^2}{6} = \dfrac{12 \times 20^2}{6} = 800\ \text{cm}^3$

$$f_2 = \frac{M}{Z_2} = \frac{800 \times 10^4}{800 \times 10^3} = 10\ \text{N/mm}^2 = 10\ \text{MPa}$$

그림 (c)에서는, $Z_3 = \dfrac{bh^2}{6} = \dfrac{6 \times 40^2}{6} = 1{,}600\ \text{cm}^3$

$$f_3 = \frac{M}{Z_3} = \frac{800 \times 10^4}{1{,}600 \times 10^3} = 5\ \text{N/mm}^2 = 5\ \text{MPa}$$

Example 6.3 그림 6.7의 I형, 휨모멘트 $M = 83{,}200$ kN·m가 작용할 때, 응력도를 그리시오.

단면계수는 $b = B - t = 23$ cm로 한다면,

$$Z = \frac{I_n}{y} = \frac{BH^3/12 - bh^3/12}{H/2} = \frac{BH^3 - bh^3}{6H}$$
$$= \frac{24 \times 104^3 - 23 \times 100^3}{6 \times 104} = 6{,}405\ \text{cm}^3$$

연응력도는 $f = f_c = f_t = \dfrac{M}{Z} = \dfrac{83{,}200 \times 10^4}{6{,}405 \times 10^3} = 130\ \text{N/mm}^2 = 130\ \text{MPa}$

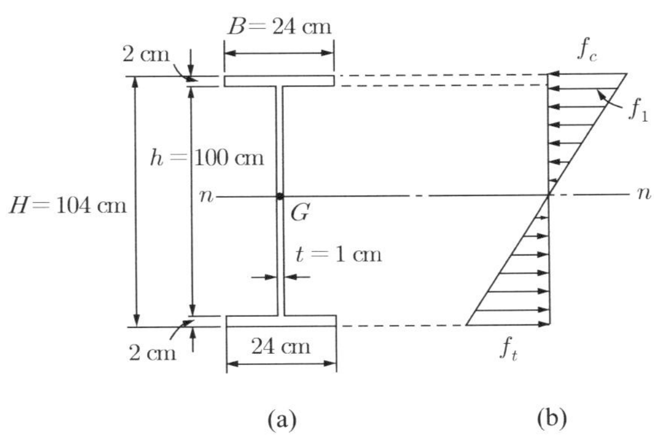

그림 6.7

6.2 전단응력

외력의 작용에 의하여 휘게 되는 보의 각 단면에는 일반적으로 휨모멘트와 전단력이 동시에 작용한다.

그림 6.8과 같이 보는 휨모멘트에 의해 휘게 되는 동시에 전단력에 의해 축의 연직 및 수평방향으로 미끄러지려는 경향을 나타내므로 이에 저항하기 위해 연직방향의 전단응력이 생긴다는 것을 알 수 있다.

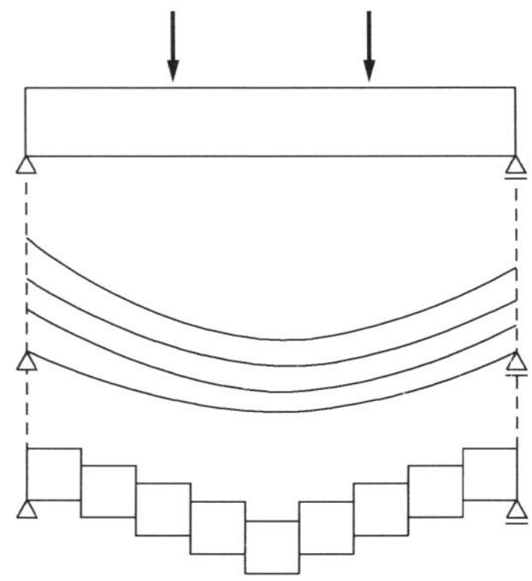

그림 6.8

보 속의 임의점에서 이들 전단응력의 크기는 서로 같으며 방향은 직교하고 있으므로 보의 내부에 있는 한 점에서 축방향의 전단응력을 구하면 이것과 같은 크기의 전단응력이 축에 직교하게 생긴다.

또 전단응력의 크기는 보의 윗면과 아랫면 사이에서 균일한 세기를 가질 수 없다.

그림 6.9의 (a)와 같이 거리가 dx만큼 떨어진 두 단면 $m \sim n$와 $m_1 \sim n_1$에 대하여 생각하자.

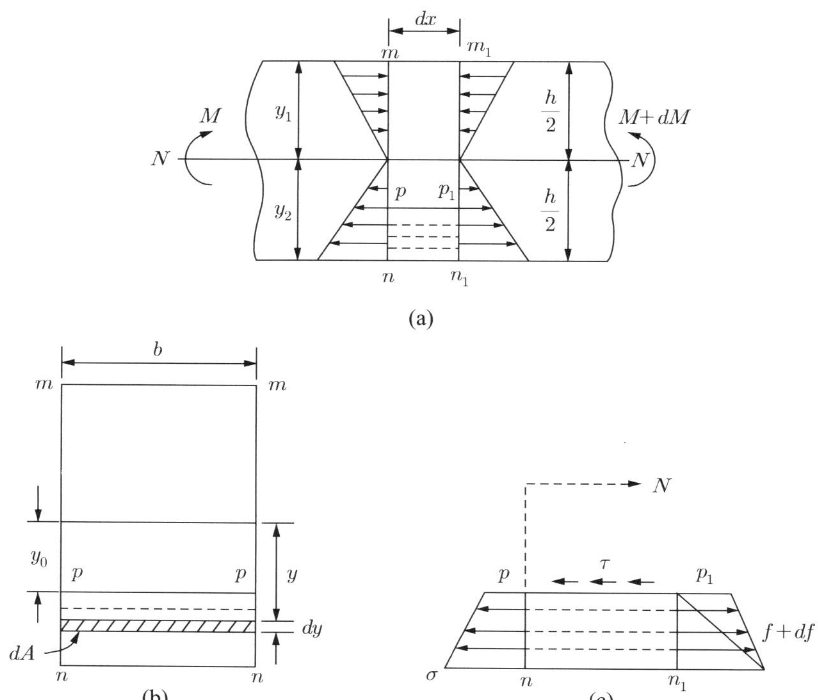

그림 6.9

또 중립축으로부터 y만큼 떨어진 미소면적을 dA라 하고(그림 b) 단면 $m \sim n$와 $m_1 \sim n_1$ 사이에 있으며 중립축으로부터 임의거리 y_o만큼 떨어진 미소단면 pnp_1n_1의 윗면에는 높이에 대응하는 수평전단응력 τ를 받게 된다.

특별한 경우로 보의 두 단면 $m \sim n$, $m_1 \sim n_1$에 작용하는 휨모멘트가 같다면 $p \sim n$와 $p_1 \sim n_1$ 위에 분포하는 법선응력이 서로 같으며 평형조건에 의해 $\tau = 0$일 것이다. 그러나 일반적으로 휨모멘트는 단면의 위치에 따라 변화하므로 이 경우에 대하여 생각하기로 한다.

단면 $m \sim n$에 작용하는 휨모멘트를 M, $m_1 \sim n_1$에 작용하는 휨모멘트를 $M + dM$이라 하면 그림 (b)의 미소면적 dA에 작용하는 휨응력(식 6.2 참조)은 아래와 같고

$$f \cdot dA = \frac{M\,y}{I}\,dA$$

좌측면 $p\,n$ 전체의 합력은

$$\int_{y_o}^{y_2} \frac{M\,y}{I}\,dA \tag{6.6a}$$

우측면 $p_1 n_1$에 작용하는 힘들의 합력은

$$\int_{y_o}^{y_2} \frac{(M + dM)\,y}{I}\,dA \tag{6.6b}$$

이며 수평전단응력 τ가 일어나는 면의 넓이는 $b\,dx$이고 전단응력의 크기는 $\tau\,b\,dx$가 된다. 여기서 τ는 임의의 높이 y_o에서의 전단응력이다.

전단응력과 좌우 단면의 휨응력의 차는 평형을 이루어야 하므로

$$\begin{aligned} \tau b\,dx &= \int_{y_o}^{y_2} \frac{(M + dM)\,y}{I}\,dA - \int_{y_o}^{y_2} \frac{M\,y}{I}\,dA \\ &= \int_{y_o}^{y_2} \frac{dM\,y}{I}\,dA \end{aligned} \tag{6.6c}$$

$$\tau = \int_{y_o}^{y_2} \frac{dM}{dx} \cdot \frac{y}{bI}\,dA = \frac{dM}{dx} \cdot \frac{1}{Ib} \int_{y_o}^{y_2} y\,dA$$

$$\therefore\ \tau = \frac{S}{I\,b} \int_{y_o}^{y_2} y\,dA \tag{6.6d}$$

이 식에서 적분값은 그림 (b)의 빗금 부분의 중립축에 대한 단면 1차 모멘트이고 S는 $m \sim n$ 단면에 생기는 전단력을, b는 단면의 폭을 나타낸다.

단면 1차 모멘트를 G라 하면

$$\tau = \frac{S \cdot G}{Ib} \tag{6.7}$$

그림 6.9(b)의 직사각형 단면에 대한 전단응력을 구해보면 $dA = b\ dy$, $y_2 = h/2$이므로

$$G = \int_{y_o}^{y_2} y\, dA = \int_{y_o}^{\frac{h}{2}} y\, b\, dy = \frac{b}{2}\left(\frac{h^2}{4} - y_o^2\right)$$

또는 $b\left(\frac{h}{2} - y_o\right) \times \frac{1}{2}\left(\frac{h}{2} + y_o\right)$로 구할 수도 있다.

위의 것을 식 (6.7)에 대입하여

$$\tau = \frac{S}{Ib} \cdot \frac{b}{2}\left(\frac{h^2}{4} - y_o^2\right) = \frac{S}{2I}\left(\frac{h^2}{4} - y_o^2\right) \tag{6.8}$$

전단응력 τ는 y_o의 크기에 따라 포물선으로 변화하며

식 (6.8)에 $y_o = \pm\frac{h}{2}$를 대입하여 보면

$$\tau = \frac{S}{2I}\left(\frac{h^2}{4} - \frac{h^2}{4}\right) = 0$$

$y_o = 0$을 대입하면

$$\tau = \frac{S}{2I}\left(\frac{h^2}{4} - 0\right) = \frac{Sh^2}{8I}$$ 으로 최대가 된다.

직사각형 단면인 경우에 단면적의 폭을 b, 높이를 h라 하면 중립축에서의 I가 $\frac{bh^3}{12}$이고 $y_o = 0$일 때 최대 전단응력이 생기므로 이를 구해보면

$$\tau_{\max} = \frac{Sh^2}{8\frac{bh^3}{12}} = \frac{3}{2} \cdot \frac{S}{bh} \tag{6.9}$$

으로 평균전단응력 $\tau = \frac{S}{bh}$의 1.5배가 되며 전단응력의 분포는 그림 6.10과 같다.

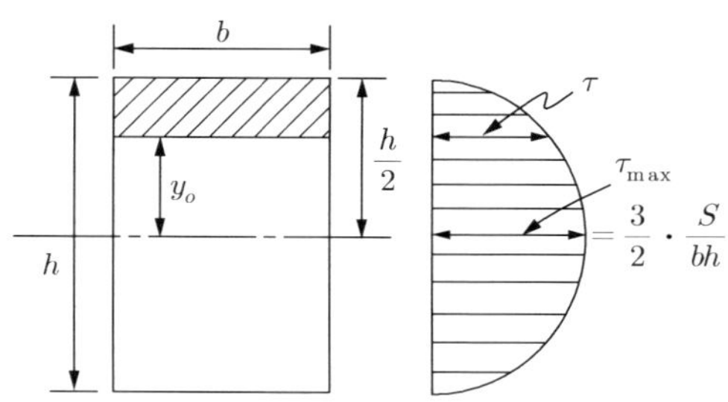

그림 6.10

표 6.1 각 단면의 전단응력분포

단면	전단응력
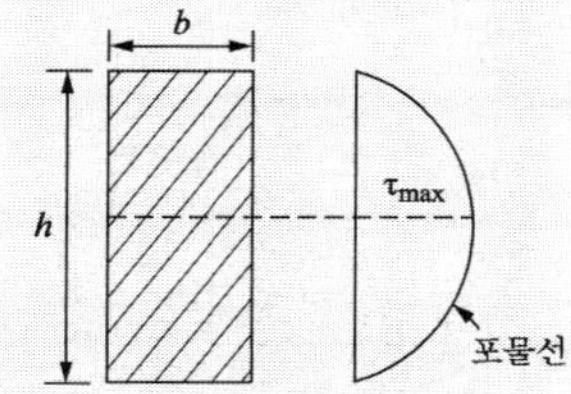	$\tau_{\max} = \dfrac{3S}{2bh}$ $\tau_{\text{aver}} = \dfrac{S}{bh}$ $\dfrac{\tau_{\max}}{\tau_{\text{aver}}} = \dfrac{3}{2}$
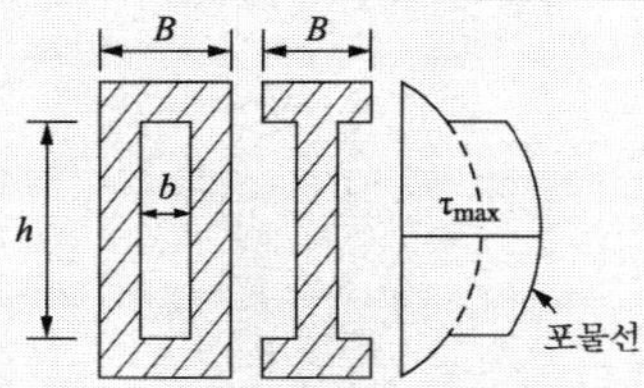	$\tau_{\max} = \dfrac{(BH^2 - bh^2)}{(BH^3 - bh^3)(B-h)} \times \dfrac{3S}{2}$ $\tau_{\text{aver}} = \dfrac{S}{(BH - bh)}$ $\dfrac{\tau_{\max}}{\tau_{\text{aver}}} = \dfrac{3(BH^2 - bh^2)(BH - bh)}{2(BH^3 - bh^3)(B-b)}$
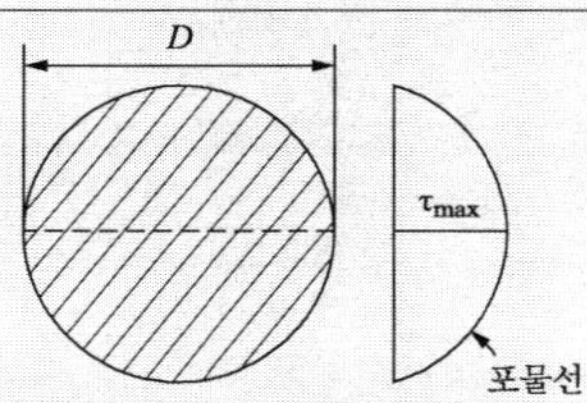	$\tau_{\max} = \dfrac{4}{3} \times \dfrac{S}{\pi r^2}$ $\tau_{\text{aver}} = \dfrac{S}{\pi r^2}$ $\dfrac{\tau_{\max}}{\tau_{\text{aver}}} = \dfrac{4}{3}$
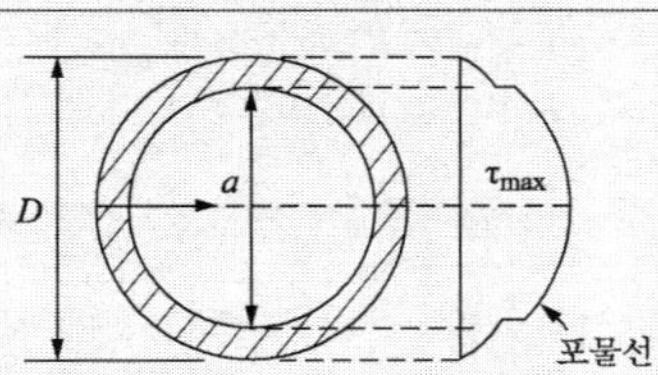	$\tau_{\max} = \dfrac{16}{3} \times \dfrac{D^2 + Dd + d^2}{\pi(D^2 - d^2)}$ $\tau_{\text{aver}} = \dfrac{4S}{\pi(D^4 - d^4)}$ $\dfrac{\tau_{\max}}{\tau_{\text{aver}}} = \dfrac{4}{3}\left\{1 + \dfrac{Dd}{D^2 + d^2}\right\}$
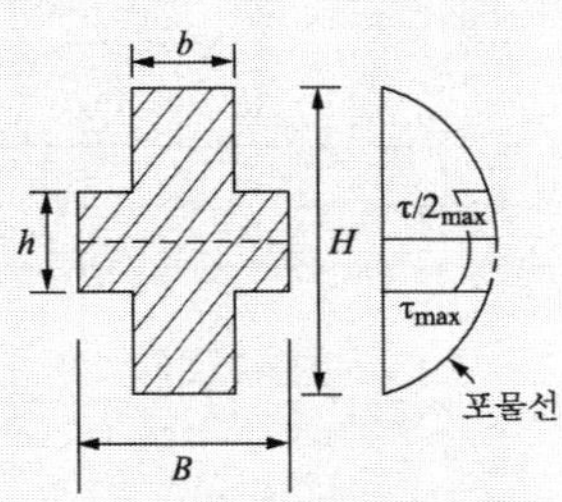	$\tau_{\max} = \dfrac{3S}{2B}\dfrac{bH^2 + (B-b)h^2}{bH^3 + (B-b)h^3}, \quad \tau_{\text{aver}} = \dfrac{S}{bh + (B-b)h}$ $\tau_{\max} = \dfrac{3S}{2}\dfrac{H^2 - h^2}{bH^3 + (B-b)h^3}$: $y = \dfrac{h}{2}$ 일 때 $\dfrac{\tau_{\max}}{\tau_{\text{aver}}} = \dfrac{[bH^2 + (B-b)h^2]\,[bH + (B-b)h]}{B[bH^3 + (B-b)h^3]}$ $\dfrac{\tau_{\max}}{\tau_{\text{aver}}} = \dfrac{3}{2}\dfrac{[H^2 - h^2]\,[bH + (B-b)h]}{BH^3 + (B-b)h^3}$: $y = \dfrac{b}{2}$ 일 때
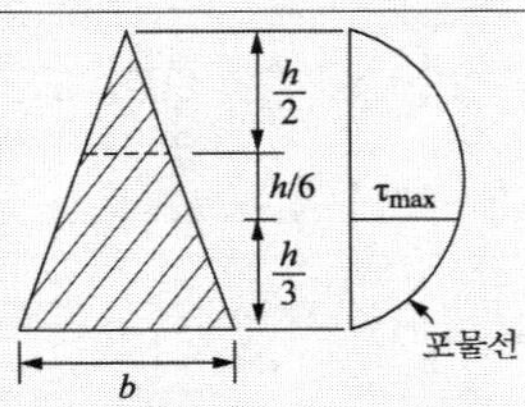	$\tau_{\max} = \dfrac{3S}{bh}$ $\tau_{\text{aver}} = \dfrac{2S}{bh}$ $\dfrac{\tau_{\max}}{\tau_{\text{aver}}} = \dfrac{3}{2}$
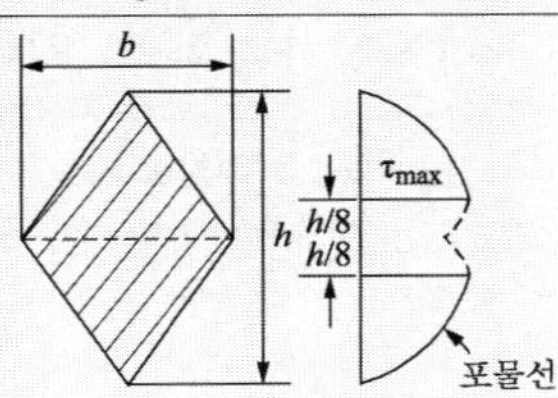	$\tau_{\max} = \dfrac{9S}{4bh}$ $\tau_{\text{aver}} = 2\dfrac{S}{bh}$ $\dfrac{\tau_{\max}}{\tau_{\text{aver}}} = \dfrac{9}{8}$

Example 6.4 그림 6.11과 같은 원형 단면의 최대전단응력과 전단응력분포를 구하여라.

$$G = \frac{b^3}{12}$$

또 $\left(\frac{b}{2}\right)^2 + y^2 = r^2$

$$b^2 = 4(r^2 - y^2)$$

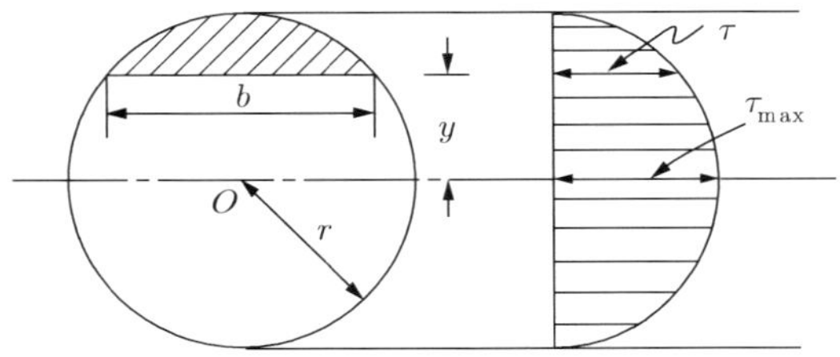

그림 6.11

$$\tau = \frac{S}{I} \cdot \frac{G}{b} = \frac{S\frac{b^3}{12}}{Ib}$$

$$= \frac{S}{I}\frac{b^2}{12} = \frac{S(r^2 - y^2)}{3I} \tag{6.10}$$

$y = 0$에서 최대이므로 위의 식에 대입하여

$$\therefore \tau_{\max} = \frac{4}{3} \cdot \frac{S}{\pi r^2} \tag{6.11}$$

Example 6.5 그림 6.12와 같은 I형 단면에서 전단응력분포를 구하여라.

$$G = \left(\frac{H}{2} - y\right)B \cdot \frac{1}{2}\left(\frac{H}{2} + y\right),$$

$I = \dfrac{BH^3 - bh^3}{12}$ 이므로

$$\tau = \frac{S}{I}\left(\frac{H}{2} - y\right)\left(\frac{H}{2} + y\right)\frac{B}{2B}$$

$$= \frac{S(H^2 - 4y^2)}{8I}$$

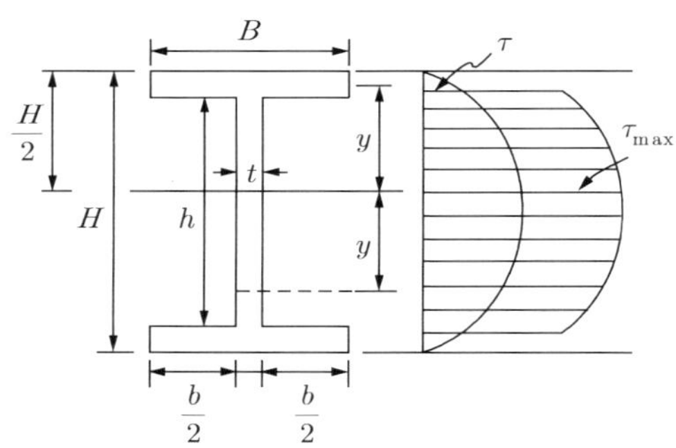

그림 6.12

내민부의 내측에서

$$y = \frac{h}{2}, \quad \tau = \frac{S(H^2 - h^2)}{8I}$$

중립축으로부터 y만큼 떨어진 거리에서는

$$G = \frac{B(H-h)}{2}\left(\frac{h}{2} + \frac{H-h}{4}\right) + t\left(\frac{h}{2} - y\right)\frac{1}{2}\left(\frac{h}{2} + y\right)$$

$$= \frac{B(H^2 - h^2)}{8} + \frac{t(h^2 - 4y^2)}{8}$$

여기에서 $t = B - b$를 윗 식에 대입하고 τ를 구하면

$$\tau = \frac{S}{I}\left\{\frac{B(H^2 - h^2)}{8(B-b)} + \frac{h^2}{8} - \frac{y^2}{2}\right\}$$

내민부의 내측에서 $y = \dfrac{h}{2}$

$$\therefore\ \tau = \frac{S}{I} \cdot \frac{B(H^2 - h^2)}{8(B-b)}$$

$y=0$인 중립축에서 τ는 최대이며

$$\tau_{\max} = \frac{S}{I}\left\{\frac{B(H^2-h^2)}{8(B-b)} + \frac{h^2}{8}\right\} \tag{6.12}$$

Example 6.6 그림 6.13(a)의 I형 단면에, $S = 3.6$ kN의 전단력이 작용할 때, 최대 전단응력 $\tau_{\max}$와 평균 전단력도 τ_{mean}, 플랜지와 복판의 접합부에서의 전단응력 τ_1, τ_2를 구하고, 전단응력의 분포도를 그려라.

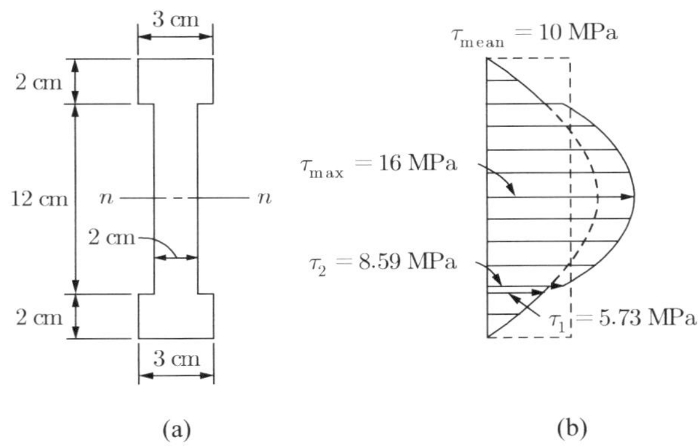

그림 6.13

중립축에 관한 단면 2차 모멘트 I는,

$$I = \frac{3\times16^3}{12} - \frac{1\times12^3}{12} = 880\ \text{cm}^4$$

단면 1차 모멘트는,

$$G_1 = A_1 y_1 = 6\times7 = 2 = 42\ \text{cm}^3$$

$$G_2 = A_1 y_1 + A_2 y_2 = 6\times7 + 12\times3 = 78\ \text{cm}^3$$

최대전단응력도는 식 (6.7)에, $I = 880\text{cm}^4$, $G_2 = 78\text{cm}^3$, $b = 2\text{cm}$, $S = 3.6\text{kN}$를 대입하여,

$$\tau_{\max} = \frac{S\cdot G}{Ib} = \frac{3.6\times10^3\times78\times10^3}{880\times10^4\times20} = 16\ \text{N/mm}^2 = 16\ \text{MPa}$$

접합부의 플랜지측 전단응력도는, 식 (6.7)에, $I = 880\text{cm}^4$, $G_1 = 42\text{cm}^3$, $S = 3.6\text{kN}$, $b = 3\text{cm}$를 대입하여,

$$\tau_1 = \frac{S \cdot G}{Ib} = \frac{3.6 \times 10^3 \times 42 \times 10^3}{880 \times 10^4 \times 30} = 5.73\ \mathrm{N/mm^2} = 5.73\ \mathrm{MPa}$$

접합부의 복판측 전단응력도는, 식 (6.7)에, $I = 880\mathrm{cm}^4$, $G_1 = 42\mathrm{cm}^3$, $S = 3.6\mathrm{kN}$, $b = 2\mathrm{cm}$를 대입하여,

$$\tau_2 = \frac{S \cdot G}{Ib} = \frac{3.6 \times 10^3 \times 42 \times 10^3}{880 \times 10^4 \times 20} = 8.59\ \mathrm{N/mm^2} = 8.59\ \mathrm{MPa}$$

평균 전단응력은 $S = 3.6\mathrm{kN}$, $A = 2 \times 3 \times 2 + 12 \times 2 = 36\mathrm{cm}^2$이므로,

$$\tau_{\mathrm{mean}} = \frac{S}{A} = \frac{3.6 \times 10^3}{36 \times 10^2} = 10\ \mathrm{N/mm^2} = 10\ \mathrm{MPa}$$

이러한 값들로, 전단응력도의 분포도를 그린다면, 그림 (b)가 된다.

6.3 주응력

6.3.1 임의단면에 생기는 응력

직육면체의 수직단면에 인장력 P_x와 P_y가 작용했을 때 x방향의 응력을 f_x, y방향의 응력을 f_y라 하면, f_x가 f_y보다 대수적으로 크다고 가정하고 그림 6.14(a)에서와 같이 법선 n이 x축과 각 θ를 이루는 경사평면 ac에 작용하는 응력상태를 조사해 보기로 하자.

그림 (b)에서 $\triangle abc$를 자유체로 분리시킨 것을 가정하고 ab, bc, ac의 면적을 dA_x, dA_y, dA_n으로 표시하면 ab와 bc에 작용하는 응력의 합은 각각 $f_x\, dA_x$, $f_y\, dA_y$이다.

경사단면 ac 위의 응력의 합력을 $f_n\, dA_n$, 전단응력의 합력을 $\tau\, dA_n$이라면 이들 힘들 사이에는 평형조건이 성립하므로 n방향 힘의 평형조건을 생각하면

$$f_n\, dA_n = f_x\, (dA_n \cos\theta) \cos\theta + f_y\, (dA_n \sin\theta) \sin\theta$$

단, $dA_x = dA_n \cos\theta$, $\quad dA_y = dA_n \sin\theta$

위 식의 양변을 dA_n으로 나누어

$$f_n = f_x \cos^2\theta + \sigma_y \sin^2\theta \tag{6.13}$$

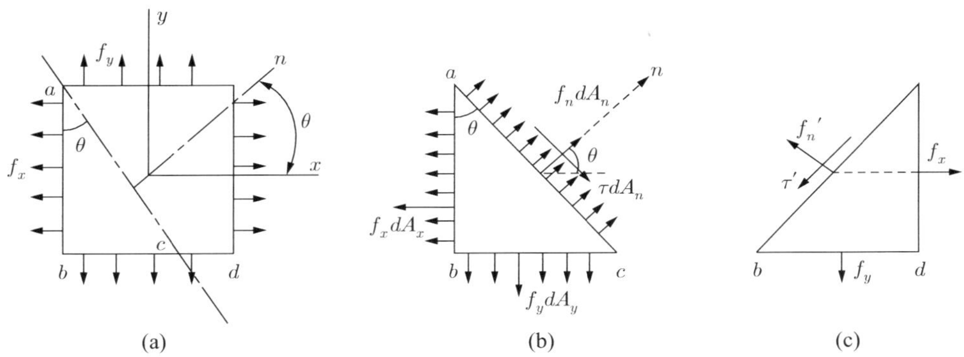

그림 6.14

단, $\sin^2\theta = (1-\cos 2\theta)/2$, $\cos^2\theta = (1+\cos 2\theta)/2$
이므로 식 (6.13)을 변형하면

$$f_n = \frac{(f_x + f_y)}{2} + \frac{(f_x - f_y)}{2}\cos 2\theta \tag{6.14}$$

로 표시된다. 또 그림 (b)의 ac방향의 힘의 평형조건을 생각하면

$$\tau\, dA_n = f_x\,(dA_n \cos\theta)\sin\theta - f_y\,(dA_n \sin\theta)\cos\theta$$

양변을 dA_n으로 나누어

$$\begin{aligned}\tau &= f_x \cos\theta \sin\theta - f_y \sin\theta \cos\theta \\ &= (f_x - f_y)\sin\theta\cos\theta\end{aligned} \tag{6.15}$$

삼각함수공식을 사용하여 식 (6.15)를 변형하면 다음과 같다.

$$\tau = \frac{f_x - f_y}{2}\sin 2\theta \tag{6.16}$$

위의 식 (6.14)와 (6.16)은 각이 θ인 임의 경사단면에 작용하는 법선응력(f_n)과 전단응력(τ)의 크기를 결정해 주는 식이다.

$\sin(90°+\theta) = \cos\theta$, $\cos(90°+\theta) = -\sin\theta$이므로 각 θ대신 $\theta' = 90°+\theta$를 식 (6.13), (6.15)에 각각 대입하면 (그림 6.14(c) 참조)

$$f'_n = f_x \sin^2\theta + f_y \cos^2\theta = \frac{f_x + f_y}{2} - \frac{f_x - f_y}{2}\cos 2\theta \tag{6.17}$$

$$\tau' = -(f_x - f_y)\cos\theta\sin\theta = -\frac{f_x - f_y}{2}\sin 2\theta \tag{6.18}$$

식 (6.17), (6.18)은 평면 ac와 직교하는 평면 위에 작용하는 법선응력을 나타낸다. 이상의 결과에 의하면 다음과 같다.

$$f_n\text{은}\quad \theta = 0\text{에서}\quad f_{n\max} = f_x$$

$$\theta = \frac{\pi}{2}\text{에서}\ f_{n\min} = f_y$$

그러므로 f_x와 f_y는 최대 및 최소의 법선응력이고 이를 주응력(principal stress)이라 한다. 이 주응력에 대하여는 다음에 상세히 설명하기로 한다.

전단응력 τ는 $\theta = \dfrac{\pi}{4}$에서 최대값을 가지며,

$$\tau_{\max} = \frac{f_x - f_y}{2} \tag{6.19}$$

이다. 두 응력이 서로 같을 경우$(f_x = f_y)$에는 어떤 경사면에도 전단응력은 작용하지 않으며 인장력 대신 압축력이 작용할 경우는 f_x, f_y에 $(-)$의 부호만 붙이면 된다.

6.3.2 Mohr의 원

앞 장의 식 (6.14), (6.16)에서 편의상

$$\frac{f_x + f_y}{2} = f_{av} \qquad \frac{f_x - f_y}{2} = \tau_{\max}$$

이라 놓으면

$$f_n = f_{av} + \tau_{\max}\cos 2\theta \tag{1}$$

$$\tau = \tau_{\max}\sin 2\theta \tag{2}$$

라 고쳐 쓸 수 있다. 이 식에서 θ를 소거하기 위하여

$$\sin 2\theta = \frac{\tau}{\tau_{\max}} \tag{3}$$

$\cos^2 2\theta = 1 - \sin^2 2\theta,\quad \cos 2\theta = \sqrt{1-\sin^2 2\theta}$ 이므로 이 식에 (3)을 대입하여

$$\cos 2\theta = \sqrt{1 - \left(\frac{\tau}{\tau_{\max}}\right)^2} \tag{4}$$

식 (4)를 (1)에 대입하여

$$f_n - f_{av} = \tau_{\max}\sqrt{1-\frac{\tau^2}{\tau_{\max}^2}}$$

양변을 제곱하면

$$(f_n - f_{av})^2 + \tau^2 = \tau_{\max}^2 \tag{6.20}$$

식 (6.20)은 반지름이 $\tau_{\max}$ 즉, $\frac{f_x - f_y}{2}$이고 그 중심이 f축 위의 f_{av}, 즉 $\frac{f_x + f_y}{2}$인 곳에 있는 원을 나타내고 있음을 알 수 있다.

식 (6.14)와 (6.16)을 하나의 원에 의해 표현하는 것이 Mohr에 의하여 제안되었는데 이 원을 모어의 응력원(Mohr's stress circle)이라고 한다.

그림 6.15와 같이 f와 τ를 직각축으로 잡고 $f_x = OA$, $f_y = OB$를 취하여 AB를 지름으로 하는 원을 그리면 이 원주 위의 모든 점들은 임의의 각 θ를 갖는 단면상의 응력을 나타낸다.

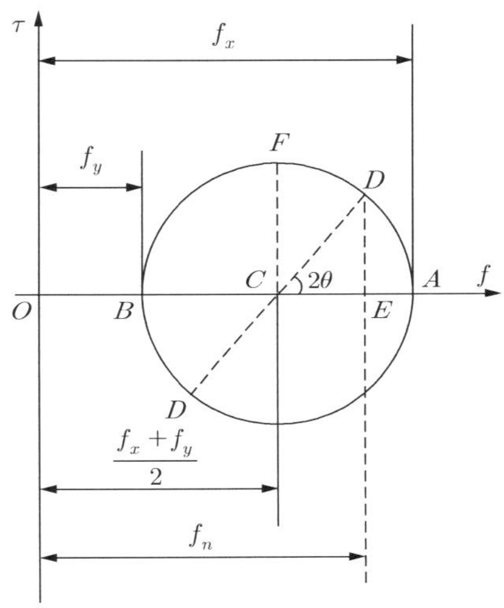

그림 6.15

그림에서 원주상의 임의점 D를 취하여 $\angle ACD = 2\theta$로 놓으면

$$OC = \frac{f_x + f_y}{2}$$

$$CD = BC = \frac{f_x - f_y}{2}$$

$$OE = OC + CD\cos 2\theta = \frac{f_x + f_y}{2} + \frac{f_x - f_y}{2}\cos 2\theta \tag{6.21}$$

$$DE = CD\sin 2\theta = \frac{f_x - f_y}{2}\sin 2\theta \tag{6.22}$$

그러므로 점 D의 좌표들은 임의각 θ를 갖는 경사단면상에 작용하는 f_n과 τ를 표시함이 증명된다. 따라서 $\theta = 0$일 때 점 D는 점 A와 일치하므로 $f_n = f_x$, $\tau = 0$이고 $\theta = 45°$일 때 $2\theta = 90°$이므로 F의 위치가 되어

$$f_n = \frac{f_x + f_y}{2}, \quad \tau_{\max} = \frac{f_x - f_y}{2}$$

$\theta = 90°$일 때 $2\theta = 180°$이므로

$$f_n = f_y, \quad \tau = 0$$

Example 6.7 그림 6.16(a)와 같이 $f_y = 0$인 단순인장의 경우에 대하여 Mohr의 응력원을 그려라.

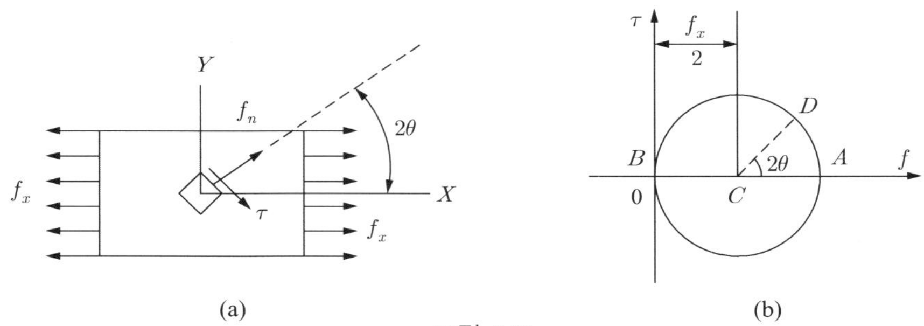

그림 6.16

$f_y = 0$이므로 $\tau_{max} = \dfrac{f_x - f_y}{2} = \dfrac{f_x}{2}$

$f_{av} = \dfrac{f_x + f_y}{2} = \dfrac{f_x}{2}$이므로 Mohr의 원은 그림 6.16(b)와 같이 τ축에 접하게 된다.

Example 6.8 직경 2 cm인 봉에 31,400 N의 인장력이 작용하고 16 MPa의 힘이 주위에서 작용한다면 횡단면과 30°의 각을 이루는 경사단면에서 수직응력과 전단응력 및 이들을 합성한 응력의 크기는 얼마인가?

$$f_x = \frac{P}{A} = \frac{4p}{\pi d^2} = \frac{4 \times 31{,}400}{3.14 \times (20)^2} = 100\ \text{MPa}$$

$f_y = 16$ MPa이므로

$$f_n = \frac{f_x + f_y}{2} + \frac{f_x - f_y}{2} \cos 2\theta = 58 + 42 \times 0.5 = 79\ \text{MPa}$$

$$\tau = \frac{f_x - f_y}{2} \sin 2\theta = 42 \times \frac{\sqrt{3}}{2} = 21\sqrt{3}\ \text{MPa}$$

합성응력 $f_r = \sqrt{f_n^2 + \tau^2} = \sqrt{79^2 + (21\sqrt{3})^2} = 86.97$ MPa

6.3.3 주응력

평면물체 내의 임의점에 있는 경사면 상의 응력상태는 식 (6.14)와 (6.16)에서 보인 바와 같이 그 면의 경사각 θ에 따라 변화하며 이때의 최대 및 최소가 되는 응력을 주응력이라 하고 주응력이 일어나는 주단면에는 전단응력이 작용하지 않는다는 것을 앞의 장에서 간단히 말한 바 있다.

일반적으로 법선응력과 전단응력의 값을 알면 그 요소 안에 작용하는 최대응력들의 크기와 방향을 알 수 있는데, 이번에는 임의의 평면응력하에 있는 요소에 대하여 생각해 보기로 하자.

그림 6.17과 같이 물체 내에 직각좌표 XOY를 취하고 X축과 각 θ를 이루는 평면상에 작용하는 법선응력을 f_n, 전단응력을 τ라 하고 삼각형 요소 abc를 생각하자. 경사면의 면적을 dA_n이라 하면 $dA_x = dA_n \cos\theta$, $dA_y = dA_n \sin\theta$로 표시된다.

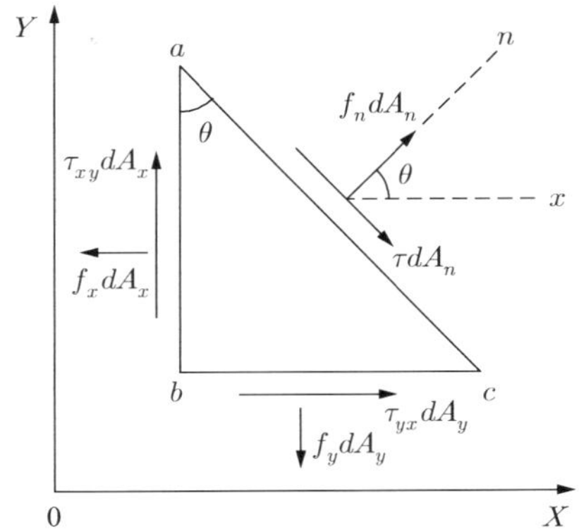

그림 6.17

$\triangle abc$에서 x, y방향에 대한 힘의 평형조건을 생각하면 $\sum X = 0$, $\sum Y = 0$에서

$$f_n\, dA_n = f_x\, dA_n \cos^2\theta + f_s\, dA_n \sin^2\theta - 2\tau_{xy}\, dA_n \cos\theta \sin\theta$$

$$\tau\, dA_n = f_x\, dA_n \cos\theta \sin\theta - f_y\, dA_n \sin\theta \cos\theta + \tau_{xy}\, dA_n (\cos^2\theta - \sin^2\theta)$$

윗 식의 양변을 각각 dA_n으로 나누고 삼각함수공식을 이용하여 정리하면

$$\begin{aligned} f_n &= f_x \cos^2\theta + f_y \sin^2\theta - 2\tau_{xy} \sin\theta \cos\theta \\ &= \frac{f_x + f_y}{2} + \frac{f_x - f_y}{2} \cos 2\theta - \tau_{xy} \sin 2\theta \end{aligned} \tag{6.23}$$

$$\begin{aligned} \tau &= (f_x - f_y) \sin\theta \cos\theta + \tau_{xy} (\cos^2\theta - \sin^2\theta) \\ &= \frac{f_x - f_y}{2} \sin 2\theta + \tau_{xy} \cos 2\theta \end{aligned} \tag{6.24}$$

법선응력 f_n이 최대가 되기 위해서는 $\dfrac{df_n}{d\theta} = 0$으로 하여 θ의 값을 구하면 되므로 식 (6.23)을 미분하여 0으로 놓으면

$$\frac{df_n}{d\theta} = -\frac{f_x - f_y}{2}\, 2\sin 2\theta - 2\tau_{xy} \cos 2\theta = 0$$

$$(f_x - f_y) \sin 2\theta + 2\tau_{xy} \cos 2\theta = 0$$

$$(f_x - f_y) \tan 2\theta + 2\tau_{xy} = 0$$

$$\tan 2\theta = \frac{2\tau_{xy}}{f_x - f_y}$$

$$\theta = \frac{1}{2}\tan^{-1}\frac{2\tau_{xy}}{f_x - f_y} + \frac{n\pi}{2} \tag{6.25}$$

단, n은 정수

이 식은 식 (6.24)에서 $\tau = 0$으로 한 것과 같은 결과가 되었다. 즉, 법선응력 f_n가 최대, 최소로 되는 단면에서 τ가 0이 되고, 이 조건을 만족하는 2θ의 값은 두 개가 존재하며 서로 직교한다.

이와 같이 최대, 최소의 법선응력 $(f_n)_{\max}$ 및 $(f_n)_{\min}$이 되는 단면을 주단면(principal plane), 그 면에 작용하는 법선응력을 주응력(principal stress)이라 한다.

주응력 $(f_n)_{\max}$와 $(f_n)_{\min}$을 구하기 위하여 식 (6.25)를 식 (6.23)에 대입하면 다음과 같은 결과를 얻는다.

$$f_{n\max} = \frac{f_x + f_y}{2} + \frac{1}{2}\sqrt{(f_x - f_y)^2 + 4\tau_{xy}^2}$$

$$f_{n\min} = \frac{f_x - f_y}{2} - \frac{1}{2}\sqrt{(f_x - f_y)^2 + 4\tau_{xy}^2} \tag{6.26}$$

또 최대전단응력 τ를 결정하기 위하여 식 (6.24)를 미분하여 0으로 놓으면

$$\frac{d\tau}{d\theta} = \frac{f_x - f_y}{2}\,2\cos 2\theta - 2\tau_{xy}\sin 2\theta = 0$$

$$(f_x - f_y) = 2\tau_{xy}\tan 2\theta$$

$$\therefore\ \tan 2\theta = \frac{f_x - f_y}{2\tau_{xy}}$$

$$\theta = \frac{1}{2}\tan^{-1}\frac{f_x - f_y}{2\tau_{vy}} + \frac{n\pi}{2} \tag{6.27}$$

위의 결과 식 (6.25)와 (6.27)의 $\tan 2\theta$를 곱하면 -1이므로 2θ는 서로 직교함을 알 수 있으며, τ'가 최대 또는 최소로 되는 면은 두 면이며 이들도 서로 직교함을 알 수 있다. 또 f_n이 최대 또는 최소로 되는 면과 τ가 최대나 최소로 되는 면은 45°의 각을 이룬다.

전단응력이 최대 최소로 되는 면을 주전단응력면(principal shearing stress plane)이라 하고 이때의 전단응력을 주전단응력(principal shearing stress)이라고 한다. 주전단응력 $\tau_{\max}$와 $\tau_{\min}$을 구하기 위하여 식 (6.27)을 (6.24)에 대입하면 다음과 같다.

$$\tau_{\max} = \frac{1}{2}\sqrt{(f_x - f_y)^2 + 4\tau_{xy}^2}$$
$$\tau_{\min} = -\frac{1}{2}\sqrt{(f_x - f_y)^2 + 4\tau_{xy}^2} \tag{6.28}$$

식 (6.26)과 (6.28)을 주응력의 기본식이라 한다.

6.3.4 보의 최대응력

보의 축에 직각방향으로 외력이 작용하면 축에 직각인 단면에는 휨응력 f가 생기고 전단응력 τ가 동시에 작용한다. 앞 절의 식 (6.23)과 식 (6.24)에서 알 수 있듯이 이 경우에는

$$f_x = f, \quad f_y = 0, \quad \tau = \tau \tag{6.29}$$

의 관계가 성립한다. 즉 X축에 평행한 면에서는 전단응력 τ가 생기지만 휨응력은 일어나지 않는다. 식 (6.25), (6.26)에 (6.29)의 관계를 대입하여

$$\tan 2\theta = -\frac{2\tau}{f}$$
$$f_{n\max} = \frac{f}{2} + \frac{1}{2}\sqrt{f^2 + 4\tau^2} \tag{6.30}$$
$$f_{n\min} = \frac{f}{2} - \frac{1}{2}\sqrt{f^2 + 4\tau^2}$$

또 식 (6.27), (6.28)에 (6.29)의 관계를 대입하면

$$\tan 2\theta = \frac{2\tau}{f}$$
$$\tau_{\max} = \frac{1}{2}\sqrt{f^2 + 4\tau^2} \tag{6.31}$$
$$\tau_{\min} = -\frac{1}{2}\sqrt{f^2 + 4\tau^2}$$

여기서, $f_{\min}$은 최대압축응력을 표시한다.

이상의 결과를 정리하여 보면 수직응력은 중립축에서 거리가 제일 먼 곳에서 최대로 되며 전단응력 τ는 0이 된다.

최대인장응력 $f_{n\max} = f_t$, $\theta = 90°$일 때

최대압축응력 $f_{n\min} = f_c$, $\theta = -90°$일 때

즉, 여러 경사면을 가진 단면의 응력들 중에서 최대의 것은 축과 직각인 단면의 가선에서 생긴다. 중립축에 가까워질수록 f_n은 점차 줄어 중립축에서 $f_n = 0$이고 반대로 τ는 점점 증가하여 $\tau_{\max}$이 된다.

중립축에 직각인 단면에서는 $f_n = 0$이지만 중립축과 ±45°의 경사단면에서는 인장응력이 다음과 같이 생긴다.

중립축에서의 최대인장응력 $f_{t\max} = \tau_{\max}$, $\theta = 45°$일 때
중립축에서의 최대압축응력 $f_{c\min} = -\tau_{\max}$, $\theta = 45°$일 때

최대전단응력은 중립축에서 $f_n = 0$, $\tau = \tau_{\max}$, $\theta = 0$일 때이지만 중립축과 ±45° 되는 단면에서는 다음과 같다.

인장측 표면의 최대전단응력 $\tau_{\max} = \dfrac{f_t}{2}$, $\theta = 45°$

압축측 표면의 최대전단응력 $\tau_{\min} = \dfrac{f_c}{2}$, $\theta = -45°$

6.4 보의 설계

보에 외력이 작용할 때 그 외력에 대하여 보가 안전하고 경제적인 단면의 치수를 결정해야 한다. 그러므로 보에서 일어나는 최대응력이 보를 만들고 있는 재료의 허용응력을 초과하지 않도록 해야 한다.

$$\left.\begin{aligned} f_{\max} &\le f_a \quad (\text{허용휨응력}) \\ \tau_{\max} &\le \tau_a \quad (\text{허용전단응력}) \end{aligned}\right\} \tag{6.32}$$

보를 설계할 때 주의점으로는

① 단면이 크고 지간이 짧은 보에서는 전단력의 영향이 크므로 주응력에 대하여 생각한다.

② 캔틸레버보의 지점에는 최대전단력과 최대휨모멘트가 함께 작용하므로 주응력에 대하여 검토한다.

③ I형 단면에서는 플랜지(flange)와 웨브(web)의 경계면에서 주응력에 대하여 검토한다.

④ 콘크리트 보에서는 사(斜)인장응력에 대하여 충분한 고려가 있어야 한다.
⑤ 재료는 섬유와 평행한 방향의 전단세기가 적으므로 전단력에 대하여 충분히 검토 한다.

보의 설계순서는 일반적으로 다음에 의한다.
① 예상되는 모든 하중에 의한 최대휨모멘트를 구한다.
② 사용재료를 정하고 허용응력을 시방서에서 알아둔다.
③ 절대최대휨모멘트에 의한 안전한 단면을 정한다.
④ 단면의 각 점에서 최대휨모멘트에 의하여 경제적이 될 수 있도록 변화시켜 결정 한다.
⑤ 최대전단응력에 대하여 검산한다.
⑥ 보의 최대처짐량에 대하여 검산한다.

6.4.1 휨응력에 의한 설계

휨모멘트를 받는 보의 단면 설계는 앞 절의 식 (6.4)에 의하여

$$\left.\begin{aligned} \frac{M_{\max}}{Z_1} \leqq f_{ca} \\ \frac{M_{\max}}{Z_2} \leqq f_{ta} \end{aligned}\right\} \tag{6.33}$$

$M_{\max}$: 최대휨모멘트, Z_1, Z_2 : 단면계수, f_{ca} : 허용휨압축응력, f_{ta} : 허용휨인장응력

$$\left.\begin{aligned} \frac{M_{\max}}{I} \cdot y_1 \leqq f_{ca} \\ \frac{M_{\max}}{I} \cdot y_2 \leqq f_{ta} \end{aligned}\right\} \tag{6.34}$$

단면에 결손(구멍 등)이 있을 때는 결손부분을 제한 유효단면으로 한다. 단면을 결정하고 허용휨모멘트를 정하려면

$$M = f_a \cdot Z \tag{6.35}$$

이때 단면계수는

$$Z = \frac{M}{f_a} \tag{6.36}$$

그림 6.18과 같은 직사각형 단면의 보에서

$$Z = \frac{I_x}{y} = \frac{bh^2}{6}$$

$$f_{max} = \frac{M_{max}}{Z} = \frac{6M_{max}}{bh^2} \leqq f_a$$

$$\therefore\ bh^2 \geqq \frac{6M_{max}}{f_a} \qquad (6.37)$$

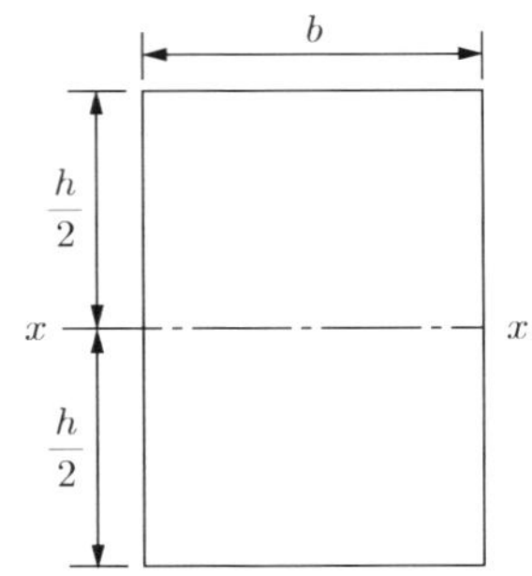

그림 6.18

위의 식에서 f_{ca}와 f_{ta}가 서로 다른 재료에서는 그 중 작은 값을 f_a로 취한다. 식 (6.37)에서 bh만이 미지수이므로 둘 중 어느 한쪽을 가정하여 나머지를 정한다. h가 크면 유리한 보가 되나 횡방향의 강도가 감소하는 결점이 있다.

Example 6.9 그림 6.19와 같은 지간이 l인 단순보에 w의 등분포하중이 작용할 때, 고른 세기의 보로 하자면 보의 높이 h를 얼마로 하는 것이 적당한가? 단 허용응력은 f_a

x되는 점의 휨모멘트는

$$M_x = \frac{wlx}{2} - \frac{wx^2}{2} = \frac{wx}{2}(l-x)$$

$$Z = \frac{bh^2}{6}$$

$$f_a = \frac{M_x}{Z} = \frac{\frac{wx}{2}(l-x)}{bh^2/6} = \frac{3wx(l-x)}{bh^2}$$

미지수는 h이므로 h에 관하여 풀면

$$\therefore\ h = \sqrt{\frac{3w}{bf_a}}\ \sqrt{x(l-x)}$$

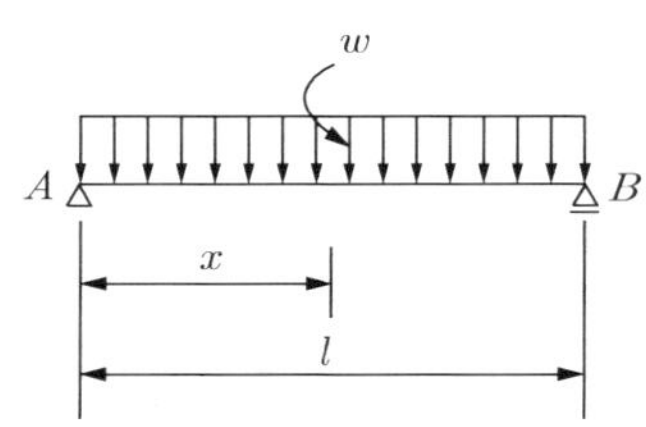

그림 6.19

Example 6.10 그림 6.20과 같은 단순보에 30 N의 집중하중이 작용하고 자체 질량에 의한 등분포하중 10 kN/m이라 한다. 이 보의 허용응력은 9 MPa이고, 폭이 40 cm인 직사각형 단면으로 할 때 높이 h를 구하여라.

$$M_{max} = 60 \times 3 - 30 \times 1 - \frac{10 \times 3^2}{2} = 105\ \text{kN} \cdot \text{m}$$

$$= 105{,}000{,}000\ \text{N} \cdot \text{mm}$$

$$f = 9 = \frac{M}{Z} = \frac{105 \times 10^6}{\frac{400 \times h^2}{6}}$$

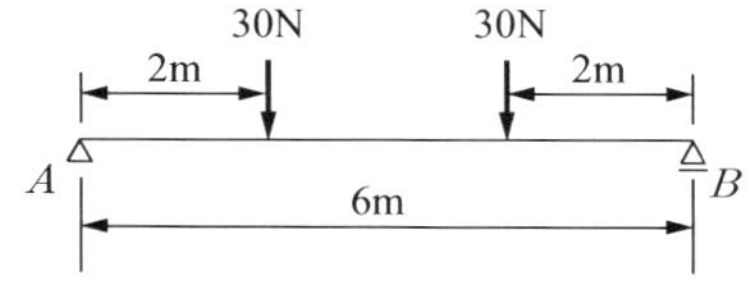

그림 6.20

$$h = \sqrt{\frac{6 \times 105 \times 10^6}{400 \times 9}} = 418.3 \text{ mm} \fallingdotseq 42 \text{ cm}$$

Example 6.11 그림 6.21과 같은 길이 6 m의 단순보가 6 kN/m의 등분포하중을 받을 경우 허용응력을 9 MPa이라 할 때 보의 폭 b가 높이 h의 반이 되도록 단면의 치수를 결정하라. 단 보의 자체 질량은 무시한다.

$$M = \frac{w\,l^2}{8} = \frac{6{,}000 \times 6^2}{8} = 27{,}000 \text{ N} \cdot \text{m} = 27 \times 10^4 \text{ N} \cdot \text{cm}$$

$$Z = \frac{h/2}{6} \times h^2 = \frac{h^3}{12}$$

$$Z = \frac{M}{f} = \frac{27 \times 10^4}{90} = \frac{h^3}{12}$$

$$h^3 = \frac{27 \times 10^4}{90} \times 12 = 36{,}000 \text{ cm}^3,$$

$$\therefore\ h = 33 \text{ cm}$$

$$b = \frac{h}{2} = 16.5 \text{ cm}$$

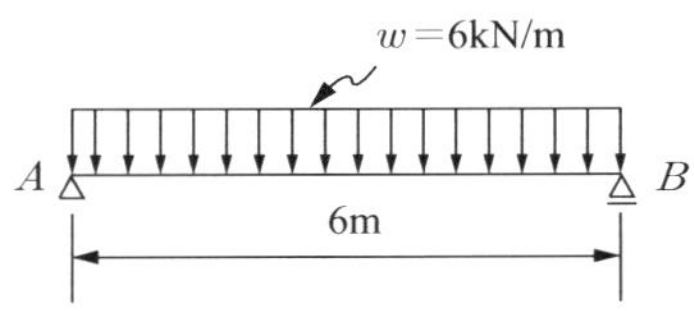

그림 6.21

6.4.2 전단응력에 의한 단면 설계

휨응력에 대하여 안전하면 일반적으로 전단응력은 고려하지 않는 경우가 많으나 앞 절에서 말한 특수한 조건일 경우는 반드시 검토해야 한다. τ_a를 허용전단응력이라 할 때

$$\tau_{\max} = \frac{S_{\max} \cdot G_{\max}}{I \cdot b} \leq \tau_a \tag{6.38}$$

여기서, 전단력 S는 전단면을 같은 크기로 할 때는 절대최대전단력 $S_{\max}$을 사용해야 한다.

Example 6.12 8 kN의 등분포하중(자체 질량 포함)을 받는 고른 소나무로 된 단순보가 있다. 이 보의 단면이 20 cm×40 cm인 직사각형으로 되어 있을 때 전단응력에 대한 안전 여부를 검토하라. 단 $\tau_a = 0.7$ MPa

$$\tau = \frac{3}{2} \cdot \frac{S}{A}$$

$$S = \frac{w\,l}{2} = \frac{8{,}000 \times 4}{2} = 16{,}000 \text{ N}$$

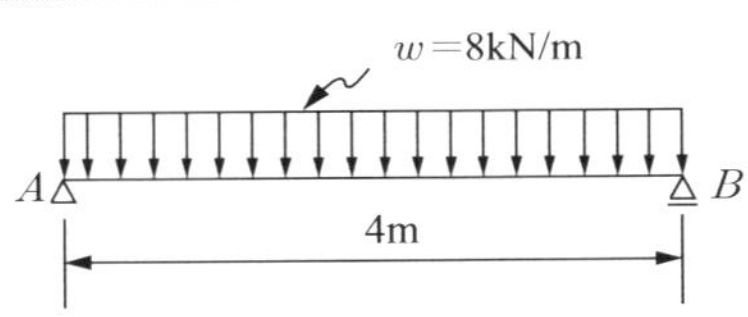

그림 6.22

$$\therefore \ \tau = \frac{3}{2} \cdot \frac{S}{A} = \frac{3}{2} \times \frac{16,000}{200 \times 400} = 0.3 \text{ MPa}$$

6.4.3 합성응력을 받는 보의 설계

일반적으로 보에는 휨모멘트, 전단력, 축방향력 중 어느 하나만이 단독으로 작용하지 않고 두 종류 이상이 합성하여 작용하는 경우가 많다. 이와 같은 응력을 합성응력이라 한다.

보가 축방향력 P와 휨모멘트 M을 동시에 받을 때는 축방향력에 의한 응력 f_n와 휨모멘트에 의한 응력을 동시에 받으므로

$$f = \frac{P}{A} + \frac{M}{I} \cdot y \tag{6.39}$$

단면계수를 이용하면

$$\text{최대압축응력} \qquad f_{c\,max} = \frac{P}{A} - \frac{M}{Z_1} \tag{6.40}$$

$$\text{최대인장응력} \qquad f_{t\,max} = \frac{P}{A} + \frac{M}{Z_2} \tag{6.41}$$

인장력과 휨모멘트를 동시에 받을 때

$$\frac{P}{A} + \frac{M}{Z_2} \leqq f_{ta} \tag{6.42}$$

압축력과 휨모멘트를 동시에 받을 때

$$\frac{P}{A} - \frac{M}{Z_1} \leqq f_{ca} \tag{6.43}$$

Example 6.13 단면이 10 cm×15 cm인 소나무로 만든 보가 그림과 같은 하중을 받을 때 안전 여부를 검토하라. 단, 소나무의 허용응력 f_{ta}는 70 MPa이고, 자체 질량은 무시한다.

$P = 40,000 \text{ N}$

$M = \frac{Pl}{4} = \frac{1,200 \times 3,000}{4} = 900,000 \text{ N} \cdot \text{mm}$

$f_{ta} = 7 \text{ MPa}$

$A = 100 \times 150 = 15,000 \text{ mm}^2$

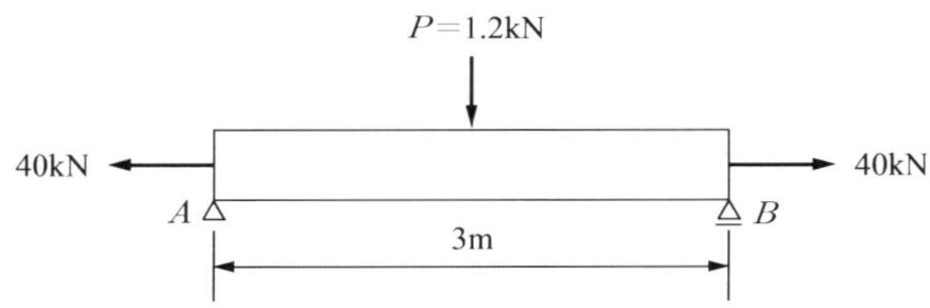

그림 6.23

$$Z=\frac{bh^2}{6}=\frac{1}{6}\times 100\times 150^2=375{,}000\ \mathrm{mm}^3$$

식 (6.42)으로 검토하면

$$f_{\max}=\frac{P}{A}+\frac{M}{Z}=\frac{40{,}000}{15{,}000}+\frac{900{,}000}{375{,}000}=2.67+2.4=5.07\ \mathrm{MPa}$$

따라서 안전하다.

상연 응력도는 식 (6.40)에서

$$f'=\frac{P}{A}-\frac{M}{Z}=2.67-2.4=0.27\ \mathrm{MPa}$$

PROBLEMS

01. 그림 6.24와 같은 600 mm×190 mm —1,330 N/m인 I형 강으로 만들어진 길이 12 m의 단순보에 14 kN/m의 등분포하중과 중점에 4.5 kN의 집중하중이 작용할 때 최대휨응력과 A점에서 3 m 되는 곳의 휨응력을 구하여라.

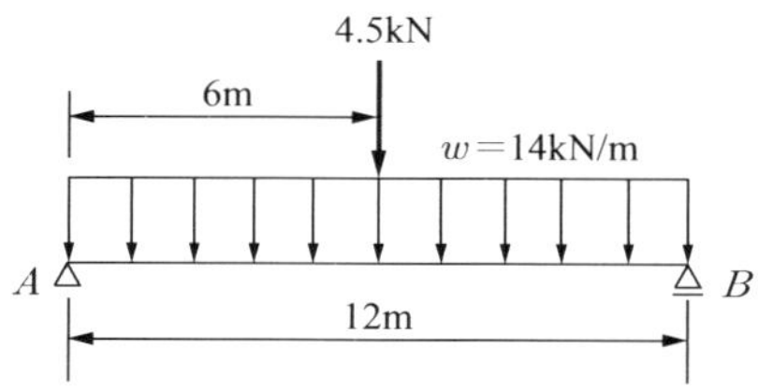

그림 6.24

답 : $f_{\max}=118.3$ MPa, $f_{t=3}=78.4$ MPa

02. 그림 6.25와 같은 보의 C점과 A점의 중립축에서 전단응력과 중립축에서 15 cm 떨어진 단면에서의 전단응력을 구하여라. 단 자체 질량은 무시한다.

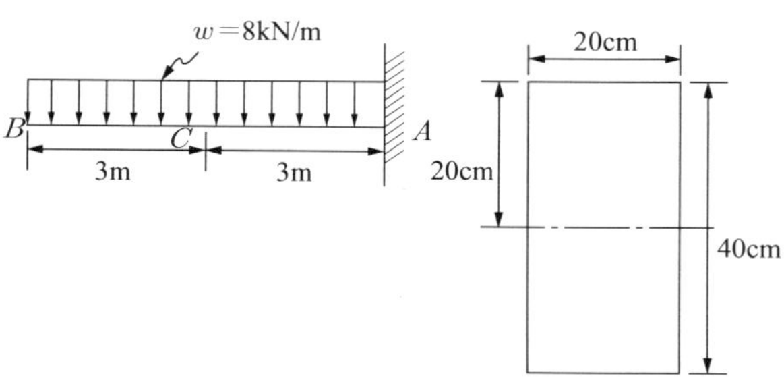

그림 6.25

답 : $\tau_A=0.9$ MPa, $\tau_C=0.45$ MPa, $\tau_{C15}=0.197$ MPa

03. $M_{x\,\max}=6$ kN·m, $S_{x\,\max}=26$ kN이 작용하는 어떤 판에서 이 판의 폭을 30 cm로 할 때 두께는 얼마로 하는 것이 좋은가? 또 전단응력을 구하여라. 단 목재의 허용휨응력 $f_a=9$ MPa, 허용전단응력 $\tau_a=1.2$ MPa이다.

답 : $h \fallingdotseq 12$ cm, $\tau=1.08$ MPa, $\tau<\tau_a$ 안전

04. 그림 6.26과 같은 직경이 d인 통나무를 제재하여 휨모멘트에 대하여 최대강도를 갖도록 직사각형 단면으로 제재하려면 단면의 폭 b와 h의 크기의 비를 어떻게 하는 것이 좋은가?

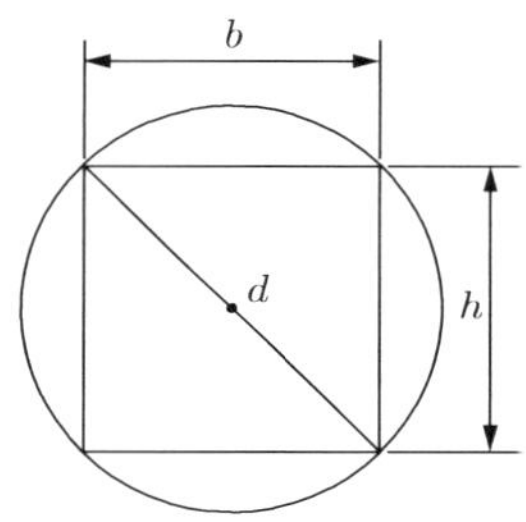

그림 6.26

05. 그림 6.27과 같은 캔틸레버보에서 등분포하중 w는 얼마로 하는 것이 타당한가? 단 $f_a=9$ MPa이다.

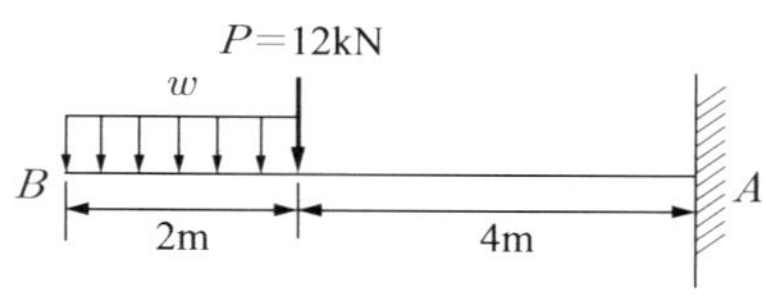

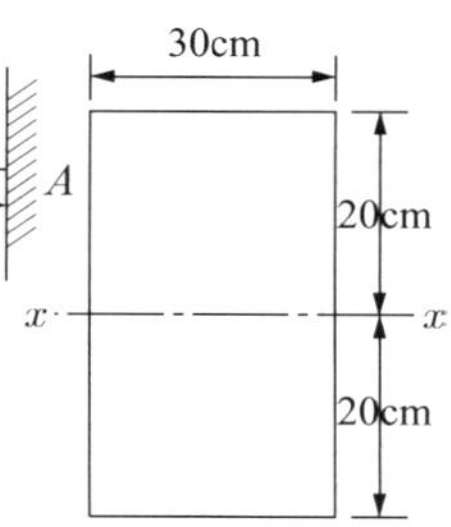

그림 6.27

06. 길이 6 m, 내경 d_1 =205 mm 외경 d=213 mm의 강철관의 양단이 단순지지되어 있고, 그 중앙에 20 kN의 집중하중이 작용하고 있을 때 최대휨응력을 구하여라. 단 자중은 무시한다.

답 : $f_{max} = 291.6$ MPa

07. 그림 6.28과 같은 보의 단면 C에서의 폭이 30 cm라 할 때 필요한 높이 h를 구하여라. 단, 이 재료의 허용응력은 9 MPa이다.

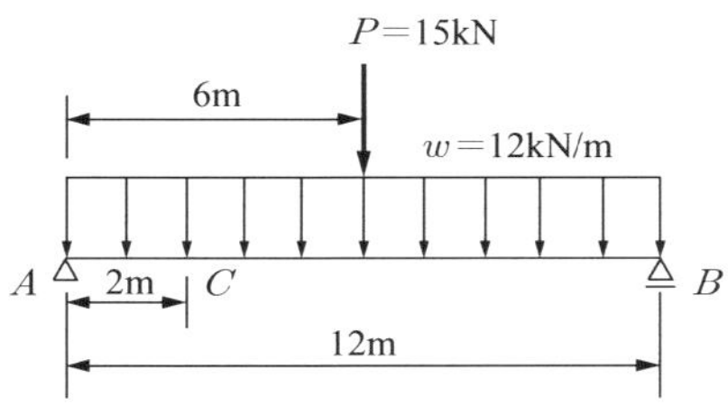

그림 6.28

답 : $h = 54.7$ cm

08. 등분포하중을 받는 캔틸레버보가 있다. 이것을 고른 세기의 보로 하자면 보의 폭을 b라 할 때 그 높이 h를 구하여라.

답 : $h = \sqrt{\dfrac{3w}{bf_a}} \cdot l$

09. 전단력 $S = 12$ kN을 받는 그림 6.29와 같은 보에서 최대전단응력 τ_{max}과 $a-a$에서의 전단응력을 구하여라.

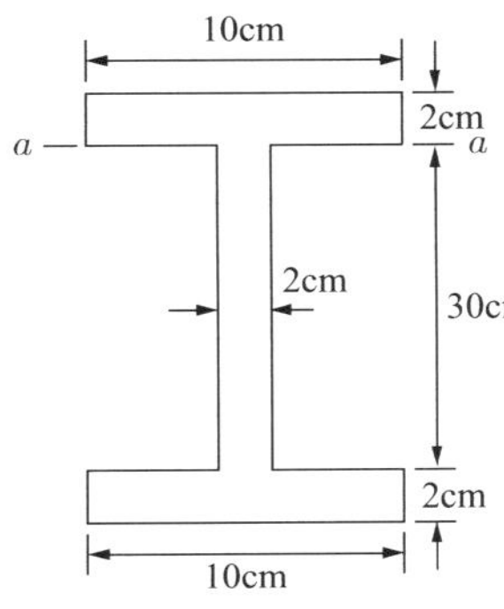

그림 6.29

답 : $\tau_{max} = 1.77$ MPa, $\tau_1 = 0.26$ MPa, $\tau_2 = 1.3$ MPa

10. 그림 6.30과 같이 휨모멘트와 축방향력을 동시에 받는 보의 중앙점에서 최대응력과 최소응력을 구하여라.

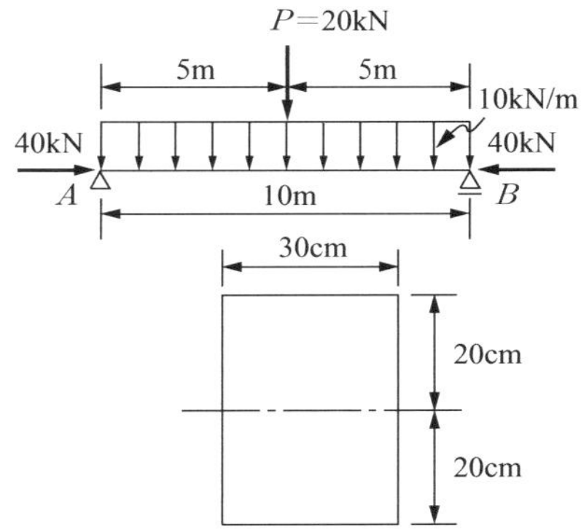

그림 6.30

답 : $f_{max} = 22.21$ MPa, $f_{min} = -21.54$ MPa

11. 그림 6.31과 같은 보가 중앙점에서 3 t·m의 휨모멘트를 받을 때 f_{max}와 f_{min}을 구하여라.

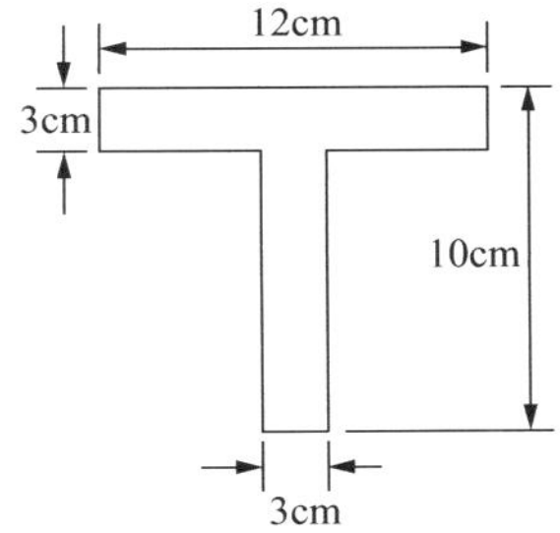

그림 6.31

답 : $f_{max} = 452.2$ MPa, $f_{min} = 222.9$ MPa

12. 지간 10 m, 단면이 b=30 cm, h=40 cm인 보위를 그림 6.32와 같은 이동하중이 지나가고 있을 때 최대휨응력을 구하여라. 단 보의 자중은 무시한다.

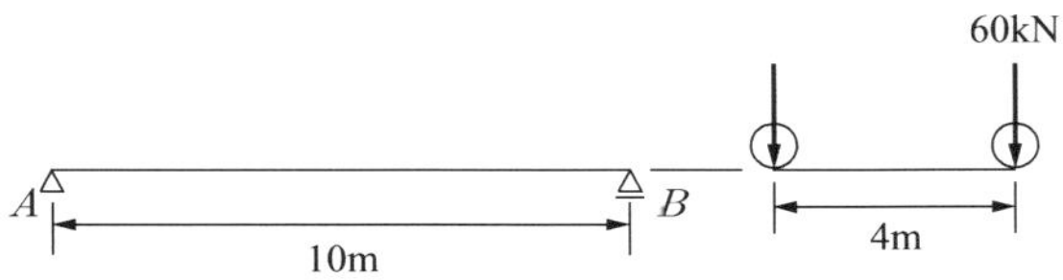

그림 6.32

답 : $f_{max} = 21.13$ MPa

13. 그림 6.33과 같은 I-빔에 $M = 90$ kN · m, $S = 100$ kN이 작용할 때 가선응력, 후랜지와 웨브와의 경계면에 생기는 절대값으로서의 최대 주응력과 주전단응력 및 중립축에서의 전단응력을 계산하라.

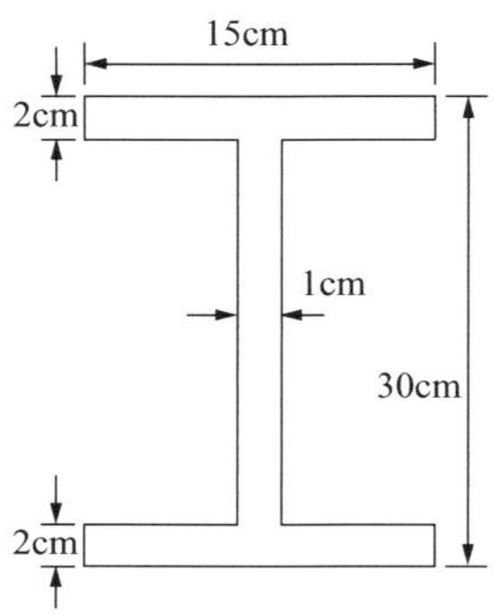

그림 6.33

답 : ± 102.0 MPa, ± 98.9 MPa, ± 54.6 MPa, ± 38.2 MPa

CHAPTER 7

기 둥

7.1 단 주

7.1.1 중심 축방향하중을 받는 기둥

기둥(column)이란 일반적으로 수직방향에 압축력을 받는 부재를 말한다. 그러므로 기둥이라 하면 수직부재를 생각하게 되는데, 트러스(truss)의 압축재와 같이 양단이 힌지로 되어 있고 축방향으로 압축하중을 받는 부재나 또는 라아멘의 기둥과 같이 축방향 압축력과 휨모멘트를 받는 부재도 역시 기둥으로 취급하게 된다.

기둥에 작용하는 압축력을 점점 증가시켜 가면 압축력에 의하여 기둥단면 내부에 생기는 응력이 증가하여 파괴강도에 도달하게 되고 마침내 파괴되는데 이러한 기둥을 단주(short column)라 한다.

반대로 기둥의 굵기에 비하여 길이가 긴 기둥은 압축력이 어떤 한도의 크기까지 도달하게 되면 불안정상태로 되어 대단히 작은 횡하중만 작용하여도 휘어지면서 파괴된다. 이러한 기둥을 장주(long column)라 한다.

단주와 장주는 역학적 성질이 서로 다르므로 분류하여 생각하기로 한다. 기둥에 작용하는 압축력이 부재축에 일치하게 되는 기둥을 중심 축방향하중을 받는 기둥이라 하는데 이러한 기둥의 응력은 제3장에서와 같이

$$f_c = \frac{P}{A} \tag{7.1}$$

여기서 f_{ca}를 허용압축력이라 하면

$$f_c = \frac{P}{A} \leq f_{ca} \tag{7.2}$$

위의 식 (7.2)가 만족하도록 기둥의 최소단면적 A를 결정하게 된다.

7.1.2 편심하중을 받는 기둥

부재의 중심축 바깥으로 압축력 P가 작용하는 기둥을 편심하중을 받는 기둥이라 한다. 그림 7.1에서 보는 바와 같이 중심축에서 거리 e만큼 떨어져 작용하는 힘 P를 생각하자.

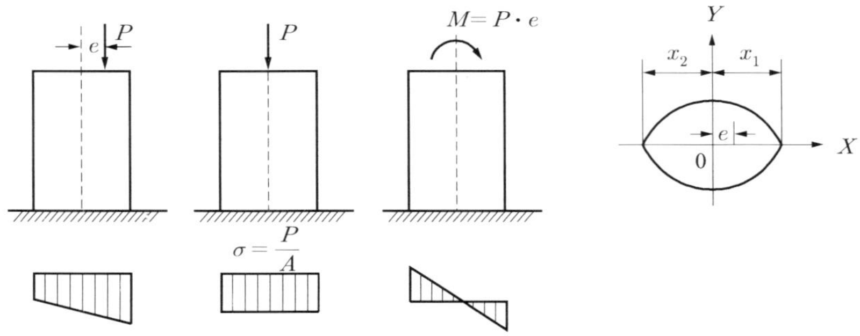

그림 7.1

이러한 상태의 기둥 단면에는 중심축에 작용하는 하중 P에 의하여 균일한 압축응력 $\frac{P}{A}$가 생기고 편심 e에 의한 우력모멘트 $M=P\,e$가 생기므로 이것에 의한 휨응력 $f=\frac{M}{I}y$가 동시에 작용하게 된다. 부호는 압축응력을 (+), 인장응력을 (−)로 표시하기로 하고 단면에 생기는 최대응력을 f_1, 최소응력을 f_2로 나타내면 다음과 같은 식이 성립한다.

$$f_1=\frac{P}{A}+\frac{M}{I_y}x_1=\frac{P}{A}+\frac{P\,e}{I_y}x_1$$

$$f_2=\frac{P}{A}-\frac{M}{I_y}x_2=\frac{P}{A}-\frac{P\,e}{I_y}x_2 \tag{7.3}$$

특히 직사각형 단면일 경우는 다음과 같다.

$$f=\frac{P}{A}\pm\frac{P\,e}{Z}=\frac{P}{bh}\left(1\pm\frac{6e}{h}\right) \tag{7.4}$$

그림 7.2와 같이 압축력 P의 작용선이 단면의 양 주축 x, y를 벗어나서 A점에 작용할 경우 A점의 좌표를 $(x,\ y)$라 하면 주축에 작용하는 모멘트 $P\,x$, $P\,y$이므로 임의점의 응력 f는 다음과 같다.

$$f=\frac{P}{A}+\frac{P\,y}{I_x}y+\frac{P\,x}{I_y}x \tag{7.5}$$

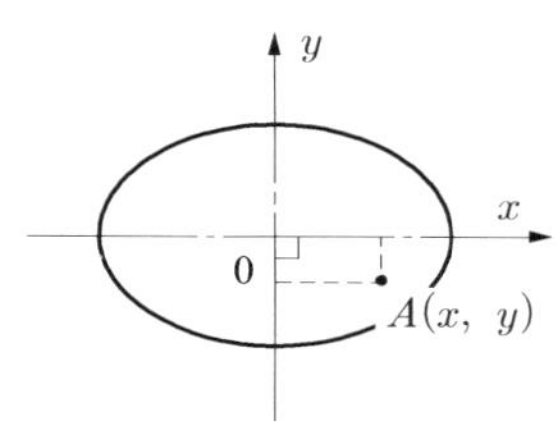

그림 7.2

Example 7.1 그림 7.3과 같은 직사각형 단면의 단주에 150 kN의 하중이 중심으로부터 100 cm만큼 편심되어 있을 경우 부재에 생기는 최대응력과 최소응력을 구하고 응력도를 그려라.

$M = P \cdot e$

$= 150 \times 1.0 = 150\ \text{kN} \cdot \text{m} = 150 \times 10^6\ \text{N} \cdot \text{mm}$

$I_y = \dfrac{bh^3}{12}$

$= \dfrac{2{,}000 \times 3{,}000^3}{12} = 4.5 \times 10^{12}\ \text{mm}^4$

최대응력을 f_1이라 하면

$f_1 = \dfrac{P}{A} + \dfrac{M}{I_y} x$

$= \dfrac{150 \times 10^3}{2{,}000 \times 3{,}000} + \dfrac{150 \times 10^6 \times 1{,}500}{4.5 \times 10^{12}}$

$= 0.025 + 0.05 = 0.075\ \text{MPa}$

최소응력을 f_2라 하면

$f_2 = \dfrac{P}{A} - \dfrac{M}{I_y} x = 0.025 - 0.05 = -0.025\ \text{MPa}$

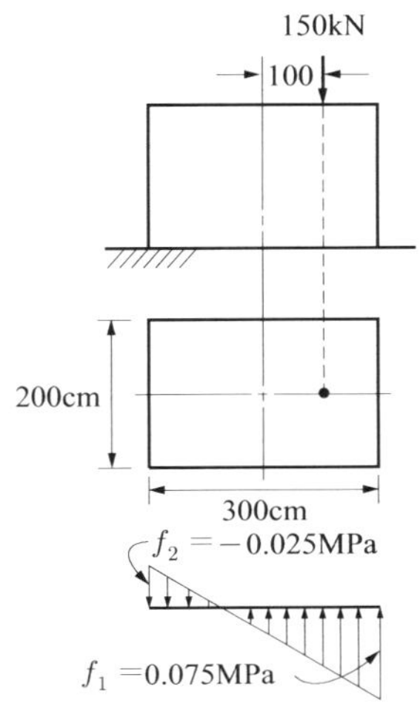

그림 7.3

Example 7.2 그림 7.4와 같은 직사각형 단면의 단주상의 점 F에 대한 응력과 각 모서리 A, B, C, D점의 응력을 각각 구하여라.

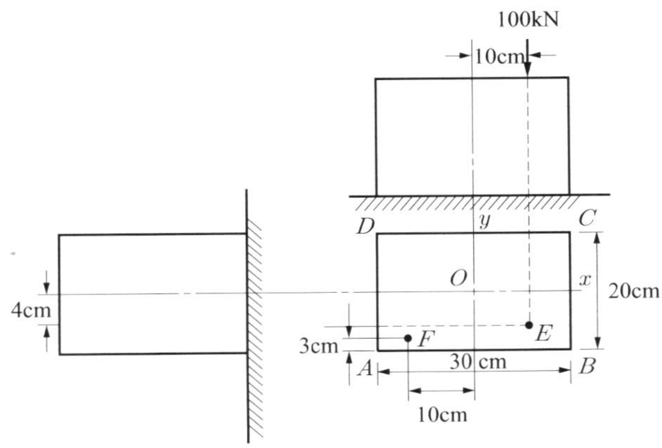

그림 7.4

편심거리 e 및 연거리의 부호는 좌표축의 부호와 같이 한다.

$M_x = 100 \times 10^3 \times 40 = 4 \times 10^6\ \text{N} \cdot \text{mm}$

$M_y = 100 \times 10^3 \times 100 = 10 \times 10^6\ \text{N} \cdot \text{mm}$

$$I_x = \frac{300 \times 200^3}{12} = 200 \times 10^6 \text{ mm}^4 \qquad I_y = \frac{200 \times 300^3}{12} = 450 \times 10^6 \text{ mm}^4$$

$$Z_x = \frac{300 \times 200^2}{6} = 2 \times 10^6 \text{ mm}^3 \qquad Z_y = \frac{200 \times 300^2}{6} = 3 \times 10^6 \text{ mm}^3$$

F 점의 응력 f_F는

$$f_o = \frac{P}{A} = \frac{100 \times 10^3}{200 \times 300} = 1.67 \text{ MPa}$$

$$f' = \frac{M_x}{I_x} y = \frac{4 \times 10^6}{200 \times 10^6} \times 70 = 1.4 \text{ MPa}$$

$$f'' = \frac{M_y}{I_y} x = \frac{10 \times 10^6}{450 \times 10^6} \times -100 = -2.22 \text{ MPa}$$

$$\therefore f_F = f_o + f' + f'' = 1.67 + 1.4 - 2.22 = 0.85 \text{ MPa}$$

A점의 응력 f_A는

$$f' = \frac{M_x}{Z_x} = \frac{4 \times 10^6}{2 \times 10^6} = 2 \text{ MPa}$$

$$f'' = \frac{-M_y}{Z_y} = \frac{-10 \times 10^6}{3 \times 10^6} = -3.33 \text{ MPa}$$

$$\therefore f_A = f_o + f' + f'' = 1.67 + 2 - 3.33 = 0.34 \text{ MPa}$$

D점의 응력 f_D는

$$f' = \frac{-M_x}{Z_x} = -2.0 \text{ MPa}, \quad f'' = \frac{-M_y}{Z_y} = -3.33 \text{ MPa}$$

$$\therefore f_D = f_o + f' + f'' = 1.67 - 2 - 3.33 = -3.86 \text{ MPa}$$

C 점의 응력 f_C는

$$f' = \frac{-M_x}{Z_x} = -2.0 \text{ MPa}, \quad f'' = \frac{M_y}{Z_y} = 3.33 \text{ MPa}$$

$$\therefore f_C = f_o + f' + f'' = 1.67 - 2 + 3.33 = 3.0 \text{ MPa}$$

B점의 응력 f_B는

$$f' = \frac{M_x}{Z_x} = 2.0 \text{ MPa}, \quad \sigma'' = \frac{M_y}{Z_y} = 3.33 \text{ MPa}$$

$$\therefore f_B = f_o + f' + f'' = 1.67 + 2 + 3.33 = 7.0 \text{ MPa}$$

7.1.3 단면의 핵

식 (7.3)에서 알 수 있는 것과 같이 단면에서 최대응력을 나타내는 f_1의 값은 항상 (+)로 되어 압축응력이 되지만 최소응력을 나타내는 f_2는 편심거리 e의 크기에 따라 압축 또는 인장응력을 일으키게 한다. 즉 $\frac{P}{A} < \frac{Pe}{I_y}x$인 경우는 단면에 인장응력이 생기게 된다. 기둥은 압축응력을 받는 부재이므로 기둥 단면의 어느 부분에서도 인장응력이 생기는 것을 피하는 것이 좋다. 특히 무근콘크리트로 된 기둥은 인장강도가 약하므로 기둥 단면에 인장응력이 생기면 대단히 위험하게 된다. 그러므로 단면에 인장응력을 생기지 않게 하는 편심거리 e를 구하고, 그 내부에 하중을 작용시키면 인장응력이 생기지 않게 된다. 이것을 구하기 위하여 식 (7.3)에서 $f_2 = 0$으로 놓으면

$$\frac{P}{A} - \frac{Pe}{I_y}x_2 = 0$$

e에 관하여 풀면

$$e = \frac{I_y}{A\,x_2}$$

$e = k_e$라 놓고, $r_y = \sqrt{\frac{I_y}{A}}$ (단면의 회전반경)을 대입하면

$$e = k_e = \frac{r_y^2}{x_2} \tag{7.6}$$

e의 값이 $\frac{r_y^2}{x_2}$보다 작은 범위내에 하중이 작용할 때는 단면에 인장력이 생기지 않는다. 이 e의 값을 단면의 핵거리라고 말한다.

그림 7.5와 같은 직사각형 단면의 임의점 $A(x_1,\ y_1)$에 편심하중 P가 작용할 때 단면의 핵을 구하기 위하여 식 (7.5)를 이용하면

$$f = \frac{P}{A} - \frac{Py_1}{I_x}y - \frac{Px_1}{I_y}x$$

$$= \frac{P}{A} - \frac{Py_1}{Z_x} - \frac{Px_1}{Z_y}$$

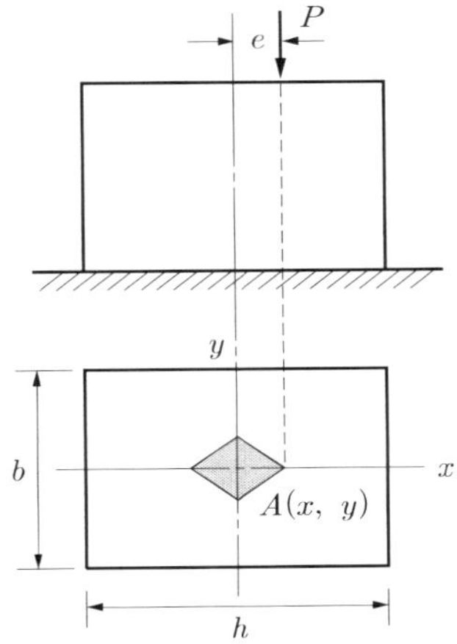

그림 7.5

핵거리를 구하기 위하여 $f = 0$으로 놓으면

$$f = \frac{P}{A} - \frac{P\,y_1}{Z_x} - \frac{P\,x_1}{Z_y}$$

$$= \frac{P}{A} - \frac{P\,x_1}{b^2h/6} - \frac{P\,y_1}{bh^2/6}$$

$$= \frac{P}{bh}\left(1 - \frac{6x_1}{b} - \frac{6y_1}{h}\right) = 0 \tag{7.7a}$$

위의 식이 0이 되기 위해서는 괄호 속의 값이 0이어야 하므로

$$1 - \frac{6x_1}{b} - \frac{6y_1}{h} = 0$$

$$\frac{6x_1}{b} + \frac{6y_1}{h} = 1 \tag{7.7b}$$

식 (7.7b)에서

$$x_1 = 0 \text{ 일 때 } \quad y_1 = \frac{h}{6}$$

$$y_1 = 0 \text{ 일 때 } \quad x_1 = \frac{b}{6} \tag{7.7c}$$

가 되며, 이것은 그림 7.6과 같다. 그림 7.6에서 k_{x1}, k_{x2}를 x축에 대한 핵점(core point), k_{y1}, k_{y2}를 y축에 대한 핵점 또는 심점이라고 하며, 각 핵점들을 직선으로 연결한 평행사변형을 단면의 핵(core) 또는 단면의 중심이라 한다.

위에서 알 수 있는 바와 같이 직사각형 단면에서는 핵 내에 하중이 작용하게 되면 기둥에서는 인장응력이 생기지 않으며, 대칭축 중에서 $2 \times \frac{1}{6} = \frac{1}{3}$ 부분을 중앙 3분권(middle third)이라고 한다. 또 앞의 식 (7.7b)에서 $\frac{6x_1}{h} + \frac{6y_1}{b} \leq 1$이면 단면에는 압축응력만이 생기게 되고 $\frac{6x_1}{h} + \frac{6y_1}{b} > 1$이면 단면에 인장응력이 생기게 된다.

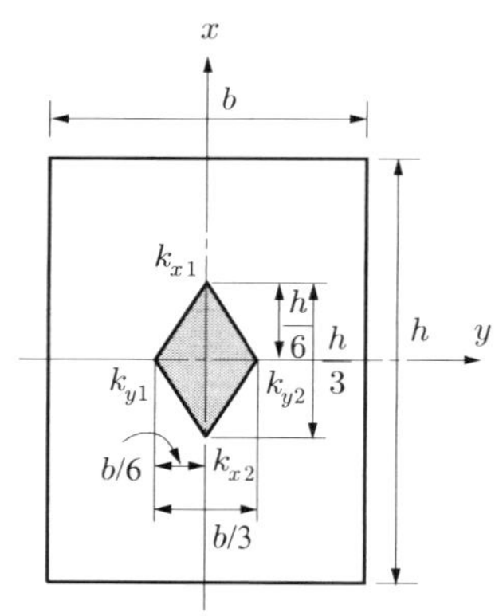

그림 7.6

Example 7.3 그림 7.7과 같이 밑변이 b, 높이 h인 삼각형의 핵을 구하여라.

그림 7.7에서

$$I_x = \frac{bh^3}{36},\ I_y = \frac{b^3h}{48},\ A = \frac{1}{2}bh$$ 이므로

$$r_x = \sqrt{\frac{I_x}{A}} = \sqrt{\frac{bh^3/36}{bh/2}} = \frac{h}{3\sqrt{2}}$$

$$r_y = \sqrt{\frac{I_y}{A}} = \sqrt{\frac{hb^3/48}{bh/2}} = \frac{b}{2\sqrt{6}}$$

$$\therefore\ k_{x1} = \frac{(h/3\sqrt{2})^2}{h/3} = \frac{3h^2}{18h} = \frac{h}{6}$$

$$k_{x2} = \frac{(h/3\sqrt{2})^2}{2h/3} = \frac{3h^2}{36h} = \frac{h}{12}$$

$$k_y = \frac{(b/2\sqrt{6})^2}{b/6} = \frac{6b^2}{24b} = \frac{b}{4}$$

이것을 도시하면 그림 7.7의 빗금친 부분이 된다.

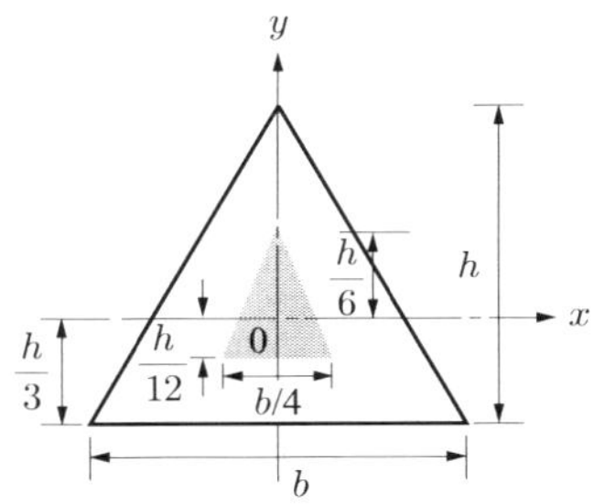

그림 7.7

Example 7.4 그림 7.8과 같이 반지름 r인 원형 단면의 핵을 구하여라.

$$A = \pi r^2,\quad I = \frac{\pi r^4}{4},$$

$$r = \sqrt{\frac{I}{A}} = \frac{r}{2}$$

$$\therefore\ k = \frac{\left(\frac{r}{2}\right)^2}{r} = \frac{r}{4}$$

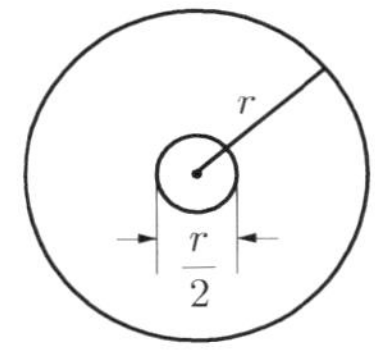

그림 7.8

7.2 장 주

7.2.1 개 론

기둥의 길이가 단면의 최소회전반경에 비하여 대단히 클 때는 횡방향으로 하중이 작용하지 않고 축방향에 단순한 압축력만 작용하여도 그 단면에 압축응력이 고르게 분포하지 않고 재료의 불균일성에 의하여 어떤 일부에 하중이 집중된다.

이 하중이 편심되어 작용하므로 휨모멘트를 일으키게 되며 이에 의한 휨응력이 생기게 된다. 이 휨응력이 증가하면 재료의 압축응력이 허용한도에 도달하기 전에 휘면서 파괴된다. 이러한 현상을 좌굴(buckling)이라 하며, 이때의 하중을 좌굴하중(buckling load)이라고 부른다.

또 이러한 현상을 일으키는 기둥을 장주(long column)라고 하며, 기둥의 길고 짧음을 구별하는 데는 $\frac{l}{r}$ (l : 기둥길이, r : 최소회전반경)을 사용하고, 이것을 기호 λ로 나타내고, 세장비(slenderness ratio)라 한다.

7.2.2 오일러 공식

(1) 양단 활절 기둥

그림 7.9와 같이 길이가 l 인 장주 AB의 양단이 활절로 되어 있으며 그 도심축에 압축하중 P를 받아서 좌굴한다고 생각하자.

이 기둥단에 X, Y축을 취하고 A점으로부터 임의거리 x점에서의 처짐을 y라 하면 다음과 같은 탄성곡선의 미분방정식이 성립한다.

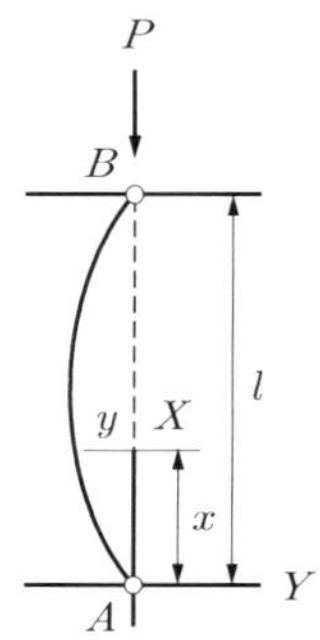

그림 7.9

$$\frac{d^2y}{dx^2} = -\frac{M}{EI}$$

x점의 휨모멘트는 $M = Py$이기 때문에 $\frac{d^2y}{dx^2} = -\frac{Py}{EI}$이다.

$a^2 = \frac{P}{EI}$라 놓으면

$$\frac{d^2y}{dx^2} = -a^2 y \tag{7.8}$$

이 미분방정식의 일반해는

$$y = A\sin ax + B\cos ax \tag{7.9}$$

적분상수 A, B를 구하기 위하여 경계조건을 생각하면

$$x = 0 \text{일 때}, \; y = 0, \; B = 0$$
$$x = l \text{일 때}, \; y = 0, \; A\sin al = 0$$

위의 조건이 동시에 성립하기 위하여

$$A = 0, \; B = 0 \text{ 또는 } \sin al = 0, \; B = 0$$

$A = 0$, $B = 0$이라고 하면 식 (7.9)에서 $y = 0$이므로 처짐이 전혀 없음을 의미한다. $\sin al = 0$을 만족시키기 위한 조건은 $al = n\pi$, 단 $n = 1, 2, 3...$이 된다.
$al = n\pi$를 $a^2 = \frac{P_b}{EI}$에 대입하여 P_b에 관하여 정리하면

$$P_b = \frac{n^2\pi^2 EI}{l^2}$$

처짐 곡선식은

$$y = A\sin\frac{n\pi}{l}\cdot x$$

좌굴하중을 P_b라 하고 무수하게 많은 P_b의 값 중 $n=1$일 때 최소이므로

$$P_b = \frac{\pi^2 EI}{l^2} \tag{7.10}$$

식 (7.10)을 오일러(Euler)의 장주공식이라 한다.

보편적으로 좌굴현상은 $P < P_b$일 때는 휘지 않고, $P > P_b$이면 휘게 되며, $P = P_b$에서 경계값을 갖는다고 생각된다. 좌굴하중을 응력으로 나타내면

$$f_b = \frac{P_b}{A} = \frac{\pi^2 EI}{A\,l^2} = \frac{\pi^2 E}{(l/r)^2} = \frac{\pi^2 E}{\lambda^2} \tag{7.11}$$

f_b를 좌굴응력(critical stress)이라 한다.

(2) 일단 자유, 타단 고정인 기둥

그림 7.10과 같이 일단 자유, 타단 고정인 장주는 양단 활절인 경우의 좌굴형에 있어 기둥의 $\frac{1}{2}$지점에 고정단으로 대치할 경우와 같다고 볼 수 있으므로 식 (7.10)의 l 대신 $2l$을 대입하면 다음과 같다.

$$P_b = \frac{\pi^2 EI}{(2l)^2} = \frac{\pi^2 EI}{4l^2} \tag{7.12}$$

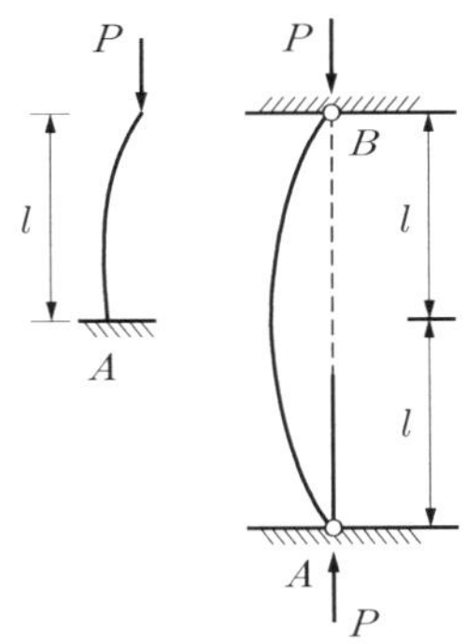

그림 7.10

이것은 양단 활절인 기둥세기의 $\frac{1}{4}$임을 알 수 있다. 또 좌굴응력은

$$f_b = \frac{\pi^2 E}{4\lambda^2} \tag{7.13}$$

(3) 양단 고정 기둥

그림 7.11과 같이 양단이 고정되어 있는 기둥을 양단에 재단모멘트 M_A, M_B가 생기고, $M_x = M_A - Py$이고 탄성곡선의 미분방정식은 $\frac{d^2y}{dx^2} = -\frac{M_x}{EI}$, $M_x = M_A - Py$를 대입하여 $\frac{d^2y}{dx^2} = -\frac{M_A - Py}{EI}$, $a^2 = \frac{P}{EI}$라 놓으면

$$\frac{d^2y}{dx^2} = a^2\left(y - \frac{M_A}{P}\right) \tag{7.14}$$

이 미분방정식의 일반해는

$$y = A\cos ax + B\sin ax + \frac{M_A}{P} \tag{7.15}$$

적분상수 A, B를 정하기 위하여 경계조건을 생각하면

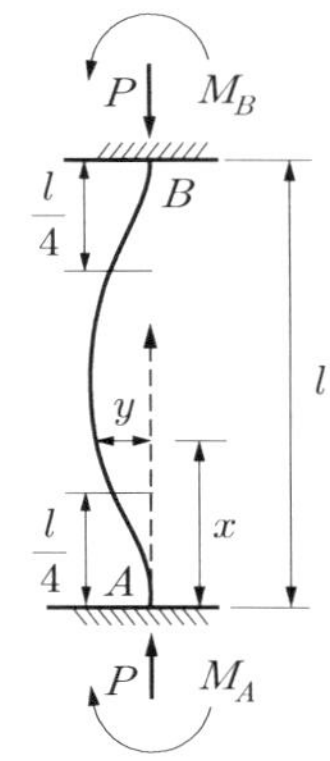

그림 7.11

$$x = 0 \text{일 때} \quad y = 0,\ \ \frac{dy}{dx} = 0,\ \ B = 0,\ \ A = -\frac{M_A}{P}$$

$$x = l \text{일 때} \quad y = 0,\ \ \frac{dy}{dx} = 0,\ \ \cos al = 1,\ \ \sin al = 0$$

로 되어서 이것을 만족시키는 값은 $al = 2n\pi$, $n = 1, 2, 3....$ 그러므로 좌굴하중을 P_b라 하고, $al = 2n\pi$를 $a^2 = \frac{P}{EI}$에 대입하면

$$P_b = \frac{4n^2\pi^2 EI}{l^2}$$

이 식을 만족하는 최소값은 $n = 1$일 경우이므로

$$\therefore\ P_b = \frac{4\pi^2 EI}{l^2} \tag{7.16}$$

$$f_b = \frac{4\pi^2 E}{(l/r)^2} = \frac{4\pi^2 E}{\lambda^2} \tag{7.17}$$

(4) 일단 활절 타단 고정 기둥

그림 7.12와 같이 고정단에만 모멘트가 작용하므로 양단에 크기가 같고 방향이 서로 반대인 수평력 H를 각각 작용시킨다.

$$H = \frac{M_A}{l},\quad M_x = Py - H(l-x)$$

$$\frac{d^2y}{dx^2} = -\frac{M_x}{EI},\quad \frac{d^2y}{dx^2} = -\frac{1}{EI}[Py - H(l-x)] \tag{7.18}$$

식 (7.18)에서 일반해는 $a^2 = \frac{P}{EI}$라 놓으면

$$y = A\cos ax + B\sin ax + \frac{H(l-x)}{P} \tag{7.19}$$

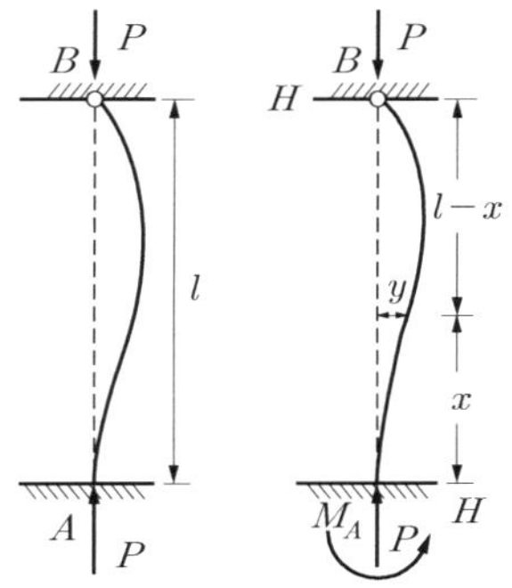

그림 7.12

경계조건을 생각하여 적분상수를 구하면

$$x = 0\text{일 때}\quad y = 0,\quad \frac{dy}{dx} = 0$$

$$x = l\text{일 때}\quad y = 0$$

이므로 식 (7.19)에 대입하여

$$A + \frac{Hl}{P} = 0,\quad aB - \frac{H}{P} = 0$$

$$A\cos al + B\sin al = 0$$

위의 식으로부터

$$\tan al \fallingdotseq al$$

al 을 만족하는 값은 무수히 많으나 최소치를 취하면 4.493이므로

$$P_b = \frac{20.2\,EI}{l^2} \fallingdotseq \frac{2\pi^2 EI}{l^2} \fallingdotseq \frac{\pi^2 EI}{(0.7\,l)^2} \tag{7.20}$$

$$f_b = \frac{2\pi^2 E}{\lambda^2} \tag{7.21}$$

오일러의 식을 종합하여 일반식으로 표시하면

$$P_b = N\frac{\pi^2 EI}{l^2},\quad f_b = N\frac{\pi^2 E}{\lambda^2} \tag{7.22}$$

N : 장주의 지지상태에 따른 상수

이상의 경우를 표로 나타내면 표 7.1과 같다.

표 7.1

재단조건	1단 고정 타단 자유	양단 활절	1단 고정 타단 활절	양단 고정
좌굴형		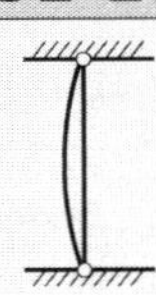	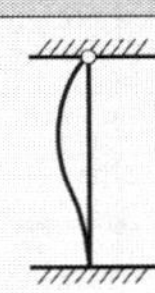	
N	1/4	1	2	4
좌굴길이	$2\,l$	l	$0.7\,l$	$0.5\,l$

7.2.3 오일러 공식의 실용범위

오일러 공식에서 P_b는 좌굴하중을 나타내므로 이 하중을 초과하게 되면 장주에서는 좌굴현상이 나타나게 된다. 그러므로 실제 작용시킬 수 있는 안전하중을 P_S라고 하면 안전율 S는

$$S = \frac{P_b}{P_S} \tag{7.23}$$

오일러 공식이 적용될 조건은

$$P_b \leqq P_S, \quad f_b \leqq f_p \tag{7.24}$$

단, f_p는 P_s에 의한 응력

$f_b = N\dfrac{\pi^2 E}{\lambda^2}$ 로부터 λ에 관하여 정리하면

$$\lambda = \sqrt{\frac{N \cdot E}{f_b}} \cdot \pi \tag{7.25}$$

식 (7.25)에 식 (7.24)의 관계를 적용하면 다음의 관계가 성립한다.

$$\therefore \ \lambda \geqq \sqrt{\frac{N \cdot E}{f_b}} \cdot \pi \tag{7.26}$$

양단이 활절로 되어 있는 강기둥에 식 (7.26)을 적용하여 보면
(단, $N = 1$, $f_p = 210\,\text{MPa}$, $E = 2.1 \times 10^5\,\text{MPa}$)

$$\lambda = \sqrt{\frac{2.1 \times 10^5}{210}} \times 3.14 \fallingdotseq 100$$

그러므로 식 (7.22)를 적용할 수 있는 범위는 $\lambda \geqq 100$, 즉 $\dfrac{l}{r} \geqq 100$인 경우에 한하고 $\lambda < 100$인 때는 f_b가 좌굴이 생기기 전에 비례한도 f_p에 도달하므로 이용하지 못한다. 위와 동일한 조건이고 기둥 단면이 원형이라면

$$\lambda = \frac{l}{r} = \frac{l}{d/4} = 100 \quad \therefore \ \frac{l}{d} = 25$$

이므로 오일러 공식의 적용범위는 기둥길이가 적어도 기둥지름의 25배가 되어야 한다는 것을 알 수 있다.

Example 7.5 그림 7.13과 같이 내경 18 cm, 외경 20 cm이고, 기둥길이 7.5 m인 연강으로 된 중심이 뚫린 원주의 허용좌굴하중을 오일러의 공식에 의하여 산출하여라. 단 안전율 S는 5, $E=2.1\times10^5$ MPa (1단 고정 타단 활절)

$$I_{min}=\frac{\pi}{64}(D^4-d^4)=\frac{3.14}{64}(20^4-18^4)=2{,}699.615\ \text{cm}^4$$

$$A=\frac{\pi}{4}(D^2-d^2)=\frac{3.14}{4}(20^2-18^2)=59.66\ \text{cm}^2$$

$$r_{min}=\sqrt{\frac{I_{min}}{A}}=\sqrt{\frac{2{,}699.8155}{59.66}}=6.727\ \text{cm}$$

$$\frac{l}{r}=\frac{750}{6.727}=111.5>100$$

$$f_b=N\cdot\frac{\pi^2E}{(l/r)^2}=2\times\frac{3.14^2\times2.1\times10^5}{111.5^2}=330.09\ \text{MPa}$$

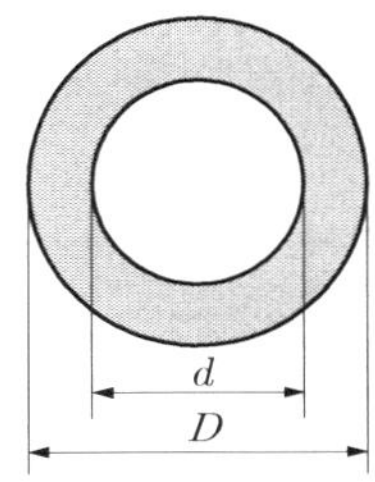

그림 7.13

안전하중 P_S는

$$P_S=\frac{f_b\cdot A}{S}=\frac{330.09\times59.66\times10^2}{5}=393{,}863\ \text{N}=393.86\ \text{kN}$$

Example 7.6 그림 7.14와 같은 연강으로 된 양단 활절인 장주의 안전하중 P_S를 구하여라. 단 안전율 $S=5$, $E=2.1\times10^5$ MPa

$$I_{min}=\frac{25\times14^3}{12}-\frac{20\times8^3}{12}$$

$$=5{,}716.67-853.33=4{,}863.34\ \text{cm}^4$$

$$A=25\times14-20\times8=190\ \text{cm}^2$$

$$r_{min}=\sqrt{\frac{I}{A}}=\sqrt{\frac{4{,}863.34}{190}}$$

$$=\sqrt{25.597}\fallingdotseq5.06\ \text{cm}$$

$$\lambda=\frac{l}{r}=\frac{800}{5.06}=158>100$$

$$f_b=\frac{\pi^2E}{\lambda^2}=\frac{3.14^2\times2.1\times10^5}{158^2}=82.94\ \text{MPa}$$

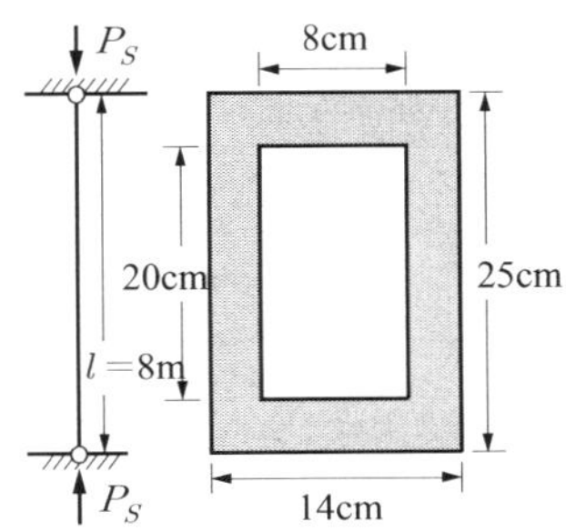

그림 7.14

안전하중 $P_S=\dfrac{f_bA}{S}=\dfrac{82.94\times190\times10^2}{5}=315{,}172\ \text{N}=315.17\ \text{kN}$

7.2.4 장주의 각종 실용공식

오일러 공식은 세장비가 큰 경우에는 실험치와 잘 맞고 있으나 비교적 적을 때는 일치하지 않는다. 세장비가 최소한 100 이상인 경우는 오일러 공식이 이용되고, 이하일 경우는 다음에 열거하는 여러 학자들의 실험공식이 이용되고 있다.

(1) 테트마이어(Tetmajer) 공식

세장비가 100 이하가 되어 오일러 공식이 일치되지 않는 경우는 테트마이어에 의해 제안된 다음과 같은 직선적 실험공식이 소개되어 있다.

$$f_b = a - \frac{b}{n}\left(\frac{l}{r}\right) \tag{7.27}$$

$n = 1$이면 $a - b\lambda$ (일차식)

$a,\ b$: 재료에 따라 결정되는 상수

일반적으로 테트마이어 공식의 적용범위는 $100 \geqq \dfrac{l}{r} \geqq 10$이며, 우리나라에서도 나무기둥과 철근콘크리트 기둥의 설계에 응용되고 있다.

(2) 고든-랭킨(Gordon-Rankin) 공식

실험 및 이론을 기초로 하여 정한 식이며 일반적으로 다음과 같이 표시된다.

$$f_b = \frac{f_y}{1 + N \cdot a\left(\dfrac{l}{r}\right)^2} \tag{7.28}$$

f_y : 재료의 파괴하중(실험치)

a : 재료의 성질에 따른 상수

N : 양단 지지상태에 의한 상수

$$\begin{aligned} f_b &= \frac{f_y}{1 + 4a\left(\dfrac{l}{r}\right)^2} \quad (\text{양단 활절}) \\ f_b &= \frac{f_y}{1 + 2a\left(\dfrac{l}{r}\right)^2} \quad (\text{1단 활절 1단 고정}) \\ f_b &= \frac{f_y}{1 + a\left(\dfrac{l}{r}\right)^2} \quad (\text{양단 고정}) \end{aligned} \tag{7.29}$$

a는 표 7.2와 같다.

표 7.2

재 료	파괴강도	a	실험자
주(鑄)철	80,000	$\frac{1}{6,400}$	Rankines
연(鍊)철	36,000	$\frac{1}{36,000}$	Rankines
목재	7,200	$\frac{1}{3,000}$	Rankines
연(軟)강	4,200	$\frac{1}{36,000}$	Golden

(3) 존슨(Johnson) 식

분수식을 변형한 포물선식으로

$$\sigma_b = a - b\,\lambda^2 \tag{7.30}$$

Example 7.7 그림 7.15와 같은 단면의 장주는 도심 G를 지나는 X축과 Y축 중 어느 방향으로 휘겠는가?

도심 G를 지나는 축이 주축이다. 이 단면은 $X-X$ 축에 대하여 대칭이므로 $\bar{y}=7.5\text{ cm}$ 임을 알 수 있다. 그러므로 도심 G를 구하기 위해서는 $\bar{x}$만을 구하면 된다.

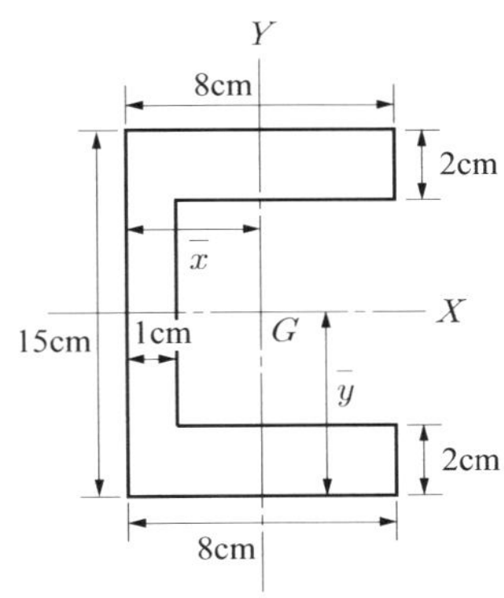

그림 7.15

$A_1 = 8 \times 15 = 120\text{ cm}^2$

$A_2 = 7 \times 11 = 77\text{ cm}^2$

$A = A_1 - A_2 = 43\text{ cm}^2$

$A_1 x_1 = 120 \times 4 = 480\text{ cm}^3$

$A_2 x_2 = 77\left(1 + \frac{7}{2}\right) = 346.5\text{ cm}^3$

$\sum Ax = A_1 x_1 - A_2 x_2 = 480 - 346.5 = 133.5\text{ cm}^2$

$\bar{x} = \frac{\sum Ax}{A} = \frac{133.5}{43} = 3.105\text{ cm}$

$I_X = \frac{8 \times 15^3}{12} - \frac{7 \times 11^3}{12} = \frac{27,000}{12} - \frac{9,317}{12} = 1,474\text{ cm}^4$

$I_{Y1} = \frac{15 \times 8^3}{12} + 8 \times 15\left(\frac{8}{2} - 3.105\right)^2 = 640 + 96.123 = 736.1\text{ cm}^4$

$$I_{Y2} = \frac{11 \times 7^3}{12} + 11 \times 7 \left(\frac{2}{2} + \frac{7}{2} - 3.105\right)^2 = 314.42 + 149.8 = 464.2\ \text{cm}^4$$

$$I_Y = I_{Y1} - I_{Y2} = 736.1 - 464.3 = 271.8\ \text{cm}^4$$

$$\therefore\ I_X > I_Y,\quad r_X > r_Y$$

그러므로 Y축과 직각의 X축 방향으로 휘게 된다.

Example 7.8 그림 7.16과 같은 1단 고정 타단 힌지, $l = 2.5\ \text{m}$, 외경 $D = 22\ \text{cm}$, 내경 $d = 20\ \text{cm}$의 연강제 중심이 빈 원주의 허용좌굴하중을 테트마이어의 공식과 고든-랭킨 공식에 의해서 산출하라. 단 안전율 $S = 5$

대칭단면이므로 도심을 지나는 임의의 직교축은 모두 주축이다.

$$I_{min} = \frac{\pi}{64}(D^4 - d^4) = \frac{3.14}{64}(22^4 - 20^4) = 3{,}643\ \text{cm}^4$$

$$A = \frac{\pi}{4}(D^2 - d^2) = \frac{3.14}{4}(22^2 - 20^2) = 65.94\ \text{cm}^2$$

$$r_{min} = \sqrt{\frac{I_{min}}{A}} = \sqrt{\frac{3{,}643}{65.94}} = 7.431$$

$$\frac{l}{r} = \frac{250}{7.431} = 33.64 < 100$$

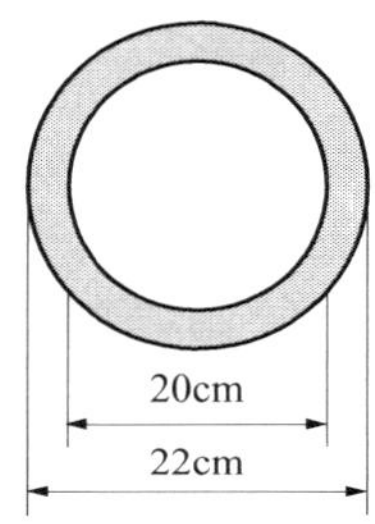

그림 7.16

① Tetmajer 공식

$$f_b = a - \frac{b}{n}\left(\frac{l}{r}\right) = 3{,}100 - \frac{11.4}{\sqrt{2}} \times 33.64 = 2{,}829\ \text{kg/cm}^2$$

$$P_S = \frac{\sigma_b A}{S} = \frac{2{,}829 \times 65.94}{5} = 37{,}306 = 37.31\ t$$

② Gordcn-Rankine 공식

$$P_b = \frac{\sigma_c A}{1 + 2a\left(\frac{l}{r}\right)^2} = \frac{3{,}360 \times 65.94}{1 + \frac{2}{36{,}000} \times 33.64^2} = 208{,}455\ \text{kg}$$

$$P_S = \frac{P_b}{S} = \frac{208.5}{5} = 41.72\ t$$

PROBLEMS

01. 단면이 10 cm×15 cm이고 길이가 4 m인 기둥의 세장비를 구하여라.

답 : 139

02. 길이 4 m의 원형 단면의 목재기둥에서 세장비가 100이 되도록 지름 d를 결정하여라.

답 : 16 cm

03. 그림 7.17과 같은 직사각형 단면 위의 점 A에 200 kN의 하중이 작용할 때 F점의 응력을 구하여라.

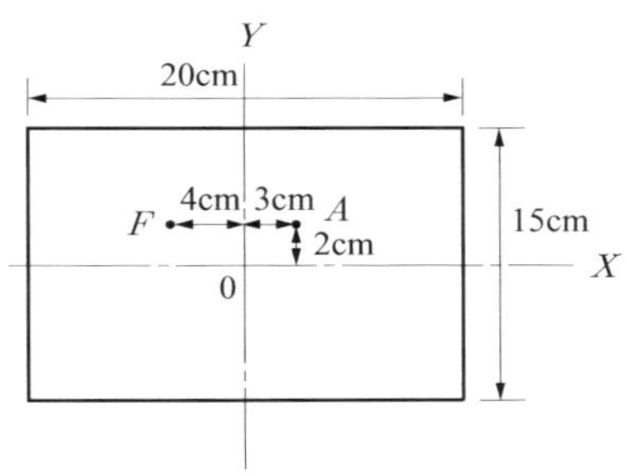

그림 7.17

답 : 5.69 MPa

04. 그림 7.18과 같은 원형 단면에 $P = 800$ N의 편심하중이 작용할 때 연응력을 구하여라.

답 : $f_1 = 0.0866$ MPa
$f_2 = -0.0357$ MPa

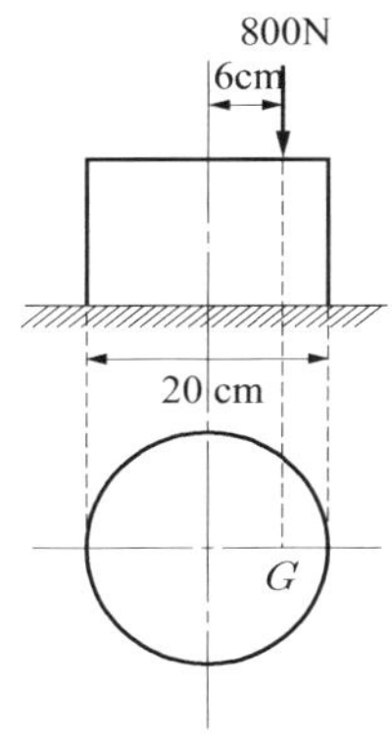

그림 7.18

05. 그림 7.19와 같은 중심축하중을 받는 긴 기둥의 좌굴하중을 구하여라. 단, 단면은 10 cm×10 cm, 길이 l=4 m, E=2.1×10^5 MPa이다.

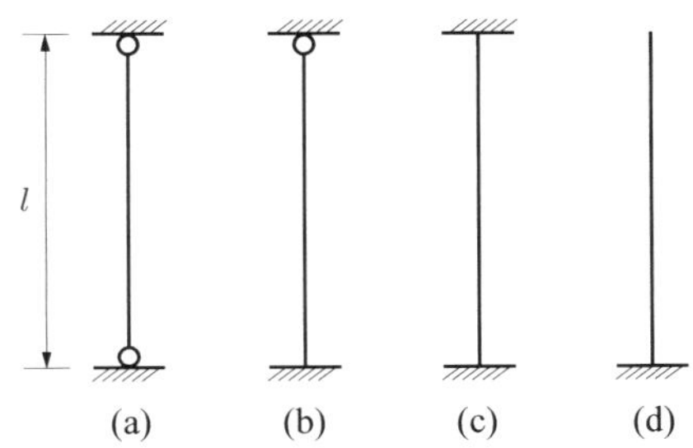

그림 7.19

답 : (a) 1,078 kN (b) 2,156 kN
(c) 4,312 kN (d) 270 kN

06. 단면이 20 cm×20 cm이고 길이 3 m인 침엽수기둥이 받을 수 있는 최소압축력은 얼마인가?

답 : 180 kN

07. 1단 고정 타단 자유인 3 m 길이의 기둥이 있다. 이 기둥의 단면이 15 cm×20 cm일 때 오일러 공식을 이용하여 좌굴하중을 구하여라. 단 $E=2.1\times10^5$ MPa

답 : 3,235 kN

08. 그림 7.20과 같은 단면을 갖는 양단 힌지인 기둥에 중심축하중이 작용할 때 좌굴하중을 구하여라. 단, 기둥길이는 5 m, $E=2.1\times10^5$ MPa이다.

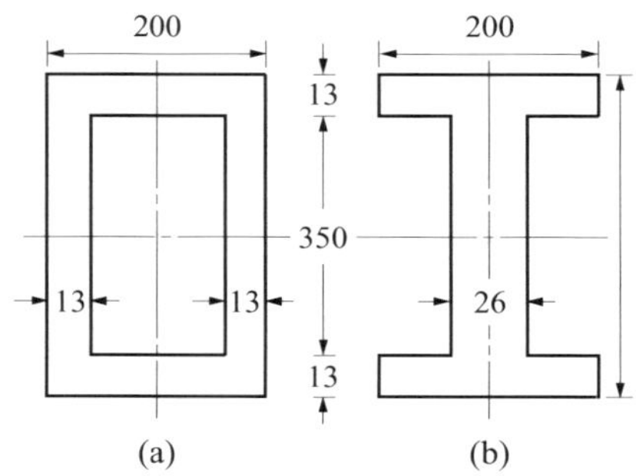

그림 7.20

답 : (a) 8,050 kN (b) 1,480 kN

CHAPTER 8 트 러 스

8.1 개 론

8.1.1 정의, 구조 및 종류

트러스(Truss)는 두 개 이상의 직선부재 양단을 마찰이 없는 힌지로 이어 이것을 지반 또는 다른 구조물과 적당히 조합하여 외력에 저항할 수 있게 조립한 구조물이다. 트러스는 그것을 구성하는 각 부재가 축방향력(인장력이나 압축력)에 의하여 외력에 저항하는 것으로 보처럼 휨응력이나 전단응력 등에 의하여 외력에 저항하는 것과는 근본적으로 다르다.

보통 트러스는 외력에 대해 안전한 구조로 하기 위해서는 입체트러스(space truss)로 조립되어 있으나, 설계계산에서는 이것을 평면트러스(plane truss)로 분해하여 생각할 수 있기 때문에 여기서는 평면트러스에 대해서만 취급한다. 실제의 트러스는 힌지의 접촉면에는 어느 정도의 마찰을 일으킨다. 또 힌지 구조로 하는 대신 볼트결합 또는 용접결합을 하는 경우가 많으므로 모두가 트러스의 정의에서 말한 조건과는 다른 구조가 된다. 그러나 보통은 힌지를 완전히 마찰이 없는 것으로 하여 계산을 하고 특별한 경우에만 힌지의 마찰 또는 결합점의 강성의 영향을 2차 응력(secondary stress)의 문제로서 따로 생각한다. 먼저 그림 8.1과 같은 트러스에 대하여 각 부재의 명칭을 알아보자.

트러스의 부재는 크게 나누어 현(弦)재(chord member)와 복(腹)재(web member)로 이루어져 있는데, 현재란 트러스의 외부를 형성하고 있는 부재이며 그 중 트러스 상부에 있는 현재를 상현재(upper chord), 하부에 있는 것을 하현재(lower chord)라 한다. 그림에서 U_1, ⋯, U_6는 상현재, L_1, ⋯, L_6는 하현재이다. 또 복재란 현재 상호를 잇는 부재이며, 그 중 연직방향의 복재(V_1, ⋯, V_5)를 수직재(vertical member), 경사진 복재(D_1, ⋯, D_5)를 사(斜)재(diagonal member)라 한

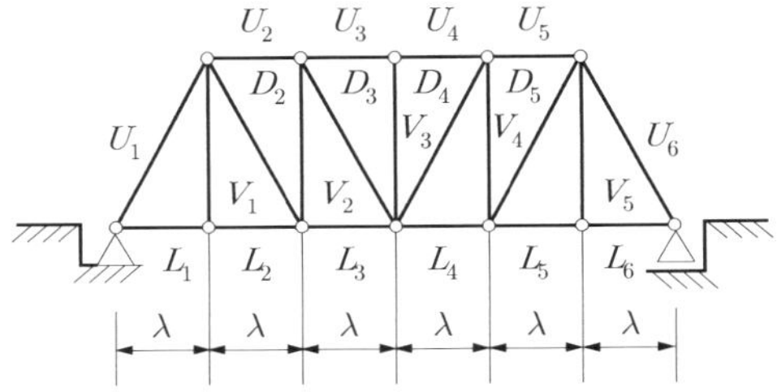

그림 8.1

다. 상현재, 하현재, 사재, 수직재를 각각 U, L, D, V의 문자로 나타내는 것이 보통이다. 현재와 복재로 구성한 면을 구(構)면이라 한다.

각 부재중 인장력을 받는 부재를 인장재(tension member), 압축력을 받는 부재를 압축재(compression member)라 한다. 각 부재의 두 끝의 결합점을 절점(joint) 또는 격점(panel joint)이라 한다.

그림 8.1과 같은 경우 현재의 두 끝에 있는 절점 사이의 거리 λ를 격간길이(panel length)라 한다. 또 절점 중 부재 끝이 자유롭게 회전되는 것을 활절(pin joint, hinged joint), 부재 끝이 강결된 것을 강절이라 한다. 실제 사용되는 트러스의 종류는 그림 8.2(a)~(m)과 같다.

또 상현재와 하현재가 서로 평행한 트러스를 평행현트러스(parallel chord truss)라 하고 상현재 또는 하현재가 굽은 트러스를 곡현트러스(curved chord truss)라 한다. 또 바닥틀의 위치가 위에 있는 트러스를 상로트러스(deck truss), 밑에 있는 트러스를 하르트러스(through truss)라 한다. 이 외에도 구조형식에 따라 단순트러스, 연속트러스, 게르버트러스, 캔틸레버트러스 등으로 분류한다.

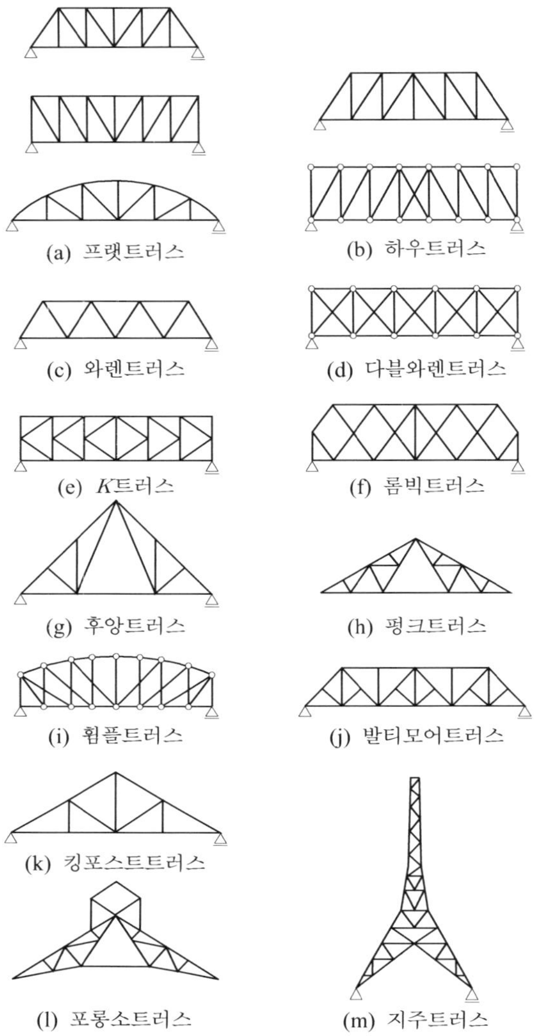

그림 8.2

8.2 트러스의 가정과 판별

8.2.1 계산상의 가정

정역학적 계산을 하여 트러스의 각 부재의 부재력을 구하는 것을 트러스를 푼다고 하고, 다음과 같은 가정하에 트러스의 부재력을 구한다.

(1) 각 부재는 전혀 마찰이 없는 핀(pin) 또는 힌지(hinge)로 결합되어 자유로이 회전할 수 있다.
(2) 부재는 모두 직선이며, 재료의 축은 각 절점에서 한 점에 모인다.
(3) 모든 외력은 트러스와 동일 평면 내에 있고 절점에만 작용한다.
(4) 부재응력은 언제나 그 부재의 탄성응력 이내에 있다.
(5) 트러스의 각 부재의 변형은 매우 작아 그로 인한 2차적 영향은 생각하지 않아도 좋다.

8.2.2 안정과 정정

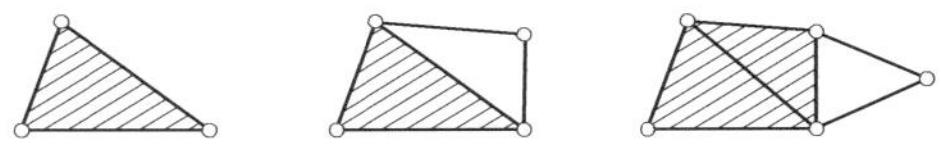
(a) (b) (c)

그림 8.3

보통 구조물이 하중의 작용에도 불구하고 항상 정지상태를 보전할 수 있을 때 그 구조물은 안정하다고 한다. 하나의 트러스가 안정하기 위한 가장 간단한 구조는 그림 8.3(a)에 보인 활절삼각형 트러스이다. 이 기본적인 트러스는 어떤 외력에 대해서도 그 형상을 무너뜨리지 않는다.

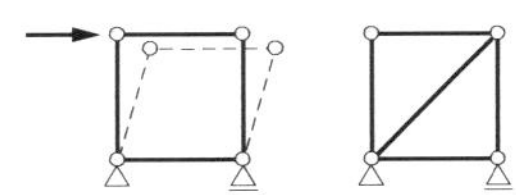
(a) (b)

그림 8.4

이와 같은 형상의 안정을 내적안정이라 한다. 구조물이 외력에 의하여 그 위치를 바꾸지 않을 때 이것을 외적안정이라 한다. 그림 8.4(a)에 나타낸 구조는 분명히 외적안정이지만 내적으로는 불안정하다. 그러나 그림 8.3(b)와 같이 사재를 넣으면 안정된 구조로 된다. 또 그림 8.3(a)의 기본 삼각형을 근본으로 하여 순차 내적으로 안정한 트러스를 그림 (b), (c)와 같이 만들어 갈 수 있다. 이 때 부재수를 m, 절점수를 p라 하면, m과 p와의 관계는 아래와 같다.

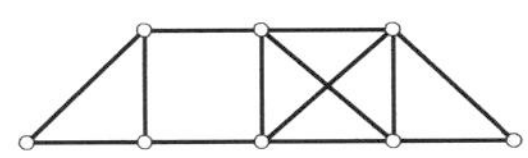

그림 8.5

$$m = 2p - 3 \tag{8.1}$$

그러나 이것은 내적으로 안정하기 위한 필요조건이나 충분조건은 아니다. 예컨대, 그림 8.5에 나타난 것 같은 트러스는 식 (8.1)을 만족하지만, 활절사변형은 불안정하므로 트러스로서는 내적으로 불안정이다. 즉, 트러스가 내적으로 안정하기 위해서는 식 (8.1)을 만족하는 동시에 그림 8.5와 같은 활절사변형을 포함하지 않아야 할 필요가 있다.

다음에 $m > 2p - 3$이고, 또 트러스의 어느 부분에도 활절사변형을 포함하지 않는 것은 물론 내적안정 트러스이다. 지금 하나의 트러스를 생각하고 이것에 하중이 작용한다고 하자. 이 트러스의 부재수를 m이라 하면 부재는 모두 축방향력만을 받으므로 미지의 부재력의 수는 m개가 된다. 절점은 모두 활절이므로 부재력은 모두 절점을 지난다.

따라서 이 절점을 빼내어 생각할 때 $\sum M = 0$의 평형조건식은 이미 성립되어 있다.

또 미지의 지점반력의 수를 r이라 하면 미지력의 수는 모두 $m+r$이 된다. 다음에 절점의 수를 p라 하면 각 절점에서 각각 $\sum H=0$, $\sum V=0$의 평형조건식이 성립된다. 그러므로

$$m+r=2p \tag{8.2}$$

일 때는 모든 미지수인 부재응력과 지점반력을 힘의 평형방정식만으로 구할 수 있다. 식 (8.2)의 조건을 만족하는 트러스를 전체적 안정트러스라 한다.

트러스의 한쪽이 회전지점, 다른 쪽이 이동지점일 때는 $r=3$이므로 이 트러스가 전체적 안정트러스가 되기 위해서는 식 (8.2)에서

$$m=2p-r=2p-3$$

이 되고, 이 식은 식 (8.1)과 같이 된다. 따라서 전체적 안정트러스란 그것이 내적안정이 되기 위해서 최소수의 부재를 갖고, 또 세 개의 지점반력으로 지지된 것을 말한다.

트러스의 평형은 $\sum H=0$, $\sum V=0$, $\sum M=0$의 조건을 만족하므로 반력이 3일 때는 위의 세 조건에서 지점반력을 구할 수 있다. 이런 트러스를 외적정정이라 한다. 만약 반력이 네 개 이상 있을 때에는 세 개의 평형조건만으로 지점반력을 구할 수 없다. 이와 같은 트러스를 외적불안정이라 한다. 또 반력은 세 개이지만 그 트러스가 정정평형을 유지하는데 필요 이상의 부재를 갖고 있을 때에는 이 트러스를 내적부정정이라 한다. 예컨대 그림 8.5의 불안정트러스의 활절사변형의 어느 대각선 부분에 사재를 하나 넣으면 이 트러스는 내적부정정트러스가 된다.

이상을 종합하면 다음과 같다.

$m+r>2p$ 외적 또는 내적부정정

$n=m+r-2p$ 부정정차수

$n<0$ 불안정

$n=0$ 정정

$n>0$ 부정정

반력수 $r=3$일 때 외적안정이므로

$m=2p-3$ 내적정정

$m>2p-3$ 내적부정정

$n_i=m-2p+3$ 내적부정정차수

$m<2p-3$ 내적불안정

이들은 필요조건이며 충분조건은 아니다.

8.3 절점법

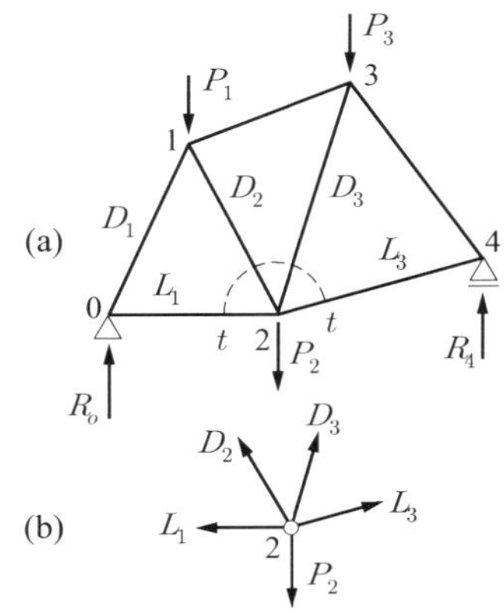

그림 8.6

트러스의 각 절점마다 그에 작용하는 외력과 그 절점에 연결된 부재의 응력과는 평형을 이루고 있으므로 평형조건식을 적용하여 이들 부재응력을 구하는 해법을 절점법 또는 격점법이라 한다. 그림 8.6(a)에서 $t-t$에 의하여 절단된 절점 2를 떼내면 그림 (b)와 같이 된다. 따라서 절점 2에 대하여 부재력 L_1, L_3, D_2, D_3 및 하중 P의 균형을 생각하면 $\sum H=0$ 및 $\sum V=0$의 두 조건식이 성립되어야 한다. 여기에 L_1, L_3, D_2, D_3는 각각 부재 02, 24, 12 및 23에 작용하는 부재력이다.

이와 같이 하나의 절점에 대하여 두 가지 조건식이 성립되므로 전체로서는 $2p$개의 조건식이 된다. 그런데 앞에 말한 것처럼 정정트러스에서는 $m+r=2p$이므로 $2p$개의 방정식을 연립시켜 풀면 m개의 미지 부재력과 r개의 지점반력을 구할 수 있다.

계산 순서로는 먼저 정정보와 같은 방법으로 지점반력 R_o, R_4를 구하고 다음 두 부재만으로 형성된 절점(그림 8.6(a)의 지점 O 또는 4)를 생각하여 처음에 구한 반력 R_o 또는 R_4와 두 부재에 평형조건식을 적용하여 미지의 두 부재력을 구하고, 순차로 다른 절점에 계산을 옮겨가면 된다. 이때 미지의 부재력은 모두 인장력으로 가정하여 계산해 나가며, 만일 계산결과가 음의 값이 되면 이것은 압축력이 된다.

이들을 예제로서 설명해 보자.

Example 8.1 그림 8.7에서와 같은 와렌트러스의 모든 부재력을 구하라.

부재력수 $m=7$, 반력수 $r=3$, 절점수 $p=5$

$\therefore\ n=m+r-2p=7+3-2\times5=0$

따라서 정정트러스이다.

$$R_A=\frac{6\times9+5\times6+4\times3}{12}=8\text{ kN}$$

$$R_B=\frac{6\times3+5\times6+4\times9}{12}=7\text{ kN}$$

기하학적 관계에서

$\sin\theta=0.8,\ \cos\theta=0.6$

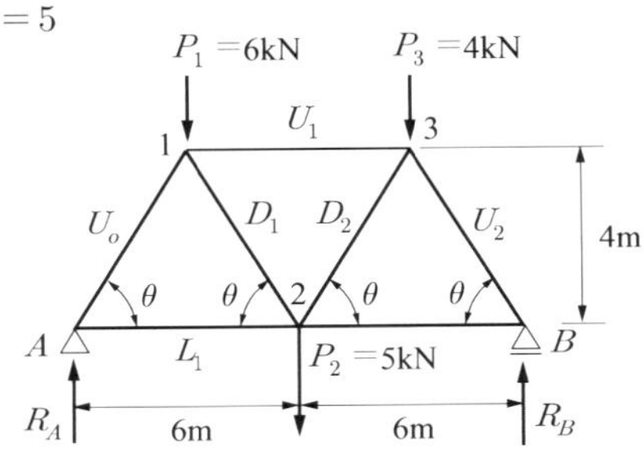

그림 8.7

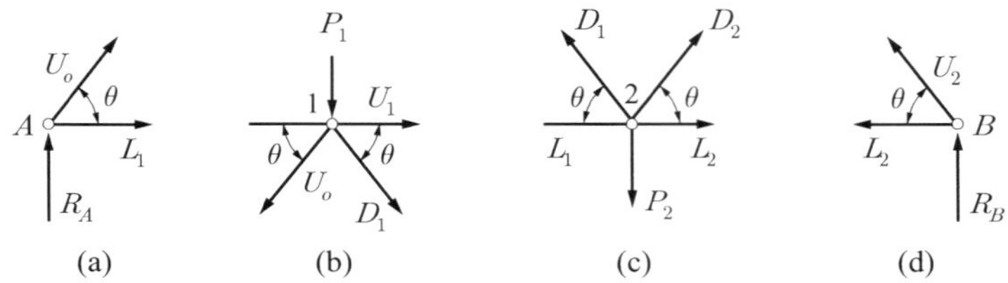

그림 8.8

그림 8.8(a)의 절점 A에서의 평형조건식을 세우면

$\sum V=0$; $R_A+U_o\sin\theta=0$

$$\therefore\ U_o=-\frac{R_A}{\sin\theta}=\frac{8}{0.8}=-10\text{ kN}$$

$\sum H=0$; $U_o\cos\theta+L_1=0$

$$\therefore\ L_1=-U_o\cos\theta=10\times0.6=6\text{ kN}$$

그림 (b)의 절점 1에서 평형조건식을 세우면

$\sum V=0$; $P_1+U_o\sin\theta+D_1\sin\theta=0$

$$\therefore\ D_1=-\frac{1}{\sin\theta}(P_1+U_o\sin\theta)$$

$$D_1=\frac{R_A-P_1}{\sin\theta}=\frac{8-6}{0.8}=2.5\text{ kN}$$

$\sum H=0$; $U_1-U_o\cos\theta+D_1\cos\theta=0$

$$\therefore\ U_1=(U_o-D_1)\cos\theta=(-10-2.5)\times0.6=-7.5\text{ kN}$$

그림 (c)를 참조하여 절점에 평형조건식을 세우면

$\sum V=0$; $D_1\sin\theta+D_2\sin\theta-P_2=0$

$$\therefore\ D_2=-D_1+\frac{P_2}{\sin\theta=}-2.5+\frac{5}{0.8}=3.75\text{ kN}$$

$\sum H=0$; $D_1\cos\theta-D_2\cos\theta+L_1-L_2=0$

$$\therefore\ L_2=L_1+(D_1-D_2)\cos\theta=6+(2.5-3.75)\times0.6=5.25\text{ kN}$$

그림 (d)에 보인 절점 B의 평형조건에서

$\sum V=0$; $R_B+U_2\sin\theta=0$

$$\therefore\ U_2=-\frac{R_B}{\sin\theta}=-\frac{7}{0.8}=-8.75\text{ kN}$$

또 수평방향의 평형조건식을 세워서 구할 수도 있다.

$\sum H=0$; $U_2\cos\theta+L_2=0$

$$\therefore\ L_2 = -U_2\cos\theta = 8.75\times 0.6 = 5.25\ \text{kN}$$

이것은 위에서 구한 값과 일치한다.

8.4 단면법

8.4.1 쿨만(Karl Culmann)법

트러스에 작용하는 모든 외력을 알면 트러스에 외력이 작용할 때 이 트러스를 임의 단면에서 둘로 전단한다. 이때 어느 한쪽에 작용하는 모든 외력과 절단된 부재의 응력과는 평형이 되어야 하므로 평형조건식 $\sum H=0$, $\sum V=0$과 임의 점에 $\sum M=0$를 적용하여 미지의 부재력을 구하는 방법을 쿨만법이라 한다.

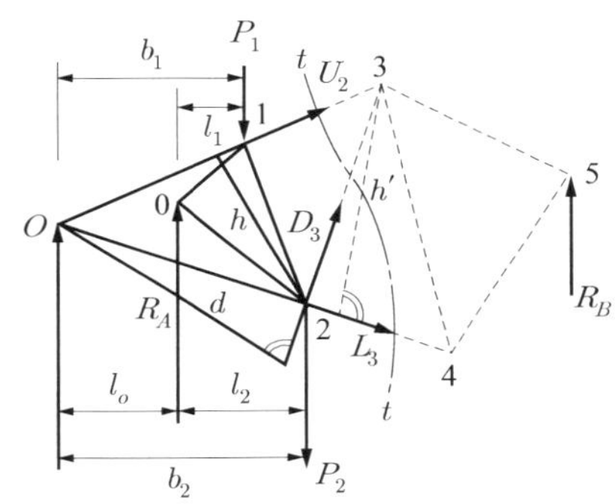

그림 8.9

그림 8.9와 같은 트러스에 집중하중 P_1, P_2, ⋯가 작용하여 평형상태에 있을 때에 대하여 설명하자. 반력 R_A, R_B는 정정보에서와 같은 방법으로 구할 수 있다. 따라서 외력 R_A, R_B, P_1, P_2, ⋯는 모두 아는 값이다. 부재응력을 구하려면 이 트러스를 적당한 단면 $t-t$로서 1점에 만나지 않는 3부재를 절단하였을 때 절단된 각 부재력을 U_2, D_3, L_3라 한다. 이 부재력과 같은 힘을 각각의 절단면에 작용시키면 이 절단면에서 어느 쪽이든 한쪽 부분을 떼어 버려도 남은 부분은 그 위치에서 평형을 이룰 것이다.

단면 $t-t$의 왼쪽에 대해 생각하면 012에는 R_0, P_1, P_2와 미지의 부재력 U_2, D_3, L_3의 합계 6개의 힘이 작용하여 평형을 이룰 것이므로 평형조건식 $\sum H=0$, $\sum V=0$, $\sum M=0$을 적용하여 이것을 연립시켜 미지의 부재력 U_2, D_3, L_3를 구할 수 있다.

8.4.2 릿터(A. Ritter)법

트러스를 임의의 단면에서 절단하여 그 어느 한쪽에 작용하는 외력과 절단된 부재의 응력이 평형을 이루어야 하므로 평형조건식인 $\sum M=0$만을 적용하여 부재력을 구하는 방법을 릿터법이라 한다. 즉, 1점에서 만나지 않는 3부재중 응력을 구하려는 부재를 제외한 다른 2부재의 교점을 모멘트의 중심으로 잡고 모멘트의 합이 0이 되는 식을 세워 이것을 풀어서 미지의 부재력을 구한다. 그림 8.9에서 단면 $t-t$로 절단하면 절단된 3부재에는 각각 U_2, D_3, L_3라는 부재력이 작용하고 있다. 이 3부재력을 이 단면의 왼쪽에 있는 모든 외력인 반력 R_A, 하중 P_1 및 P_2와 평형이 되어야 한다. U_2와 L_3와의 작용선의 교점을 O로 하고, 점 O에 관한 모멘트의 평형을 생각하여 $\sum M_o$로 놓으면

$$-D_3\,d - R_A\,l_0 + P_1\,b_1 + P_2\,b_2 = 0$$

$$\therefore\ D_3 = \frac{-R_A\,l_0 + P_1\,b_1 + P_2\,b_2}{d} \tag{8.3}$$

다음에 점 2를 모멘트의 중심으로 하여 $\sum M_2 = 0$으로 놓으면

$$R_A\,l_2 + U_2\,h - P_1(l_2 - l_1) = 0$$

$$\therefore\ U_2 = \frac{-R_A\,l_2 + P_1(l_2 - l_1)}{h} \tag{8.4}$$

이 식의 오른쪽의 분자는 단면 $t-t$보다 왼쪽에 있는 외력의 점 2에 대한 모멘트이다. 이것을 M_2로 나타내면 다음과 같다.

$$U_2 = -\frac{M_2}{h} \tag{8.5}$$

똑같이 점 3에 관한 트러스의 외력의 모멘트를 M_3로 나타내면

$$L_3 = \frac{M_3}{h_1} \tag{8.6}$$

가 얻어진다. 단, M_2, M_3는 각각 점 2,3에 관하여 시계방향을 정으로 한다. M_2, M_3는 O_5를 단순보로 생각할 때 트러스의 점 2,3에 해당하는 단면에서의 단순보의 휨모멘트에 불과하다.

이상의 방법으로 알 수 있듯이 모멘트의 중심은 절단된 부재의 부재력 중 하나를 제외한 다른 모든 부재력의 작용선이 모이는 점을 잡아야 한다.

릿터법은 $\sum M = 0$의 조건만을 이용하는 해법이므로 일명 모멘트법(method of moment)이라고도 한다.

평행 또는 평행에 가까운 현재를 가진 트러스 또는 현재의 부재력이 알려진 트러스에서는 쿨만법을 사용함이 좋다.

이상과 같은 트러스의 해법을 사용하여 부재력을 구하는 예를 들어 보자.

(1) 프랫 트러스의 해법

그림 8.10은 상현재와 하현재가 평행한 프랫트러스이다. 그림과 같이 좌우 대칭이며, 지간 $l=6\lambda$인 프랫트러스의 모든 부재의 부재력을 구하여 보자. 그림과 같이 각 부재의 부재력을 U_1, U_2, $\cdots$, U_6, L_1, L_2, $\cdots$, L_6, V_1, V_2, $\cdots$, V_5, D_2, $\cdots$, D_5라 한다.

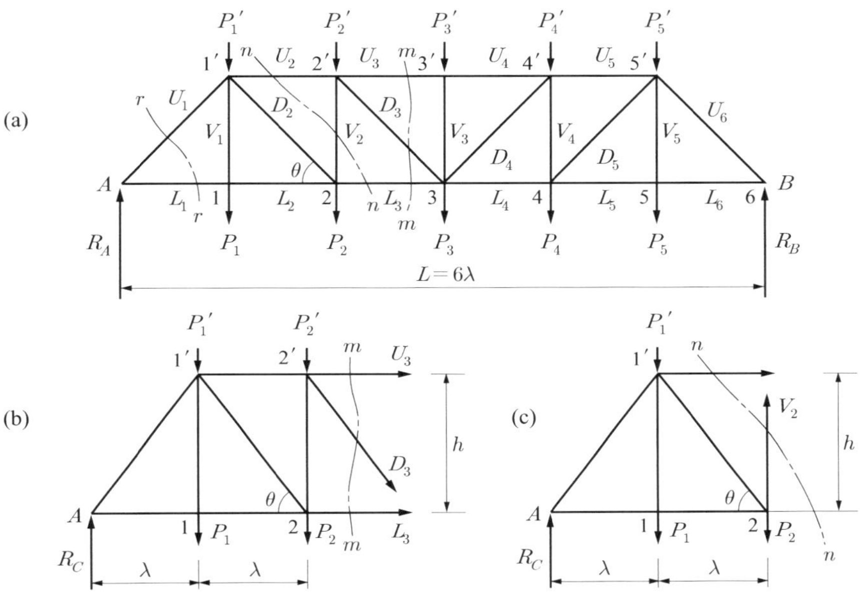

그림 8.10

① 하현재의 부재력

그림 8.10의 (1)와 같이 단면 $m \sim m$을 절단하여 부재단면에 생기는 부재력을 외력으로 생각하면 그림 8.10(b)와 같이 된다. 먼저, 부재력 L_3을 구하려면 L_3 이외의 부재력 D_3, U_3의 작용선의 교점 2′를 모멘트의 중심으로 잡고, $\sum M=0$을 적용하면 D_3, U_3, P_2, $P_2{}'$의 모멘트는 모두 0이 되므로 결국

$$R_A\,2\lambda-(P_1+P_1{}')\lambda-L_3\,h=0$$

이 된다. 이 식의 좌변 제2항까지의 값은 앞과 같이 이 트러스를 단순보로 볼 때의 절점 2′에 해당하는 단면에서의 휨모멘트이다. 지금 이것을 $M_2{}'$로 하면, 윗 식에서 L_3는 다음과 같이 구해진다.

$$L_3=\frac{M_2{}'}{h} \tag{8.7}$$

이 식의 값은 양의 값이므로 L_3는 인장력이다.

② 사재 D_3의 부재력

그림 8.10에서 현재와 사재가 이루는 각을 θ로 하면, 단면 $m \sim m$의 좌측부분에서 $\sum V = 0$을 생각하여

$$R_A - (P_1 + P_1') - (P_2 + P_2') - D_3 \sin\theta = 0$$

가 된다. 윗 식의 좌변 제3항까지의 값은 단면 $m \sim m$의 전단력이며, 이 경우는 AB를 단순보로 생각할 때의 점 2에 해당하는 단면 우측의 전단력과 같다. 이것을 S_2라 하면 윗 식에서 다음식이 얻어 진다.

$$D_3 = \frac{S_2}{\sin\theta} \tag{8.8}$$

③ 상현재 U_2의 부재력

그림 8.10(a)에서 트러스를 단면 $n \sim n$으로 절단하면 부재단면에 작용하는 부재력은 그림 8.10(c)와 같다. 절점 2를 모멘트의 중심으로 잡고 $\sum M = 0$을 적용하면

$$R_A\, 2\lambda - (P_1 + P_1')\,\lambda + U_2\, h = 0$$

윗 식의 좌변 제2항까지의 값은 AB를 단순보로 생각할 때의 절점 2에 해당하는 단면의 휨모멘트는 M_2이다. 따라서 윗 식에서

$$U_2 = -\frac{M_2}{h} \tag{8.9}$$

가 얻어진다. 이 식은 음의 값을 가지고 있으므로 U_2는 압축력이다. 식 (8.7)과 비교하여 보면 $M_2 = M_2'$이므로 L_3와 U_2와는 그 절대값은 같고 부호는 반대이다. 이것은 그림 8.10(c)에서 평형조건식 $\sum H = 0$를 적용해 보면 곧 알 수 있다.

④ 수직재 V_2의 부재력

그림 8.10(c)의 단면 $n \sim n$보다 좌의 부분에 대해 $\sum V = 0$를 생각하면

$$R_A - (P_1 + P_1') - P_2 + V_2 = 0$$

$$\therefore\ R_A - (P_1 + P_1') - (P_2 + P_2') + P_2' + V_2 = 0$$

가 되는데, 이 식의 좌변 제3항까지의 값은 사재 D_3의 부재력을 구한 때와 같이 AB를 단순보로 생각할 때의 절점 2에 해당되는 단면의 우측에서의 전단력 S_2이다. 따라서 윗

식에서 다음 식이 얻어진다.

$$V_2 = -S_2 - P_2' \tag{8.10}$$

⑤ 사재 U_1의 부재력

그림 8.10(a)의 지점 A부근에서와 같이 단면 $r \sim r$을 절단하여 $\sum V = 0$을 적용하면

$$R_A + U_1 \sin\theta = 0$$

가 된다. 이 식의 R_A는 AB를 단순보로 생각한 때의 점 A의 우측의 전단력 S_A와 같다. 따라서

$$U_1 = -\frac{S_A}{\sin\theta} \tag{8.11}$$

이상의 결과로 상현재에는 압축력, 하현재에는 인장력이 생김을 알 수 있고, 사재와 수직재는 보통 하중의 작용 위치가 변화함에 따라 인장력 혹은 압축력을 받는다.

(2) 와렌트러스의 해법

그림 8.11에서와 같은 와렌트러스의 해법을 생각해 보자. 부재의 부재력을 그림에서와 같이 U_0, U_1, ⋯, L_1, L_2, ⋯, D_1, D_2, ⋯라 한다.

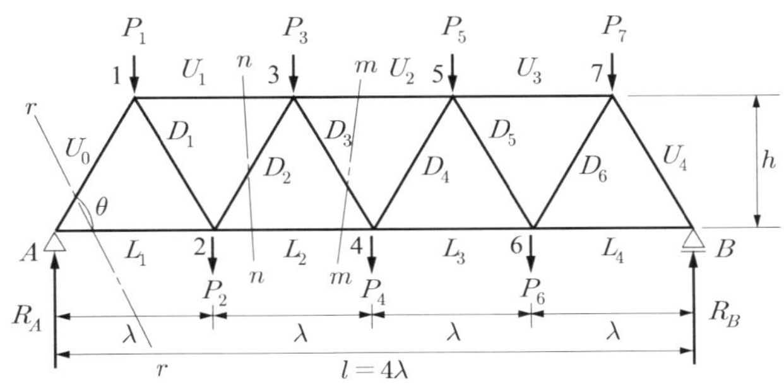

그림 8.11

① 단(端)사재 U_0의 부재력

프랫트러스 때와 같이 지점 A부근에서 단면 $r \sim r$로 절단하여 $\sum V = 0$를 적용하면

$$R_A + U_0 \sin\theta = 0$$

가 된다. R_A는 AB를 단순보로 생각한 때의 점 A의 우측에서의 전단력 S와 같다. 따라서 윗 식에서 다음식이 얻어진다.

$$U_0 = -\frac{S_A}{\sin\theta} \tag{8.12}$$

② 상현재 U_1의 부재력

그림에서와 같이 단면 $n \sim n$로 절단하고 절점 2를 모멘트의 중심으로 하여 $n \sim n$의 왼쪽 부분에서 $\sum M = 0$를 생각하면

$$R_A\,\lambda - P_1\,(\lambda/2) + U_1\,h = 0$$

가 된다. 이 식의 좌변 제2항까지의 값은 AB를 단순보로 생각한 때의 절절 2에 해당하는 단면에서의 휨모멘트 M_2와 같으므로

$$U_1 = -\frac{M_2}{h} \tag{8.13}$$

③ 하현재 L_2의 부재력

그림에서 보듯이 단면 $m \sim m$로 절단하여 절점 3을 모멘트의 중심으로 하고 $m \sim m$의 좌측부분에 $\sum M = 0$을 적용하면

$$R_A\,(\lambda + \lambda/2) - P_1\,\lambda - P_2\,(\lambda/2) - L_2\,h = 0$$

가 된다. 이 식의 좌변 제3항까지의 합은 AB를 단순보로 생각한 때의 절점 3에 해당하는 단면의 휨모멘트 M_3와 같다. 따라서

$$L_2 = \frac{M_3}{h} \tag{8.14}$$

④ 사재 D_2의 부재력

단면 $n \sim n$로 절단하고 그 좌측의 부분에 대하여 $\sum V = 0$을 적용하면

$$R_A - P_1 - P_2 + D_2\sin\theta = 0$$

가 된다. 이 식의 좌변 제3항까지는 단면 $n \sim n$의 전단력이며, 이때는 AB를 단순보로 생각한 때의 점 2에 해당하는 단면 우측의 전단력 S_2와 같다. 따라서

$$D_2 = -\frac{S_2}{\sin\theta} \tag{8.15}$$

⑤ 사재 D_3의 부재력

단면 $m-m$의 우측에 있는 부분에 $\sum V=0$을 적용하면

$$R_A - P_1 - P_2 - P_3 - D_3 \sin\theta = 0$$

가 된다. 이 식의 좌변 제4항까지는 단면 $m \sim m$의 전단력이며, 이 경우에는 AB를 단순보로 생각한 때의 점 3에 해당하는 단면 우측의 전단력 S_3와 같다. 따라서

$$D_3 = \frac{S_3}{\sin\theta} \tag{8.16}$$

이상의 결과로 알 수 있듯이 평행현을 가진 트러스는 모두 프랫트러스와 같이 지점 A로부터 적당히 절점법과 단면법을 써서 부재력을 구하면 모든 부재력을 구할 수 있다.

Example 8.2 그림 8.7과 같은 와렌트러스의 부재력을 단면법으로 구하여라.

그림 8.7과 같은 와렌트러스에서 그림 8.12(a)와 같이 AB를 단순보로 생각할 때 각 절점의 휨모멘트 및 전단력은 그림 8.12(b) 및 (c)와 같이 된다. 따라서

식 (8.13)에서

$U_1 = -M_2/h = -30/4 = -7.5$ kN

식 (8.14)에서

$L_1 = M_1/h = 24/4 = 6$ kN

$L_2 = M_3/h = 21/4 = 5.25$ kN

식 (8.16), (8.15)에서

$D_1 = S_1/\sin\theta = 2/0.8 = 2.5$ kN

$D_2 = -S_2/\sin\theta$

$= -(-3)/0.8 = 3.75$ kN

더욱이 U_0 및 U_2는 예제 8.1과 같이 절점법으로 구하면 된다. (식 8.12 참조)

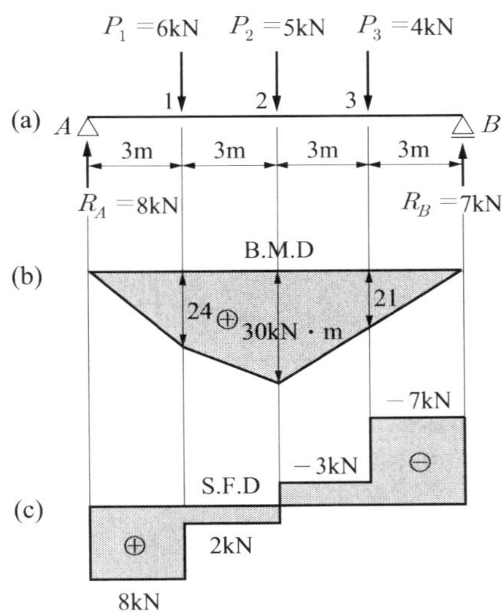

그림 8.12

8.5 도해법

8.5.1 크레모나의 도해법

크레모나(Cremona, 1830～1903)의 도해법은 8.3장에서 말한 절점법의 이론을 응용한다. 즉, 한 점에 몇 개의 힘이 작용하여 평형을 이루고 있을 때 이 힘들에 의하여 만들어진 힘의 다각형은 폐합되어야 한다는 것을 이용한다. 트러스의 어느 하나의 절점을 떼내어 그 각 부재에 작용하고 있는 부재력과 절점에 작용하는 외력을 생각하면 이 힘들에 의하여 그려지는 힘의 다각형은 폐합되어야 한다. 따라서 이 절점에 작용하는 힘 중에서 미지력이 둘을 넘지 않으면 이를 이용하여 트러스의 각 부재에 생기는 미지의 부재력을 도해법으로 알 수 있다.

일반적인 트러스에서는 좌우 어느 한 지점에서 출발하여 순차적으로 도해법을 이용하여 그려 나아가면 모든 부재의 부재력이 구해질 때가 많다.

그림 8.13(a)와 같이 평형을 이룬 트러스의 절점 O를 떼어내면 O에 모인 부재의 부재력 Q, R, S는 절점 O에 작용하고 있는 하중 P와 평형을 이루고 있다. 만일 Q가 이미 알려진 부재력이라 하면 그림 (b)에서와 같이 먼저 외력 P와 Q의 힘의 다각형을 그린다. 이때 작도를 알기 쉽고 편리하게 하기 위해 바오(Bow)의 기호법을 쓰면 된다. 이것은 그림 (a)와 같이 외력과 각 부재에 의하여 분할된 평면의 부분을 부호 A, B, C, D로 나타내고, 부재 및 외력은 그 양쪽에 있는 글자를 이어 써서 그릴 때 나타낸다. 예컨대 S는 AB로 적는다. 그리하여 이 힘의 다각형을 그릴 때 P는 D와 A의 사이에 있으므로 그림 (b)에서와 같이 D를 출발점으로 하여 $\overrightarrow{DA}=P$로 잡는다. 다음에 Q는 C와 D의 사이에 있으므로 $\overrightarrow{CD}=Q$로 잡고 C를 구한다. 또 R은 B와 C의 사이에 있으므로 C에서 R에 평행인 선을 긋고, S는 A, B간에 있으므로 A에서 S에 평행인 선을 긋고, 이 두 직선의 교점을 B로 하면 $\overrightarrow{B}=R$, $\overrightarrow{AB}=S$가 되어 미지의 부재력 R과 S를 구할 수 있다.

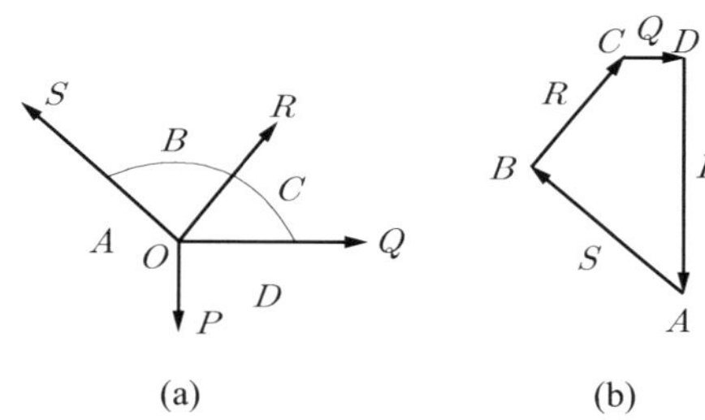

그림 8.13

힘의 방향은 이 힘의 다각형이 폐합하면 된다. 또는 절점 O를 떼 내어 생각한 그림 (a)에서 S를 AB, R을 BC, Q를 CD, P를 DA처럼 각 부재력 또는 외력을 나타내는 두 개의 글자의 순서를 시계방향이 되게 통일해 놓으면, $\overrightarrow{AB}$, $\overrightarrow{BC}$, $\overrightarrow{CD}$, $\overrightarrow{DE}$가 그대로

힘의 방향이 된다.

이와 같이 하여 구한 결과를 그림 (a)에 기입해서 절점을 향하여 작용하는 힘이면 부재력은 압축력, 절점에서 밖으로 향하는 작용력이면 인장력이다. 그림 8.13의 경우 Q, R, S는 모두가 인장력이다. 이상과 같은 방법을 크레모나의 도해법이라 한다.

프랫트러스를 도해법으로 구해보자.

그림 8.14는 프랫트러스로서 위에서와 같이 각 부분에 기호 A, B, C, ⋯를 붙인다. 그림에 주어진 하중에서 반력을 구하면 $R_o = R_5 = 2.5P$이다. 그림 8.15(a)는 지점 O를 떼어낸 것으로 이미 알려진 반력 $R_o = 2.5P$를 쓴다. 이 경우 R_o는 QA로 표기되기에 이것을 $\overrightarrow{qa}$로 도시한다. 다음에 사재 AB의 부재력은 a에서 AB에 평행으로 $\overrightarrow{ab}$를 긋는다. 또 하현재 BQ의 부재력은 q에서 BQ에 평행으로 $\overrightarrow{qb}$를 긋고 이들의 교점을 b로 하면 $\overrightarrow{ab}$, $\overrightarrow{bq}$가 각각 구하는 부재력이 되고 앞에 말한 것과 같이 $\overrightarrow{ab}$는 압축력, $\overrightarrow{bq}$는 인장력이 된다. 그림 (b)는 절점 1에 관한 것이다. 이때 $\overrightarrow{qb}$ 이미 알려진 힘이 되고, 절점 1에서 생각하면(인장력이므로 단면에서 멀어지고) 지점 O 경우의 →표의 방향과는 반대가 된다. 즉 이때는 절점 1을 떼 내어 생각하고 있으므로 부재 O_1은 QB로 나타나고, 그림 (b)에서는 $\overrightarrow{qb}$의 방향을 나타내게 된다.

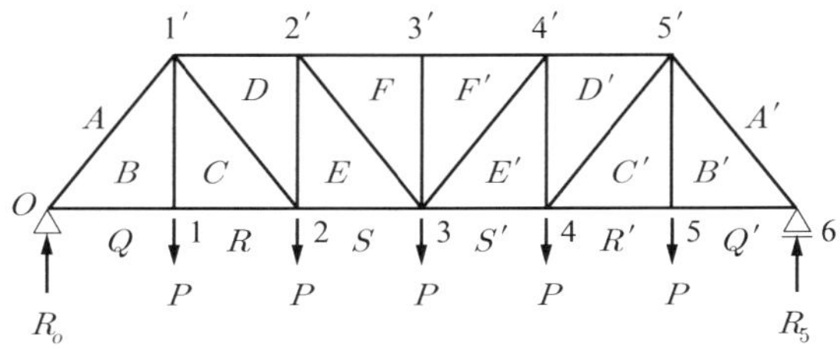

그림 8.14

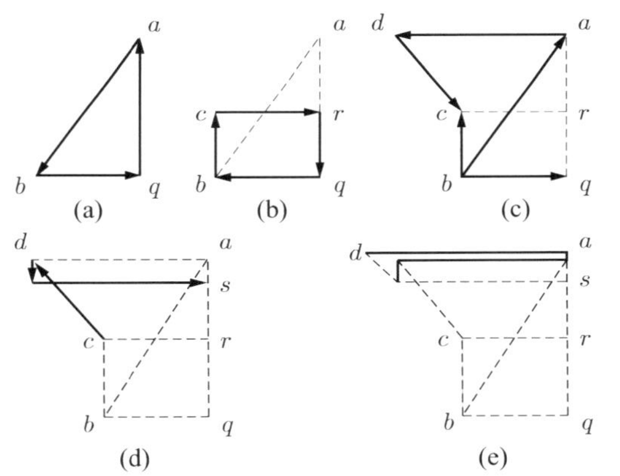

그림 8.15

먼저 $\overrightarrow{rq}= P$를 잡고, q에서 $\overrightarrow{qb}$를 잡는다. (b)에서 부재 BC에 평행으로 $\overrightarrow{bc}$를 잡고, r에서 부재 CR에 평행으로 $\overrightarrow{rc}$를 취하여 이 교점들을 c로 하면 $\overrightarrow{bc}$, $\overrightarrow{cr}$이 각각 구하고자 하는 부재력이 된다. 이때 $\overrightarrow{bc}$, $\overrightarrow{cr}$은 모두 인장력을 나타낸다.

그림 (c)는 절점 1에 대한 것이다. 이때 $\overrightarrow{ba}$, $\overrightarrow{cb}$는 모두 이미 알려진 힘으로, 구하는 부재력은 $\overrightarrow{ad}$, $\overrightarrow{dc}$다. a에서 부재 AB에 평행으로 $\overrightarrow{ad}$를 긋고, c에서 부재 DC에 평행으로 $\overrightarrow{cd}$를 그려 그 교점을 d로 하면 $\overrightarrow{ad}$, $\overrightarrow{dc}$가 각각 구하는 부재력이 된다. 이때 $\overrightarrow{ad}$는 압축력, $\overrightarrow{dc}$는 인장력이 된다.

그림 (d)는 절점 2에 대한 것으로 이때 $\overrightarrow{sr}$은 절점 2에 작용하는 하중 P이고 $\overrightarrow{rc}$, $\overrightarrow{cd}$는

이미 알려진 힘이므로 구하는 부재력은 $\overrightarrow{de}$, $\overrightarrow{es}$이다. 그러므로 부재 DE, ES의 응력은 앞과 같은 작도법에 따라 $\overrightarrow{de}$, $\overrightarrow{es}$로 주어진다. 그림 (e)는 절점 2′에 대한 것으로 부재 AF, FE의 부재력은 $\overrightarrow{af}$, $\overrightarrow{fe}$로 주어진다.

이상 말한 각 절점에 대한 힘의 다각형은 모두 폐합되어 있고, 공통의 부재력을 몇 개 가지고 있다. 따라서 일반적으로는 하나하나를 나누어 그리지 않고 전부를 모아 그림 (e)에 나타낸 점선을 합한 것을 그리면 된다. 더욱이 이 트러스는 좌우 대칭이며 또 하중도 대칭이므로 각 부재 33′의 응력도 모두 대칭이다. 또 부재의 응력은 절점 3′를 떼내어 생각하면 0이 됨을 쉽게 알게 된다.

하우트러스, 와렌트러스, 곡현트러스의 도해법도 같게 생각하면 된다.

Example 8.3 도해법에 의하여 그림 8.7에 나타낸 트러스의 모든 부재력을 구하여라.

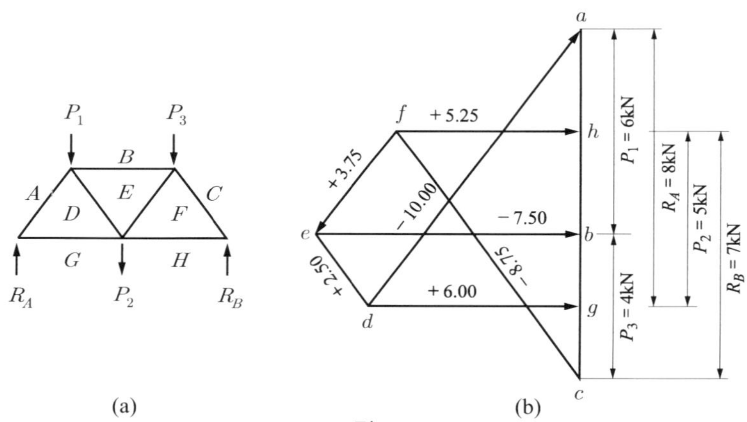

그림 8.16

8.6 트러스의 영향선

트러스가 이동하중을 받을 때는 반력과 부재력 계산에 영향선을 이용하는 것이 편리하다. 특히 복재는 하중의 위치에 따라 인장재로 되기고 하고 압축재로 되기도 하기 때문에 최대부재력을 구하는 데 영향선이 유효하다.

트러스의 영향선도 단순보에서와 같이 단위하중이 임의의 점에 있을 때의 부재력을 절점법 및 단면법 등으로 계산하여 이들 하중이 작용하는 점의 밑에 세로거리로서 나타낸 것이다.

트러스의 하중은 거의가 간접하중으로서 절점에 재하되므로 같은 형의 트러스라도 상현재하 또는 하현재하에 따라 영향선이 달라지는 것에 주의하여야 한다.

8.6.1 직현트러스의 영향선

(1) 프랫트러스 영향선

그림 8.17에서와 같이 하현을 재하현으로 하는 단순프랫트러스의 영향선을 구해보자.

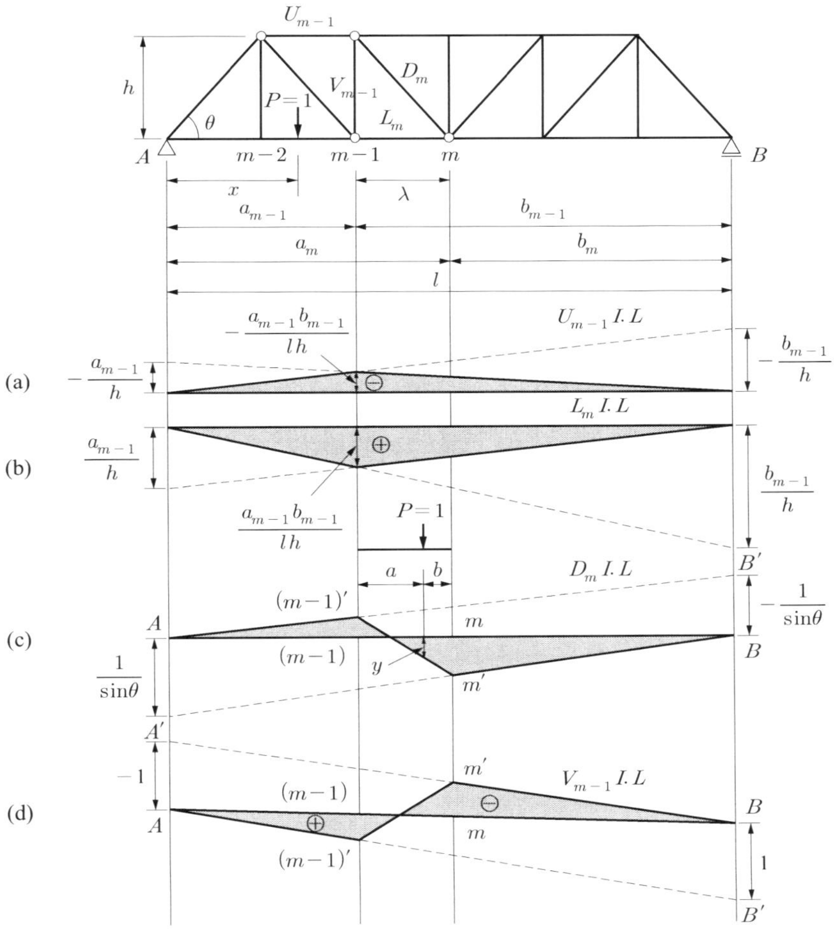

그림 8.17

① 지점반력의 영향선

단순트러스의 두 지점의 반력 R_A, R_B의 영향선은 AB를 단순보로 생각할 때의 반력의 영향선과 꼭 같다.

② 상현재의 부재력 U_{m-1}의 영향선

그림 8.17에서와 같이 $P=1$의 단위하중이 절점 $(m-1)$의 좌측에 있고 지점 A에서 x 되는 거리에 있다고 하면

$$R_A = \frac{P(l-x)}{l} = \frac{l-x}{l}$$

가 된다. 절점 $(m-1)$의 휨모멘트를 M_{m-1}이라 하면

$$\begin{aligned} M_{m-1} &= R_A \cdot a_{m-1} - P(a_{m-1} - x) \\ &= \frac{l-x}{l} \cdot a_{m-1} - (a_{m-1} - x) = x\left(1 - \frac{a_{m-1}}{l}\right) \end{aligned}$$

한편 트러스의 높이를 h라 하면 식 (8.9)에서

$$U_{m-1} = -\frac{M_{m-1}}{h} = -\frac{x}{h}\left(1 - \frac{a_{m-1}}{l}\right) = -\frac{x}{l} \cdot \frac{b_{m-1}}{h} \tag{8.17}$$

이 얻어진다. 또 $P=1$의 단위하중이 절점 $(m-1)$보다 우측에 있을 때에는

$$M_{m-1} = R_A \cdot a_{m-1} = \frac{l-x}{l} \cdot a_{m-1}$$

이 되므로

$$U_{m-1} = -\frac{M_{m-1}}{h} = -\frac{l-x}{lh} \cdot a_{m-1} \tag{8.18}$$

이 얻어진다. 따라서 U_{m-1}의 영향선은 그림 8.17의 (a)와 같게 된다. 이것을 다음과 같이 생각함으로써 쉽게 이해할 수 있다. 즉 식 (8.9)에서

$$U_{m-1} = -\frac{M_{m-1}}{h}$$

이다. 그런데 M_{m-1}은 AB를 단순보로 생각한 때의 절점 $(m-1)$에 대한 휨모멘트이다. 따라서 U_{m-1}의 영향선 값은 가상 단순보 AB의 단면 $(m-1)$의 휨모멘트의 영향선 값에 계수 $-1/h$을 곱한 것이 된다. 따라서 지점 위에 잡을 세로거리를 a_{m-1}, b_{m-1}로 하

는 대신 $-\dfrac{a_{m-1}}{h}$, $-\dfrac{b_{m-1}}{h}$로 하여 그림 8.17과 같이 U_{m-1}의 영향선을 구할 수 있다.

③ 하현재의 부재력 L_m의 영향선

식 (8.7)에서와 같이 $L_m = \dfrac{M_{m-1}}{h}$이므로 L_m의 영향선은 U_{m-1}의 영향선과 절대값이 같고 부호가 반대이다. 따라서 그림 (b)와 같이 지점 위에 잡을 세로거리를 각각 $\dfrac{a_{m-1}}{h}$, $\dfrac{b_{m-1}}{h}$로 하여 작도하면 된다. 이때에는 영향선의 세로거리가 정이고 이로서 하현재의 부재력은 언제나 인장력이 됨을 알 수 있다.

④ 사재의 부재력 D_m의 영향선

$P=1$의 단위하중이 절점 $(m-1)$의 좌측에 있을 때는 점 $(m-1)$의 우측 단면의 전단력 S_{m-1}을 구하면

$$S_{m-1} = R_A - P = \frac{l-x}{l} - 1 = -\frac{x}{l}$$

가 된다. 따라서 식 (8.8)에서

$$D_m = \frac{S_{m-1}}{\sin\theta} = -\frac{x}{l} \cdot \frac{1}{\sin\theta} \tag{8.19}$$

이 된다. 다음에 단위하중이 절점 $(m-1)$의 우측에 있을 때에는 $S_{m-1} = R_A = (l-x)/l$이므로

$$D_m = \frac{S_{m-1}}{\sin\theta} = \left(1 - \frac{x}{l}\right) \cdot \frac{1}{\sin\theta} \tag{8.20}$$

이 얻어진다. 따라서 그림 8.17(c)와 같이 점 $(m-1)$의 위에 점 $(m-1)'$를 $\overline{(m-1)(m-1)'} = a_{m-1}/(l\sin\theta)$가 되도록 잡고 점 m의 아래에 점 m'를 $\overline{mm'} = b_{m-1}/(l\sin\theta)$가 되게 한다. 그리하여 A와 $(m-1)'\,m'$와 B를 이으면 이 직선들은 $A(m-1)$ 및 mB 사이에 있는 단위하중 $P=1$에 대한 영향선이 된다. 만일 $P=1$이 $(m-1)$과 m과의 사이에 있을 때는 이것을 간접하중으로 생각하여 $(m-1)$ 및 m에 대한 하중으로 나누어 S_{m-1}을 구하면 절점 $(m-1)$에 작용하는 분력은 b/λ가 되므로

$$S_{m-1} = \frac{b_m + b}{l} - \frac{b}{\lambda} = \frac{b_m}{l} - \frac{b}{\lambda}\left(1 - \frac{\lambda}{l}\right)$$

$$\therefore\ D_m = \frac{S_{m-1}}{\sin\theta} = \left\{\frac{b_m}{l} - \frac{b}{\lambda}\left(1 - \frac{\lambda}{l}\right)\right\} \cdot \frac{1}{\sin\theta} \tag{8.21}$$

이 얻어진다. 그런데 그림 8.17(c)에서 $(m-1)$과 m'를 이은 직선과 직선 AB를 둘러쌓은 도형의 단위하중이 작용하는 작용점의 세로거리 y를 구하면

$$y = \left\{\frac{b_m}{l} - \frac{b}{\lambda}\left(1 - \frac{\lambda}{l}\right)\right\} \cdot \frac{1}{\sin\theta}$$

이 되고 식 (8.21)의 D_m의 값과 같게 된다. 따라서 점 $(m-1)'$과 점 m'를 맺은 직선은 단위하중이 $(m-1)$과 m 사이에 있을 때의 영향선이다. D_m의 영향선은 다음과 같이 생각해도 쉽게 구해진다. 곧

$$D_m = \frac{S_{m-1}}{\sin\theta}$$

이지만 S_{m-1}은 AB를 단순보로 생각한 때의 절점 $(m-1)$의 바로 우측점에 해당하는 단면의 전단력이다. 따라서 D_m의 영향선 값은 가상 단순보 AB의 단면 $(m-1)$의 전단력의 영향선 값에 계수 $1/\sin\theta$를 곱한 것이다.

단, 절점과 절점 사이 $(m-1)\,m$에 해당하는 부분은 간접하중이 되므로 영향선을 그릴 때에는 그림 8.17에 (c)에서와 같이 점 A에서 $\overline{AA'} = 1/\sin\theta$, 점 B에서 $\overline{BB'} = -1/\sin\theta$가 되게 점 A' 및 B'를 잡고 A'와 B, A와 B'를 잇고 절점 $(m-1)$과 m으로 AB에 수선을 내린 직선과 이 직선들과의 교점을 그림과 같이 $(m-1)'$ 및 m'로 하고 $(m-1)$과 m'를 이으면 된다.

⑤ 수직재의 부재력 V_{m-1}의 영향선

식 (8.10)을 사용하고 또 하현재하임을 고려하면

$$V_{m-1} = -S_{m-1}$$

이다. 따라서 단위하중 $P=1$이 절점 $(m-1)$의 좌측에 있을 때에는

$$S_{m-1} = R_A - P = \frac{l-x}{l} - 1 = -\frac{x}{l}$$

가 되므로

$$V_{m-1} = \frac{x}{l} \tag{8.22}$$

가 얻어진다. 다음에 단위하중 $P=1$이 절점 m의 우측에 있을 때는

$$S_{m-1} = R_A = \frac{l-x}{l} = 1 - \frac{x}{l}$$

이므로

$$V_m - 1 = -\left(1 - \frac{x}{l}\right) \tag{8.23}$$

이 얻어진다. 그림 8.17(d)와 같이 AB의 아래에 $\overline{(m-1)(m-1)'} = a_{m-1}/l$이 되게 $(m-1)'$을 잡고 AB 위에 $\overline{mm'} = b_m/l$이 되도록 m'를 잡으면 $A(m-1)'$ 및 $m'B$는 각각 $P=1$이 절점 $(m-1)$의 좌측 및 절점 m의 우측에 있을 때의 영향선이 된다.

또 $(m-1)$과 m 사이에 단위하중 $P=1$일 때는 D_m의 때와 같이 m'과 $(m-1)'$을 잇는 직선이 구하는 영향선이 된다. 따라서 그림 8.17(d)와 같이 점 $A_1(m-1)'$과 $m'B$를 맺으면 이것이 V_{m-1}의 영향선이 된다. V_m의 영향선은 다음과 같이 생각해도 쉽게 구해질 수 있다. 곧

$$V_{m-1} = -S_{m-1}$$

이지만 S_{m-1}은 AB를 단순보로 생각한 때의 절점 $(m-1)$의 바로 우측점에 해당하는 단면의 전단력과 같으므로 V_{m-1}의 영향선 값은 가상 단순보 AB의 단면 $(m-1)$의 전단력의 영향선 값의 부호를 바꾼 것과 같다. 따라서 그림 8.17과 같이 A 위에 $\overline{AA'} = -1$, B 아래에 $\overline{BB'} = 1$이 되게 $A'B'$를 잡고 A와 B', B와 A'를 각각 맺고 그림 (c)와 같은 방법으로 $(m-1)'$과 m'를 구하면 된다.

이상과 같이 하여 영향선이 구해졌으므로 하중 P가 작용할 때에는 이 영향선의 세로거리를 구하고 이것을 P배 하면 구하려는 부재력이 얻어진다.

이동하중이 작용할 때도 이 영향선에서 임의의 부재의 최대응력을 구할 수 있다.

(2) 와렌트러스의 영향선

① 지점반력의 영향선

단순보에서와 같은 방법으로 구한다.

② 상현재의 부재력 U_m의 영향선

이것을 프랫트러스 때와 같이 하여 구한다. $U_m = -M_m/h$이므로 M_m의 영향선 값에 계수 $-1/h$를 곱한 것이 구하는 영향선이다. 따라서 위의 그림 8.18(a)의 값이 된다.

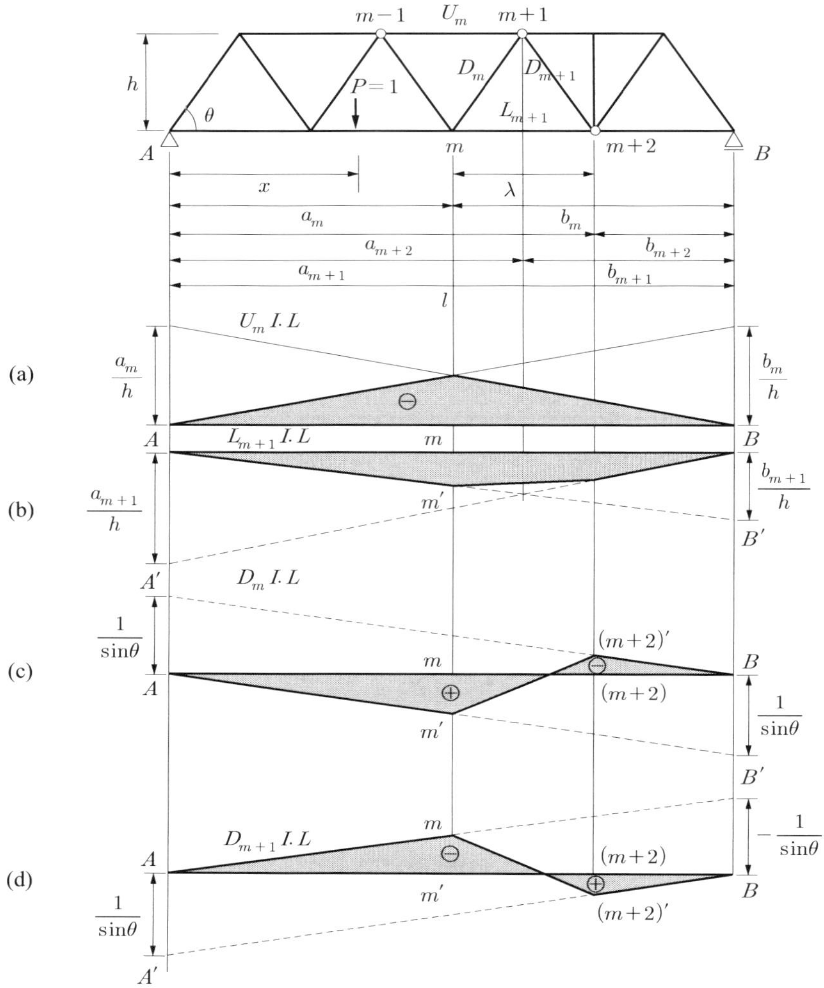

그림 8.18

③ 하현재의 부재력 L_{m+1}의 영향선

식 (8.14)에서

$$L_{m+1} = \frac{M_{m+1}}{h}$$

이다. 지금 단위하중 $P=1$이 절점 m의 왼쪽에 있을 때를 생각하면

$$M_{m+1} = R_A\, a_{m+1} - P\,(a_{m+1} - x) = \frac{l-x}{l} \cdot a_{m+1} - 1 \times (a_{m+1} - x) = \frac{x \cdot b_{m+1}}{l}$$

$$\therefore\ L_{m+1} = \frac{x \cdot b_{m+1}}{h\,l} \tag{8.24}$$

이 얻어진다. 따라서 절점 m의 왼쪽부분에 대한 영향선은 그림 (b)와 같이 $\overline{mm'}$ $= a_m b_{m+1}/(h\,l)$가 되게 m'을 잡고 A와 m'을 맺으면 된다.

다음에 단위하중 $P=1$이 절점 $(m+2)$의 오른쪽에 왔을 때를 생각하면

$$L_{m+1} = \frac{(l-x)\,a_{m+1}}{h\,l} \tag{8.25}$$

이 된다. 이 식에서 $x = a_{m+2}$로 하면

$$L_{m+1} = \frac{(l-a_{m+2})\,a_{m+1}}{h\,l} = \frac{b_{m+2} \cdot a_{m+1}}{h\,l} \tag{8.26}$$

이다. 따라서 그림 (b)와 같이 $\overline{(m+2)(m+2)'} = b_{m+2} \cdot a_{m+1}/(h\,l)$이 되게 $(m+2)'$를 잡고 B와 $(m+2)'$를 이은 것이 이 구간의 영향선이 된다. 또 단위하중 $P=1$이 절점 m과 $(m+2)$ 사이에 있을 때는 간접하중을 받는 단순보의 영향선과 같게 m'와 $(m+2)'$를 맺는 직선이 영향선이 된다. 따라서 그림 8.18(b)에서와 같이 A, m', $(m+2)'$, B를 이은 것이 L_{m+1}의 영향선이다.

이상 말한 것은 $L_{m+1} = M_{m+1}/h$이라는 데서 다음과 같이 하여도 간단히 나타난다. 즉 M_{m+1}은 가상 단순보 AB의 절점 $(m+1)$에 대한 휨모멘트와 같으므로 L_{m+1}의 영향선 값은 가상 단순보 AB의 단면 $(m+1)$의 휨모멘트의 영향선 값에 계수 $1/h$를 곱한 것이다. 더욱이 절점 $m(m+2)$ 사이에서는 간접하중임을 고려하면 그림 (b)가 쉽게 얻어진다.

④ 사재의 부재력 D_m의 영향선

단위하중 $P=1$이 절점 m의 왼쪽에 있을 때에는

$$S_m = R_A - P = \frac{l-x}{l} - 1 = -\frac{x}{l}$$

가 된다. 따라서 식 (8.15)에서

$$D_m = -\frac{S_m}{\sin\theta} = \frac{x}{l} \cdot \frac{1}{\sin\theta} \tag{8.27}$$

다음에 단위하중 $P=1$이 절점 $(m+2)$에서 오른쪽에 있을 때는

$$S_m = R_A = \frac{l-x}{l} = 1 - \frac{x}{l}$$

$$\therefore\ D_m = -\left(1 - \frac{x}{l}\right) \cdot \frac{1}{\sin\theta} \tag{8.28}$$

따라서 그림 8.18(c)와 같이 $\overline{mm'} = a-m/(l\sin\theta)$, $\overline{(m+2)} \cdot b_{m+2}/(l\sin\theta)$가 되게 m' 및 $(m+2)'$을 잡고 A와 m', B와 $(m+2)'$를 직선으로 잇는다. 또 절점 m과 $(m+2)$의 사이에 단위하중이 있을 때는 L_{m+1}일 때와 같이 m'와 $(m+2)'$을 직선으로 이으면 된다. 이와 같이 A, m', $(m+2)'$, B를 잇는 것이 D_m의 영향선이다.

이때에도 식 (8.27)에 나타낸 S_m과 D_m의 관계에서 간단히 영향선을 그리려면 $\overline{AA'} = \overline{BB'} = 1/\sin\theta$이 되도록 $A'B'$를 그림과 같이 구하고 앞에서와 같은 방법으로 m'과 $(m+2)'$을 구하면 된다는 것을 알 수 있다.

⑤ 사재의 부재력 D_{m+1}의 영향선

단위하중 $P=1$이 절점 m의 왼쪽에 있을 때는

$$S_{m+1} = R_A - P = \frac{l-x}{l} - 1 = -\frac{x}{l}$$

가 되고 식 (8.16)에서

$$D_{m+1} = \frac{S_{m+1}}{\sin\theta} = -\frac{x}{l} \cdot \frac{1}{\sin\theta} \tag{8.29}$$

이 얻어진다. 또 단위하중 $P=1$이 절점 $(m+2)$의 오른쪽에 있을 때는

$$S_{m+1} = R_A = 1 - \frac{x}{l}$$

가 되므로

$$D_{m+1} = \left(1 - \frac{x}{l}\right) \cdot \frac{1}{\sin\theta} \tag{8.30}$$

식 (8.30)은 식 (8.28)의 D_m과 크기가 같고 부호가 반대이므로

$$\overline{mm'} = \frac{a_m}{l\sin\theta}\ ;\ \overline{(m+2)(m+2)'} = \frac{b_{m+2}}{l\sin\theta}$$

가 되게 그림 (d)와 같이 m', $(m+2)'$을 잡고 A, m', $(m+2)'$, B를 맺으면 이것이 D_{m+1}의 영향선이 된다. 이때에도 식 (8.29)에 나타나 있는 S_{m+1}과 D_{m+1}의 관계에

의해 $\overline{AA'} = \overline{BB'} = 1/\sin\theta$가 되게 A', B'를 그림 (d)와 같이 구하고 앞에서와 같은 방법으로 m'와 $(m+2)'$를 구하면 D_{m+1} 부재의 영향선을 쉽게 구할 수 있다.

예로서 프랫트러스와 와렌트러스의 영향선을 각각 구하면 그림 8.19와 그림 8.20과 같다.

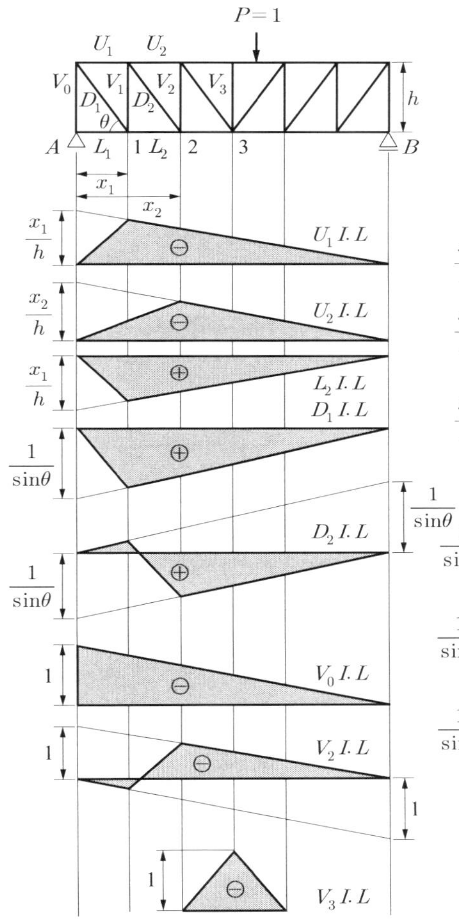

그림 8.19

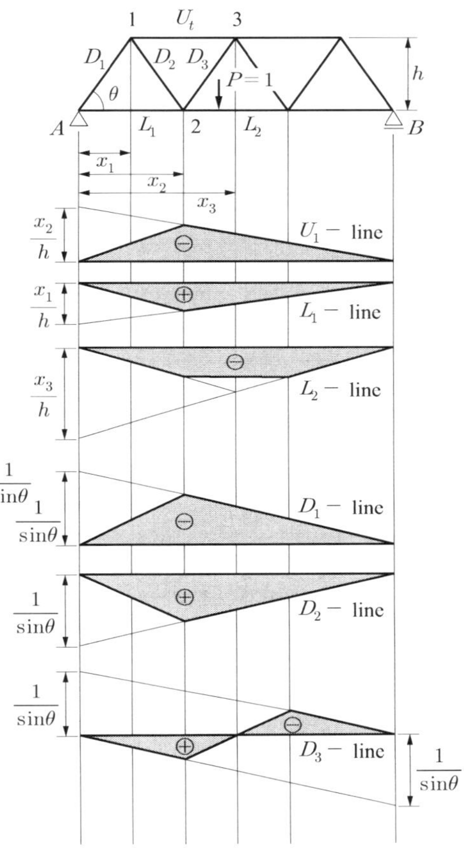

그림 8.20

8.6.2 곡현트러스의 영향선

그림 8.21과 같은 곡현와렌트러스 하현재하의 영향선을 구해보자.

① 지점반력

단순보에서와 같은 방법으로 구한다.

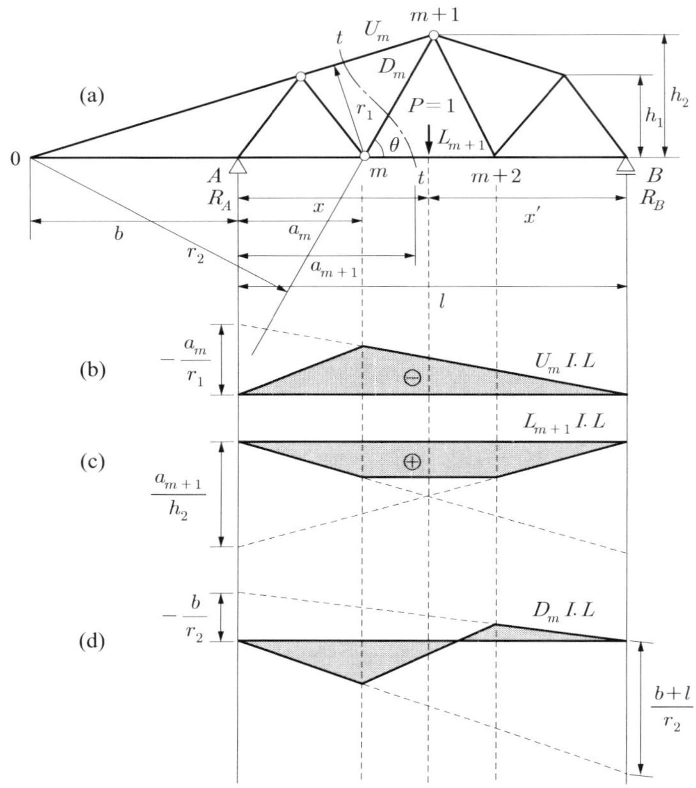

그림 8.21

② 상현재의 부재력 U_m의 영향선

상현재 U_m의 영향선은 식 (8.13)으로부터

$$U_m = -\frac{M_m}{r_1}$$

가 된다. 여기서 M_m은 가상단순보로 보았을 때의 m점에서의 휨모멘트이다. 따라서 영향선은 그림 8.21(b)와 같다.

③ 하현재 L_{m+1}의 영향선

식 (8.14)로부터

$$L_{m+1} = \frac{M_{m+1}}{h_2}$$

로 된다. 여기서 M_{m+1}은 가상 단순보로 보았을 때의 $(m+1)$점에서 휨모멘트이다. 따라서 L_{m+1}의 영향선은 그림 (c)와 같다.

④ 사재 D_m의 영향선

단위하중 $P=1$이 절점 m의 좌측에 작용할 때는 $t-t$ 단면의 우측을 생각하여

$$\sum M_O = 0 \text{으로부터}$$

$$D_m r_2 - R_B(b+l) = 0$$

$$\therefore\ D_m = R_B \cdot \frac{b+l}{r_2} = \frac{x}{l} \cdot \frac{b+l}{r_2}$$

되고, 단위하중 $P=1$이 절점 $m+2$의 우측에 작용할 때는 $t-t$ 단면의 좌측을 생각하여

$$\sum M_O = 0 \text{으로부터}$$

$$-D_m r_2 - R_A b = 0$$

$$\therefore\ D_m = -R_A \cdot \frac{b}{r_2} = -\frac{x'}{l} \cdot \frac{b}{r_2}$$

로 된다. 단위하중 $P=1$이 m, $m+2$ 사이에 있을 때는 간접하중을 받는 단순보와 같이 된다. 이들로서 사재 D_m의 영향선을 그리면 그림 8.21(d)와 같다.

Example 8.4 그림 8.22(a)와 같은 하우트러스에 이동하중이 왕복할 때 사재 D에 생기는 최대인장력 및 최대압축력을 구하여라.

구하고자 하는 사재의 부재력 D는 단면 $t-t$의 좌측에 $\sum V=0$을 적용하면

$$D = -\frac{S_{2-3}}{\sin\theta}$$

여기서 S_{2-3}은 트러스로 간접하중을 받는 단순보로 생각한 때의 격간 2~3에서의 전단력이다. 따라서 부재력 D의 영향선은 S_{2-3}의 영향선에 지점 D에 잡은 세로거리에 $\frac{1}{\sin\theta}$ 또는 $-\frac{1}{\sin\theta}$을

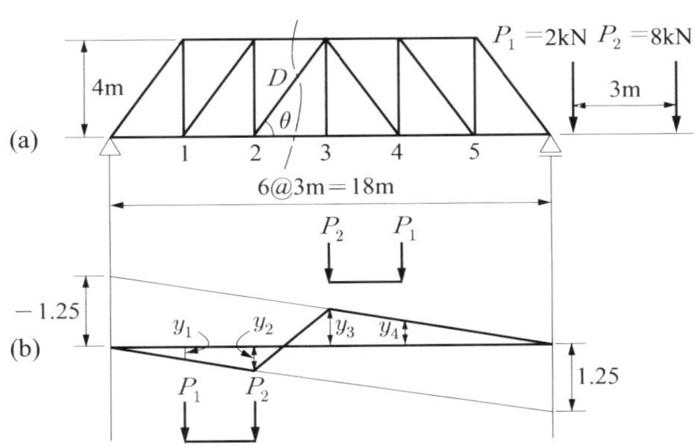

그림 8.22

잡으면 그림 (b)와 같이 된다.

$$\frac{1}{\sin\theta}=\frac{5}{4}=1.25$$

이동하중을 그림 8.22(b)와 같이 재하시키고 하중이 작용하는 위치의 세로거리를 비례식으로 세워 구하면

$$y_1=1.25\times\frac{2}{18}=0.139$$

$$y_2=1.25\times\frac{6}{18}=0.417$$

$$y_3=-1.25\times\frac{9}{18}=-0.625$$

$$y_4=-1.25\times\frac{5}{18}=-0.347$$

최대인장력

$$D_t=P_1 y_1+P_2 y_2=2\times0.139+8\times0.417=3.614\text{ kN}$$

최대압축력

$$D_c=P_2 y_3+P_1 y_4=8\times-0.625+2\times-0.347=-5.694\text{ kN}$$

Example 8.5 그림 8.23(a)와 같은 곡현프랫트러스의 부재력 U, D를 영향선을 이용하여 구하여라.

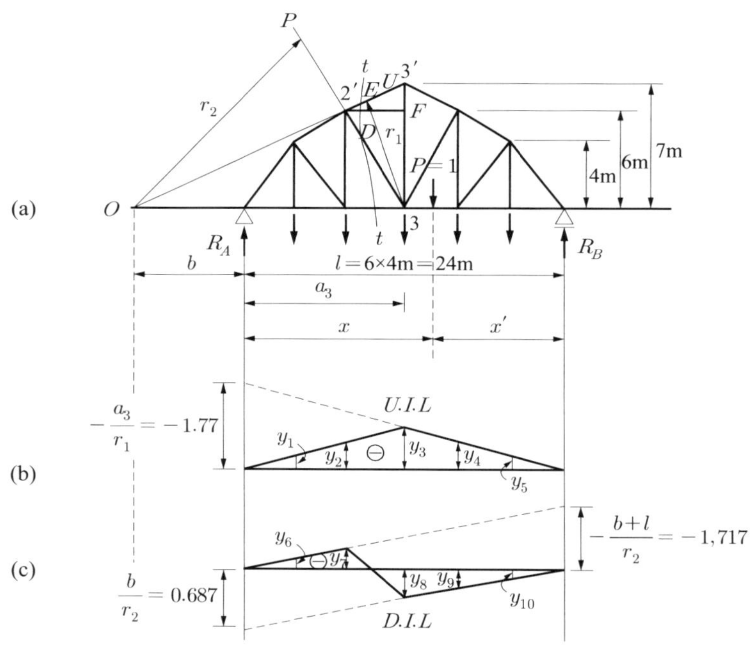

그림 8.23

그림 8.23(a)와 같이 단면 $t-t$를 절단하여 생각한다.

우선 U를 구하면 $\sum M_3 = 0$으로부터

$$U = -\frac{M_3}{r_1}$$

M_3는 가상 단순보의 3점에 대한 휨모멘트이다. r_1은 $\triangle 3E3' \backsim \triangle 2'F3'$로부터

$$r_1 = \frac{4\times 7}{\sqrt{1^2+4^4}} = \frac{4\times 7}{\sqrt{17}} = 6.79\ \mathrm{m}$$

$$\therefore\ \frac{a_3}{r_1} = \frac{12}{6.79} = 1.77$$

U의 영향선은 그림 8.23(b)와 같이 되고 각 세로거리는

$$y_1 = y_5 = -\frac{a_3}{r_1}\times\frac{1}{6}$$

$$y_2 = y_4 = -\frac{a_3}{r_1}\times\frac{1}{2}$$

$$y_3 = -\frac{a_3}{r_1}\times\frac{1}{2}$$

로 되므로

$$U = \sum P y_i = -P\cdot\frac{a_3}{r_1}\left(\frac{1}{6}\times 2 + \frac{2}{6}\times 2 + \frac{3}{6}\right)$$

$$= -6\times\frac{12}{6.79}\times\frac{9}{6} = -15.93\ \mathrm{kN}\ \text{(압축)}$$

다음에 D를 구해 보자

$\triangle 3'2'F \backsim \triangle 3'O3$ 및 $\triangle OP3 \backsim 3F2'$로부터

$b = 16\ \mathrm{m}$

$$r_2 = \frac{28\times 6}{\sqrt{6^2+4^2}} = 23.29\ \mathrm{m}$$

$$\therefore\ \frac{b}{r_2} = \frac{16}{23.29} = 0.687$$

$$\frac{b+l}{r_2} = \frac{40}{23.29} = 1.717$$

로 되어 부재 D의 영향선은 그림 8.23(c)와 같다. 따라서

$$y_6 = -\frac{b+l}{r_2}\times\frac{1}{6}$$

$$y_7 = -\frac{b+l}{r_2}\times\frac{2}{6}$$

$$y_8 = \frac{b}{r_2}\times\frac{3}{6}$$

$$y_9 = \frac{b}{r_2}\times\frac{2}{6}$$

$$y_{10} = \frac{b}{r_2} \times \frac{1}{6}$$

$$D = \sum P \cdot y_i = P\left[-\frac{b+l}{r_2}\left(\frac{1}{6}+\frac{2}{6}\right)+\frac{b}{r_2}\left(\frac{3}{6}+\frac{2}{6}+\frac{1}{6}\right)\right]$$

$$= 6 \times \left(-1.717 \times \frac{1}{2} + 0.687\right) = -1.03\ \text{kN}\ \ (\text{압축})$$

PROBLEMS

01. 그림 8.24와 같은 와렌트러스의 부재력 U, D, L를 구하라.

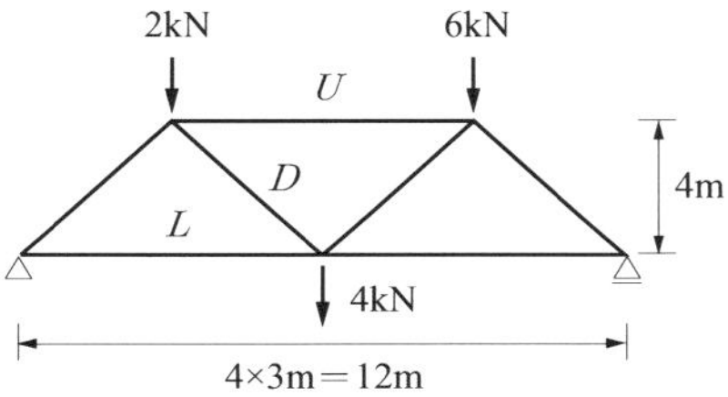

그림 8.24

답 : $U = -6$ kN, $D = 3.75$ kN, $L = 3.75$ kN

02. 그림 8.25와 같이 하우트러스의 부재 L_1의 부재력은?

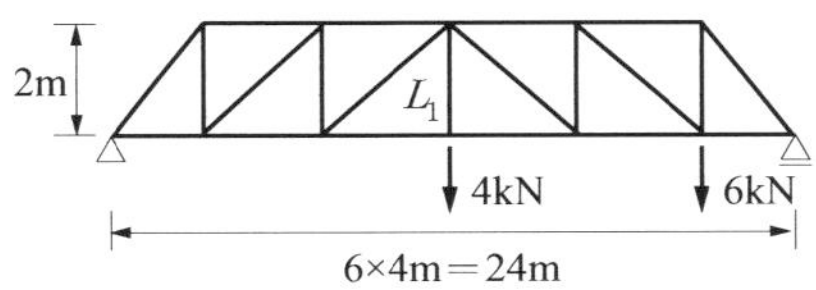

그림 8.25

답 : 12 kN

03. 그림 8.26과 같은 트러스의 부재력 U, D_1, D_2를 구하여라.

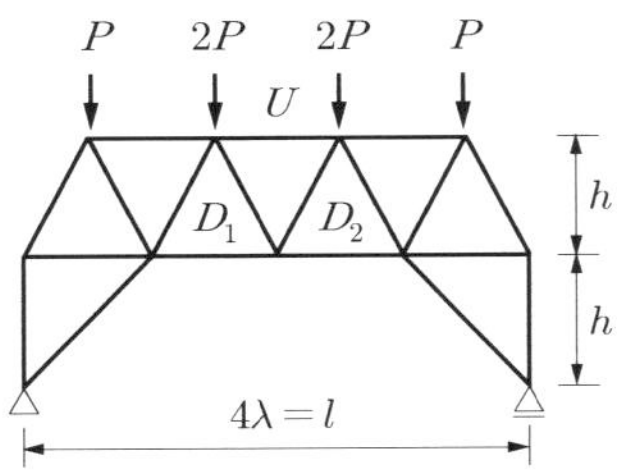

그림 8.26

답 : $U = -\dfrac{7\lambda}{2h}P$, $\quad D_1 = D_2 = 0$

04. 그림 8.27과 같은 트러스 위를 등분포하중이 이동하여 작용할 때 부재력 U, D, L의 최대값을 구하여라.

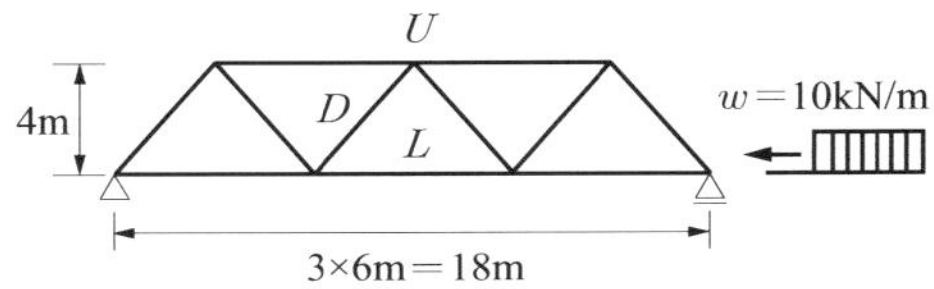

그림 8.27

답 : $U = -90$ kN, $D = \pm\dfrac{225}{12}$ kN, $L = 90$ kN

05. 그림 8.27과 같은 트러스에 3 kN과 5 kN의 집중하중이 1.5 m 간격을 유지하고 보 위를 이동할 때 U, D, L의 최대값을 구하여라.

답 : $U = -\dfrac{59}{8}$ kN, $D = \dfrac{145}{48}$ kN,

$L = -\dfrac{65}{24}$ kN

Chapter 8 → Chapter 9

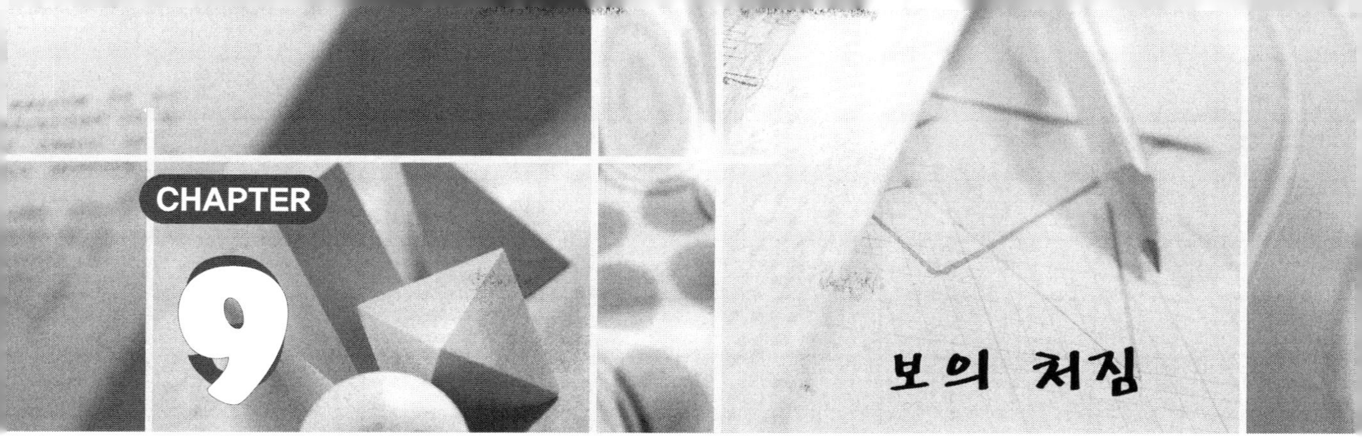

CHAPTER 9 보의 처짐

9.1 탄성곡선과 변형

직선보에 임의의 하중이 작용하면 보는 변형하여 평행상태를 이룬다. 이 변형은 일반적으로 보의 단면에 작용하는 휨모멘트, 전단력 및 축방향력의 작용에 의하여 생기는 것이다. 그런데 전단력이 변형에 미치는 영향은 휨모멘트에 의하여 생기는 변형에 비하여 작고, 또 정정보에 수직하중이 작용하는 때는 축방향력은 생기지 않기 때문에 전단력과 축방향력에 의한 변형은 무시하고 휨모멘트에 의한 변형만을 다루기로 한다.

그림 9.1에서와 같이 처음 직선이었던 보의 축 ACB가 하중이 작용하여 변형할 때 변형 후의 보의 축 $AC'B$를 보의 탄성곡선(elastic curve)이라 하고 임의점 C의 이동량 CC'를 이 점의 변위(displacement), 변위의 수직성분 CC'를 처짐(deflection)이라 하며 보의 각 점의 처짐을 연결한 곡선을 처짐곡선(deflection curve)이라 한다.

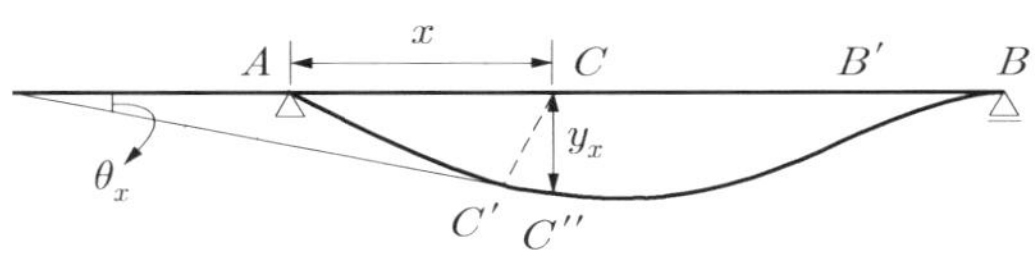

그림 9.1

본 장에서는 변형이 작은 때로서 변위 CC'와 처짐 CC''는 일치하는 것으로 간주하여 수평성분 $C'C''$를 무시한다. 따라서 보의 지간도 변형 후에 변하지 않고 일정한 것으로 본다.

처짐곡선의 1점에서 그은 접선이 변형전의 보의 축과 이루는 각을 처짐각(deflection angle)이라 하고, 처짐을 y라 할 때 처짐각은 $\dfrac{dy}{dx} = \tan\theta \fallingdotseq \theta$로 되며 부호는 그림 9.2와 같이 시계방향일 때 $(+)$, 반시계방향일 때 $(-)$이다.

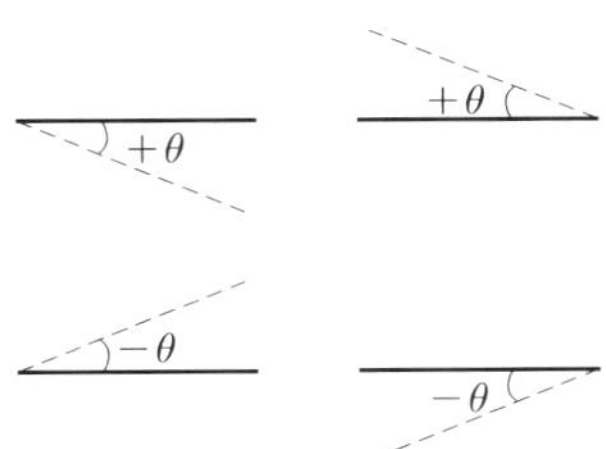

그림 9.2

보의 처짐곡선과 하중 및 단면력과의 사이에 어떤 관계가 있는가를 구해보자.

그림 9.3은 하중이 작용하여 처진 보를 거리가 x되는 단면에서 거리가 $x+dx$인 단면을 자른 미소부분이다. 중립축 $n \sim n$으로부터 y의 거리에 작용하는 휨응력 f는 이 단면

에 작용하는 휨모멘트를 M_x, 중립축에 대한 단면 2차 모멘트를 I라 하면 식 (6.2)로부터

$$f = \frac{M_x}{I} \cdot y \tag{a}$$

은 휨응력 때문에 처음 길이가 dx이던 것이 dx'로 변형하였다면 훅크의 법칙으로부터

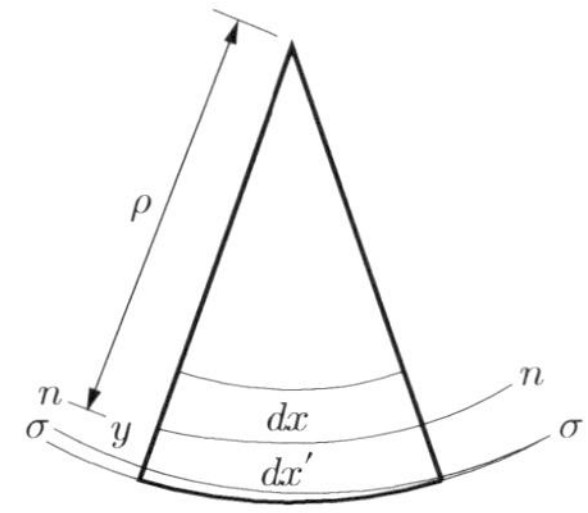

그림 9.3

$$\frac{dx' - dx}{dx} = \frac{f}{E} \tag{b}$$

여기서, E는 이 보 재료의 종탄성계수이다. 곡률반경을 ρ라 하고 상사성을 고려하면

$$\frac{\rho + y}{dx'} = \frac{\rho}{dx}$$

$$\therefore \ \frac{dx' - dx}{dx} = \frac{y}{\rho} \tag{c}$$

(b)식과 (c)식으로부터

$$\frac{y}{\rho} = \frac{f}{E} \tag{d}$$

(a)식과 (d)식으로부터 y를 소거하면

$$\frac{1}{\rho} = \frac{M_x}{EI} \tag{9.1}$$

미분학에서 곡률반경 ρ는

$$\frac{1}{\rho} = \pm \frac{\dfrac{d^2y}{dx^2}}{\left\{1 + \left(\dfrac{dy}{dx}\right)^2\right\}^{\frac{3}{2}}} \tag{e}$$

$\dfrac{dy}{dx} = \tan\theta \fallingdotseq \theta$로 이 값은 작으므로 $\left(\dfrac{dy}{dx}\right)^2$은 아주 작아 이를 무시하면 식 (9.1)과 식 (e)로부터

$$\frac{d^2y}{dx^2} = \pm \frac{M}{EI} \tag{9.2}$$

식 (9.2)의 부호는 그림 9.4에서와 같이 휨모멘트 M의 부호와 처짐각의 부호는 역으로 되므로 식 (9.2)는 다음과 같다.

$$\frac{d^2y}{dx^2} = -\frac{M}{EI} \tag{9.3}$$

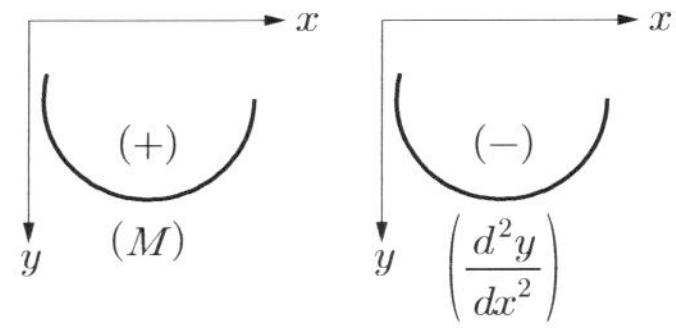

그림 9.4

식 (9.3)을 탄성곡선의 방정식이라 하고 EI를 보의 휨강성이라 하며, 균질한 재질이고 균등한 단면이면 정수로 된다.

탄성곡선과 전단력 및 하중과의 관계는 다음과 같다.

$$\frac{d^3y}{dx^3} = -\frac{1}{EI} \cdot \frac{dM_x}{dx} = -\frac{S_x}{EI} \tag{9.4}$$

$$\frac{d^4y}{dx^4} = -\frac{1}{EI} \cdot \frac{d^2M_x}{dx^2} = -\frac{1}{EI} \cdot \frac{dS_x}{dx} = \frac{w_x}{EI} \tag{9.5}$$

식 (9.3)을 1회 적분하면 임의점에서의 처짐각 θ가 구해진다.

$$\theta_x = \frac{dy}{dx} = -\int \frac{M_x}{EI}\,dx + C_1 \tag{9.6}$$

식 (9.3)을 2회 적분하면 임의점에서의 처짐 y가 구해진다.

$$y_x = -\iint \frac{M_x}{EI}\,dx \cdot dx + C_1 x + C_2 \tag{9.7}$$

식 (9.6), (9.7)에서 적분상수 C_1, C_2는 보의 끝(단부)의 조건 즉, 경계조건(boundary condition)에 의하여 결정된다. 정정보에서의 경계조건으로는

이동지점 및 회전지점에서 : $y = 0$

고정지점에서 : $y = 0$, $\theta = \frac{dy}{dx} = 0$

식 (9.5)를 사용하는 경우는 네 개의 적분상수를 가진 처짐곡선 y가 얻어지는데 이때의 경계조건은

이동지점 및 회전지점에서 : $y = 0$, $M = 0$

고정지점에서 : $y = 0$, $\theta = 0$

자유단에서 : $M = 0$, $S = 0$

보의 양단에서 각각 두 개씩 네 개의 적분상수가 결정되어 처짐 y가 구해진다.

9.2 탄성곡선에 의한 보의 처짐

9.2.1 단순보

(1) 집중하중을 받을 경우

① 단일집중하중이 보의 임의점에 작용하는 경우

그림 9.5와 같이 단일집중하중이 지점 A로부터 거리 a만큼 떨어진 C점에 실렸을 때 보의 임의점에서의 처짐각 및 처짐을 구해보면

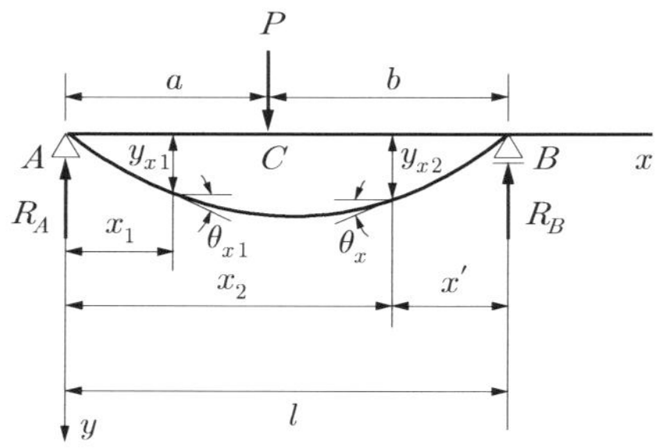

그림 9.5

지점반력

$$R_A = \frac{Pb}{l}, \quad R_B = \frac{Pa}{l} \tag{a}$$

AC 사이 : $0 \leqq x \leqq a$

$$M_x = R_A \cdot x = \frac{Pb}{l}x \tag{b}$$

식 (9.3)으로부터

$$\frac{d^2y}{dx^2} = -\frac{M_x}{EI} = -\frac{Pb}{EIl}x \tag{c}$$

휨강성 EI를 정수로 보고 (c)식을 x에 관하여 적분하면

$$\theta_{x1} = \frac{dy}{dx} = -\frac{Pb}{EIl}\int x\,dx = -\frac{Pb}{EIl}\frac{x^2}{2} + C_1$$
$$= -\frac{Pb}{EIl}x^2 + C_1 \tag{d}$$

(d)식을 x에 관하여 다시 적분하면

$$y_{x1} = \int \theta_{x1}\,dx = \int\left(-\frac{Pb}{2EIl}x^2 + C_1\right)dx$$
$$= -\frac{Pb}{2EIl}\int x^2\,dx + \int C_1\,dx = -\frac{Pb}{6EIl}x^3 + C_1x + C_2 \tag{e}$$

CB 사이 $a \leqq x \leqq l$

$$M_x = \frac{Pa}{l}(l-x)$$

$$\frac{d^2y}{dx^2} = -\frac{Pa}{EIl}(l-x)$$

$$\theta_{x2} = -\frac{Pa}{EIl}\int (l-x)\,dx = \frac{Pa}{2EIl}(l-x)^2 + C_3 \qquad \text{(f)}$$

$$y_{x2} = \int \theta_{x2}\,dx = \int \left[\frac{Pa}{2EIl}(l-x)^2 + C_3\right] dx$$

$$= \frac{Pa}{2EIl}\int (l-x)^2\,dx + C_3\int dx = -\frac{Pa}{6EIl}(l-x)^3 + C_3 x + C_4$$

경계조건은

$$x = 0\text{일 때} \quad y_{x_1} = 0\text{으로부터} \; C_2 = 0$$

$$x = l\text{일 때} \quad y_{x2} = 0\text{으로부터} \; C_4 = -C_3 l \qquad \text{(h)}$$

따라서 식 (e), (g)는

$$y_{x1} = -\frac{Pb}{6EIl}x^3 + C_1 x$$

$$y_{x2} = -\frac{Pa}{6EIl}(l-x)^3 - C_3(l-x) \qquad \text{(i)}$$

하중의 작용점 C에서의 처짐각 θ_c와 처짐 y_c는 $a = x$인 경우로 $\theta_c = \theta_{x1=a} = \theta_{x2=a}$, $y_c = y_{x1=a} = y_{x2=a}$이어야 하므로 식 (d), (f), (i)로부터

$$-\frac{Pa^2b}{2EIl} + C_1 = \frac{Pab^2}{2EIl} + C_3$$

$$-\frac{Pa^3b}{6EIl} + C_1 a = -\frac{Pab^3}{6EIl} - C_3 b \qquad \text{(j)}$$

위의 두 식을 연립시켜 풀면

$$C_1 = \frac{Pab}{6EIl}(a+2b)$$

$$C_3 = -\frac{Pab}{6EIl}(2a+b)$$

식 (h)로부터

$$C_4 = -C_3 \cdot l = \frac{Pab}{6EI}(2a+b)$$

위에서 구한 적분상수를 식 (d), (f), (i)에 대입하면 임의점에서의 처짐각 및 처짐을 구할 수 있다.

$0 \leqq x \leqq a$

$$\theta_{x1} = \frac{Pb}{6EIl}(l^2 - b^2 - 3x^2)$$

$$y_{x1} = \frac{Pb}{6EIl}\, x\,(l^2 - b^2 - x^2) \tag{9.8}$$

$a \leqq x \leqq l$ 혹은 $0 \leqq x' \leqq b$

$$\theta_{x2} = -\frac{Pa}{6EIl}(l^2 - a^2 - 3x'^2)$$

$$y_{x2} = \frac{Pa}{6EIl}\, x'\,(l^2 - a^2 - x'^2) \tag{9.9}$$

C점의 처짐각 및 처짐은 식 (9.8) 또는 식 (9.9)로부터 $x = a,\ x' = b$인 경우로서

$$\theta_c = \frac{Pab}{3EIl}(b - a)$$

$$y_c = \frac{Pa^2b^2}{3EIl} \tag{9.10}$$

A 지점의 처짐각 θ_A와 B 지점의 처짐각 θ_B는 식 (9.8), (9.9)에서 $x = 0,\ x' = 0$인 경우로

$$\theta_A = \frac{Pab}{6EIl}(l + b)$$

$$\theta_B = -\frac{Pa^2b^2}{6EIl}(l + a) \tag{9.11}$$

$a \leqq \dfrac{l}{2}$인 때의 최대처짐은 AC 사이에서 생기고 그 위치는 식 (9.8)에서 $\theta_{x1} = 0$으로 놓고 x를 구하면 된다. $a \geqq \dfrac{l}{2}$인 때의 최대처짐은 BC 사이에서 생기고 그 위치는 식 (9.9)에서 $\theta_{x2} = 0$으로 놓고 x'를 구하면 된다. 즉 (9.8), (9.9)로부터

$$a \leqq \frac{l}{2}\text{인 때} \quad (l^2 - b^2 - 3x^2) = 0 \quad \therefore\ x = \sqrt{\frac{l^2 - b^2}{3}}$$

$$a \geqq \frac{l}{2}\text{인 때} \quad (l^2 - a^2 - 3x'^2) = 0 \quad \therefore\ x' = \sqrt{\frac{l^2 - a^2}{3}} \tag{9.12}$$

따라서 최대처짐은

$$a \leqq \frac{l}{2}\text{인 때} \quad y_{\max} = \frac{Pb}{9\sqrt{3}\,EIl}(l^2 - b^2)^{\frac{3}{2}}$$

$$a \geqq \frac{l}{2} \text{인 때} \quad y_{max} = \frac{Pa}{9\sqrt{3}EIl}(l^2 - a^2)^{\frac{3}{2}} \tag{9.13}$$

② 단일집중하중이 보의 중앙에 작용하는 경우

그림 9.6에서와 같이 보의 중앙에 단일집중하중이 작용할 때는 최대처짐은 보의 중앙에서 생김을 알 수 있고 임의점에서 처짐각 및 처짐은 식 (9.8), (9.9)에서 $a = b = \frac{l}{2}$인 경우로 이를 대입하면 다음과 같이 된다.

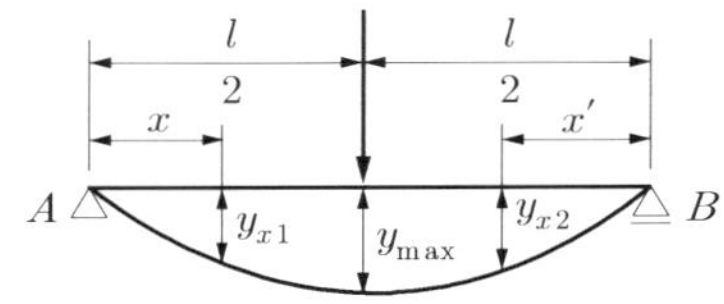

그림 9.6

$$0 \leqq x \leqq \frac{l}{2} \qquad \theta_{x1} = \frac{P}{16EI}(l^2 - 4x^2)$$

$$y_{x1} = \frac{P}{48EI}x(3l^2 - 4x^2) \tag{9.14}$$

$$0 \leqq x' \leqq \frac{l}{2} \qquad \theta_{x2} = -\frac{P}{16EI}(l^2 - 4x'^2)$$

$$y_{x2} = \frac{P}{48EI}x'(3l^2 - 4x'^2) \tag{9.15}$$

두 지점 A, B에서의 처짐각 θ_A, θ_B는 $x = x' = 0$인 경우로 식 (9.14) 및 (9.15)로부터

$$\theta_A = \frac{Pl^2}{16EI}$$

$$\theta_B = -\frac{Pl^2}{16EI} \tag{9.16}$$

최대처짐량 y_{max}는 $x = x' = \frac{l}{2}$인 경우로 식 (9.14) 및 (9.15)로부터

$$y_{max} = \frac{Pl^3}{48EI} \tag{9.17}$$

③ n개의 집중하중이 작용하는 경우

그림 9.7과 같이 n개의 집중하중 P_1, P_2, $\cdots$, P_n이 작용할 때의 x점의 처짐각 및 처짐은 식 (9.8) 및 (9.9)로부터

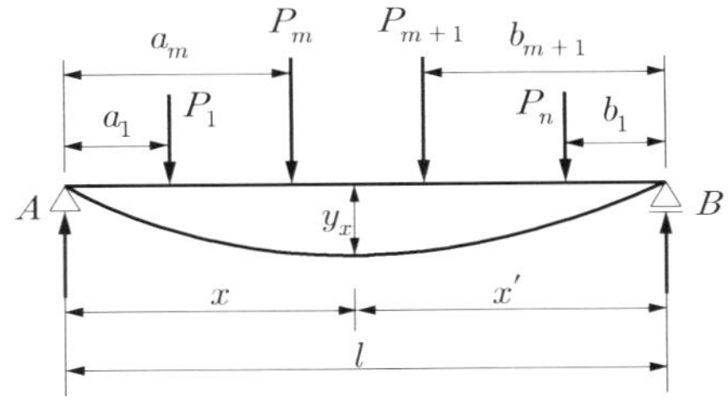

그림 9.7

$$\theta_x = \frac{1}{6EIl}\left\{\sum_{r=m+1}^{n} P_r b_r (l^2 - b_r^2 - 3x^2) - \sum_{r=1}^{m} P_r a_r (l^2 - a_r^2 - 3x'^2)\right\}$$

$$y_x = \frac{1}{6EIl}\left\{\sum_{r=m+1}^{n} P_r b_r x (l^2 - b_r^2 - x^2) + \sum_{r=1}^{m} P_r a_r x' (l^2 - a_r^2 - x'^2)\right\}$$

또 두 지점의 처짐각 θ_A, θ_B는 식 (9.11)로부터

$$\theta_A = \frac{1}{6EIl}\sum_{r=1}^{n} P_r a_r b_r (l + b_r)$$

$$\theta_B = -\frac{1}{6EIl}\sum_{r=1}^{n} P_r a_r b_r (l + a_r) \tag{9.18}$$

(2) 등분포하중을 받을 경우

그림 9.8과 같이 단순보 AB 위에 등분포하중 w가 재하되었을 때의 처짐각과 처짐을 구해보자. 여기서도 휨강성 EI를 정수로 보면

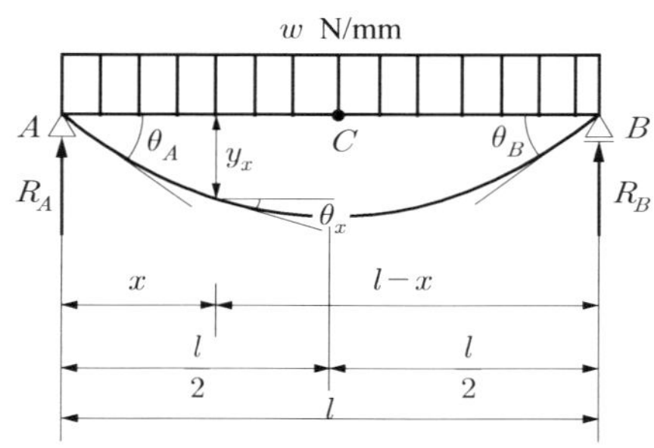

그림 9.8

지점반력은

$$R_A = R_B = \frac{wl}{2}$$

임의점에서의 휨모멘트 M_x는

$$M_x = \frac{wl}{2}x - \frac{wx^2}{2} = \frac{w}{2}(lx - x^2)$$

따라서 식 (9.6) 및 (9.7)로부터

$$\theta_x = -\frac{1}{EI}\int M_x\,dx = -\frac{1}{EI}\int \frac{w}{2}(lx - x^2)\,dx$$

$$= -\frac{w}{2EI}\left(\frac{l}{2}x^2 - \frac{1}{3}x^3\right) + C_1 \tag{a}$$

$$y_x = \int \theta_x\,dx = \int\left\{-\frac{w}{2EI}\left(\frac{l}{2}x^2 - \frac{1}{3}x^3\right) + C_1\right\}dx$$

$$= -\frac{w}{2EI}\left(\frac{l}{6}x^3 - \frac{1}{12}x^4\right) + C_1 x + C_2 \tag{b}$$

경계조건인

$x = 0$일 때 $y = 0$ $\therefore C_2 = 0$

$x=l$일 때 $y=0$ $\quad y=-\dfrac{w}{2EI}\left(\dfrac{1}{6}l^4-\dfrac{1}{12}l^4\right)+C_1\cdot l=0$

$$\therefore\ C_1=\frac{w\,l^3}{24EI}$$

위에서 구한 적분상수 C_1, C_2를 각각 (a), (b)에 대입하여 정리하면

$$\theta_x=\frac{w}{24EI}(l^3-6lx^2+4x^3)$$

$$y_x=\frac{wx}{24EI}(l^3-2lx^2+x^3) \tag{9.19}$$

두 지점에서의 처짐각 θ_A, θ_B는 식 (9.19)에서 $x=0$, $x=l$인 경우로

$$\theta_A=\frac{w\,l^3}{24EI}$$

$$\theta_B=-\frac{w\,l^3}{24EI} \tag{9.20}$$

보의 중앙점에서의 처짐각 θ_c 및 최대처짐량 $y_{\max}$는 식 (9.19)에 $x=\dfrac{l}{2}$을 대입하여

$$\theta_c=\frac{w}{24EI}\left\{l^3-6l\left(\frac{l}{2}\right)^2+4\times\left(\frac{l}{2}\right)^3\right\}=0$$

$$y_{\max}=\frac{w\cdot\dfrac{l}{2}}{24EI}\left(l^3-2l\cdot\frac{l^2}{4}+\frac{l^3}{8}\right)=\frac{5w\,l^4}{384EI} \tag{9.21}$$

(3) 모멘트하중을 받을 경우

그림 9.9에서와 같은 지점에 모멘트하중이 작용할 때의 보의 처짐각 및 처짐을 구해보면

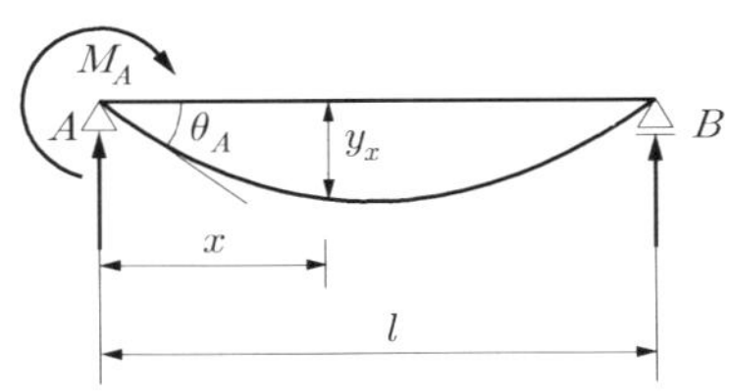

그림 9.9

$$\text{지점반력}\ R_A=-\frac{M_A}{l}$$

임의 점에서의 휨모멘트 M_x는

$$M_x=\frac{M_A}{l}(l-x)$$

식 (9.3)으로부터

$$\frac{d^2y}{dx^2}=-\frac{M_x}{EI}=-\frac{1}{EI}\cdot\frac{M_A}{l}(l-x)$$

$$\theta_x = \frac{-M_A}{EIl}\int (l-x)\,dx = -\frac{M_A}{EIl}\left(l\,x - \frac{x^2}{2}\right) + C_1 \qquad \text{(a)}$$

$$y_x = \frac{-M_A}{EIl}\int \left\{l\,x - \frac{x^2}{2} + C_1\right\} dx$$

$$= -\frac{M_A}{EIl}\left(\frac{l\,x^2}{2} - \frac{x^2}{6}\right) + C_1 x + C_2 \qquad \text{(b)}$$

경계조건은

$$x = 0 \text{일 때} \quad y = 0 \quad \therefore\ C_2 = 0$$

$$x = l \text{일 때} \quad y = 0, \quad -\frac{M_A}{EIl}\left(\frac{l^3}{2} - \frac{l^3}{6}\right) + C_1 l = 0 \quad \therefore\ C_1 = \frac{M_A\,l}{3EI}$$

위에서 구한 적분상수 C_1, C_2의 값을 (a), (b)식에 대입하여

$$\theta_x = \frac{M_A}{6EI}\left(2l - 6x + \frac{3x^2}{l}\right)$$

$$y_x = \frac{M_A}{6EI}x\left(2l - 3x + \frac{x^2}{l}\right) \qquad (9.22)$$

지점의 처짐각은 식 (9.22)에서 $x = 0$ 또는 $x = l$인 경우로 이를 구하면

$$\theta_A = \frac{M_A\,l}{3EI}$$

$$\theta_B = -\frac{M_A\,l}{6EI} = -\frac{\theta_A}{2} \qquad (9.23)$$

9.2.2 캔틸레버보

(1) 집중하중을 받을 경우

그림 9.10에서와 같이 단일집중하중 P가 자유단 A에 작용할 때 처짐각 및 처짐을 구해보면 임의점에서 휨모멘트 M_x는

$$M_x = -P\,x$$

$$\frac{d^2y}{dx^2} = -\frac{M_x}{EI} = \frac{P\,x}{EI}$$

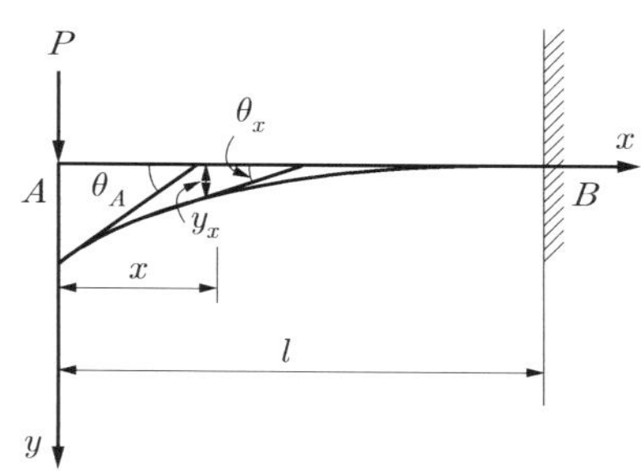

그림 9.10

$$\theta_x = \frac{dy}{dx} = \frac{P}{EI}\int x\,dx = \frac{P}{EI}\left(\frac{x^2}{2}\right) + C_1 \tag{a}$$

$$y_x = \int\left(\frac{P}{EI}\cdot\frac{x^2}{2} + C_1\right)dx = \frac{P}{EI}\cdot\frac{x^3}{6} + C_1 x + C_2 \tag{b}$$

경계조건은 $x = l$일 때 $\theta = 0$, $y = 0$이므로 (a)식과 (b)식으로부터

$$\frac{P}{EI}\cdot\frac{l^2}{2} + C_1 = 0 \qquad \therefore\ C_1 = -\frac{Pl^2}{2EI}$$

$$\frac{Pl^3}{6EI} - \frac{Pl^2}{2EI}\cdot l + C_2 = 0 \qquad \therefore\ C_2 = \frac{Pl^3}{3EI}$$

이 적분상수 C_1, C_2의 값을 (a), (b)식에 대입하면

$$\theta_x = -\frac{P}{2EI}(l^2 - x^2)$$

$$y_x = \frac{P}{6EI}(2l^3 - 3l^2x + x^3) \tag{9.24}$$

A단에서의 처짐각 θ_A 및 처짐 y_A는 $x = 0$인 경우로서 식 (9.24)로부터

$$\theta_A = -\frac{Pl^2}{2EI}$$

$$y_A = \frac{Pl^3}{3EI} \tag{9.25}$$

(2) 등분포하중을 받을 경우

그림 9.11과 같이 캔틸레버보 AB 위에 등분포하중을 작용시켰을 때의 처짐각과 처짐을 구해보면 임의점에서의 휨모멘트 M_x는

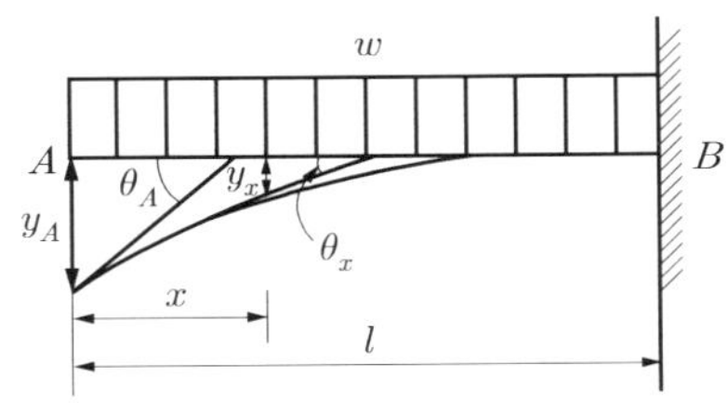

그림 9.11

$$M_x = -\frac{w}{2}x^2$$

$$\theta_x = -\frac{1}{EI}\int M_x\,dx$$

$$= -\frac{1}{EI}\int\left(-\frac{w}{2}x^2\right)dx = \frac{w}{2EI}\int x^2\,dx = \frac{w}{6EI}x^3 + C_1 \tag{a}$$

$$y_x = \int \theta_x\,dx = \int\left(\frac{w}{6EI}x^3 + C_1\right)dx = \frac{w}{24EI}x^4 + C_1x + C_2 \tag{b}$$

경계조건은 $x=l$일 때 $\theta=0$, $y=0$이므로 (a)식과 (b)식으로부터

$$\frac{w}{6EI}l^3+C_1=0 \qquad \therefore\ C_1=-\frac{w}{6EI}l^3$$

$$\frac{w}{24EI}l^4-\frac{w}{6EI}l^4+C_2=0 \qquad \therefore\ C_2=\frac{wl^4}{8EI}$$

이 적분상수 C_1, C_2의 값을 (a), (b)식에 대입하면

$$\theta_x=\frac{w}{6EI}(x^3-l^3)$$

$$y_x=\frac{w}{24EI}(3l^4-4l^3x+x^4) \tag{9.26}$$

A단에서의 처짐각 θ_A 및 처짐 y_A는 $x=0$인 경우로서 식 (9.26)으로부터

$$\theta_A=\frac{-wl^3}{6EI}$$

$$y_A=\frac{wl^4}{8EI} \tag{9.27}$$

(3) 모멘트하중을 받을 경우

그림 9.12에서와 같이 캔틸레버보의 자유단 A에 모멘트하중 M_A가 작용할 때의 처짐각 및 처짐을 구하면 임의점의 휨모멘트 M_x는

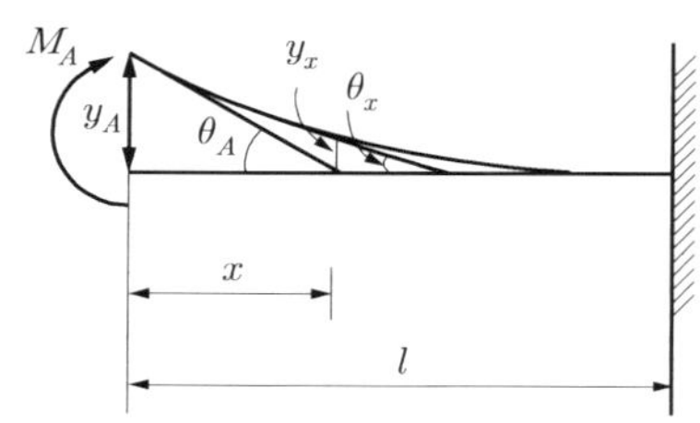

그림 9.12

$$M_x=M_A$$

$$\theta_x=-\frac{1}{EI}\int M_A\,dx=-\frac{M_A}{EI}x+C_1 \tag{a}$$

$$y_x=\int\theta_x\,dx=\int\left(\frac{-M_A}{EI}x+C_1\right)dx=-\frac{M_A}{2EI}x^2+C_1x+C_2 \tag{b}$$

경계조건은 $x=l$일 때 $\theta=0$, $y=0$이므로 (a)식과 (b)식으로부터

$$-\frac{M_A\,l}{EI}+C_1=0 \qquad \therefore\ C_1=\frac{M_A\cdot l}{EI}$$

$$-\frac{M_A\,l^2}{2EI}+\frac{M_A\,l^2}{EI}+C_2=0 \qquad \therefore\ C_2=-\frac{M_A\cdot l^2}{2EI}$$

이 적분상수 C_1, C_2의 값을 (a), (b)식에 대입하면

$$\theta_x = \frac{M_A}{EI}(l-x)$$

$$y_x = -\frac{M_A}{2EI}(l-x)^2 \tag{9.28}$$

A단인 자유단의 처짐각 θ_A 및 처짐 y_A는 $x=0$인 경우로서 식 (9.28)로부터

$$\theta_A = \frac{M_A \cdot l}{EI}$$

$$y_A = \frac{M_A \cdot l^2}{2EI} \tag{9.29}$$

9.2.3 내민보

그림 9.13과 같이 내민보의 중앙부 AB에 집중하중 P가 작용할 때의 중앙부 탄성곡선은 단순보와 같고 내민부분 AC와 BD의 탄성곡선은 모두 직선이며 이의 처짐각은 각기 A지점과 B 지점의 처짐각과 같다. 즉 그림 9.13에서

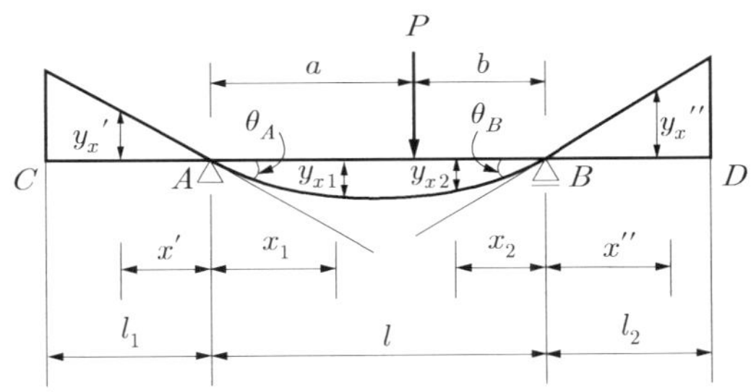

그림 9.13

$0 \leq x \leq a$

$$\theta_{x1} = \frac{Pb}{6EIl}(l^2 - b^2 - 3x_1^2)$$

$$y_{x1} = \frac{Pb}{6EIl}x_1(l^2 - b^2 - x_1^2) \tag{9.30}$$

$0 \leq x_2 \leq b$

$$\theta_{x2} = -\frac{Pa}{6EIl}(l^2 - a^2 - 3x_2^2)$$

$$y_{x2} = \frac{Pa}{6EIl}x_2(l^2 - a^2 - x_2^2) \tag{9.31}$$

지점 A, B의 처짐각 θ_A, θ_B는

$$\theta_A = \frac{Pab}{6EIl}(l+b)$$

$$\theta_B = -\frac{Pab}{6EIl}(l+a) \tag{9.32}$$

CA 사이 및 BD 사이에서 처짐 $y_x{}'$와 $y_x{}''$는

$$y_x{}' = -\theta_A x' = -\frac{Pab}{6EIl}(l+b)x'$$

$$y_x{}'' = \theta_B x'' = -\frac{Pab}{6EIl}(l+a)x''$$

다음에 그림 9.14와 같이 내민부분 CA에 집중하중 P가 작용할 때 중앙부 AB의 탄성곡선은 A지점에 $M_A = -Pa_1$인 지점 모멘트하중이 작용할 때의 단순보의 경우와 같고 하중이 작용하지 않는 내민부분 BD의 탄성곡선은 직선이며 하중이 작용하는 내민부분 CA의 탄성곡선은 이 부분을 캔틸레버보로 생각할 때의 결과에 A지점의 처짐각에 의한 영향을 가한 것으로 이루어진다. 중앙부 AB에 관해서는 식 (9.22), (9.23)으로부터

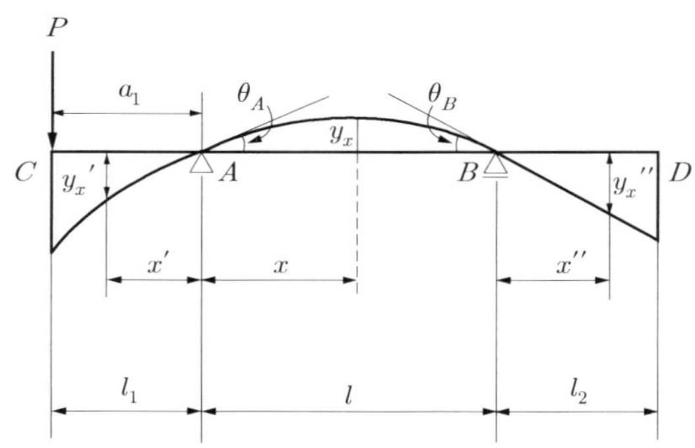

그림 9.14

$0 \leq x \leq l$

$$\theta_x = \frac{M_A}{6EIl}(2l^2 - 6lx + 3x^2)$$

$$y_x = \frac{M_A x}{6EIl}(2l^2 - 3lx + x^2) \tag{9.33}$$

으로 되고, 지점 AB에서의 처짐각 θ_A, θ_B는

$$\theta_A = \frac{M_A l}{3EI}$$

$$\theta_B = -\frac{M_A l}{6EI} = -\frac{\theta_A}{2} \tag{9.34}$$

내민부분 BD에서는

$$y_x'' = \theta_B x'' = \frac{M_A l}{6EI} \cdot x''$$

내민부분 AC에서

$$\theta_{x'} = (A\text{지점의 처짐각}) + (\text{캔틸레버보의 임의단면의 처짐각})$$

$$= \theta_A - \frac{P}{2EI} x' (2a_1 - x') = -\frac{P a_1 l}{3EI} - \frac{P}{2EI} x' (2a_1 - x')$$

$$= -\frac{P}{6EI}(2a_1 l + 6a_1 x' - 3x'^2) \tag{9.35}$$

$$y_x' = (A\text{지점에 있어서 부재 } CA\text{의 회전에 의한 임의점의 변위})$$
$$+ (\text{하중에 의한 임의점의 변위})$$

$$= -\theta_A \cdot x' + \frac{P}{6EI} x'^2 (3a_1 - x') = \frac{P a_1 l}{3EI} x' + \frac{P}{6EI} x'^2 (3a_1 - x')$$

$$= \frac{P}{6EI} x' (2a_1 l + 3a_1 x' - x'^2) \tag{9.36}$$

중앙부 및 양쪽 내민부분에 재하하는 일반의 경우는 위의 결과로 중첩의 원리를 적용하여 구할 수 있다. 등분포하중의 경우도 위와 같은 방법에 의한 해법으로 구하면 된다.

9.2.4 온도변화에 의한 처짐

보의 아래쪽이 위쪽보다 Δt만큼 온도가 높으면 그림 9.15에서와 같이 보의 미소구간을 생각할 때 중립축의 길이 dx에 비교하여 아래쪽은 온도팽창으로 인하여 $\alpha \Delta t \dfrac{dx}{2}$만큼 늘어난다. 여기서 α는 선팽창계수이다. 따라서

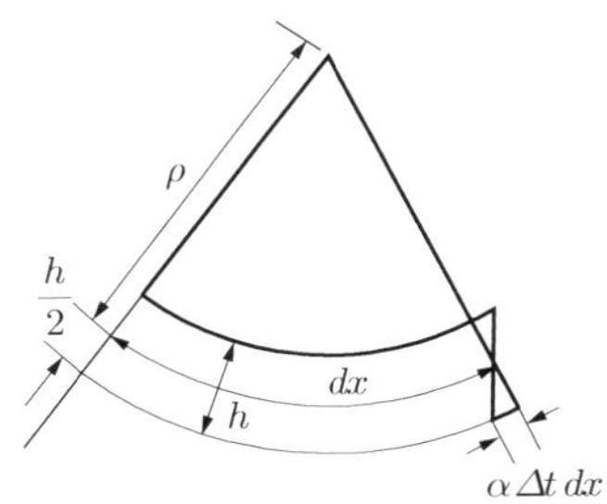

그림 9.15

$$\frac{\rho + \dfrac{h}{2}}{\rho} = \frac{dx + \alpha \Delta t \dfrac{dx}{2}}{dx}$$

$$\frac{h}{2\rho} = \frac{\alpha \Delta t}{2}$$

$$\frac{1}{\rho} = \frac{\alpha \Delta t}{h}$$

온도변화에 의한 처짐을 y_t라 하면

$$\frac{1}{\rho} = -\frac{d^2 y_t}{dx^2} = \frac{\alpha\, \Delta t}{h} \tag{9.37}$$

단순보의 총 지간이 동일단면인 상하면의 온도차가 Δt일 때 식 (9.37)로부터

$$\theta_x = \frac{dy_t}{dx} = -\frac{\alpha\, \Delta t}{h} \cdot x + C_1 \tag{a}$$

$$y_t = \int \theta_x = -\frac{\alpha\, \Delta t}{2h} x^2 + C_1 x + C_2 \tag{b}$$

경계조건

$x = \frac{l}{2}$에서 $\theta_x = 0$

$x = 0,\ x = l$에서 $y_t = 0$

으로부터

$$C_1 = \frac{\alpha\, \Delta t}{2h}\, l, \qquad C_2 = 0$$

으로 된다. 이 값을 (a), (b)식에 대입하면

$$\theta_x = \frac{\alpha\, \Delta t}{h}\, x + \frac{\alpha\, \Delta t}{2h}\, l = \frac{\alpha\, \Delta t}{2h}(l - 2x) \tag{9.38}$$

$$y_x = -\frac{\alpha\, \Delta t}{2h} x^2 - \frac{\alpha\, \Delta t}{2h}\, l\, x = \frac{\alpha\, \Delta t}{2h}\, x\,(l - x) \tag{9.39}$$

식 (9.37), (9.38)로부터 보의 상하측의 온도변화로 인한 단순보의 임의점의 처짐 및 처짐각을 구할 수 있다.

Example 9.1 그림 9.16과 같은 단순보의 중점의 처짐각 및 처짐을 구하여라. 단 $E = 2.1 \times 10^5$ MPa, $I = 3{,}800$ cm^4

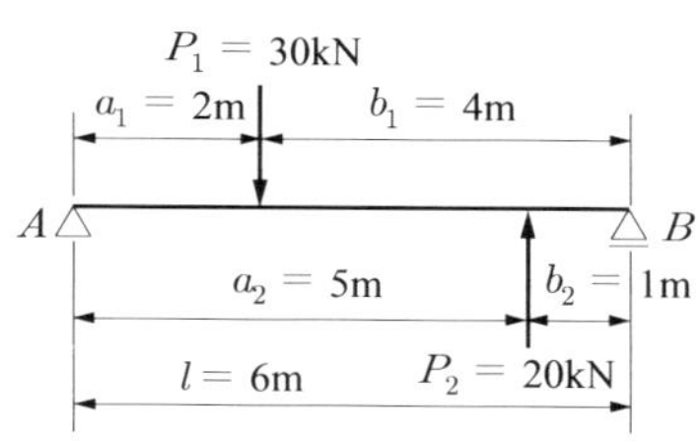

그림 9.16

집중하중 P_1에 대해서는 식 (9.9)를 P_2에 대해서는 식 (9.8)을 사용한다.

$$\theta_{\frac{l}{2}} = -\frac{P_1 a_1}{6EIl}\left\{l^2 - a_1^2 - 3\left(\frac{l}{2}\right)^2\right\} - \frac{P_2 b_2}{6EIl}\left\{l^2 - b_2^2 - 3\left(\frac{l}{2}\right)^2\right\}$$

$$= -\frac{1}{6EIl}\left\{P_1 a_1\left(\frac{l^2}{4} - a_1^2\right) + P_2 b_2\left(\frac{l^2}{4} - b_2^2\right)\right\}$$

$$= -\frac{1}{6\times 2.1\times 10^7\times 3,800\times 600}$$

$$\left\{30,000\times 200\left(\frac{600^2}{4} - 200^2\right) + 20,000\times 100\left(\frac{600^2}{4} - 100^2\right)\right\}$$

$$= -0.0016 \text{ rad.} = -5'30''$$

$$y_{\frac{l}{2}} = \frac{P_1 a_1}{6EIl}\cdot\frac{l}{2}\left\{l^2 - a_1^2 - \left(\frac{l}{2}\right)^2\right\} - \frac{P_2 b_2}{6EIl}\cdot\frac{l}{2}\left\{l^2 - b_2^2 - \left(\frac{l}{2}\right)^2\right\}$$

$$= \frac{1}{12EI}\left\{P_1 a_1\left(\frac{3}{4}l^2 - a_1^2\right) - P_2 b_2\left(\frac{3}{4}l^2 - b_2^2\right)\right\}$$

$$= \frac{1}{12\times 2.1\times 10^7\times 3,800}$$

$$\left\{30,000\times 200\left(\frac{3}{4}\times 600^2 - 200^2\right) - 20,000\times 100\left(\frac{3}{4}\times 600^2 - 100^2\right)\right\}$$

$$= -0.90 \text{ cm}$$

Example 9.2 그림 9.17(a)와 같은 단순보의 중앙 C점의 처짐을 구하여라. 단 $E = 2.1\times 10^5$ MPa, $I = 1.2\times 10^3$ cm^4

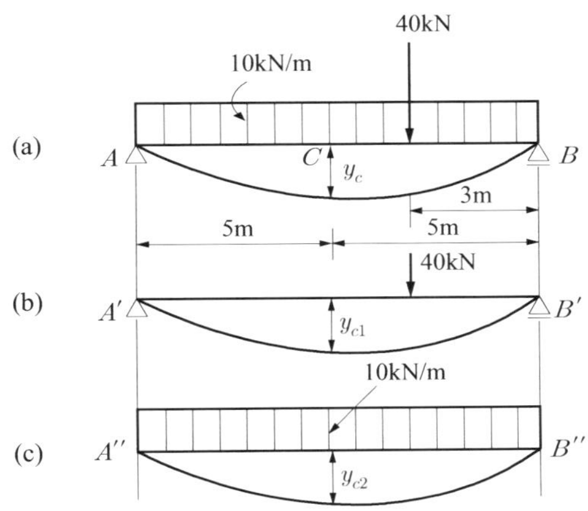

그림 9.17

그림 9.17(a), (b), (c)에서 알 수 있는 바와 같이

$$y_c = y_{c1} + y_{c2}$$

그런데 식 (9.8)로부터

$$y_{c1} = \frac{Pb}{6EIl} x(l^2 - b^2 - x^2)$$

$$= \frac{40{,}000 \times 300 \times 500(1{,}000^2 - 300^2 - 500^2)}{6 \times 2.1 \times 10^7 \times 1.2 \times 10^3 \times 1{,}000}$$

$$= 26.19 \text{ cm}$$

등분포하중에 의한 보의 중앙에서의 처짐은 식 (9.21)로부터

$$y_{c2} = \frac{5wl^4}{384EI} = \frac{5 \times 100 \times (10^3)^4}{384 \times 2.1 \times 10^7 \times 1.2 \times 10^3} = 51.67 \text{ cm}$$

$$y_c = y_{c1} + y_{c2} = 26.19 + 51.67 = 77.86 \text{ cm}$$

Example 9.3 그림 9.18과 같은 캔틸레버보에 등변분포하중이 작용할 때 A점의 처짐각과 처짐을 구하여라. 단 $E = 2 \times 10^4$ MPa, $I = 2 \times 10^4 \text{ cm}^4$

A점의 처짐각과 처짐의 일반식을 유도하면 반력 R_B는

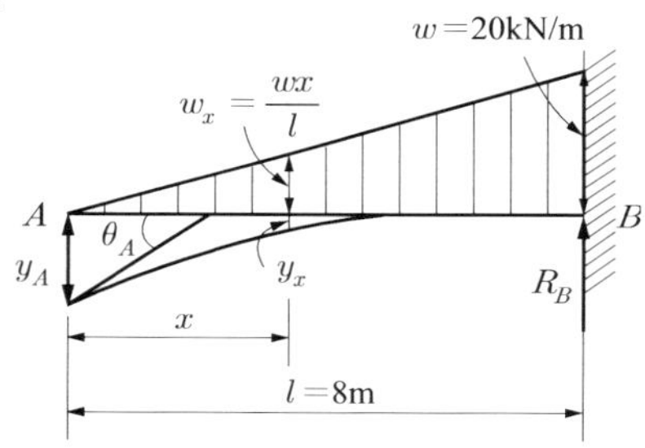

그림 9.18

$$R_B = \frac{wl}{2}$$

$$M_x = -\frac{wx^3}{6l}$$

임의점의 처짐각 θ_x와 처짐량 y_x는

$$\theta_x = -\frac{1}{EI}\int M_x\, dx = -\frac{1}{EI}\int -\frac{wx^3}{6l}\, dx$$

$$= \frac{w}{6EIl} \cdot \frac{x^4}{4} + C_1 \qquad \text{(a)}$$

$$y_x = \int \theta_x \cdot dx = \int \left(\frac{w}{24EIl} x^4 + C_1\right) dx = \frac{wx^5}{120EIl} + C_1 x + C_2 \qquad \text{(b)}$$

경계조건은

$x = l$ 이면 $\theta = 0$, $y = 0$이므로 (a)식으로부터

$$\frac{wl^4}{24EIl} + C_1 = 0 \qquad \therefore\ C_1 = -\frac{wl^4}{24EIl}$$

(b)식으로부터

$$\frac{wl^5}{120EIl} - \frac{wl^5}{24EIl} + C_2 = 0 \qquad \therefore\ C_2 = \frac{wl^4}{30EI}$$

C_1, C_2의 값을 (a), (b)식에 대입하면

$$\theta_x = \frac{wx^4}{24EIl} - \frac{wl^4}{24EIl} = \frac{w}{24EIl}(x^4 - l^4) \qquad \text{(c)}$$

$$y_x = \frac{wx^5}{120EIl} - \frac{w\,l^3 x}{24EI} + \frac{w\,l^4}{30EI} = \frac{w}{120EIl}(x^5 - 5\,l^4 x + 4\,l^5) \tag{d}$$

$x=0$이면 (c), (d)식으로부터

$$\theta_A = -\frac{w\,l^3}{24EI}, \quad y_A = \frac{w\,l^4}{30EI}$$

따라서

$$\theta_A = \frac{-200\times(800)^3}{24\times2\times10^6\times2\times10^4} = -0.1067\text{ rad.}$$

$$y_A = \frac{200\times(800)^4}{30\times2\times10^6\times2\times10^4} = 68.267\text{ cm}$$

Example 9.4 그림 9.19(a)와 같은 내민보의 D, E점의 처짐 y_D, y_E를 구하여라.

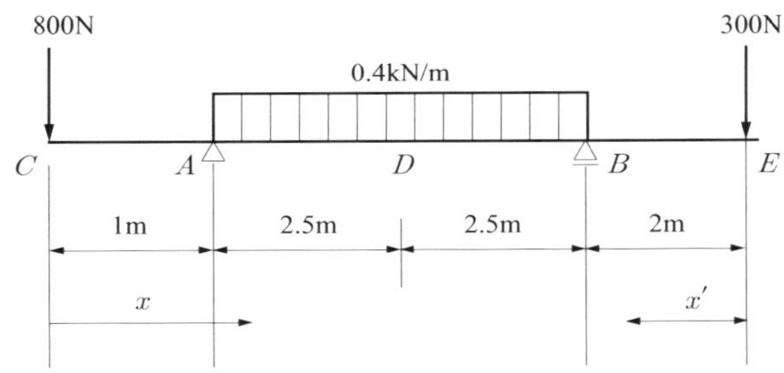

그림 9.19

각 구간별로 나누어서 탄성곡선식을 적용한다. 반력은 $\sum M_B = 0$으로부터

$$-800\times6 + 5R_A - 400\times5\times\frac{5}{2} + 300\times2 = 0 \qquad \therefore\ R_A = 1{,}840\text{ N}$$

$\sum M_A = 0$으로부터

$$-800\times1 + 400\times5\times\frac{5}{2} - 5R_B + 300(5+2) = 0 \qquad \therefore\ R_B = 1{,}260\text{ N}$$

CA 사이 $M_x = -800x$

$$\frac{d^2 y_x}{dx^2} = -\frac{M}{EI} = -\frac{1}{EI}(-800\,x) \tag{a}$$

$$\theta_x = \frac{dy_x}{dx} = -\frac{1}{EI}(-400x^2 + C_1)$$

$$y_x = \int\theta_x = -\frac{1}{EI}\left(-\frac{400}{3}x^3 + C_1 x + C_2\right)$$

AB 사이 $M_x = -200x^2 + 1{,}440x - 2{,}040$

$$\frac{d^2y_x}{dx^2} = -\frac{M}{EI} = -\frac{1}{EI}(-200x^2 + 1{,}440x - 2{,}040) \tag{b}$$

$$\theta_x = \frac{dy_x}{dx} = -\frac{1}{EI}\left(-\frac{200}{3}x^3 + 720x^2 - 2{,}040x + C_3\right)$$

$$y_x = -\frac{1}{EI}\left(-\frac{50}{3}x^4 + 240x^3 - 1{,}020x^2 + C_3x + C_4\right)$$

BE 사이 $M_x{}' = -300x'$

$$\frac{d^2y_x}{dx^2} = -\frac{M}{EI} = -\frac{1}{EI}(-300x') = -\frac{1}{EI}(300x - 2{,}400) \tag{c}$$

$$\theta_x = \frac{dy_x}{dx} = -\frac{1}{EI}(150x^2 - 2{,}400x + C_5)$$

$$y_x = -\frac{1}{EI}(50x^3 - 1{,}200x^2 + C_5x + C_6)$$

우선 $x = 1$에 대해서 (a)식과 (b)식의 y의 값은 0이고 두 식의 $\frac{dy_x}{dx}$의 값이 같으므로 다음 세 식이 구해진다.

$$-\frac{400}{3}\times 1^3 + C_1 \times 1 + C_2 = 0 \qquad \therefore\ C_1 + C_2 = \frac{400}{3} \tag{d}$$

$$-\frac{50}{3}\times 1^4 + 240\times 1^3 - 1{,}020\times 1^2 + C_3\times 1 + C_4 = 0 \qquad \therefore\ C_3 + C_4 = \frac{2{,}300}{3} \tag{e}$$

$$-400\times 1^2 + C_1 = \frac{-200}{3}\times 1^3 + 720\times 1^2 - 2{,}040\times 1 + C_3 \quad \therefore C_1 - C_3 = \frac{-2{,}960}{3} \tag{f}$$

다음 $x = 6$에 대한 식 (b)의 y_x의 값과 (c)식의 y의 값은 모두 0이고 두 식의 $\frac{dy}{dx}$의 값이 같으므로 다음식이 얻어진다.

$$-\frac{50}{3}\times 6^4 + 240\times 6^3 - 1{,}020\times 6^2 + C_3\times 6 + C_4 = 0 \qquad \therefore\ 6C_3 + C_4 = 6{,}480 \tag{g}$$

$$50\times 6^3 - 1{,}200\times 6^2 + C_5\times 6 + C_6 = 0 \qquad \therefore\ 6C_5 + C_6 = 32{,}400 \tag{h}$$

$$-\frac{200}{3}\times 6^3 + 720\times 6^2 - 2{,}040\times 6 + C_3 = 150\times 6^2 - 2{,}400\times 6 + C_5 \tag{i}$$

식 (d)~(i)를 연립시켜 풀면 다음의 식이 얻어진다.

$C_1 = \frac{450}{3}$ $\quad C_2 = -\frac{50}{3}$ $\quad C_3 = \frac{3{,}410}{3}$

$C_4 = -340$ $\quad C_5 = \frac{28{,}250}{3}$ $\quad C_6 = -24{,}100$

CA 사이 $0\text{ m} \leqq x \leqq 1\text{ m}$

$$y = -\frac{10}{3EI}(-40x^3 + 45x - 5) \tag{j}$$

AB 구간 $1\text{ m} \leqq x \leqq 6\text{ m}$

$$y = -\frac{10}{3EI}(-5x^4 + 72x^3 - 306x^2 + 341x - 102) \tag{k}$$

BE 사이 $6\text{ m} \leqq x \leqq 8\text{ m}$

$$y_x = -\frac{50}{3EI}(3x^3 - 72x^2 + 565x - 1{,}446) \tag{l}$$

D점의 처짐은 (k)식에 $x = 3.5$를 대입

$$y_D = -\frac{10}{3EI}(-5 \times 3.5^4 + 72 \times 3.5^3 - 306 \times 3.5^2 + 341 \times 3.5 - 102) = 1{,}068 \times \frac{1}{EI}$$

E점의 처짐은 (l)식에 $x = 8$을 대입하여

$$y_E = -\frac{50}{3EI}(3 \times 8^3 - 72 \times 8^2 + 565 \times 8 - 1{,}446) = -33.3 \times \frac{1}{EI}$$

이다. 단, 이때의 E의 단위는 N/m^2, I의 단위는 m^4이다.

9.3 처짐에 관한 모르의 정의

보의 휨모멘트, 전단력 및 하중과의 관계식은

$$\frac{d^2M_x}{dx^2} = -w_x \qquad \frac{dM_x}{dx} = S_x \qquad \frac{dS_x}{dx} = -w_x \tag{a}$$

이고 탄성곡선식은 식 (9.3)으로서

$$\frac{d^2y_x}{dx^2} = -\frac{M_x}{EI} \qquad \frac{dy_x}{dx} = \theta_x \qquad \frac{d\theta_x}{dx} = -\frac{M_x}{EI} \tag{b}$$

로 됨을 이미 배워 알고 있다. 위의 (a), (b)식에서

$$M_x = -\iint w\,dx\,dx + C_1x + C_2 \qquad S_x = -\int w\,dx + C_1 \tag{c}$$

$$y_x = -\iint \frac{M}{EI}\,dx\,dx + D_1x + D_2 \qquad \theta_x = -\int \frac{M}{EI}dx + D_1 \tag{d}$$

로 되고, 이 식들의 적분상수는 경계조건에 의하여 결정되나 단순보의 경우를 생각하면

$$\text{(c)식에 대하여} \quad x=0,\ x=l\text{에서} \quad M=0$$
$$\text{(d)식에 대하여} \quad x=0,\ x=l\text{에서} \quad y=0$$

따라서 (c), (d)식은 $z=\dfrac{M}{EI}$로 놓을 때 다음과 같은 대응관계가 있음을 알 수 있다.

$$\begin{aligned} w_x &\leftrightarrow z_x \\ S_x &\leftrightarrow \theta_x \\ M_x &\leftrightarrow y_x \end{aligned} \tag{e}$$

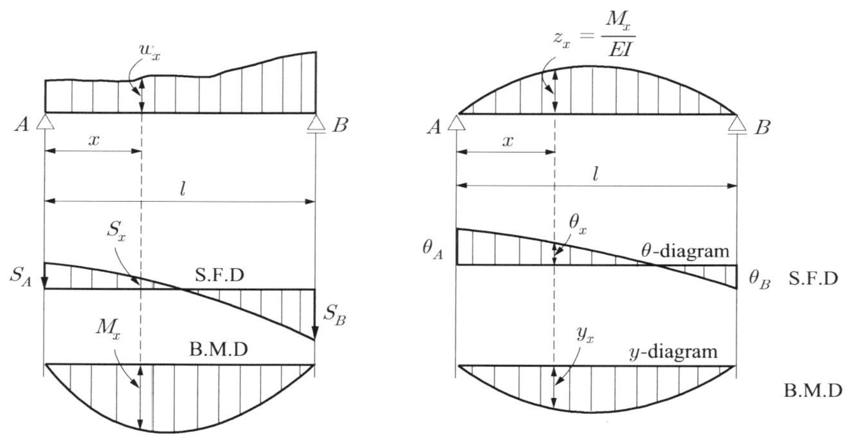

그림 9.20

이들 대응관계는 그림 9.20에서 살피면 쉽게 이해할 수 있다. 즉 w_x에 대하여 S_x, M_x를 구하는 것과 같은 방법으로 z에 대하여 θ, y를 구할 수 있다. 캔틸레버보에 대하여 생각해 보면

$$\text{(c)식에 대하여} \quad x=l\text{에서} \quad M=0, \quad S=0$$
$$\text{(d)식에 대하여} \quad x=0\text{에서} \quad y=0, \quad \theta=0$$

따라서 자유단과 고정단을 바꾸어 생각할 때 (e)와 같은 대응관계가 성립됨을 알 수 있다. 이 관계도 그림 9.21에서 살피면 쉽게 이해할 수 있다. 이들을 정리하면

"보에 하중으로서 $z_x=\dfrac{M_x}{EI}$를 작용시켜 전단력 및 휨모멘트를 구하면 이들은 하중 w_x에 대한 처짐각 및 처짐이다."

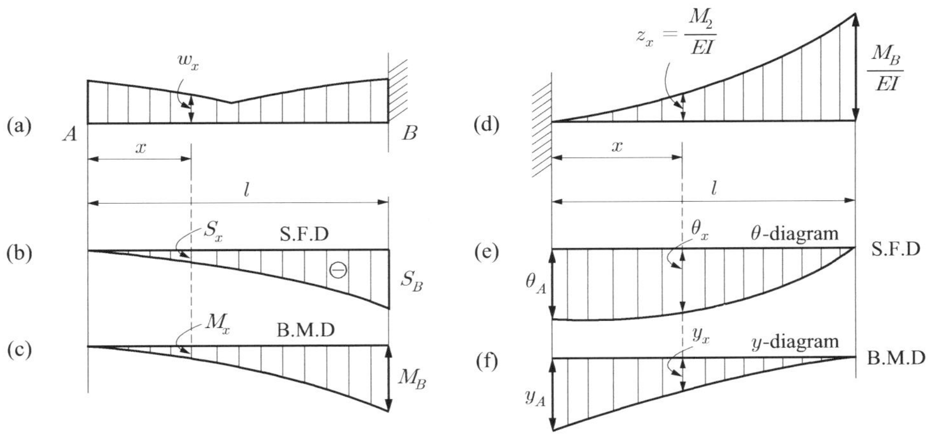

그림 9.21

이것을 모르의 정리(Mohr's theorem)라 하고, z를 탄성하중(elastic load) 또는 z하중(z-load)이라 하며, 모르의 정리에 의하여 보의 처짐각과 처짐을 구하는 방법을 탄성하중법(elastic load method)이라 한다.

탄성하중법은 하중으로 생각하는 B.M.D의 면적을 계산의 기초로 하기 때문에 일명 모멘트면적법(moment area method)라고도 한다.

또 z 하중을 받는 보를 주어진 보에 대해서 공액보(conjugate beam)이라 하기 때문에 공액보법(conjugate beam method)이라고도 한다.

이 방법은 단순보 이외에 캔틸레버보, 내민보, 게르버보 등 모든 정정보에 그대로 적용된다. 여기서 문제가 되는 것은 y, θ가 불연속한 점인 지점이나 중간 힌지 등을 어떻게 처리하느냐, 다시 말해서 주어진 보에 대해서 어떠한 모양의 보를 공액보로 선택하느냐이다. 주어진 보의 y, θ와 공액보의 M, S와의 대응관계는 성립되어야 하고 이로서 다음과 같은 규칙이 주어진다.

① 주어진 보의 이동지점 및 회전지점에서는 $y=0$, $\theta \neq 0$이 아니므로 공액보에서는 $M=0$, $S \neq 0$으로 되는 지점, 즉 이동지점과 회전지점이 이에 해당된다.

② 주어진 보의 고정지점에는 $y=\theta=0$이므로 공액보에서는 $M=S=0$로 되는 지점, 즉 자유단으로 된다.

③ 주어진 보의 자유단에서는 $y \neq 0$, $\theta \neq 0$이므로 공액보에서는 $M \neq 0$, $S \neq 0$인 지점, 즉 고정단이 된다.

④ 주어진 보의 중간 지점에서는 $y=0$으로 좌우의 처짐각이 같으므로 공액보에서는 $M=0$으로 좌우의 전단력이 같은 힌지로 된다.

⑤ 주어진 보의 중간 힌지에서는 좌우의 처짐은 같으나 처짐각은 같지 않으므로 공액

보에서는 좌우의 모멘트가 같고 전단력이 같지 않은 점, 즉 중간지점이 이에 해당된다.

그림 9.22는 이상의 규칙을 도시한 것으로서 이로부터 그림 9.23과 같이 정정보에 대해서 공액보로 하여 처짐각 및 처짐을 구할 수 있다.

휨강성 EI가 모든 장에 걸쳐 일정한 경우는 $\dfrac{M_x}{EI}$ 대신에 M_x를 탄성하중으로 생각하여 계산한 뒤 계산결과를 EI로 나누어서 처짐각 및 처짐을 구해도 무방하다.

EI가 일정하지 않을 때는 특히 보의 중간에서 단면이 변화하는 경우에 이 탄성하중법을 사용하기가 아주 편리하다. 또 보의 특정단면의 처짐각과 처짐을 구하고자 할 때 식 (9.3)의 미분방정식을 푸는 방법으로 모든 장에 걸쳐 y, θ의 식을 구한 후 이로부터 계산하여야 하나 탄성하중법은 직접 이를 구할 수 있는 잇점이 있다.

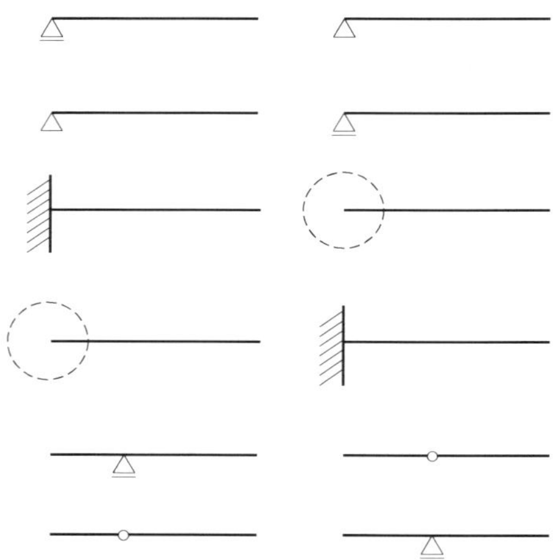

(a) 주어진 보 (b) 공액보

그림 9.22

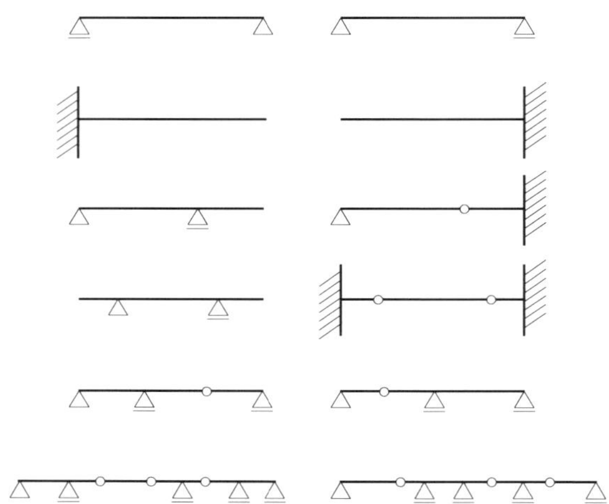

(a) 주어진 보 (b) 공액보

그림 9.23

9.4 탄성하중법에 의한 보의 처짐

9.4.1 단순보

(1) 집중하중을 받을 경우

그림 9.24(a)에서와 같이 하중 P가 작용할 때 그림 (b)와 같이 B.M.D를 구하고 그림

(c)와 같이 이를 하중으로 하여 지점 A', B'의 반력을 구한다.

$$R_A' = \frac{W(l+b)}{3l} = \frac{Pab(l+b)}{6l}$$

$$R_B' = \frac{W(l+a)}{3l} = \frac{Pab(l+a)}{6l}$$

따라서 지점 A부터 x거리의 S_x, M_x를 구하면

$0 \leqq x \leqq a$

$$S_{x1} = R_A' - \frac{1}{2}\frac{Pbx}{l}x = \frac{Pb}{6l}\{a(l+b) - 3x^2\}$$

$$M_{x1} = R_A' x - \frac{1}{2}\frac{Pbx^2}{l}\frac{x}{3} = \frac{Pbx}{6l}\{a(l+b) - x^2\}$$

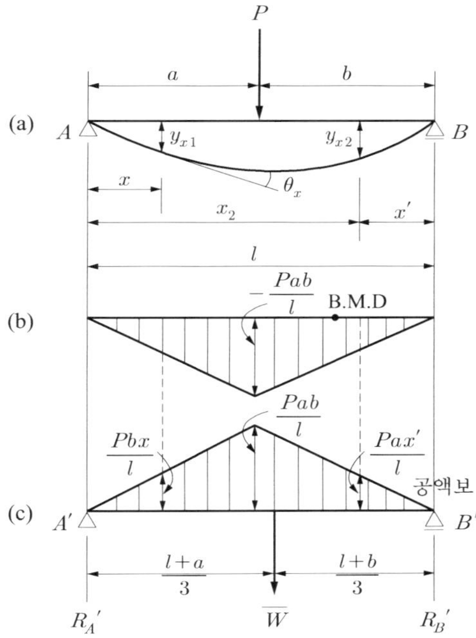

그림 9.24

$a \leqq x \leqq l$

$$S_{x2} = R_B' + \frac{1}{2}\frac{Pax'}{l}x' = -\frac{Pa}{6l}\{b(l+a) - 3x'^2\}$$

$$M_{x2} = R_B' x' - \frac{1}{2}\frac{Pax'^2}{l}\frac{x'}{3} = \frac{Pax'}{6l}\{b(l+a) - x'^2\}$$

이로부터 구하고자 하는 처짐각 및 처짐은

$0 \leqq x \leqq a$

$$\theta_{x1} = \frac{S_{x1}}{EI} = \frac{Pb}{6EIl}(l^2 - b^2 - 3x^2)$$

$$y_{x1} = \frac{M_{x1}}{EI} = \frac{Pb}{6EIl}x(l^2 - b^2 - x^2)$$

$a \leqq x \leqq l$

$$\theta_{x2} = \frac{S_{x2}}{EI} = -\frac{Pa}{6EIl}(l^2 - a^2 - 3x'^2)$$

$$y_{x2} = \frac{M_{x2}}{EI} = \frac{Pa}{6EIl}x'(l^2 - a^2 - x'^2)$$

위에서 구한 (a), (b)식은 식 (9.8), (9.9)와 일치한다.

(2) 등분포하중을 받을 경우

그림 9.25(a)에서와 같이 등분포하중이 작용할 때 그림 (c)에서 탄성하중의 합력

$$\overline{W} = 2\int_0^{\frac{l}{2}} \frac{w}{2}(l-x)x\,dx = \frac{w\,l^3}{12}$$

$$\therefore\ R_A{}' = R_B{}' = \frac{\overline{W}}{2} = \frac{w\,l^3}{24}$$

따라서

$$\theta_A = \frac{S_A}{EI} = \frac{R_A{}'}{EI} = \frac{w\,l^3}{24EI}$$

$$\theta_B = \frac{S_B}{EI} = -\frac{R_B{}'}{EI} = -\frac{w\,l^3}{24EI}$$

$$M_C = R_A{}'\,\frac{l}{2} - \frac{W}{2}\,\frac{3l}{16} = \frac{5w\,l^4}{384}$$

$$\therefore\ y_C = \frac{M_C}{EI} = \frac{5w\,l^4}{384EI}$$

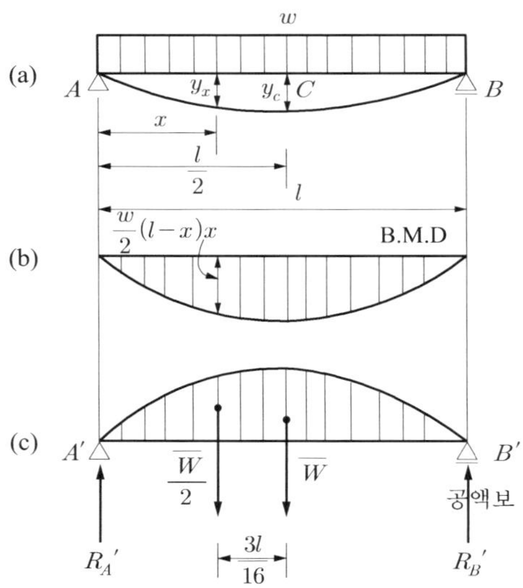

그림 9.25

(3) 모멘트하중을 받을 경우

그림 9.26(a)와 같이 양 지점에 모멘트하중이 작용할 때 그림 (b)에서 탄성하중의 합력 $\overline{W}$는

$$\overline{W} = M \cdot l$$

$$\therefore\ R_A{}' = \frac{\overline{W}}{2} = \frac{M \cdot l}{2}$$

$$\theta_A = R_A{}' = \frac{M \cdot l}{2EI}$$

$$y_C = R_A{}'\,\frac{l}{2} - \frac{M}{EI}\,\frac{l}{2}\,\frac{l}{4} = \frac{M \cdot l^2}{8EI}$$

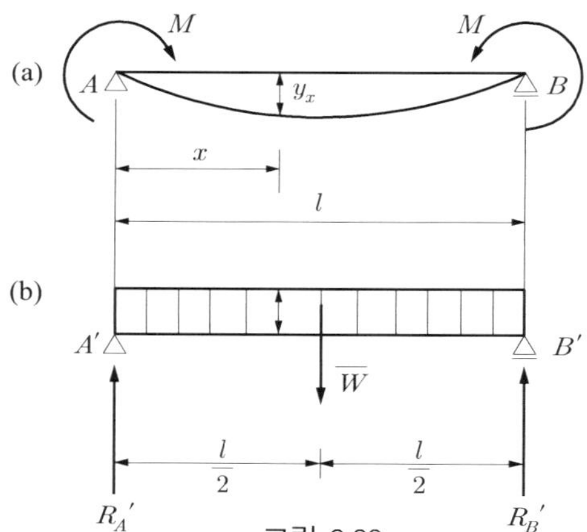

그림 9.26

9.4.2 캔틸레버보

(1) 집중하중을 받을 경우

그림 9.27에서와 같이 집중하중 한 개가 작용할 경우에 C점의 처짐각과 처짐을 구하여 보면 C점의 처짐각 θ_x는 AC 사이의 탄성하중의 면적을 $A_{A\sim C}$라 하면

$$A_{A\sim C} = W_{A\sim C}$$

$$\theta_x = \frac{1}{EI} W_{A\sim C} = \frac{1}{EI} \cdot \frac{Pl + P(l-x)}{2} x \qquad (9.40)$$

θ_B는 $x = l$일 경우이므로

$$\theta_A = \frac{1}{EI} \cdot \frac{Pl \cdot l}{2} = \frac{Pl^2}{2EI} \qquad (9.41)$$

C점의 처짐 y_x는

$$y_x = \frac{1}{EI} \cdot \frac{Pl + P(l-x)}{2} x \bar{x} \qquad (9.42)$$

자유단의 처짐 $y_{\max}$는

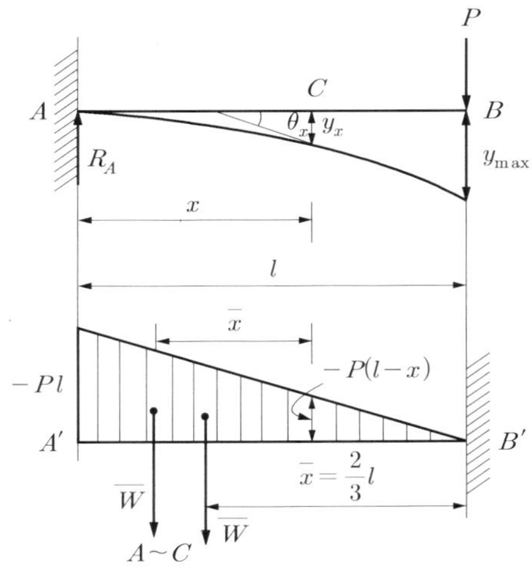

그림 9.27

$$y_{\max} = y_B = \frac{1}{EI} \cdot \frac{Pl \cdot l}{2} \cdot \frac{2}{3} l = \frac{Pl^3}{3EI} \qquad (9.43)$$

(2) 등분포하중을 받을 경우

그림 9.28에서 AC 사이의 임의단면에서 M_x는 $M_x = -\frac{1}{2} w(a-x)^2$으로서 휨모멘트도는 그림과 같이 공액보로 하여

$$M_{\max} = -\frac{wa^2}{2}$$

$$\overline{W} = \frac{wa^2}{2} \cdot \frac{1}{3} a = \frac{1}{6} wa^3$$

$$\theta_C = \frac{1}{EI} \cdot \overline{W} = \frac{wa^3}{6EI} \qquad (9.44)$$

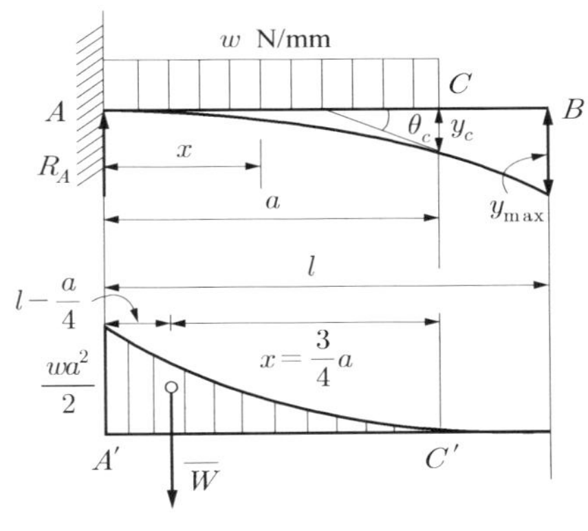

그림 9.28

CB 사이의 처짐곡선은 직선으로 되어서 자유단 B에서의 처짐각 θ_B는 θ_C와 같다. 등분포하중이 보에 재하되었을 경우에는 자유단 B의 처짐각 θ_B는 위의 식에서 $a = l$일 때이므로

$$\theta_B = \frac{wl^3}{6EI} \qquad (9.45)$$

AC 사이의 휨모멘트도의 도심과 C점과의 거리 $\bar{x}$는 $\frac{3}{4}a$이므로

$$y_C = \frac{1}{EI} \cdot \overline{W} \cdot \bar{x} = \frac{wa^4}{8EI} \tag{9.46}$$

최대처짐 $y_{\max} = y_B$는 자유단 B에서 일어나는데 CB 사이는 처짐곡선이 직선이므로

$$y_{\max} = y_B = y_C + (l-a)\tan\theta_C \fallingdotseq y_C + (l-a)\theta_C = \frac{wa^3}{24EI}(4l-a)$$

또는
$$y_{\max} = \frac{\overline{W}}{EI}\left(l - \frac{a}{4}\right) = \frac{wa^3}{6EI}\left(l - \frac{a}{4}\right) = \frac{wa^3}{24EI}(4l-a) \tag{9.47}$$

또 하중이 만재되었을 때 $y_{\max}$는 자유단에 생기므로 $a = l$일 때

$$y_{\max} = y_B = \frac{w\,l^4}{8EI} \tag{9.48}$$

(3) 모멘트하중을 받을 경우

$$\theta_x = \frac{M_A}{EI} x' \tag{9.49}$$

$$y_x = -\frac{1}{EI} M_A x' \cdot \frac{1}{2} x' = -\frac{M_A}{2EI} x'^2 \tag{9.50}$$

처짐에서 (−)부호에 의하여 상향의 처짐임을 알 수 있다.

$$\theta_A = \frac{M_A \cdot l}{EI}$$

$$y_A = -\frac{M_A}{2EI} l^2 \tag{9.51}$$

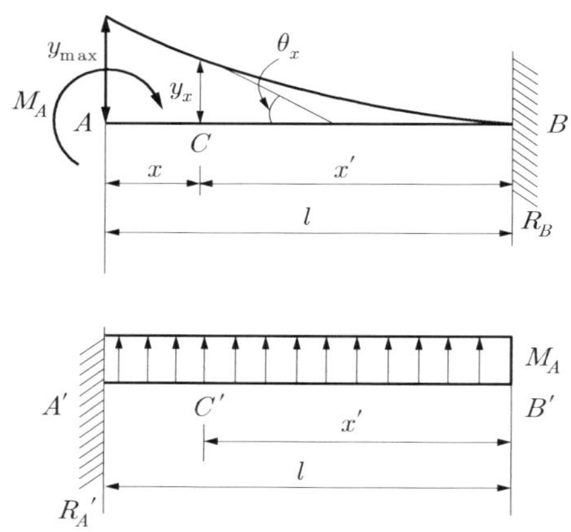

그림 9.29

Example 9.5 그림 9.30과 같이 캔틸레버보의 자유단에 모멘트하중이 작용할 때 B점의 처짐각 θ_B와 처짐 y_B를 구하여라.

M_B에 대한 B.M.D를 그림 (b)와 같이 그리고 이로부터 $\frac{M_x}{I}$를 구하여 공액보에 작용시킬 때 그림 (c)

$$\theta_B = S_B = -(\overline{W_1} + \overline{W_2})$$

$$= -\left(\frac{M_B}{nEI} \cdot a + \frac{M_B}{EI} b\right)$$

$$= -\frac{M_B}{nEI}(a+nb)$$

$$y_B = M_B = -\overline{W_1}\left(b+\frac{a}{2}\right) - \overline{W_2}\frac{b}{2}$$

$$= -\left(\frac{M_B}{nEI}\cdot a\right)\left(b+\frac{a}{2}\right) - \left(\frac{M_B}{EI}\cdot b\right)\frac{b}{2}$$

$$= -\frac{M_B}{2nEI}\{a(a+2b)+nb^2\}$$

$$= -\frac{M_B\{al+b(a+nb)\}}{2nEI}$$

윗 식에서 $n=1$이면 전체 보에 걸쳐 EI가 일정한 캔틸레버보의 자유단의 처짐각, 처짐이 된다. 즉

$$\theta_B = -\frac{M_B \cdot l}{EI}$$

$$y_B = -\frac{M_B \cdot l^2}{2EI}$$

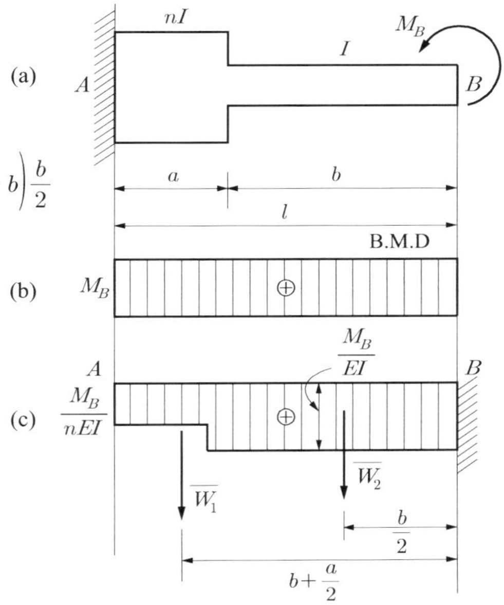

그림 9.30

Example 9.6 그림 9.31과 같은 캔틸레버보의 B, C점의 처짐각과 처짐을 구하라. 단 $E=2\times10^5$ MPa, $I=3\times10^4$ cm^4

점 A의 모멘트 M_A는

$$M_A = -\frac{w\,l^2}{2} = -\frac{20\times6^2}{2}$$

$$= -360 \text{ kN}\cdot\text{m}$$

$$\overline{W} = -\frac{1}{3}\times360\times6$$

$$= -720 \text{ kN}\cdot\text{m}^2$$

$$\bar{x} = \frac{3}{4}\times6 = 4.5 \text{ m}$$

$$EI = 2\times10^7\times3\times10^4$$

$$= 6\times10^{11} \text{ N}\cdot\text{cm}^2$$

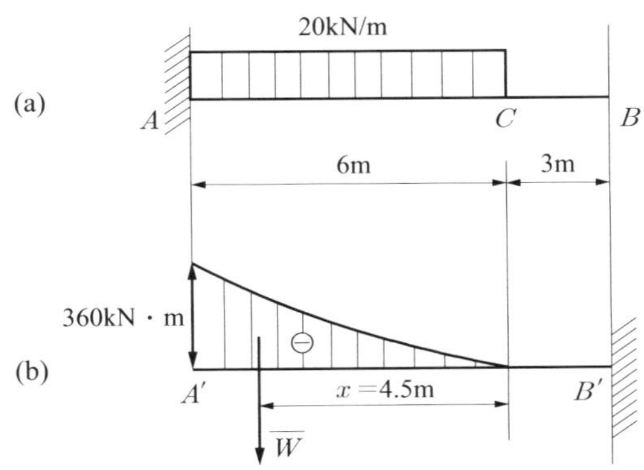

그림 9.31

C점의 처짐각 θ_C 및 처짐 y_C는

$$\theta_C = -\frac{\overline{W}}{EI} = \frac{720}{6\times10^4} = 12\times10^{-3} = 0.012 \text{ rad.}$$

$$y_C = -\frac{\overline{W}\,\bar{x}}{EI} = \frac{720\times4.5}{6\times10^4} = 0.54 \text{ m}$$

B점의 처짐각과 처짐은

$$\theta_B = \theta_C = 0.012 \text{ rad.}$$

$$y_B = \frac{-\overline{W}(3+\bar{x})}{EI} = \frac{720 \times 7.5}{6 \times 10^4} = 0.09 \text{ m}$$

Example 9.7 그림 9.32와 같이 단순보의 양 지점에 모멘트하중이 작용할 때 양지점의 처짐각을 구하여라. 단 EI는 일정하다.

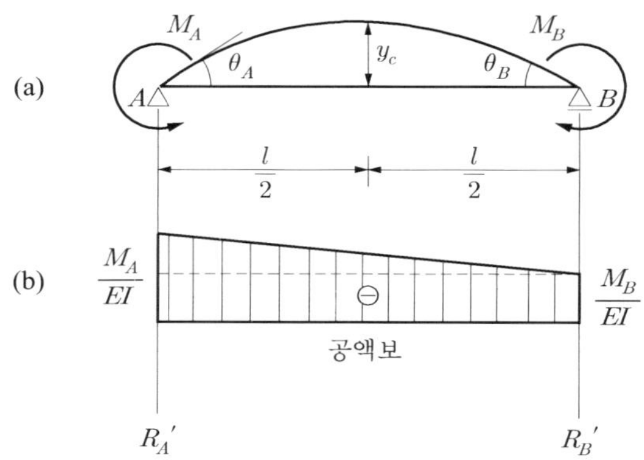

그림 9.32

탄성하중법에 의하여 구하면

$$\begin{aligned} R_A' &= \theta_A \\ &= -\left\{\frac{M_B \cdot l}{2EI} + \frac{(M_A - M_B) \cdot l}{3EI}\right\} \\ &= -\left(\frac{M_A \cdot l}{3EI} + \frac{M_B \cdot l}{6EI}\right) \\ &= -\frac{l}{6EI}(2M_A + M_B) \end{aligned}$$

$$\begin{aligned} R_B' &= \theta_B \\ &= \frac{M_B \cdot l}{2EI} + \frac{(M_A - M_B) \cdot l}{6EI} \\ &= \frac{l}{6EI}(2M_B + M_A) \end{aligned}$$

Example 9.8 그림 9.33과 같은 내민보의 중앙부 AB의 중앙 E점과 보의 끝 C점의 처짐을 구하여라.

$$R_A = R_B = \frac{w(l+2l_1)}{2}$$

$$M_A = M_B = \frac{-w\,l_1^2}{2}$$

$$M_E = \frac{w\,l^2}{8} - \frac{w\,l_1^2}{2}$$

$$= \frac{w}{8}(l^2 - 4l_1^2)$$

$$y_{E1} = \frac{5w\,l^4}{384EI}$$

$$y_{E2} = \frac{-\frac{w\,l_1^2}{2}\cdot l^2}{8EI}$$

$$= \frac{-w\,l_1^2\,l^2}{16EI}$$

$$y_E = \frac{5w\,l^4}{384EI} - \frac{w\,l_1^2\,l^2}{16EI}$$

$$y_{C1} = \frac{w\,l_1^2}{2EI}\cdot l_1 \cdot \frac{3}{4}l_1 \cdot \frac{1}{3}$$

$$= \frac{w\,l_1^4}{8EI}$$

$$y_{C2} = \frac{w\,l\,(l^2 - 6\,l_1^2)}{24EI}\,l_1$$

$$\therefore\ y_C = \frac{w\,l_1^4}{8EI} - \frac{w\,l\cdot l_1(l^2 - 6l_1^2)}{24EI}$$

$$\therefore\ y_C = \frac{w\,l_1(3l_1^3 - l^3 + 6l\,l_1^2)}{24EI}$$

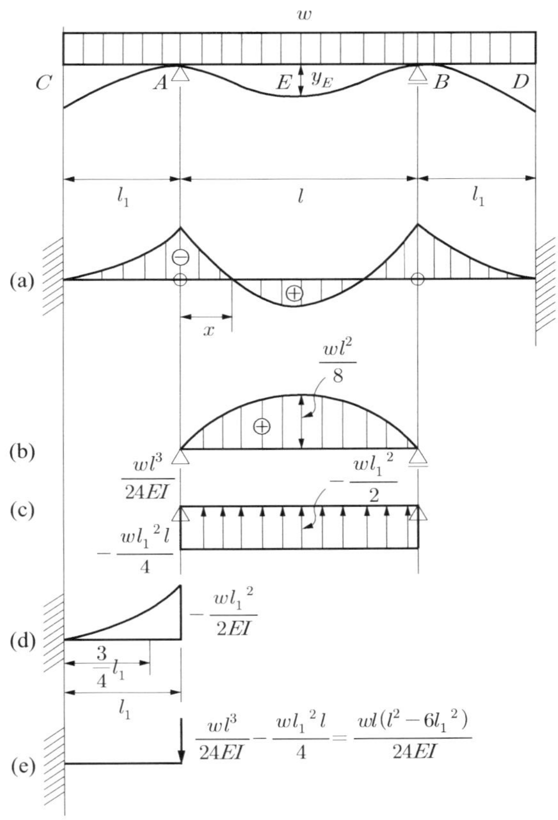

그림 9.33

PROBLEMS

01. 그림 9.34와 같은 캔틸레버보에서 C점의 처짐 EIy_C의 값을 구하여라.

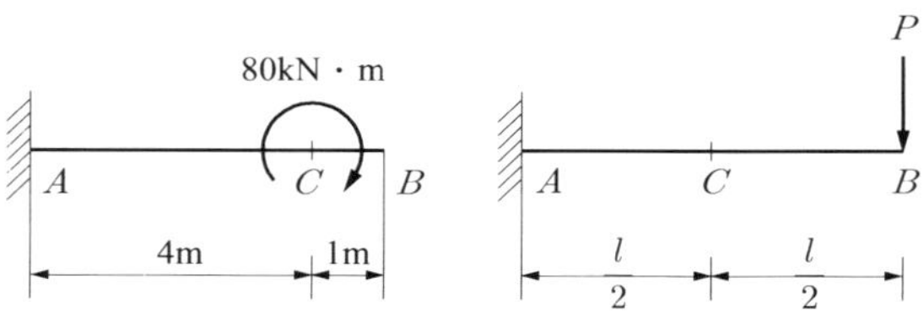

그림 9.34

답 : (a) $EIy_C = 640\ \text{kN} \cdot \text{m}^3$

(b) $EIy_C = \dfrac{5Pl^3}{48}$

02. 그림 9.35에서 C점의 처짐각 및 처짐을 구하여라. 단, $EI = 2.85 \times 10^5\ \text{kN} \cdot \text{m}^2$

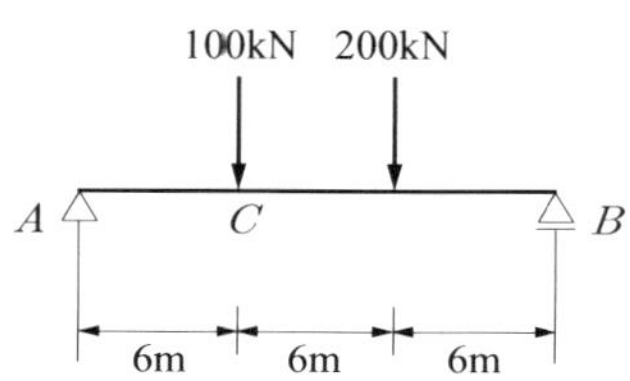

그림 9.35

답 : $\theta_C = 0.00982\ \text{rad}$, $y_C = 9.26\ \text{cm}$

03. 그림 9.36에서 모멘트하중이 작용할 때 최대처짐각과 처짐량을 구하여라.

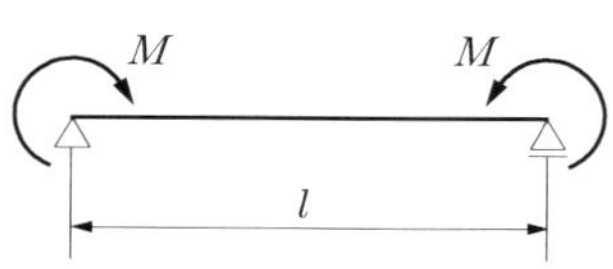

그림 9.36

답 : $\theta_{max} = \dfrac{Ml}{2EI}$, $y_{max} = \dfrac{Ml^2}{8EI}$

04. 그림 9.37에서 지간이 같은 두 개의 단순보가 중앙에서 직각으로 교차하고 여기에 집중하중 P가 작용할 때 각 보에 분담하는 하중을 구하여라. 단, E는 같고 단면 2차 모멘트는 I_1, I_2이다.

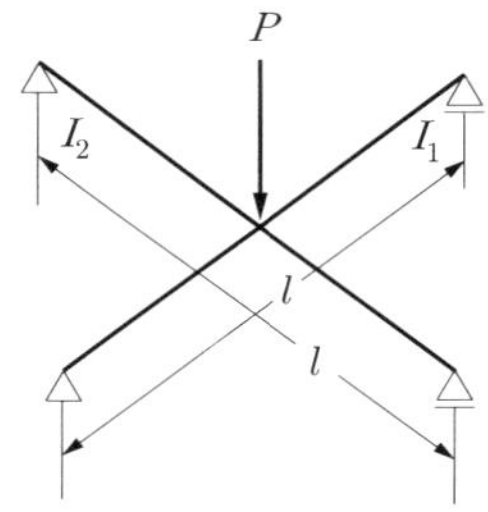

그림 9.37

답 : $P_1 = \dfrac{I_1}{I_1 + I_2} P$, $P_2 = \dfrac{I_2}{I_1 + I_2} P$

05. 그림 9.38과 같은 두 AB보와 CD보가 직교하고 교점에 하중 P가 작용할 때 재료와 단면이 서로 같다면 AB보와 CD보가 받는 최대휨모멘트의 비를 구하라.

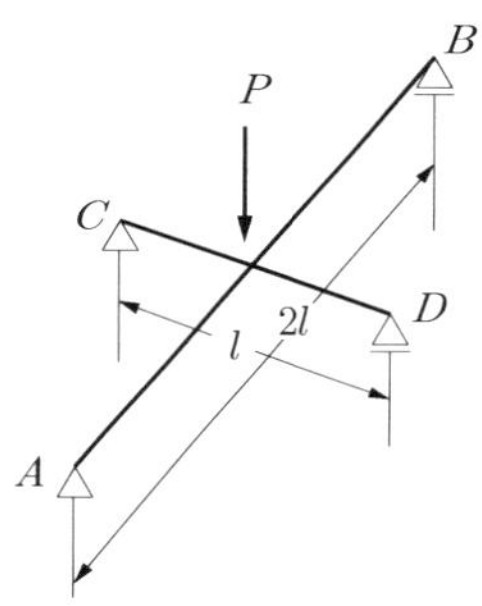

그림 9.38

답 : 1 : 4

06. 그림 9.39에서 지점 A의 처짐각과 최대처짐을 구하여라. 단 $E = 15 \times 10^5\ \text{N/cm}^2$이고, 보의 단면은 15cm×20 cm이다.

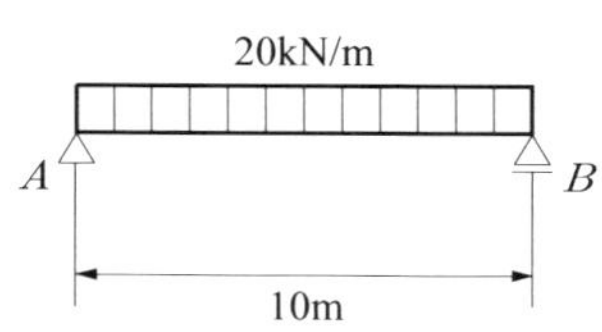

그림 9.39

답 : $\theta_A = 0.555$ rad, $\theta_B = -0.555$ rad,

$y_{\max} = 173.5$ cm

07. 그림 9.40과 같은 단순보의 CD점의 처짐각과 처짐을 구하여라. 단 $E = 21 \times 10^6$ N/cm^2, $I = 1.25 \times 10^5$ cm^4

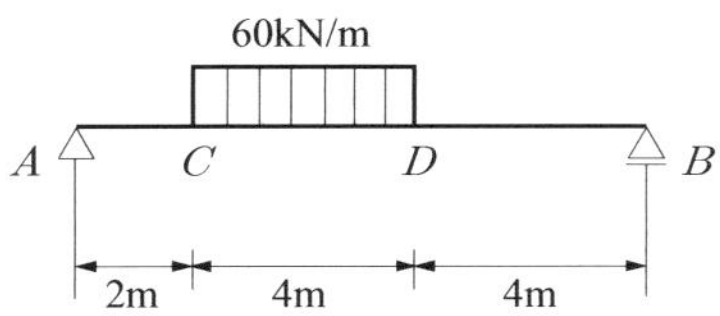

그림 9.40

답 : $\theta_C = 0.00439$ rad, $\theta_D = -0.00195$ rad,

$y_C = 1.025$ cm, $y_D = 0.974$ cm

08. 그림 9.41에서 내민부분의 C점의 처짐각과 D점의 처짐을 구하여라. 단 $EI = 2.915 \times 10^4$ kN · m^2

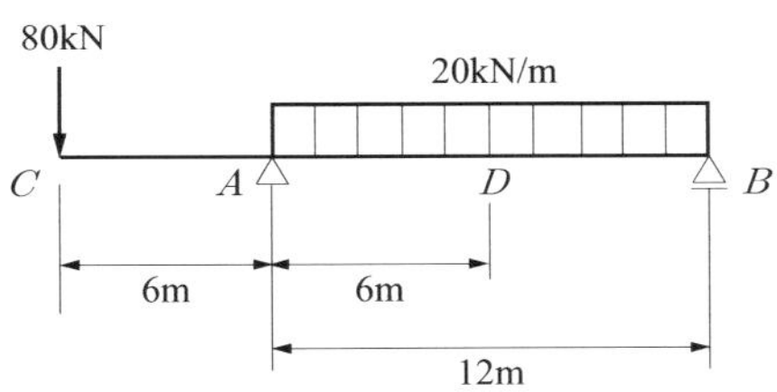

그림 9.41

답 : $\theta_C = 0.00659$ rad, $y_D = 3.70$ cm

Chapter 9 Chapter 10

CHAPTER 10

부정정구조

10.1 부정정력과 정정기본계

구조물의 일반적 분류방법으로서 정정구조물과 부정정구조물로 크게 나눌 수 있다. 앞에서 배운 바와 같이 정정구조물은 정역학적 힘의 평형조건식인

$$\sum H = 0 \quad \sum V = 0 \quad \sum M = 0$$

의 세 조건식만으로서 해석할 수 있으나 부정정구조물의 해석은 위의 조건으로는 풀 수 없어 재료의 탄성변형과 구속조건을 고려하여 해석한다.

부정정구조를 해석하는 방법으로는 일반적으로 다음과 같이

① 변형일치법 (Method of consistent deformation)
② 3연 모멘트법 (Clapeyron's theorem of three moments)
③ 처짐각법 (Slope deflection method)
④ 모멘트분배법 (Moment distribution method)
⑤ 매트릭스 구조해석법 (Method of matrix structural analysis)
⑥ 탄성변형의 정리에 의한 부정정구조의 해석

등의 여러 가지 방법이 있으나 본 장에서는 ①~⑥까지 네 종의 부정정구조의 해법으로 부정정보와 라아멘만을 다루고자 한다.

부정정보와 라아멘의 부정정차수는 1장에서 이미 취급하여 잘 아는 바와 같이

$$n = m_1 + 2m_2 + 3m_3 + r - (2p_2 + 3p_3)$$

에서 $n < 0$이면 불안정구조
$n = 0$이면 정정구조
$n > 0$이면 부정정구조 (이때 n은 부정정차수)

그러나 보에서는 r을 반력수, h를 힌지수라 할 때

$$n = r - 3 - h$$

로서 구조물을 쉽게 판별하기도 한다.

부정정보는 부정정보의 차수만큼의 부정정력을 생각하여 이 부정정력에 대하여 탄성 변형의 적합조건을 써서 부정정력을 구하면 된다.

가량 그림 10.1과 같은 1차 부정정보에서 B점에서 부정정력으로 R_B를 생각하면 그림 (a)는 그림 (b)와 같이 R_B만이 작용할 때와 그림 (c)와 같이 등분포하중만이 작용할 때를 합성한 것이 되고 B점의 처짐은 0이므로 R_B에 의한 처짐 y_R과 w에 의한 처짐 y_w의 합은 0이 되어야 한다. 즉

$$y_R + y_w = 0$$

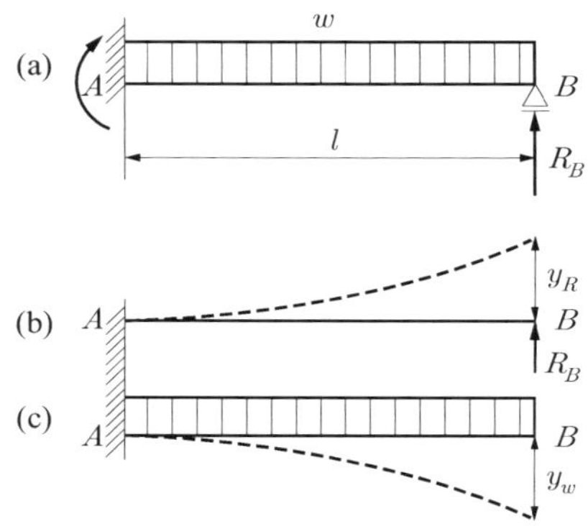

그림 10.1

부정정력을 생각하였을 때 부정정보는 정정보로 바꾸어 여기에 부정정력만이 작용하는 것으로 하고 또 이 부정정력을 0으로 생각하여 하중만이 작용하였을 때의 변형과의 합 $y_R + y_w = 0$과 같은 적합조건을 성립시키면 일반적으로 부정정력을 구할 수 있다. 이와 같이 할 때의 정정보를 일반적으로 정정기본계라고 부른다.

10.2 변형일치법

그림 10.2(a)와 같은 연속보는 2차 부정정보로서 두 개의 부정정력(M_B, M_C)를 선택하고 그림 10.2(b), (c)와 같이 AB보의 B지점에서 하중에 의한 처짐각과 지점모멘트에 의한 처짐각 θ_{B1}, θ_{B2}, BC보의 B지점에서 하중에 의한 처짐각과 지점모멘트에 의한 처짐각 θ_{B3}, θ_{B4}, 지점모멘트 M_B 사이에는 보의 처짐곡선이 연속되어 있으므로

$$\theta_{B1} + \theta_{B2} = \theta_{B3} + \theta_{B4}$$
$$M_B = M_{B2} = M_{B4} \tag{10.1}$$

C점은 고정단이므로 그림 10.2(d), (e)에서

$$\theta_{C3} + \theta_{C4} = 0$$

$$M_C = M_{C4} \tag{10.2}$$

이들 관계식 (10.1), (10.2)로부터 부정정력이 구해지고 부정정보의 단면력을 구할 수 있다. 구조에 따라서는 지점에서 하중에 의한 지점의 처짐 y_l과 지점반력에 의한 처짐 y_R 사이에는 지점에서의 처짐이 0이므로

$$y_l + y_R = 0 \tag{10.3}$$

식 (10.3)으로부터 부정정력이 구해지기도 한다. 이 해법에 의한 부정정보의 해를 각종 부정정보에 적용해 보기로 한다.

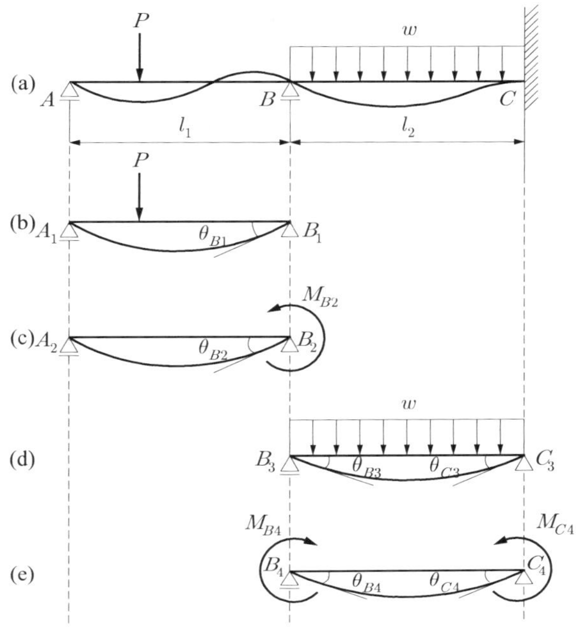

그림 10.2

10.2.1 1단 고정 타단 이동지점 보

(1) 집중하중을 받을 경우

그림 10.3(a)와 같은 보는 1차 부정정보이므로 부정정력으로 M_A와 R_B를 취할 수 있는데 먼저 M_A를 부정정력으로 취하면 그림 10.3(b)와 (c)에서 θ_{A1}, θ_{A2}는

$$\theta_{A1} = \frac{Pab(l+b)}{6EIl} \qquad \theta_{A2} = \frac{M_A l}{3EI}$$

그림 (a)로부터 A점은 고정단이므로 처짐각 θ_A는 0이다. 따라서

$$\theta_A = \theta_{A1} + \theta_{A2} = 0$$

$$\frac{Pab(l+b)}{6EIl} + \frac{M_A \cdot l}{3EI} = 0$$

$$\therefore\ M_A = -\frac{Pab(l+b)}{2l^2} \tag{10.4}$$

부정정력이 구해졌기 때문에 그림 (d)와 같이 정정계로 놓아 단면력을 구한다.

① 지점반력

그림 (d)에서 $\sum M_B = 0$에 의하여

$$R_A l + M_A - Pb = 0$$

$$R_A = \frac{Pb - M_A}{l}$$

$$= \frac{Pb + Pab(l+b)/2l^2}{l}$$

$$= \frac{P(2l^3 - 3a^2 l + a^3)}{2l^3} \tag{10.5}$$

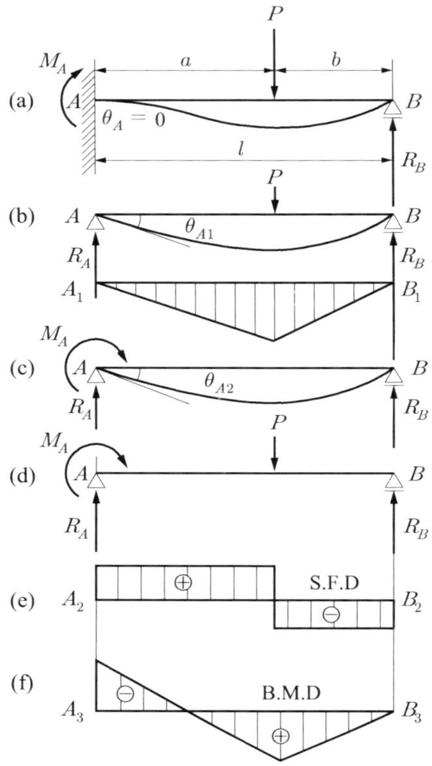

그림 10.3

$\sum M_A = 0$으로부터

$$-R_B l + Pa + M_A = 0$$

$$R_B = \frac{Pa + M_A}{l}$$

$$= \frac{Pa^2(3l - a)}{2l^3} \tag{10.6}$$

② 전단력

$$S_{A\sim C} = R_A = \frac{P(2l^3 - 3a^2 l + a^3)}{2l^3}$$

$$S_{C\sim B} = P - R_A = -R_B = -\frac{Pa^2(3l-a)}{2l^3} \tag{10.7}$$

③ 휨모멘트

$$M_A = -\frac{Pab(l+b)}{2l^2}$$

$$M_x = R_A x + M_A = \frac{Pb - M_A}{l}x + M_A \tag{10.8}$$

$$M_C = \frac{Pb - M_A}{l}a + M_A$$

$$M_B = 0$$

이로서 S.F.D와 B.M.D를 그리면 그림 (e), (f)와 같다.

(2) 등분포하중을 받을 경우

그림 10.4에서와 같이 등분포하중이 만재되었을 경우를 풀어보자. 이때의 보도 집중하

중을 받을 경우와 같이 풀어나가면 된다.

$$\theta_{B1} = -\frac{w\,l^3}{24EI}$$

$$\theta_{B2} = -\frac{M_B \cdot l}{3EI}$$

$$\theta_B = \theta_{B1} + \theta_{B2} = 0$$

$$\therefore\ M_B = -\frac{w\,l^2}{8} \tag{10.9}$$

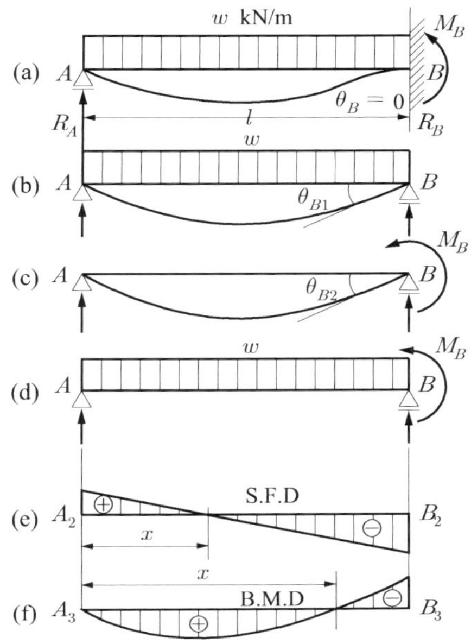

그림 10.4

그림 (d)와 같이 정정계로 놓고 단면력을 구하면

① 지점반력

$\sum M_B = 0$에 의하여

$$R_A \cdot l - w\,l\,\frac{l}{2} - M_B = 0$$

$$R_A = \frac{w\,l}{2} + \frac{M_B}{l} = \frac{3w\,l}{8}$$

$$R_B = \frac{w\,l}{2} - \frac{M_B}{l} = \frac{5w\,l}{8} \tag{10.10}$$

② 전단력

$$S_A = R_A = \frac{3}{8}w\,l$$

$$S_B = -R_B = -\frac{5}{8}w\,l \tag{10.11}$$

③ 휨모멘트

$$M_A = 0$$

$$M_x = R_A \cdot x - \frac{w\,x^2}{2} \tag{10.12}$$

$M_{\max}$는 $S = 0$이 되는 점에서 일어나므로

$$S_x = R_A - wx = 0$$

$$\frac{3w\,l}{8} - wx = 0$$

$$\therefore\ x = \frac{3\,l}{8}$$

$$M_{\max} = \frac{3wl}{8} \cdot \frac{3}{8}\,l - \frac{w\left(\frac{3}{8}\,l\right)^2}{2} = \frac{9wl^2}{128} \tag{10.13}$$

$M = 0$이 되는 점 즉, 반곡점의 위치는

$$R_A \cdot x - \frac{wx^2}{2} = 0$$

$$x\left(R_A - \frac{wx}{2}\right) = 0$$

$$x_1 = 0, \quad x_2 = \frac{2R_A}{w} = \frac{3}{4}\,l$$

$$M_B = -\frac{wl^2}{8}$$

이로서 S.F.D와 B.M.D를 그리면 그림 (e), (f)와 같다.

10.2.2 양단 고정보

(1) 집중하중을 받을 경우

그림 10.5(a)와 같은 보는 그림 (b)와 같이 집중하중을 받는 단순보와 그림 (c)와 같이 A, B 두 지점에 부정정력 M_A, M_B를 받는 단순보의 두 개를 합성한 것으로 생각할 수 있다. 따라서 그 결과 두 지점의 처짐각 θ_A 및 θ_B가 0이라는 조건에서 M_A, M_B를 구할 수 있다. 그림 (b)로부터 A, B지점의 처짐각을 θ_{A1}, θ_{B1}이라 하면

$$\theta_{A1} = \frac{Pab(l+b)}{6EIl}$$

$$\theta_{B1} = -\frac{Pab(l+a)}{6EIl}$$

그림 (c)로부터 A, B점의 처짐각 θ_{A2}, θ_{B2}는

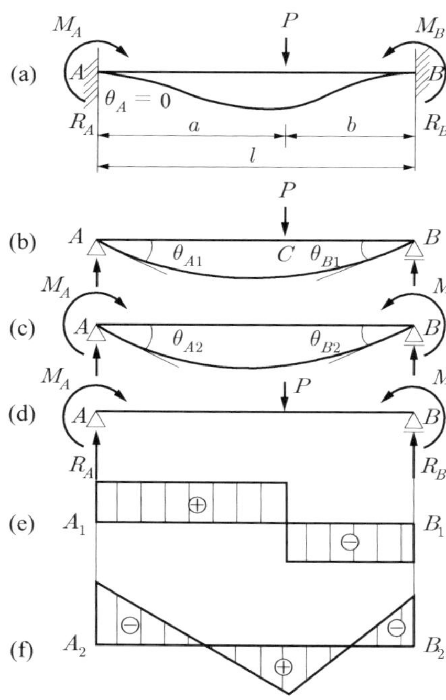

그림 10.5

$$\theta_{A2} = \frac{(2M_A + M_B)\,l}{6EI}$$

$$\theta_{B2} = -\frac{(M_A + 2M_B)\,l}{6EI}$$

고정지점의 처짐각은 0이므로

$$\theta_A = \theta_{A1} + \theta_{A2} = 0$$

$$\frac{Pab(l+b)}{6EIl} + \frac{(2M_A + M_B)\,l}{6EI} = 0 \tag{a}$$

B지점의 처짐각을 θ_B라 하면

$$\theta_B = \theta_{B1} + \theta_{B2} = 0$$

$$-\frac{Pab(l+a)}{6EIl} - \frac{(M_A + 2M_B)\,l}{6EI} = 0 \tag{b}$$

(a)식과 (b)식을 연립시켜 풀면

$$M_A = -\frac{Pab^2}{l^2}$$

$$M_B = -\frac{Pa^2b}{l^2} \tag{10.14}$$

그림 (d)와 같게 놓고 단면력을 구해본다.

① 지점반력

$\sum M_B = 0$에 의하여 $\quad R_A\,l + M_A - P\,b - M_B = 0$

$$R_A = \frac{Pb}{l} - \frac{M_A - M_B}{l} = \frac{P\,b^2\,(l+2a)}{l^3}$$

$\sum M_A = 0$으로부터

$$R_B = \frac{Pa}{l} + \frac{M_A - M_B}{l} = \frac{Pa^2\,(l+2b)}{l^3} \tag{10.15}$$

② 전단력

$$S_{A\sim C} = R_A = \frac{P\,b^2\,(l+2a)}{l^3}$$

$$S_{C\sim B} = -R_B = -\frac{Pa^2(l+2b)}{l^3} \tag{10.16}$$

③ 휨모멘트

$$M_A = -\frac{Pab^2}{l^2} \tag{c}$$

$$M_x = R_A x + M_A \tag{10.17}$$

$$M_C = R_A a + M_A = \frac{Pab^2(l+2a)}{l^3} + M_A$$

$$M_B = -\frac{Pa^2 b}{l^2} \tag{d}$$

반곡점의 위치 (AC 구간)

$$R_A x + M_A = 0$$

$$x = -\frac{M_A}{R_A} = \frac{Pab^2/l^2}{Pb^2(l+2a)/l^3} = \frac{Pab^2}{l^2} \cdot \frac{l^3}{Pb^2(l+2a)} = \frac{al}{l+2a}$$

반곡점의 위치 (CB 구간으로 B점을 기준함)

$$R_B x + M_B = 0$$

$$x = -\frac{M_B}{R_B} = \frac{Pa^2b/l^2}{Pa^2(l+2b)/l^3} = \frac{Pa^2b}{l^2} \cdot \frac{l^3}{Pa^2(l+2b)} = \frac{bl}{l+2b}$$

이로서 S.F.D와 B.M.D를 그리면 그림 (e), (f)와 같다. 또한 집중하중이 그림 10.6과 같이 보의 중앙에 작용할 때는 그림 10.5에서 $a = b = \frac{l}{2}$인 경우로 이 값을 (c)식과 (d)식에 대입하면

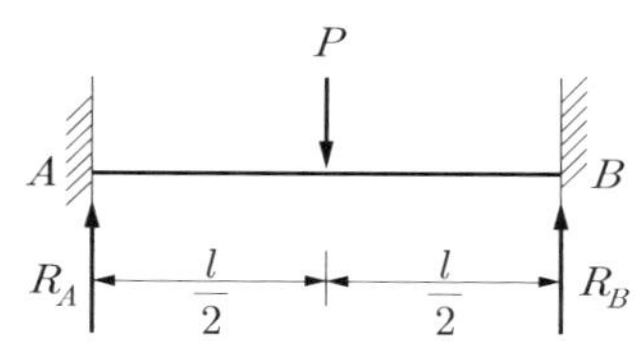

그림 10.6

$$M_A = -\frac{Pl}{8}, \qquad M_B = -\frac{Pl}{8}$$

로 된다. 또 같은 방법으로 집중하중이 그림 10.7과 같이 작용할 때는 $a = \frac{l}{3}$, $b = \frac{2l}{3}$로 놓을 때와 $a = \frac{2l}{3}$, $b = \frac{l}{3}$로 놓을 때를 각각 계산하여 합성하면 된다. 따라서 $M_A = -\frac{2Pl}{9}$, $M_B = -\frac{2Pl}{9}$이다.

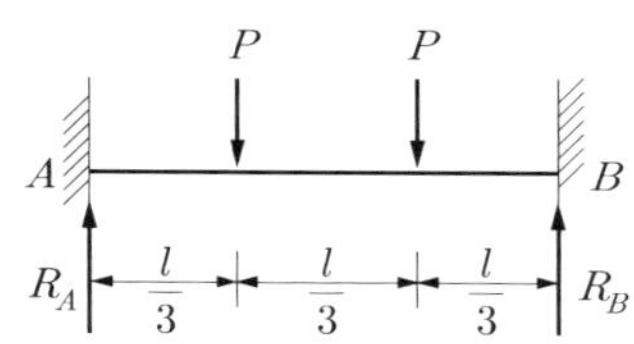

그림 10.7

(2) 등분포하중을 받을 경우

그림 10.8(a)와 같이 등분포하중이 만재되었을 경우는 (1)에서와 같은 방법으로 풀면 된다. 그림 (b)에서 θ_{A1}, θ_{B1}은

$$\theta_{A1} = \frac{w\,l^3}{24EI}, \quad \theta_{B1} = -\frac{w\,l^3}{24EI}$$

그림 (c)로부터 A, B점의 처짐각 θ_{A2}, θ_{B2}는

$$\theta_{A2} = \frac{M_A\,l}{2EI}, \quad \theta_{B2} = -\frac{M_B\,l}{2EI}$$

고정지점에서의 처짐각은 0이므로

$$\theta_A = \theta_{A1} + \theta_{A2} = 0$$

$$\frac{w\,l^3}{24EI} + \frac{M_A\,l}{2EI} = 0$$

$$M_A = -\frac{w\,l^3}{24EI} \cdot \frac{2EI}{l} = -\frac{w\,l^2}{12} \qquad (10.18)$$

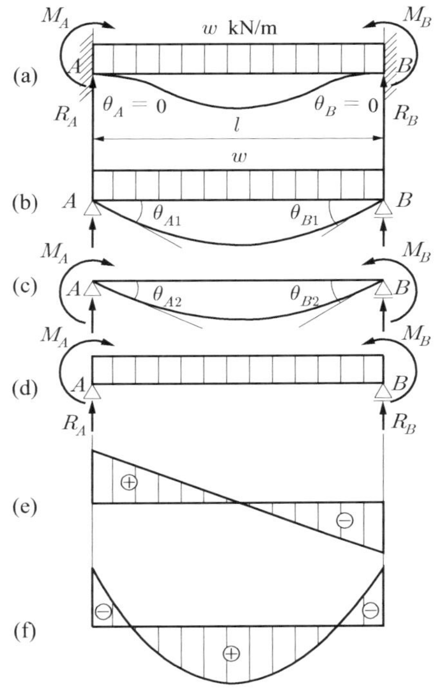

그림 10.8

$$\theta_B = \theta_{B1} + \theta_{B2} = 0$$

$$-\frac{w\,l^3}{24EI} - \frac{M_B\,l}{2EI} = 0$$

$$M_B = -\frac{w\,l^3}{24EI} \cdot \frac{2EI}{l} = -\frac{w\,l^2}{12} \qquad (10.19)$$

그림 (d)와 같이 정정계로 놓고 단면력을 구한다.

① 지점반력

M_A와 M_B는 값이 같으므로

$\sum M_B = 0$으로부터 $\quad R_A\,l + M_A - \frac{w\,l^2}{2} - M_B = 0$

$$R_A = \frac{w\,l}{2}$$

$\sum M_A = 0$으로부터 $\quad R_B = \frac{w\,l}{2} \qquad (10.20)$

② 전단력

$$S_A = R_A = \frac{w\,l}{2}$$

$$S_B = -R_B = -\frac{w\,l}{2} \tag{10.21}$$

전단력이 0이 되는 점은

$$R_A - wx = 0$$

$$x = \frac{w\,l}{2} \times \frac{1}{w} = \frac{l}{2} \tag{10.22}$$

③ 휨모멘트

$$M_A = -\frac{w\,l^2}{12}$$

$$M_x = R_A\,x + M_A - \frac{wx^2}{2} \tag{10.23}$$

최대휨모멘트는 전단력이 0이 되는 점에서 생기므로

$$M_{\max} = \frac{w\,l}{2} \cdot \frac{l}{2} - \frac{w\,l^2}{12} - \frac{w}{2} \times \left(\frac{l}{2}\right)^2$$

$$= \frac{w\,l^2}{4} - \frac{w\,l^2}{12} - \frac{w\,l^2}{8} = \frac{w\,l^2}{24}$$

$$M_B = -\frac{w\,l^2}{12} \tag{10.24}$$

반곡점의 위치는

$$R_A\,x + M_A - \frac{wx^2}{2} = 0$$

$$\frac{w\,l}{2}x - \frac{w\,l^2}{12} - \frac{wx^2}{2} = 0$$

$$6x^2 - 6\,l\,x + l^2 = 0$$

$$x = 0.211\,l, \quad 0.789\,l \tag{10.25}$$

이로서 S.F.D와 B.M.D를 그리면 (e), (f)와 같다.

10.2.3 연속보

3경간 연속보에서 해법을 생각해 보자. 그림 10.9에서 B와 C점의 절단면에 크기가 같고 방향이 반대되는 모멘트 $M_B(M_{B2}=M_{B4})$, $M_C(M_{C2}=M_{C4})$를 작용시키면 처짐의 관계는 그림 (a)와 동일하게 된다.

전술한 바와 같이 집중하중이 작용하는 AB 보와 CD 보를 그림 (b)와 같이 A_1B_1 및 C_1D_1의 단순보로 놓고 그림 (c)에서와 같이 B, C점은 고정단이므로 부정정력 M_{B2} 및 M_{C2}가 생기는데 이 M_{B2}, M_{C2}의 부정력을 B_2 및 C_2점에 작용시킨다. 또 등분포하중이 작용하는 BC보를 단순보로 놓고 마찬가지로 B, C점은 고정지점이므로 부정정량인 M_{B4}와 M_{C4}를 그림 (e)와 같이 작용시킨다. 따라서 B점의 처짐각 $\theta_B=\theta_{B1}+\theta_{B2}$ $=\theta_{B3}+\theta_{B4}$이고 $\theta_C=\theta_{C1}+\theta_{C2}=\theta_{C3}+\theta_{C4}$의 관계로부터 쉽게 풀이 된다.

$$\theta_{B1}=-\frac{P_1a_1b_1(l+a_1)}{6EIl}, \quad \theta_{B2}=-\frac{M_{B2}l}{3EI}$$

$$\theta_{B1}+\theta_{B2}=-\frac{P_1a_1b_1(l+a_1)}{6EIl}-\frac{M_{B2}\cdot l}{3EI}$$

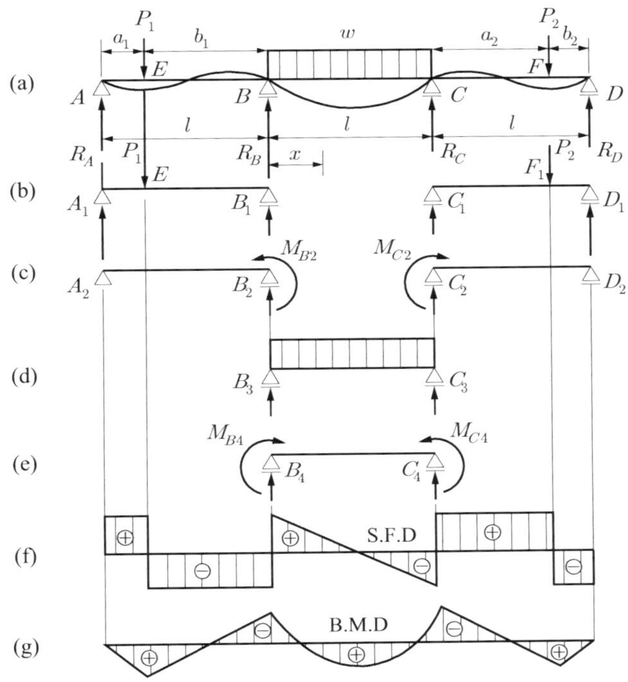

그림 10.9

$$\theta_{B3} = \frac{w\,l^3}{24EI}, \qquad \theta_{B4} = \frac{(2M_{B4} + M_{C4})\,l}{6EI}$$

$$\theta_{B3} + \theta_{B4} = -\frac{wl^3}{24EI} + \frac{(2M_{B4} + M_{C4})l}{6EI}$$

$$\theta_{B1} + \theta_{B2} = \theta_{B3} + \theta_{B4} \tag{a}$$

$$\theta_{C1} = \frac{P_2 a_2 b_2 (l + b_2)}{6EIl}, \qquad \theta_{C2} = \frac{M_{C2}\,l}{3EI}$$

$$\theta_{C1} + \theta_{C2} = \frac{P_2 a_2 b_2 (l + b_2)}{6EIl} + \frac{M_{C2} \cdot l}{3EI}$$

$$\theta_{C3} = -\frac{w\,l^3}{24EI}, \qquad \theta_{C4} = -\frac{(M_{B4} + 2M_{C4})\,l}{6EI}$$

$$\theta_{C3} + \theta_{C4} = \frac{wl^3}{24EI} - \frac{(M_{B4} + 2M_{C4})l}{6EI}$$

$$\theta_{C1} + \theta_{C2} = \theta_{C3} + \theta_{C4} \tag{b}$$

(a), (b)의 방정식으로부터 M_B 및 M_C를 구하면($M_{B2} = M_{B4}$, $M_{C2} = M_{C4}$)

$$M_B = -\frac{1}{15\,l^2}\left\{4P_1 a_1 b_1 (l + a_1) + \frac{3}{4} w\,l^4 - P_2 a_2 b_2 (l + b_2)\right\}$$

$$M_C = -\frac{1}{15\,l^2}\left\{-P_1 a_1 b_1 (l + a_1) + \frac{3}{4} w\,l^4 + 4P_2 a_2 b_2 (l + b_2)\right\} \tag{10.26}$$

즉 $M_B = M_{B2} = M_{B4}$, $M_C = M_{C2} = M_{C4}$
이로서 단면력을 구해본다.

① 지점반력

$\sum M_B = 0$으로부터 $\quad R_A\,l - P_1 b_1 - M_{B2} = 0$

$$R_A = \frac{P\,b_1}{l} + \frac{M_{B2}}{l} = \frac{P_1 b_1 + M_{B2}}{l} \tag{10.27}$$

$\sum M_A = 0$으로부터 $\quad -R_{B1}\,l + P_1 a_1 - M_{B2} = 0$

$$R_{B1} = \frac{P_1 a_1 - M_{B2}}{l}$$

$\sum M_C = 0$으로부터 $\quad R_{B2}\,l - \dfrac{w\,l^2}{2} + M_{B4} - M_{C4} = 0$

$$R_{B2}=\frac{wl}{2}+\frac{M_{C4}-M_{B4}}{l}$$

$$\begin{aligned}R_B=R_{B1}+R_{B2}&=\frac{P_1a_1-M_{B2}}{l}+\frac{wl}{2}+\frac{M_{C4}-M_{B4}}{l}\\&=\frac{1}{l}\left(P_1a_1+\frac{wl^2}{2}-M_{B2}-M_{B4}+M_{C4}\right)\end{aligned}\tag{10.28}$$

같은 방법으로

$\sum M_D=0$에 의하여 $\quad R_{C1}l-P_2b_2+M_{C2}=0$

$$R_{C1}=\frac{P_2b_2-M_{C2}}{l}$$

$\sum M_B=0$에 의하여 $\quad -R_{C2}l+\frac{wl^2}{2}+M_{B4}-M_{C4}=0$

$$R_{C2}=\frac{wl}{2}+\frac{M_{B4}-M_{C4}}{l}$$

$$\begin{aligned}R_C=R_{C1}+R_{C2}&=\frac{P_2b_2-M_{C2}}{l}+\frac{wl}{2}+\frac{M_{B4}-M_{C4}}{l}\\&=\frac{1}{l}\left(P_2b_2+\frac{wl^2}{2}-M_{C2}-M_{C4}+M_{B4}\right)\end{aligned}\tag{10.29}$$

$\sum M_C=0$으로부터 $\quad -R_Dl+P_2a_2+M_{C2}=0$

$$R_D=\frac{P_2a_2+M_{C2}}{l}\tag{10.30}$$

② 전단력

$$S_{A\sim E}=R_A,\quad S_{E\sim B}=R_A-P_1$$
$$S_A=R_A-P_1+R_B,\quad S_C=R_A-P_1+R_B-wl$$
$$S_{C\sim F}=R_A-P_1+R_B-wl+R_C$$
$$S_{F\sim D}=R_A-P_1+R_B-wl+R_C-P_2=-R_D$$

③ 휨모멘트

$$M_A=0,\quad M_E=R_Aa_1$$

$$M_B = -\frac{1}{15l^2}\left\{4P_1 a_1 b_1 (l + a_1) + \frac{3}{4} w l^4 - P_2 a_2 b_2 (l + b_2)\right\}$$

$$M_D = 0, \quad M_F = R_D b_2$$

$$M_C = -\frac{1}{15l^2}\left\{P_1 a_1 b_1 (l + a_1) + \frac{3}{4} w l^4 + 4P_2 a_2 b_2 (l + b_2)\right\}$$

반곡점의 위치

BC 사이의 B점에서 x되는 단면의 휨모멘트는 휨모멘트가 0이 되는 점을 구하면

$$M_x = R_{B2}\, x + M_B - \frac{w x^2}{2} = 0$$

$$\frac{wl}{2}x + \frac{M_C - M_B}{l}x + M_B - \frac{wx^2}{2} = 0$$

위의 식을 근의 공식에 대입하여 x를 구하면 두 개의 반곡점이 구해진다.

이로서 S.F.D와 B.M.D는 그림 (f), (g)와 같다.

Example 10.1 그림 10.10(a)와 같은 보의 단면력과 단면력도를 그려라. 단, 휨강성 EI는 일정하다.

식 (10.4)로부터 부정정력 M_B를 구하면

$$M_B = -\frac{Pab(l+b)}{2l^2}$$

$$= -\frac{20 \times 3 \times 2(5+3)}{2 \times 5^2}$$

$$= -19.2 \text{ kN} \cdot \text{m}$$

그림 (b)와 같이 정정계로 놓고 단면력을 구하면

$$\sum M_B = R_A \times 5 - 20 \times 2 + 19.2 = 0$$

$$\therefore\ R_A = \frac{20.8}{5} = 4.16 \text{ kN}$$

$\sum V = 0$에서

$$R_B = 20 - 4.16 = 15.84 \text{ kN}$$

전단력은

$$S_{A\sim C} = R_A = 4.16 \text{ kN}$$

$$S_{C\sim B} = -R_B = -15.84 \text{ kN}$$

휨모멘트는

AC 사이 $M_x = R_A x = 4.16x$

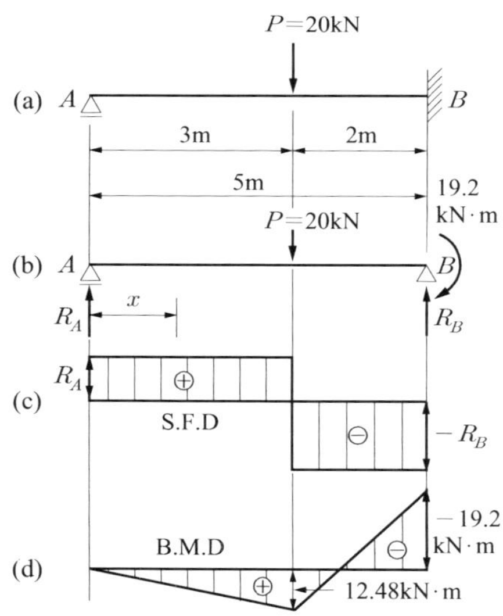

그림 10.10

$x=0$이면 $M_A=0$

$x=3\text{m}$이면 $M_C=4.16\times3=12.48\text{ kN}\cdot\text{m}$

BC 사이 $M_x=R_Ax-P(x-3)=4.16x-20x+60=60-15.84x$

$x=3\text{m}$이면 $M_C=60-15.84\times3=12.48\text{ kN}\cdot\text{m}$

$x=5\text{m}$이면 $M_B=60-15.84\times5=-19.2\text{ kN}\cdot\text{m}$

이로서 S.F.D와 B.M.D를 그리면 그림 (c), (d)와 같다.

Example 10.2 그림 10.11(a)와 같은 보에서 C점의 휨모멘트 M_C와 최대휨모멘트를 구하여라. 단 EI는 일정하다.

부정정력 M_A는 식 (10.9)로부터 구하면

$$M_A=-\frac{wl^2}{8}$$

$$=-\frac{20\times10^2}{8}=-250\text{ kN}\cdot\text{m}$$

그림 (b)로부터 반력을 구하면

$$\sum M_B=10R_A-250-20\times10\times5=0$$

$$\therefore\ R_A=\frac{1250}{10}=125\text{ kN}$$

$$M_x=R_Ax-\frac{wx^2}{2}-250$$

$$=125x-10x^2-250$$

C점의 휨모멘트는 $x=4\text{m}$인 때로

$$M_C=125\times4-10\times4^2-250$$

$$=90\text{ kN}\cdot\text{m}$$

$$\frac{dM_x}{dx}=S_x=125-20x=0$$

$$\therefore\ x=\frac{125}{20}=6.25\text{ m}$$

전단력이 0인 점에 $M_{\max}$가 생기므로

$$M_{\max}=125\times6.25-10\times6.25^2-250=140.6\text{ kN}\cdot\text{m}$$

이로서 B.M.D를 그리면 그림 (c)와 같다.

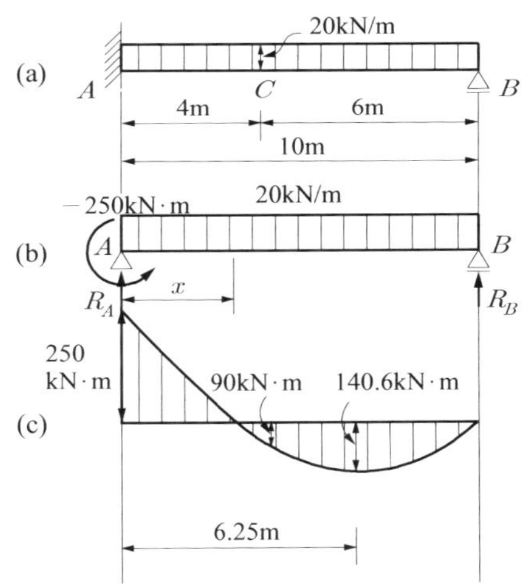

그림 10.11

Example 10.3 그림 10.12(a)와 같은 양단 고정보의 단면력을 구하고 단면력도를 그려라. 단, EI는 일정하다.

부정정력 M_A, M_B는 식 (10.14)로부터

$$M_A = -\frac{Pab^2}{l^2} = -\frac{100\times2\times3^2}{5^2} = -72\text{ kN}\cdot\text{m}$$

$$M_B = -\frac{Pa^2b}{l^2} = -\frac{100\times2^2\times3}{5^2} = -48\text{ kN}\cdot\text{m}$$

지점반력

그림 (b)로부터 반력을 구하면

$$\sum M_B = 5R_A - 100\times3 - 72 + 48 = 0$$

$$R_A = \frac{324}{5} = 64.8\text{ kN}$$

$\sum V = 0$에서

$$R_B = 100 - 64.8 = 35.2\text{ kN}$$

전단력

$$S_{A\sim C} = R_A = 64.8\text{ kN}$$

$$S_{C\sim B} = -R_B = -35.2\text{ kN}$$

휨모멘트

AC 사이 $M_x = R_A x - 72 = 64.8x - 72$

$x = 2$이면

$$M_C = 64.8\times2 - 72 = 57.6\text{ kN}\cdot\text{m}$$

이로서 S.F.D와 B.M.D를 그리면 그림 (c), (d)와 같다.

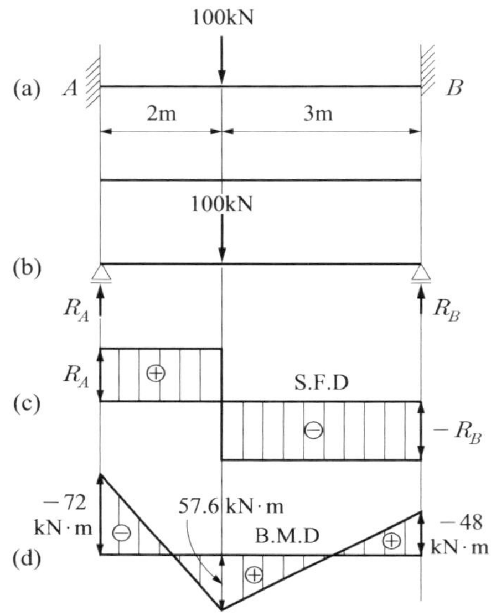

그림 10.12

Example 10.4 그림 10.13과 같은 양단 고정보의 C점의 휨모멘트를 구하여라.

부정정력 M_A, M_B는 식 (10.18), (10.19)로부터

$$M_A = M_B = -\frac{wl^2}{12} = -\frac{20\times10^2}{12} = -166.7\text{ kN}\cdot\text{m}$$

그림 (b)로부터 반력은

$$R_A = R_B = \frac{wl}{2} = \frac{20\times10}{2} = 100\text{ kN}$$

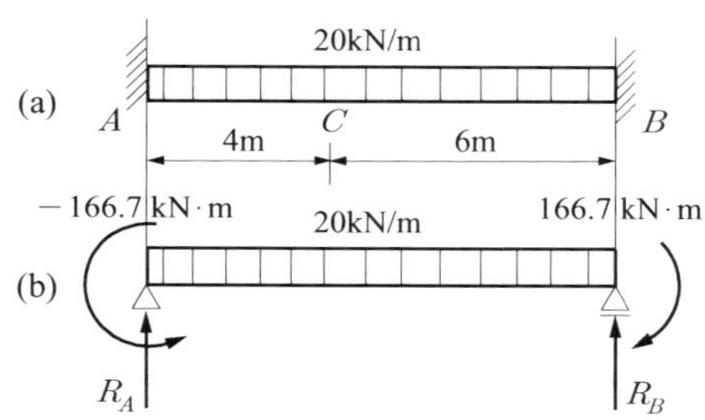

그림 10.13

C점의 휨모멘트 M_C는

$$M_C = 4R_A - 166.7 - 20\times4\times2 = 4\times100 - 166.7 - 160 = 73.3\text{ kN}\cdot\text{m}$$

10.3 3연 모멘트법

10.3.1 기본식

그림 10.14와 같이 연속된 연속보에 하중이 작용하면 지점에 휨모멘트가 생길 것이다. 이 모멘트를 지점모멘트라 한다. 이 지점모멘트를 구하면 연속보를 풀 수 있다.

3연 모멘트식의 의의는 이 지점모멘트를 구하는 것이 된다. 연속된 보 중 그림 10.14에서와 같이 임의 2지간을 빼내서 왼쪽에서 1, 2, 3의 번호를 붙인다. 이 연속보가 그림 (b)와 같이 휘는 것으로 하면 처짐곡선은 연속되어 있으므로 지점 2에서의 처짐각은 좌우가 서로 같기 때문에

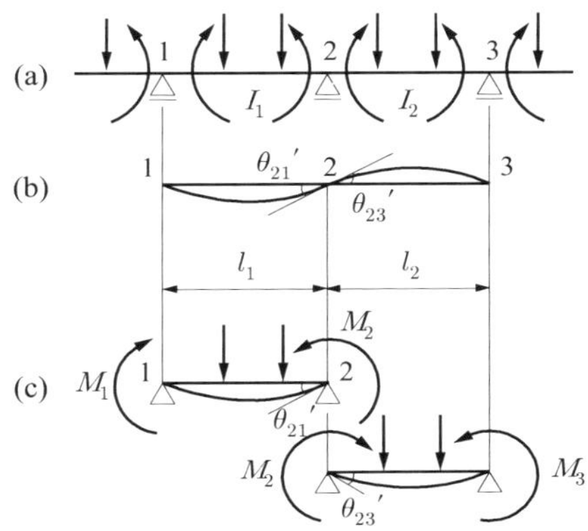

그림 10.14

$$\theta_{21}' = \theta_{23}' \tag{10.31}$$

로 된다. 또 그림 (c)와 같이 연속보를 끊어서 생각할 때 지점 2에서 처짐각을 구하면

$$\theta_{21}' = \text{(지점모멘트에 의한 처짐각)} + \text{(하중에 의한 처짐각)}$$

$$\theta_{21}' = \frac{-(M_1 + 2M_2)}{6EI_1} l_1 + \theta_{21}$$

$$\theta_{23}' = \frac{(2M_2 + M_3)}{6EI_2} l_2 + \theta_{23} \tag{10.32}$$

여기서, θ_{21} : 1～2 지간에서 하중만에 의한 두 점의 처짐각

θ_{23} : 2～3 지간에서 하중만에 의한 두 점의 처짐각

식 (10.31), (10.32)로부터

$$-\frac{(M_1 + 2M_2)}{6EI_1} l_1 + \theta_{21} = \frac{(2M_2 + M_3)}{6EI_2} l_2 + \theta_{23}$$

$$\therefore\ M_1 \frac{l_1}{I_1} + 2M_2 \left(\frac{l_1}{I_1} + \frac{l_2}{I_2} \right) + M_3 \frac{l_2}{I_2} = 6E(\theta_{21} - \theta_{23}) \tag{10.33}$$

이 얻어진다. 식 (10.33)을 크라페이론의 3연 모멘트식(Claperyon's three moment equation)이라 한다. 또는 크라페이론의 정리라고도 하고 이 정리에 의하여 연속보를 푸는 방법을 3연 모멘트법이라 한다.

다음에 기준이 되는 임의의 단면 2차 모멘트를 I_o라 하고

$$l_1\frac{I_o}{I_1} = l_1', \quad l_2\frac{I_o}{I_2} = l_2' \tag{10.34}$$

로 놓으면, 이 l_1', l_2'를 환산지간이라 하는데 이를 도입해서 식 (10.34)를 식 (10.33)에 대입하면

$$M_1 l_1' + 2M_2(l_1' + l_2') + M_3 l_2' = 6EI_o(\theta_{21} - \theta_{23}) \tag{10.35}$$

로 된다. 식 (10.35)는 지간이 l_1', l_2'이고 등단면으로 I_o인 연속보를 취급한다.

지간이 부등침하를 일으키는 경우에 대해 생각해 보자. 정정보에서의 부등침하는 역학적인 문제는 없으나 부정정보에서는 이에 의해 단면력이 변화해서 응력에 변화를 일으키기 때문에 취약한 지반위에는 연속보를 사용하지 않는다. 만일 그림 10.15에서와 같이 1, 2, 3점에 부등침하량 Δ_1, Δ_2, Δ_3가 생겼다고 하고 변형 후의 위치를 1′, 2′, 3′라 하자. 또 지간 l_1, l_2의 회전각을 β_n이라 하면

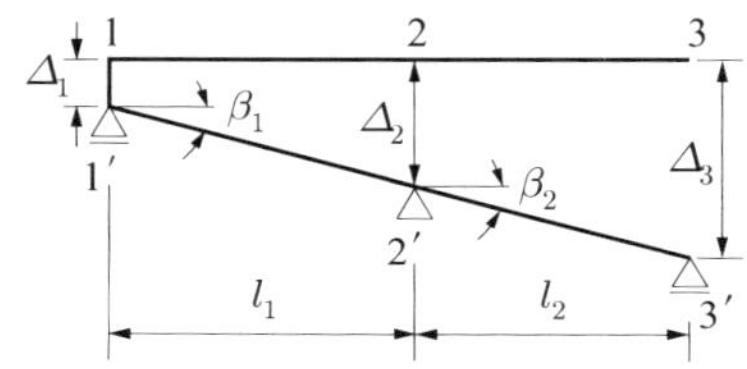

그림 10.15

$$\beta_1 = \frac{\Delta_2 - \Delta_1}{l_1}, \quad \beta_2 = \frac{\Delta_3 - \Delta_2}{l_2} \tag{10.36}$$

로 되고, 이 부등침하에 의한 영향을 고려하면 식 (10.35)는

$$M_1 l_1' + 2M_2(l_1' + l_2') + M_3 l_2' = 6EI_o(\theta_{21} - \theta_{23}) + 6EI_o(\beta_1 - \beta_2) \tag{10.37}$$

로 된다. β_1의 부호는 지간 l_1에 대하여 시계방향으로 회전할 때 정(+)으로 취한다.

식 (10.35)의 우변을 하중항이라 하는데 각 하중상태에 대한 θ_{21}, θ_{23}값은 표 10.1로서 쉽게 구할 수 있다.

표 10.1 θ의 값

하중도	$\theta_{12}EI$	$\theta_{21}EI$
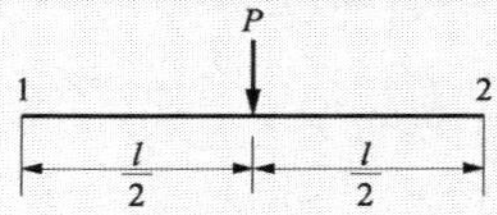	$\dfrac{Pl^2}{16}$	$\dfrac{Pl^2}{16}$
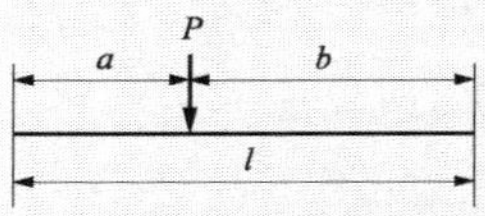	$\dfrac{Pab}{6l}(l+b)$	$\dfrac{Pab}{6l}(l+a)$
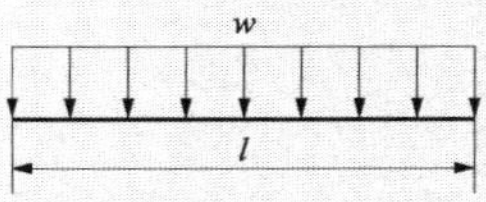	$\dfrac{wl^3}{24}$	$\dfrac{wl^3}{24}$
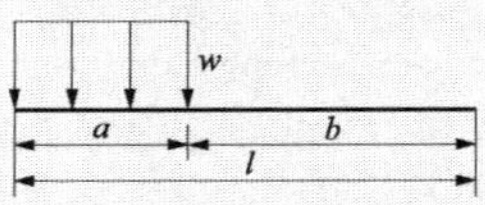	$\dfrac{wl^3}{24}\dfrac{a^2}{l^2}\left(2-\dfrac{a}{l}\right)^2$	$\dfrac{wl^3}{24}\dfrac{a^2}{l^2}\left(2-\dfrac{a^2}{l^2}\right)$
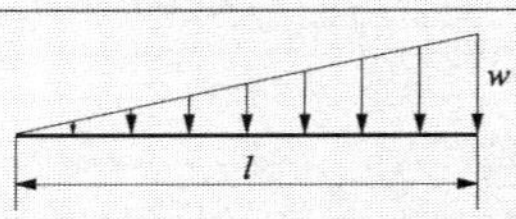	$\dfrac{7wl^3}{360}$	$\dfrac{8wl^3}{360}$
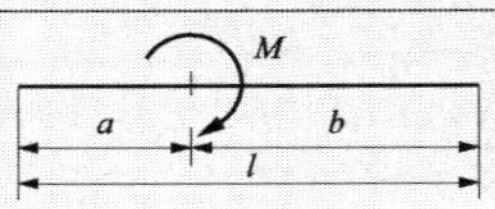	$-\dfrac{Ml}{6}\left(1-3\dfrac{b^2}{l^2}\right)$	$-\dfrac{Ml}{6}\left(1-3\dfrac{a^2}{l^2}\right)$

10.3.2 구조에의 적용

3연 모멘트식은 3개의 지점에서 그들 지점 휨모멘트를 미지량으로 하는 식이므로 3지점을 한 조로 하여 방정식을 하나씩 세워간다. 이를 구체적으로 설명하면 그림 10.16(a)와 같은 보의 경우는 식 (10.35)에서 $M_1 = M_3 = 0$으로 놓으면 미지량은 M_2 하나이므로 직접 M_2를 구할 수 있다.

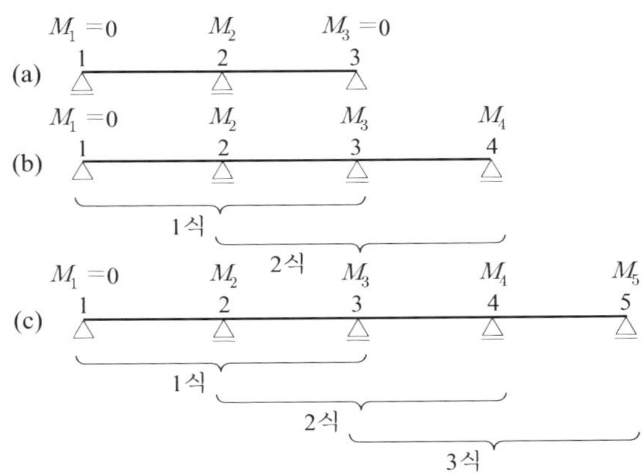

그림 10.16

그림 (b)와 같은 보의 경우는 지점 1,2,3을 한 조로 하여 하나의 식을 세우고 지점 2,3,4를 한 조로 하여 하나의 식을 세우면 $M_1 = M_4 = 0$이므로 미지량은

M_2, M_3 2개이고 방정식이 두 개이므로 연립시켜 M_2, M_3를 구할 수 있다. 그림 (c)와 같은 보의 경우는 $M_1 = M_5 = 0$이므로 미지량은 M_2, M_3, M_4이고 3연 모멘트식은 1, 2, 3 2, 3, 4 3, 4, 5의 3개를 세울 수 있으므로, 연립시켜 미지량 M_2, M_3, M_4를 구할 수 있다. 만약에 고정지점을 갖는 경우는 고정지점도 B, M을 가지므로 위에서와 같은 방법으로는 풀 수가 없다. 따라서 다음과 같이 하여 푼다.

그림 10.17에서 밑의 그림과 같이 고정지점을 힌지지점으로 바꾸어 놓고 1-1′란 가상지간을 생각한다. 미지량은 M_1, M_2이고 식이 2개이므로 연립시켜 M_1과 M_2를 구할 수 있다. 이때 1-1′인 가상지간의 I는 $I = \infty$로 본다.

그림 (b)에서 미지량은 M_1, M_2, M_3, M_4의 4개이고, 방정식은 4개를 세울 수 있으므로 이를 연립시켜 풀면 미지량 M_1, M_2, M_3, M_4를 구할 수 있다. 이들 관계를 구조물의 일종인 보에 적용시켜 보자.

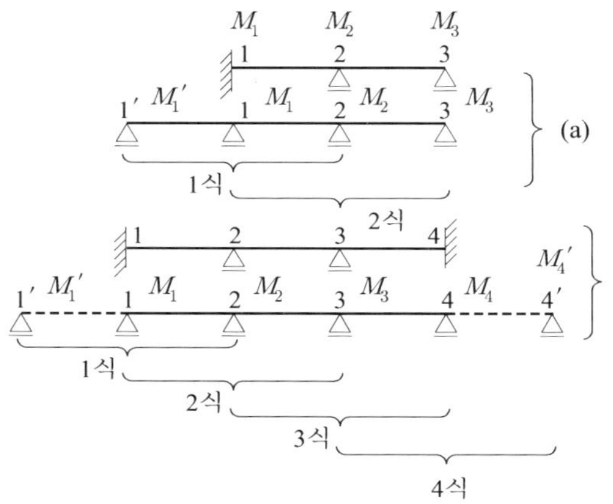

그림 10.17

(1) 1단 고정 타단 이동보

그림 10.18(a)와 같은 1단 고정보를 풀어보자.

우선 고정단을 (b)와 같이 가상지간 CA를 만든 다음 3연 모멘트의 정리를 적용한다. 즉 식 (10.33)으로부터

$$M_C\frac{l_1}{\infty} + 2M_A\left(\frac{l_1}{\infty} + \frac{l}{I}\right) + M_B\frac{l}{I} = 6E\left\{-\frac{Pab}{6EIl}(l+b)\right\}$$

$$\frac{l_1}{\infty} = 0,\quad M_B = 0 \text{이므로}\quad 2M_A\, l = -\frac{Pab}{l}(l+b)$$

$$\therefore\ M_A = -\frac{Pab(l+b)}{2l^2}$$

그림 (c)와 같이 놓고 단면력을 구해본다.

① 지점반력

$\sum M_B = 0$으로부터

$$R_A\, l + M_A - P\, b = 0 \tag{a}$$

$$\therefore\ R_A = \frac{P\,b - M_A}{l} \tag{b}$$

$\sum M_A = 0$으로부터

$$-R_B\, l + M_A + P\, a = 0 \tag{c}$$

$$\therefore\ R_B = \frac{P\,a + M_A}{l} \tag{d}$$

② 전단력

$$S_{A\sim C} = R_A = \frac{P\,b - M_A}{l} \tag{e}$$

$$S_{C\sim B} = -R_B = -\frac{P\,a + M_A}{l}$$

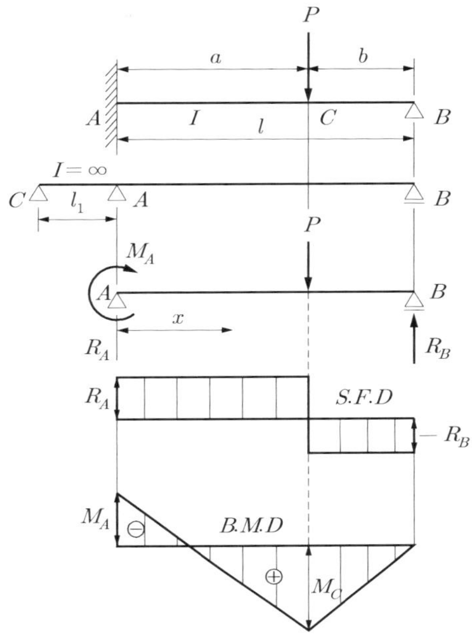

그림 10.18

③ 휨모멘트

$$M_A = -\frac{P a b(l+b)}{2l^2}$$

$$M_x = R_A x + M_A = \frac{P\,b - M_A}{l}\, x + M_A$$

$x = a$이면 $M_C = \dfrac{P\,b - M_A}{l}\, a + M_A, \quad M_B = 0$

이로서 S.F.D와 B.M.D를 그리면 그림 (d), (e)와 같다.

(2) 양단 고정보

그림 10.19(a)와 같은 양단 고정보에 집중하중이 작용하는 경우 그림 (b)와 같이 가상지간 CA, BD를 만들고 3연 모멘트식을 적용하면

$$M_C\,\frac{l_1}{I_1} + 2M_A\left(\frac{l_1}{I_1} + \frac{l}{I}\right) + M_B\frac{l}{I} = 6E\left\{-\frac{Pab}{6EIl}\,(l+b)\right\}$$

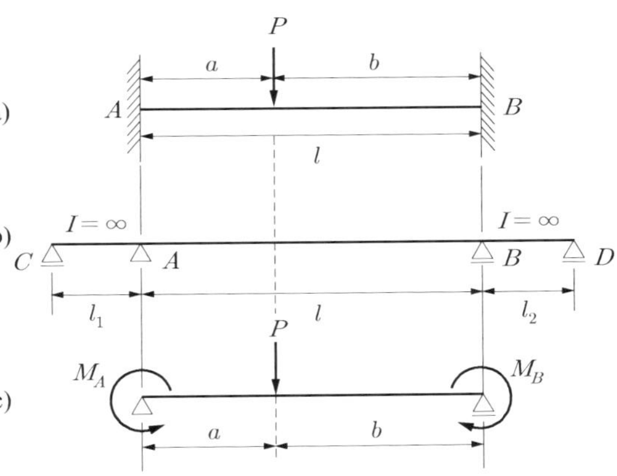

그림 10.19

$$\frac{l_1}{I_1} = \frac{l_1}{\infty} = 0$$

$$2M_A l^2 + M_B l^2 = -Pab(l+b) \qquad \text{(a)}$$

$$M_A \frac{l}{I} + 2M_B\left(\frac{l}{I} + \frac{l_2}{I_2}\right) + M_D \frac{l_2}{I_2} = 6E\left\{-\frac{Pab}{6EIl}(l+a)\right\}$$

$$M_A l^2 + 2M_B l^2 = -Pab(l+a) \qquad \text{(b)}$$

식 (a)와 식 (b)를 연립시켜 풀면

$$M_A = -\frac{Pab^2}{l^2}$$

$$M_B = -\frac{Pa^2 b}{l^2}$$

그림 (c)와 같이 놓고 단면력을 구하면 앞절에서와 같은 방법이 되어 이 후의 계산은 생략한다.

10.3.3 연속보

그림 10.20과 같은 3경간 연속보 위에 등분포하중이 만재되었을 때 단면력을 구해보자. 전 지간의 I, l은 동일하고 지점침하는 없다.

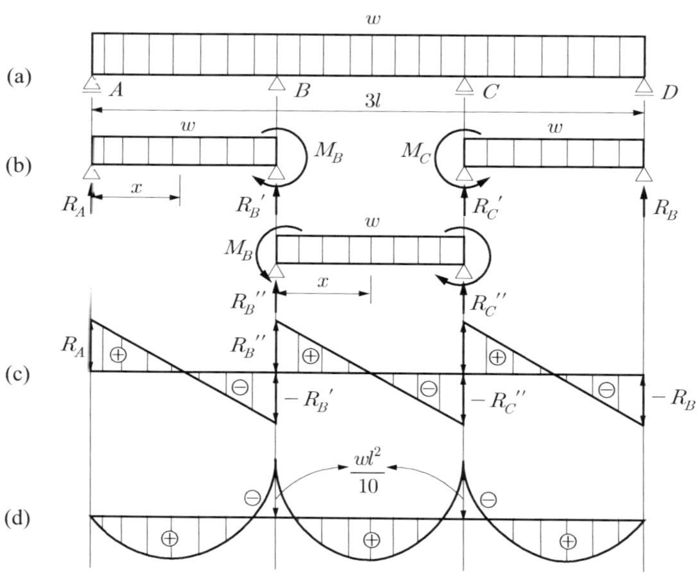

그림 10.20

식 (10.35)로부터

$$M_A\, l + 4M_B\, l + M_C\, l = 6EI(\theta_{BA} - \theta_{BC})$$

$$M_B\, l + 4M_C\, l + M_D\, l = 6EI(\theta_{CB} + \theta_{CD})$$

A, D점은 이동지점이므로 $M_A = M_D = 0$

구조와 하중이 대칭이므로 $M_B = M_C$

$$\theta_{BA} = \theta_{CB} = -\frac{w\, l^3}{24EI}$$

$$\theta_{BC} = \theta_{CD} = \frac{w\, l^3}{24EI}$$

이므로 이들로부터

$$\therefore\ M_B = M_C = -\frac{w\, l^2}{10} \tag{10.38}$$

그림 (b)와 같이 정정보로 놓고 반력을 구하면

$$R_A = R_D = \frac{4w\, l}{10}$$

$$R_B = R_C = R_B' + R_B'' = \frac{11\, w\, l}{10}$$

AB 사이에서

$$M_x = R_A\, x - \frac{w\, x^2}{2} = \frac{4w\, l}{10}\, x - \frac{w\, x^2}{2} = \frac{wx}{10}\,(4\,l - 5x)$$

BC 사이에서

$$M_x = R_B''\, x - \frac{w\, x^2}{2} - \frac{w\, l^2}{10} = \frac{w\, l}{2}\, x - \frac{w\, x^2}{2} - \frac{w\, l^2}{10}$$

$$= \frac{w\, l}{2}(l - x) - \frac{w\, l^2}{10} \tag{10.39}$$

전단력은 $\dfrac{dM_x}{dx} = S_x$로부터

AB 사이 $\qquad S_x = \dfrac{4w\, l}{10} - wx$

$$BC \text{ 사이} \qquad S_x = \frac{w\, l}{2} - wx \tag{10.40}$$

이로서 S.F.D와 B.M.D를 그리면 그림 (c), (d)와 같다.

Example 10.5 그림 10.21(a)와 같은 양단 고정보의 단면력을 구하여라.

그림 (b)와 같이 가상지간을 만들고 3연 모멘트의 정리를 적용하면

$$2M_A\frac{l}{I}+M_B\frac{l}{I} = 6E\left(-\frac{wl^3}{24EI}\right)$$

$$2M_A+M_B=-\frac{wl^2}{4}$$

구조와 하중이 대칭이므로

$M_A=M_B$로 되어

$$3M_A=-\frac{wl^2}{4}$$

$$\therefore\ M_A=M_B=-\frac{wl^2}{12}$$

$$=-\frac{20\times10^2}{12}$$

$$=-166.7\ \text{kN}\cdot\text{m}$$

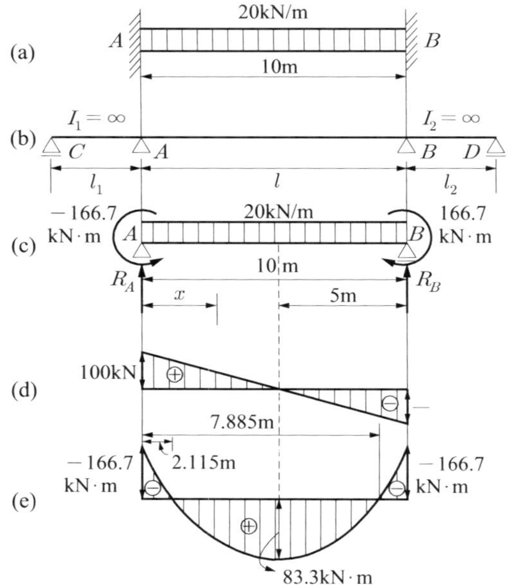

그림 10.21

그림 (c)와 같이 정정보로 하여 단면력을 구하면 $\sum M_B=0$으로부터

$$R_A=\frac{wl}{2}=100\ \text{kN}=R_B$$

$$M_x=R_A x-166.7-\frac{20x^2}{2}=100x-10x^2-166.7$$

최대휨모멘트는

$$\frac{dM_x}{dx}=100-20x=0$$

$$\therefore\ x=5\ \text{m}$$

$$M_{\max}=100\times5-10\times5^2-166.7=83.3\ \text{kN}\cdot\text{m}$$

반곡점의 위치는 $M_x=0$으로 놓아 x를 구하면 $10x^2-100x+166.7=0$

$\therefore\ x=2.115\ \text{m}$ 또는 $7.885\ \text{m}$

이들로서 S.F.D와 B.M.D를 그리면 그림 (c), (d)와 같다.

Example 10.6 그림 10.22(a)와 같은 연속보의 단면력도를 그려라. 단 EI는 일정하다.

먼저 처짐각을 구하면

$$\theta_{21}=-\frac{Pl^2}{16EI}=-\frac{40\times8^2}{16EI}=-\frac{160}{EI}$$

$$\theta_{23}=\frac{wl^3}{24EI}=\frac{20\times8^3}{24EI}=\frac{426.7}{EI}$$

식 (10.35)로부터

$$M_1 l_1 + 2M_2(l_1 + l_2) + M_3 l_2$$
$$= 6EI(\theta_{21} - \theta_{23})$$

$M_1 = M_3 = 0$이고 $l_1 = l_2$이므로

$$4M_2 = \frac{6EI}{l}\left(-\frac{160}{EI} - \frac{426.7}{EI}\right)$$
$$= -440$$

$\therefore\ M_2 \fallingdotseq -110\ \text{kN}\cdot\text{m}$

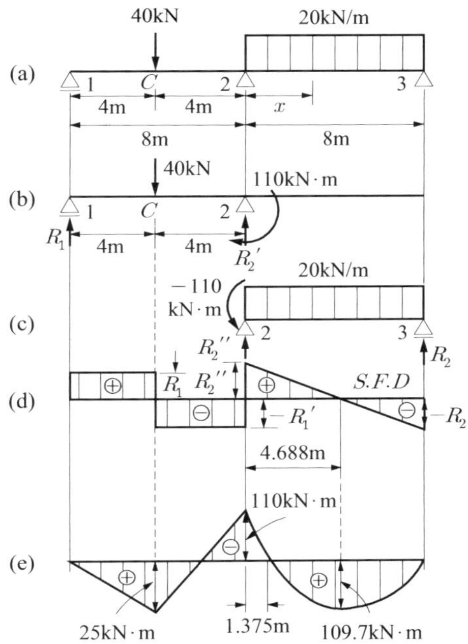

그림 10.22

그림 (b)로부터

$$\sum M_2 = 8R_1 - 40 \times 4 + 110 = 0$$

$$\therefore\ R_1 = \frac{50}{8} = 6.25\ \text{kN}$$

$$\sum V = 0$$

$$R_2' = 40 - 6.25 = 33.75\ \text{kN}$$

그림 (c)로부터

$$\sum M_3 = 8R_2'' - 110 - 20 \times 8 \times 4 = 0$$

$$\therefore\ R_2'' = \frac{750}{8} = 93.75\ \text{kN}$$

$$\sum V = 0$$

$$R_3 = 20 \times 8 - 93.75 = 66.25\ \text{kN}$$

$$\therefore\ R_2 = R_2' + R_2'' = 33.75 + 93.75 = 127.5\ \text{kN}$$

전단력

$$S_{1\sim C} = R_1 = 6.25\ \text{kN}$$

$$S_{C\sim 2} = -R_2' = -33.75\ \text{kN}$$

2～3사이에서

$$S_x = R_2'' - wx = 93.75 - 20x$$

$x = 0$이면 $S_2 = 93.75$

$x = 8\ \text{m}$ 이면 $S_3 = 93.75 - 20 \times 8 = -66.25\ \text{kN} = R_3$

$S = 0$인 위치는

$$x = \frac{93.75}{20} = 4.6875\ \text{m}$$

휨모멘트

$$M_1 = 0, \quad M_C = R_1 \times 4 = 6.25 \times 4 = 25\ \text{kN}\cdot\text{m}$$

$$M_2 = -110\ \text{kN}\cdot\text{m}$$

2~3 사이

$$M_x = R_2'' x - \frac{wx^2}{2} - 110 = 93.75x - 10x^2 - 11$$

$$M_{\max} = 93.75 \times 4.6875 - 10 \times 4.6875^2 - 110 = 109.7 \text{ kN} \cdot \text{m}$$

$M_x = 0$으로 놓고 x를 구하면 $x = 1.375$ m

이로서 S.F.D와 B.M.D를 그리면 그림 (d), (e)와 같다.

10.4 처짐각법

처짐각법(slope-deflection method)은 부정정구조물의 해법 중 변형법에 속하는 것으로 부정정구조물을 풀려견 일반적으로 탄성 연립방정식을 풀어야 하는데 고차부정정의 경우에는 방정식의 수가 많아져서 이를 풀이하는 데는 상당한 노력이 들 것이다.

처짐각법은 탄성방정식의 수를 감하고 각 항의 계산을 편리하게 처리할 수 있도록 한 것이다.

10.4.1 처짐각법에 사용되는 용어 및 부호

(1) 재단모멘트

그림 10.23과 같이 부재의 끝부분에 외부로부터 그 부재를 굽히려 작용하는 모멘트를 재단모멘트(end moment 또는 단모멘트)라 한다.

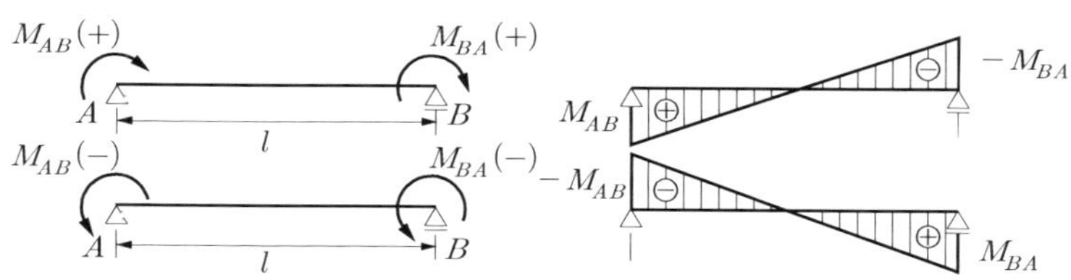

그림 10.23

M_{AB} : 부재 AB의 A단에 작용하는 모멘트(처음 첨자가 작용단 표시)

M_{BA} : 부재 AB의 B단에 작용하는 모멘트

재단모멘트와 그 점의 휨모멘트를 비교하면 그 크기는 같으나 부호는 반드시 일치하지 않는다. 즉 "좌단은 부호와 크기가 일치하고", "우단은 크기가 같고 부호가 반대"이다.

(2) 처짐각

부재가 외력에 의하여 휘어졌을 때 부재의 임의점의 접선이 변형전의 부재축과 이루는 각을 말하고, 특히 양단의 처짐각(deflection angle)을 절점각(angle of rotation of joint)이라고도 한다.

부호는 부재축을 기준으로 하여 시계방향으로 회전할 때 (+)이고, 반시계방향으로 회전할 때를 (−)로 한다.

(3) 부재각

직선부재에 의하여 구성된 구조물에 외력이 작용하였을 때 일반적으로 한 부재가 변형하는 것과 동시에 양단이 변위된다. 원래의 축과 변위된 후의 두 점의 연결선과의 각을 부재각(angle of rotation of member)이라 한다(그림 10.25, 10.26 참조).

부재각의 부호는 시계방향일 때 (+), 반시계방향일 때 (−)이다.

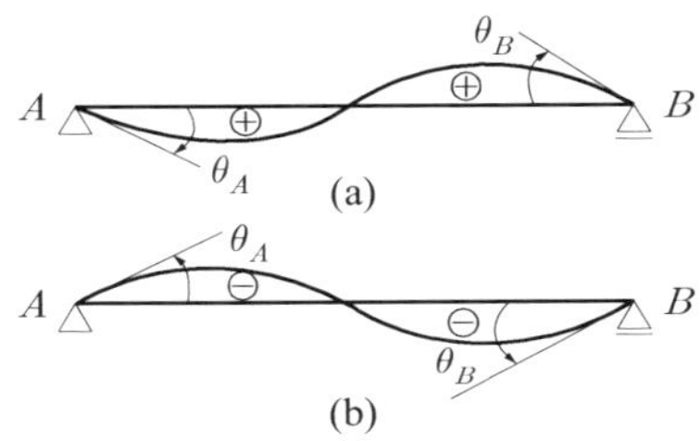

그림 10.24

예로서 그림 10.27의 부재 AB의 부재각을 R이라 할 때, CD, EF의 부재각을 구해보면 변위량을 d라 할 때

$$R = \frac{d}{8} \qquad \therefore\ d = 8R$$

$$CD \text{ 부재의 부재각} = \frac{d}{6} = \frac{8}{6}R$$

$$EF \text{ 부재의 부재각} = \frac{d}{4} = \frac{8}{4}R = 2R$$

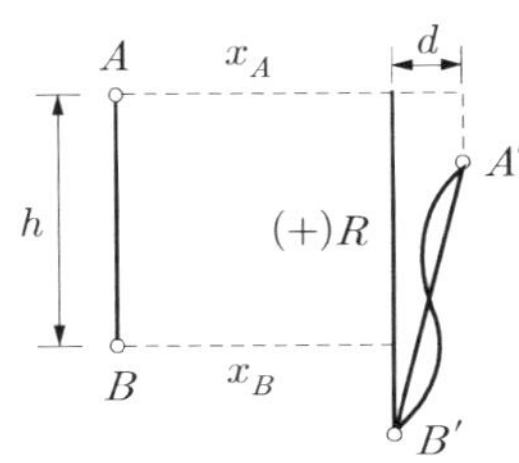

그림 10.25

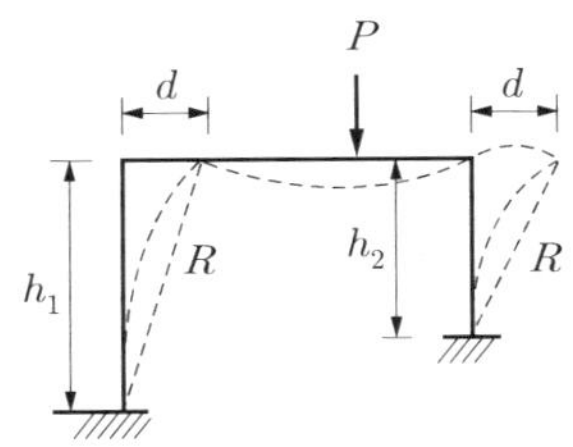

그림 10.26

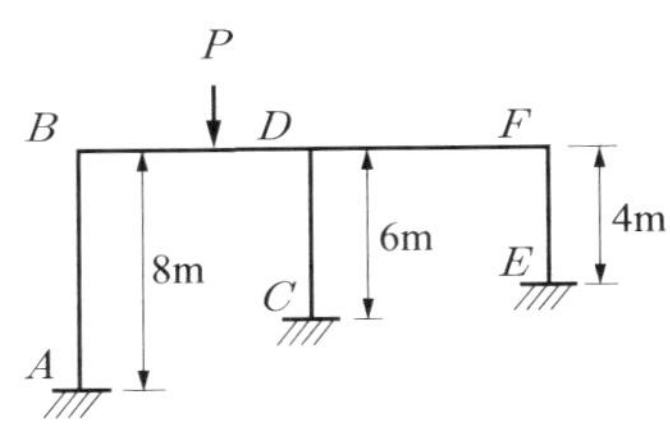

그림 10.27

(4) 접선각

그림 10.28에서 보는 바 τ_A, τ_B를 접선각(Rotation of end-tangent)이라 한다. 접선각의

부호는 시계방향일 때 (+), 반시계방향일 때 (−)이다. 그림 10.28에서 모든 부호는 (+)이고, 처짐각과의 관계식은 다음과 같다.

$$\theta_A = \tau_A + R$$
$$\theta_B = \tau_B + R \tag{10.41}$$

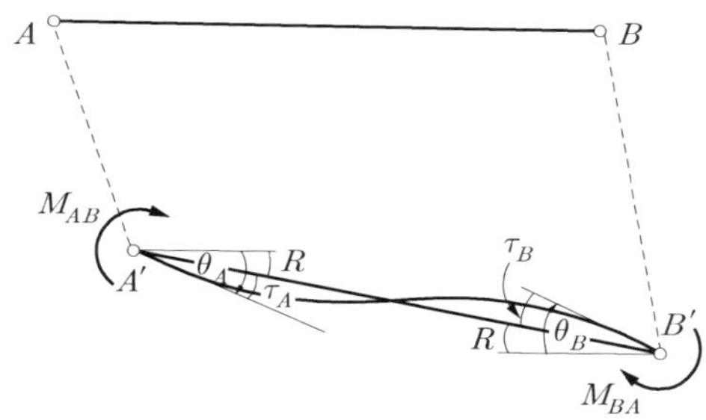

그림 10.28

10.4.2 기본식의 가정

처짐각법은 다음과 같이 가정한다.

① 부재는 직선재로 취급한다.
② 절점에서 각 부재는 강결되어 있으므로 교각은 변형 후에도 불변한다.
③ 부재는 축방향력 및 전단력에 의한 변형을 무시한다.
④ 부재의 휨모멘트에 의한 처짐은 고려하나 처짐에 의한 길이의 변화는 없는 것으로 한다.

(1) 재단모멘트만이 작용하는 경우

A단에 재단모멘트 M_{AB}가 작용하는 경우는 그림 10.28(a)와 같고 B단에 재단모멘트 M_{BA}가 작용하는 경우는 그림 (b)와 같이 되는데 이때 처짐각 θ_{A1}과 θ_{B1}은 모르의 정리(Mohr's theorem)인 탄성하중에 의한 전단력과 같으므로

$$\theta_{A1} = \frac{M_{AB}\,l}{2EI}\cdot\frac{1}{l}\cdot\frac{2\,l}{3} = \frac{M_{AB}\,l}{3EI}$$
$$\theta_{B1} = \frac{-M_{AB}\,l}{2EI}\cdot\frac{1}{l}\cdot\frac{l}{3} = \frac{-M_{AB}\,l}{6EI} \tag{10.42}$$

B단의 M_{BA}에 의한 θ_{A2}, θ_{B2}는

$$\theta_{A2} = -\frac{M_{BA}\,l}{6EI}$$

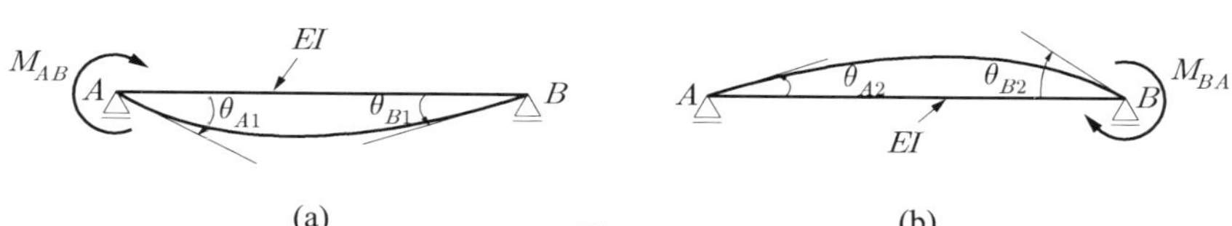

그림 10.29

$$\theta_{B2} = \frac{M_{BA}\, l}{3EI} \tag{10.43}$$

A, B 양단에 M_{AB}와 M_{BA}가 동시에 작용하는 경우의 양단의 절점각 θ_A, θ_B는 (10.42)식과 (10.43)식에서 (10.44)식으로 구해진다.

$$\theta_A = \theta_{A1} + \theta_{A2} = \frac{M_{AB} \cdot l}{3EI} - \frac{M_{BA} \cdot l}{6EI} = \frac{l}{6EI}(2M_{AB} - M_{BA})$$
$$\theta_B = \theta_{B1} + \theta_{B2} = \frac{-M_{AB} \cdot l}{6EI} + \frac{M_{BA} \cdot l}{3EI} = \frac{l}{6EI}(2M_{BA} - M_{AB}) \tag{10.44}$$

(2) 재단모멘트가 작용하고 또한 부재각이 생기는 경우

그림 10.30과 같이 재단모멘트 M_{AB}, M_{BA}가 작용해서 부재가 변위하여 부재각이 생겼다고 하고 $A'B'$선이 부재가 휘기전의 위치라고 생각하면 식 (10.44)의 θ_A, θ_B는 여기서 τ_A, τ_B에 상당하여 식 (10.41)과 식 (10.44)로부터

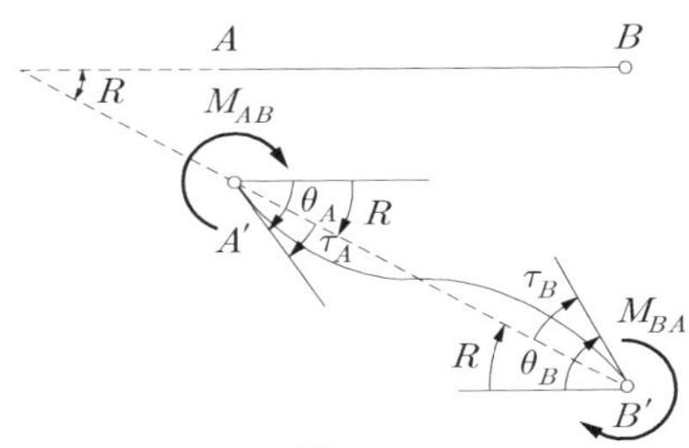

그림 10.30

$$\theta_A = \frac{l}{6EI}(2M_{AB} - M_{BA}) + R$$
$$\theta_B = \frac{l}{6EI}(2M_{BA} - M_{AB}) + R \tag{10.45}$$

로 된다. 식 (10.45)를 M_{AB}, M_{BA}에 관하여 풀면

$$M_{AB} = \frac{2EI}{l}(2\theta_A + \theta_B - 3R)$$
$$M_{BA} = \frac{2EI}{l}(2\theta_B + \theta_A - 3R) \tag{10.46}$$

부재의 $\frac{I}{l}$을 강도(stiffness)라 부르고 K로 표시하면 식 (10.46)은 다음과 같이 쓸 수 있다.

$$M_{AB} = 2EK(2\theta_A + \theta_B - 3R)$$
$$M_{BA} = 2EK(2\theta_B + \theta_A - 3R) \tag{10.47}$$

(3) 재단모멘트가 작용하여 부재각이 생기고 다시 중간하중이 있는 경우

그림 10.31과 같이 임의의 하중에 의하여 양단에 절점각 θ_A, θ_B가 생겼다고 하고

F : B.M.D의 면적

G : B.M.D의 도심의 위치

x_A, x_B : A 및 B점에서 G까지의 거리라 할 때 모르의 정리에 의하여

$$\theta_A = \frac{F \cdot x_B}{EIl}$$

$$\theta_B = \frac{-F \cdot x_A}{EIl} \tag{10.48}$$

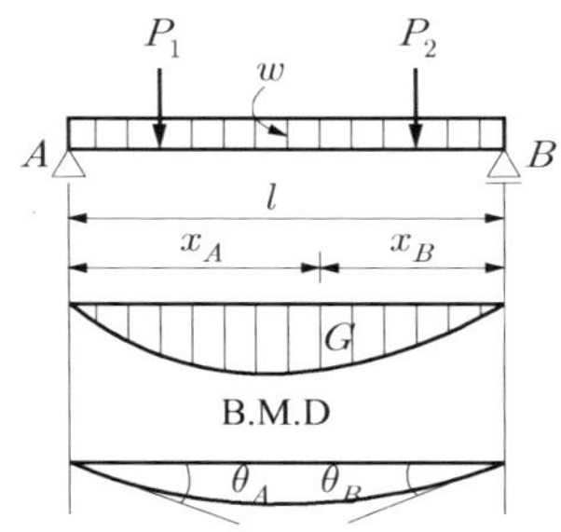

그림 10.31

로 구해지고, 따라서 재단모멘트가 작용하고 부재각이 있으며 보에 하중이 작용하는 경우는 식 (10.45)에 식 (10.48)이 가해져서

$$\theta_A = \frac{l}{6EI}(2M_{AB} - M_{BA}) + R + \frac{F \cdot x_B}{EIl}$$

$$\theta_B = \frac{l}{6EI}(2M_{BA} - M_{AB}) + R - \frac{F \cdot x_A}{EIl} \tag{10.49}$$

로 되고, 이 식으로부터 재단모멘트를 구하면

$$M_{AB} = 2EK(2\theta_A + \theta_B - 3R) - \frac{2F(2l - 3x_A)}{l^2}$$

$$M_{BA} = 2EK(2\theta_B + \theta_A - 3R) - \frac{2F(3x_A - l)}{l^2} \tag{10.50}$$

식 (10.50)에서 표준강도 K_o를 취하여 $\dfrac{K}{K_o} = k$ (강비 : stiffness ratio)로 할 때 $K = K_o \cdot k$와

$$C_{AB} = \frac{2F(2l - 3x_A)}{l^2}$$

$$C_{BA} = \frac{2F(3x_A - l)}{l^2} \tag{10.51}$$

로서 식 (10.50)은 다음 식으로 된다.

$$M_{AB} = 2EK_o k(2\theta_A + \theta_B - 3R) - C_{AB}$$

$$M_{BA} = 2EK_o k(2\theta_B + \theta_A - 3R) + C_{BA} \tag{10.52}$$

식 (10.52)는 한 부재의 재단모멘트를 절점각, 부재각 및 중간하중에 의하여 표시한 것으로 처짐각법의 기본식이다.

10.4.3 특수 경우의 기본식

(1) 양단 고정보의 경우

그림 10.32와 같은 양단 고정보는 $\theta_A = \theta_B = R = 0$ 이 되어 식 (10.52)는 다음과 같이 된다.

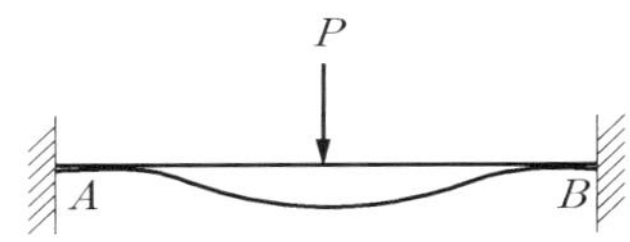

그림 10.32

$$M_{AB} = -C_{AB}$$
$$M_{BA} = C_{BA} \quad (10.53)$$

즉, 완전 고정단의 경우는 위 식에서 보는 바와 같이 재단모멘트는 중간하중만으로 결정되는 항인 하중항으로 계산할 수 있다.

기본적인 중간하중에 대하여 하중항인 C_{AB}, C_{BA}를 계산하여 보자.

① 집중하중의 경우

그림 10.33과 같이 한 개의 집중하중이 작용할 경우의 F 및 x_A는 다음과 같게 된다.

$$F = \frac{l}{2} \cdot \frac{Pab}{l} = \frac{Pab}{2}$$

$$x_A = \frac{2l-b}{3}$$

$$x_B = \frac{l+b}{3}$$

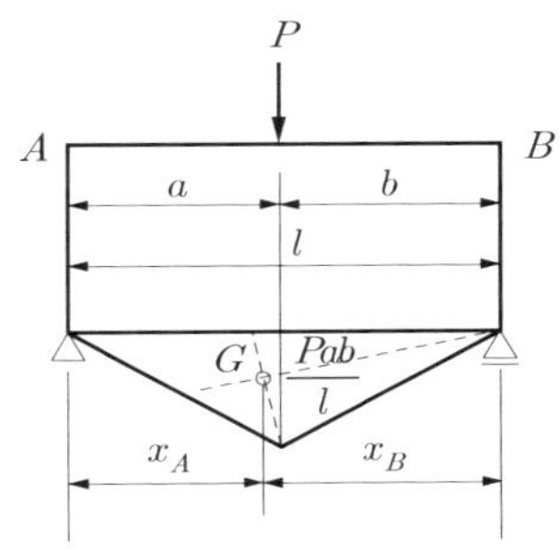

그림 10.33

이것을 식 (10.51)에 대입하면

$$C_{AB} = \frac{2}{l^2} \cdot \frac{Pab}{2}\left\{2l - 3\left(\frac{2l-b}{3}\right)\right\} = \frac{ab^2P}{l^2}$$

$$C_{BA} = \frac{2}{l^2} \cdot \frac{Pab}{2}\left\{3 \times \frac{2l-b}{3} - l\right\} = \frac{a^2bP}{l^2} \quad (10.54a)$$

그림 10.34와 같이 두 개 이상의 집중하중이 있을 경우의 C_{AB}, C_{BA}는 다음과 같다.

$$C_{AB} = \sum_{i=1}^{n} \frac{a_i b_i^2 P_i}{l^2}$$

$$C_{BA} = \sum_{i=1}^{n} \frac{a_i^2 b_i P_i}{l^2} \quad (10.54b)$$

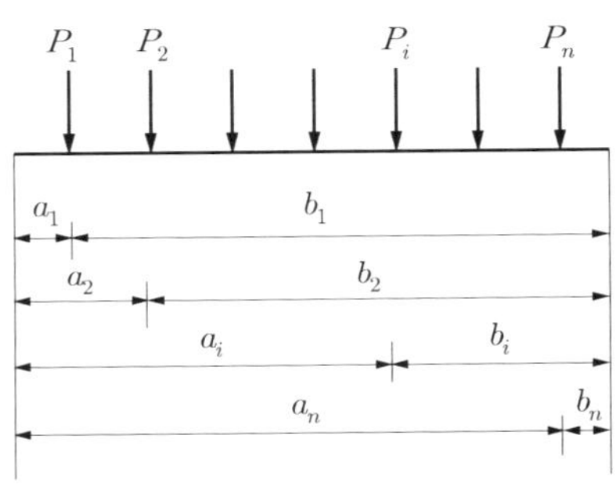

그림 10.34

② 등분포하중의 경우

그림 10.35와 같이 등분포하중이 작용할 때

$$F = 2\int_0^{\frac{l}{2}} M_x\, dx = 2\int_0^{\frac{l}{2}} \frac{w}{2}\,(l x - x^2)\, dx$$

$$= w\int_0^{\frac{l}{2}} (l x - x^2)\, dx = \frac{w\, l^3}{12}$$

$$x_A = \frac{l}{2}$$

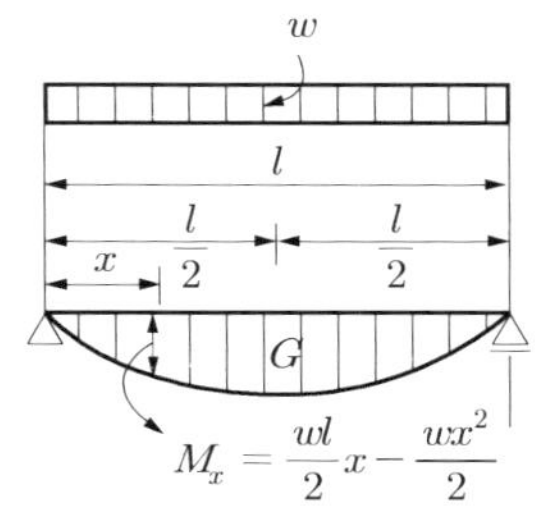

그림 10.35

이로부터 C_{AB}, C_{BA}를 계산하면

$$C_{AB} = C_{BA} = \frac{2F(2l - 3x_A)}{l^2} = \frac{2}{l^2} \cdot \frac{w\, l^3}{12}\left(2l - \frac{3l}{2}\right) = \frac{w\, l^2}{12} \tag{10.55}$$

③ 등변분포하중

그림 10.36에서 F 및 x_A를 구하면

$$F = \int_0^l M_x\, dx$$

$$= \int_0^l \frac{wx}{6\, l}(l^2 - x^2)\, dx$$

$$= \frac{w\, l^3}{24}$$

$$x_A = \frac{1}{F}\int_0^l M_x\, x\, dx$$

$$= \frac{1}{F}\int_0^l \frac{w\, x^2}{6\, l}(l^2 - x^2)\, dx$$

$$= \frac{8\, l}{15}$$

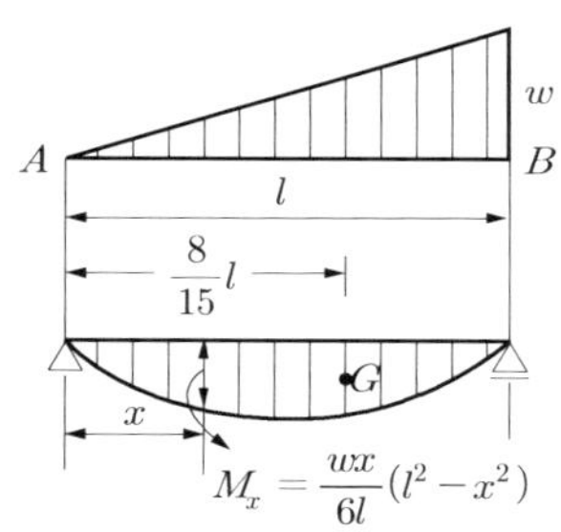

그림 10.36

로 되고, 이들로부터 C_{AB}, C_{BA}를 구하면

$$C_{AB} = \frac{2F(2l - 3x_A)}{l^2} = \frac{w\, l^3}{12\, l^2}\left(2l - \frac{8}{5}l\right) = \frac{w\, l^2}{30}$$

$$C_{BA} = \frac{2F(3x_A - l)}{l^2} = \frac{w\, l^3}{12\, l^2}\left(\frac{8}{5}l - l\right) = \frac{w\, l^2}{20} \tag{10.56}$$

④ 기타 실용 계산에 많이 쓰이는 경우

상(床)하중을 받는 보의 경우 그림 10.37과 같은 하중상태가 된다. 이와 같은 하중일 때

$$F = 2w\int_0^a \left\{ \frac{(l-a)}{2}x - \frac{x^3}{6a} \right\} dx$$

$$+ 2w\int_0^{\frac{l}{2}} \left\{ \frac{(l-a)}{2}x - \frac{x^2}{2} + \frac{a}{2}\left(x - \frac{a}{3}\right) \right\} dx$$

$$= \frac{w}{12}(l^3 - 2la^2 + a^3)$$

$$x_A = \frac{l}{2}$$

$$\therefore\ C_{AB} = C_{BA} = \frac{2w}{12l^2}(l^3 - 2la^2 + a^3)\left(2l - 3\times\frac{l}{2}\right)$$

$$= \frac{w}{12l}(l^3 - 2la^2 + a^3) \qquad (10.57)$$

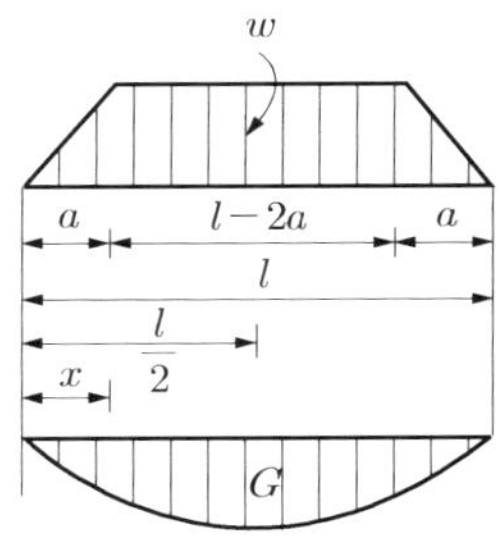

그림 10.37

그림 10.38과 같은 경우는 식 (10.57)에서 $a = \frac{l}{2}$의 경우이므로 C_{AB}, C_{BA}는

$$C_{AB} = C_{BA} = \frac{5wl^2}{96} \qquad (10.58)$$

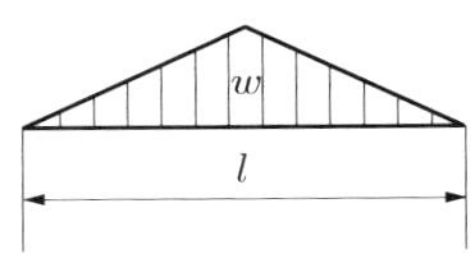

그림 10.38

각종 하중상태에 대한 하중항을 표 10.2에 나타내었다.

표 10.2

		하중상태	C_{AB}	C_{BA}	H_{AB}	H_{BA}
집중하중		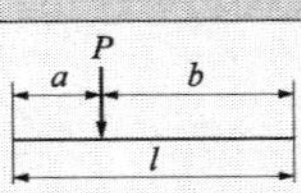	$\frac{Pab^2}{12l^2}$	$\frac{Pa^2b}{l^2}$	$\frac{Pab(a+2b)}{2l^2}$	$\frac{Pab(2a+b)}{2l^2}$
	특례	$a=b=\frac{1}{2}$	$\frac{Pl}{8}$	$\frac{Pl}{8}$	$\frac{3Pl}{16}$	$\frac{3Pl}{16}$
등분포하중		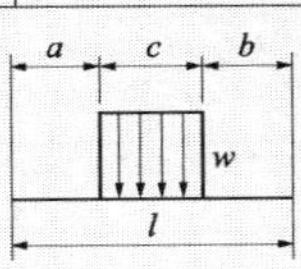	$\frac{wc}{12l^2}\{12ab(+c)+6b^2c+4c^2(a+b)+c^2\}$	$\frac{wc}{12l^2}\{12ab(a+c)+6a^2c+4c^2(a+b)+c^2\}$	$\frac{wc}{24l^2}\{12ab(a+2b)+6c(a^2+6ab+2b^2)+12c^2(a+b)+3c^3\}$	$\frac{wc}{24l^2}\{12ab(2a+b)+6c(2a^2+6ab+b^2)+12c^2(a+b)+3c^3\}$
	특례	$a=0$	$\frac{wc^2}{12l^2}(6b^2+4bc+c^2)$	$\frac{wc^3}{12l^2}(4b+c)$	$\frac{wc^2}{8l^2}(2b+c)^2$	$\frac{wc^2}{8l^2}(2b^2+4bc+c^2)$
	특례	$b=0$	$\frac{wc^3}{12l^2}(4a+c)$	$\frac{wc^2}{12l^2}(6a^2+4ac+c^2)$	$\frac{wc^2}{8l^2}(2a^2+4ac+c^2)$	$\frac{wc^2}{8l^2}(2a+c)^2$
	특례	$a=b=0$	$\frac{wl^2}{12}$	$\frac{wl^3}{12}(4b+c)$	$\frac{wl^2}{8}$	$\frac{wl^2}{8}$

하중상태		C_{AB}	C_{BA}	H_{AB}	H_{BA}
등변분포하중 1	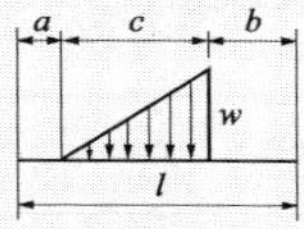	$\frac{wc}{60l^2}\{30ab^2 + 20b(a+b)c + 5(a+2b)c^2 + 2c^3\}$	$\frac{wc}{60l^2}\{30a^2b + 10a(a+4b)c + 5(2a+3b)c^2 + 3c^3\}$	$\frac{wc}{120l^2}\{30ab(a+2b) + 10(a+80b+4b^2)c + 5(4a+7b)c^2 + 7c^3\}$	$\frac{wc}{120l^2}\{30ab(2a+b) + 20(a^2+5ab+b^2)c + 5(a+8b)c^2 + 8c^3\}$
등변분포하중 1 특례	$a=0$	$\frac{wc^2}{30l^2}(10b^2+5bc+c^2)$	$\frac{wc^3}{20l^2}(5b+c)$	$\frac{wc^2}{120l^2}(40b^2+35bc+7c^2)$	$\frac{wc^2}{30l^2}(5b^2+10bc+2c^2)$
등변분포하중 1 특례	$a=b=0$	$\frac{wl^2}{30}$	$\frac{wl^2}{20}$	$\frac{7wl^2}{120}$	$\frac{wl^2}{15}$
등변분포하중 2	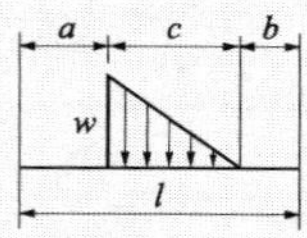	$\frac{wc}{60l^2}\{30ab^2 + 10b(4a+b)c + 5(3a+2b)c^2 + 3c^3\}$	$\frac{wc}{60l^2}\{30a^2b + 20a(a+b)c + 5(2a+b)c^2 + 2c^3\}$	$\frac{wc}{120l^2}\{30ab(a+2b) + 20(a^2+5ab+b^2)c + 5(8a+5b)c^2 + 9c^3\}$	$\frac{wc}{120l^2}\{30ab(2a+b) + 10(4a^2+8ab+b^2)c + 5(7a+4b)c^2 + 7c^3\}$
등변분포하중 2 특례	$b=0$	$\frac{wc^3}{20l^2}(5a+c)$	$\frac{wc^2}{30l}(10a^2+5ac+c^2)$	$\frac{wc^2}{30l^2}(5a^2+10ac+2c^2)$	$\frac{wc^2}{120l^2}(40a^2+35ac+7c^2)$
등변분포하중 2 특례	$a=b=0$	$\frac{wl^2}{20}$	$\frac{wl^2}{30}$	$\frac{wl^2}{15}$	$\frac{7wl^2}{120}$
모멘트하중	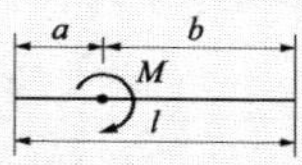	$\frac{Mb}{l^2}(2a-b)$	$\frac{Ma}{l^2}(2b-a)$	$\frac{M}{2l^2}(a^2+2ab-2b^2)$	$\frac{M}{2l^2}(b^2+2ab-2a^2)$
모멘트하중		M_A	M_B	$\left(M_A+\frac{1}{2}M_B\right)$	$\left(\frac{1}{2}M_A+M_B\right)$

(2) 1단 고정 타단 핀(pin) 또는 이동단인 경우

그림 10.39와 같이 A단 고정, B단 이동단인 보에 대하여 식 (10.52)를 적용하면 $\theta_A = R = 0$과 $M_{BA} = 0$의 조건으로부터

$$M_{AB} = 2EK_o k\theta_B - C_{AB}$$
$$M_{BA} = 2EK_o k 2\theta_B + C_{BA} \tag{10.59}$$

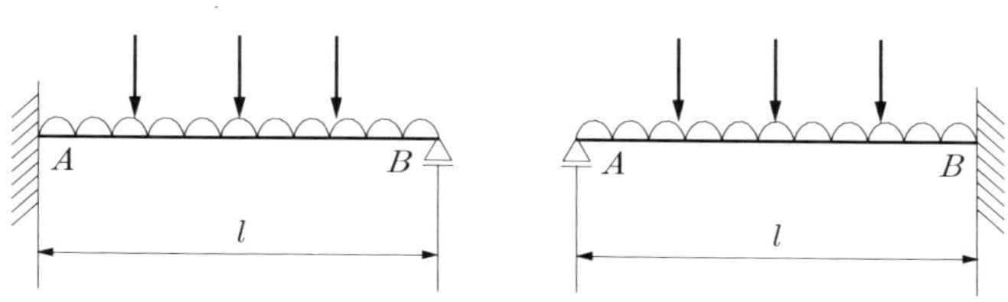

(a) (b)

그림 10.39

식 (10.59)의 아래 식으로부터 $\theta_B = \dfrac{-C_{BA}}{4EK_o k}$를 얻어 위의 식에 대입하면

$$M_{AB} = -\left(C_{AB} + \frac{C_{BA}}{2}\right) \tag{10.60}$$

만약 그림 (b)와 같은 A단이 이동단, B단이 고정단의 경우는 $\theta_B = R = 0$, $M_{AB} = 0$으로부터

$$M_{BA} = C_{BA} + \frac{C_{AB}}{2} \tag{10.61}$$

여기서, $C_{AB} + \dfrac{C_{BA}}{2} = H_{AB}$

$$C_{BA} + \frac{C_{AB}}{2} = H_{BA} \tag{10.62}$$

라고 쓴다면 이 H_{AB}, H_{BA}는 양단 고정보의 경우의 하중항 C_{AB}, C_{BA}에 대응하는 것이다.

(3) 1단 탄성 고정 타단 회전단 또는 이동단인 경우

그림 10.40과 같은 경우 $M_{BA} = 0$이 된다.

$$M_{BA} = 2EK_o k(2\theta_B + \theta_A - 3R) + C_{BA} = 0$$

$$\therefore\ \theta_B = -\frac{C_{BA}}{4EK_o k} - \frac{\theta_A}{2} + \frac{3}{2}R$$

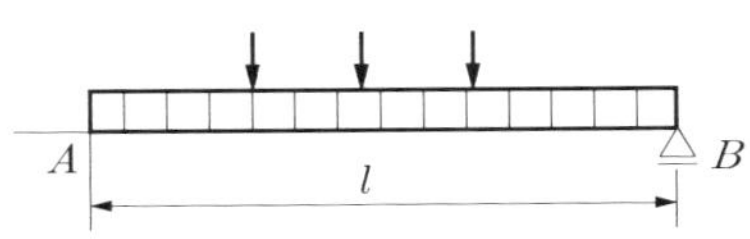

그림 10.40

이 식을 다음의 M_{AB} 식에 대입하면

$$\begin{aligned} M_{AB} &= 2EK_o k\left(\frac{3}{2}\theta_A - \frac{3}{2}R\right) - \left(C_{AB} + \frac{C_{BA}}{2}\right) \\ &= 3EK_o k(\theta_A - R) - H_{AB} \end{aligned} \tag{10.63}$$

또한 A단이 회전단이고 B단이 탄성고정의 경우에는 다음식이 된다.

$$\begin{aligned} M_{AB} &= 0 \\ M_{BA} &= 3EK_o k(\theta_B - R) + H_{BA} \end{aligned} \tag{10.64}$$

여기서도 $H_{AB} = C_{AB} + \dfrac{C_{BA}}{2}$, $\quad H_{BA} = C_{BA} + \dfrac{C_{AB}}{2}$

10.4.4 처짐각법에 의한 라아멘의 해법

라아멘의 각 절점은 강결되어 있으므로 외력을 받았을 때 휨모멘트가 생긴다. 따라서 라아멘의 각 부재를 하나씩 떼어내면 각 부재에는 재단모멘트가 작용하는 모양으로 되어 부재의 변위 및 변형량과 재단모멘트와의 관계를 나타내는 처짐각법의 기본식인 식 (10.52)가 그대로 적용된다.

식 (10.52)로 θ_A, θ_B 및 R이 구해지면 부재의 응력을 계산할 수 있다.

기둥의 길이가 같은 경우 부재각은 모두 같다. 그림 10.41에서 제1층 기둥의 부재각은 $R_1 = \dfrac{\delta_1}{h_1}$이고, 제2층 기둥의 부재각은 $R_2 = \dfrac{\delta_2}{h_2}$이다. 그 층의 기둥길이가 같으면 그 층의 부재각은 모두 같다.

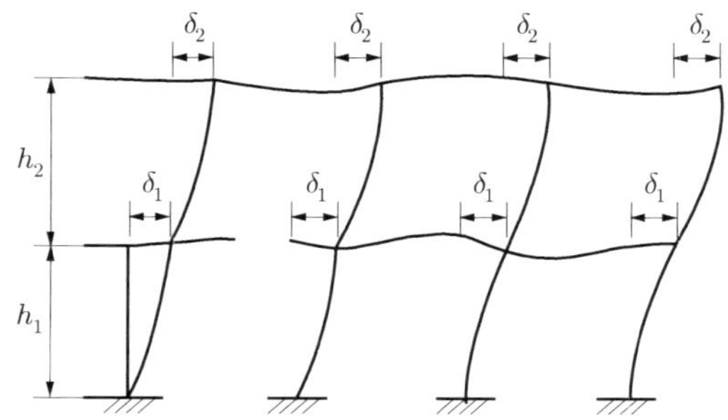

그림 10.41

동일층의 기둥의 길이가 같지 않을 때라도 부재각은 하나로 표시된다. 그림 10.42에서 각 부재각 R_1, R_2, R_3는

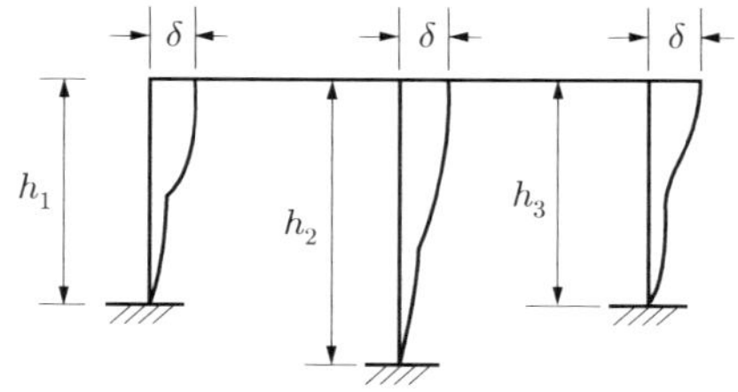

그림 10.42

$$R_1 = \frac{\delta}{h_1}, \quad R_2 = \frac{\delta}{h_2}, \quad R_3 = \frac{\delta}{h_3}$$

$R_1 = R$을 표준부재각이라고 하면

$$\delta = R_1\,h_1, \quad \delta = R_2\,h_2, \quad \delta = R_3\,h_3$$

$$\therefore\ R_1\,h_1 = R_2\,h_2 = R_3\,h_3 = R\,h_1$$

따라서 $R_2 = R\dfrac{h_1}{h_2}$, $R_3 = R\dfrac{h_1}{h_3}$, $R_1 = R\dfrac{h_1}{h_1} = R$로 표현할 수 있다.

그림 10.43과 같은 2층의 라아멘이라도 부재각은 두 개로 표시된다.

$$R_1 = \frac{\delta_1}{h_1}, \quad R_2 = \frac{\delta_2}{h_2}, \quad R_3 = \frac{\delta_3}{h_3}$$

$$\delta_1 = R_1\,h_1 = \delta_2 - \delta_3 = R_2\,h_2 - R_3\,h_3$$

$$\therefore\ R_3 = \frac{R_2\,h_2 - R_1\,h_1}{h_3}$$

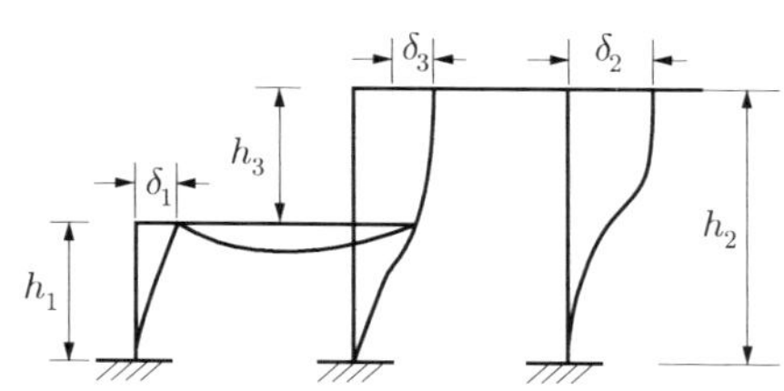

그림 10.43

이상으로서 라아멘의 각 부재력을 처짐각법으로 구할 때 그 층수가 부재각으로 미지수가 되고 절점의 수가 절점각으로서 미지수가 된다.

일반적으로 P개의 절점에 N층의 라아멘을 풀려면 $P+N$개의 연립방정식을 세울 필요가 있다.

Example 10.7 그림 10.44와 같은 라아멘의 미지수의 합은?

(절점수 = 5) + (층수 = 2) = 7개

$$R_3 = \frac{R_2\,\delta_2 - R_1\,\delta_1}{h_3}$$

즉 R_3는 R_1, R_2로 나타낼 수 있어 부재각의 미지수는 R_1, R_2 두 개이다.

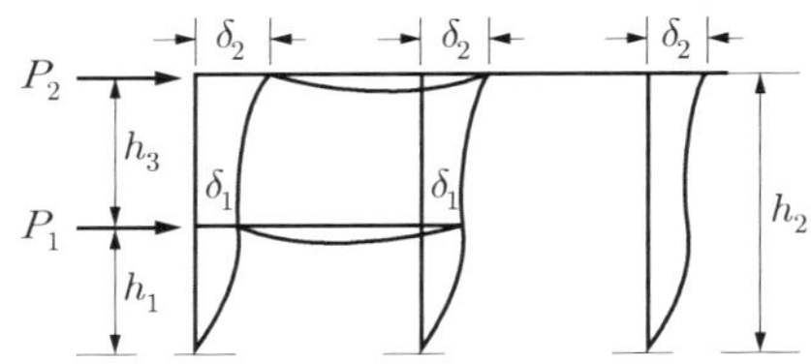

그림 10.44

Example 10.8 그림 10.45에서 절점각 및 부재각의 미지수의 합은?

구조와 하중이 대칭이므로

$\theta_B = \theta_E = \theta_H = 0$이고

$\theta_A = -\theta_C$

$\theta_D = -\theta_F$

$\theta_G = -\theta_I$

수평방향의 이동이 없으므로

각 층의 부재각은 $R=0$이다.

따라서 미지수는 세 개다.

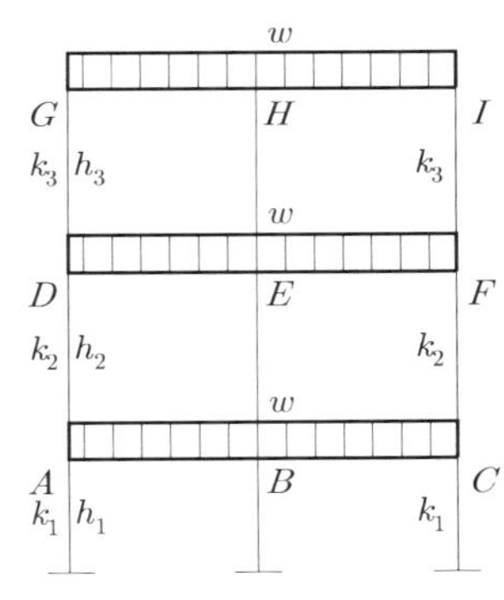

그림 10.45

Example 10.9 그림 10.46에서 처짐각법에 의한 미지수의 합은?

절점각 = 6이고 기둥의 부재각 = 2 (2층이므로)

B절점이 하중에 의하여 내려갈 것이 예상되므로 보의 부재각은 R_3, R_4가 생긴다.

$$R_3 = \frac{\delta}{l_1}, \quad R_4 = \frac{\delta}{l_2}$$

$$\delta = R_3\,l_1 = R_4\,l_2$$

$$\therefore\ R_4 = \frac{R_3\,l_1}{l_2}$$

미지수 = 6 + 2 + 1 = 9

즉 R_4는 R_3로 나타낼 수 있으므로 보의 부재각은 한 개다.

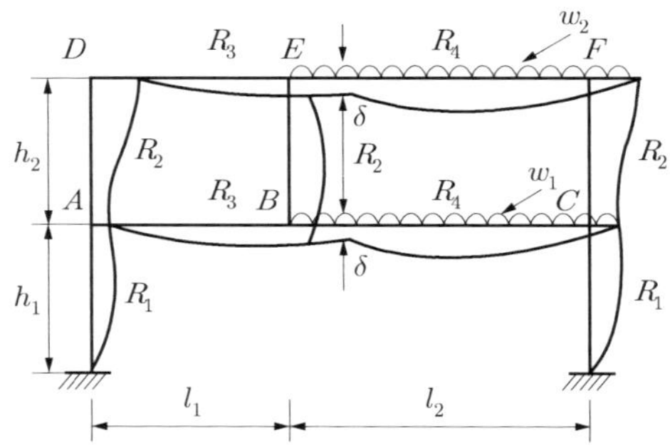

그림 10.46

10.4.5 기본식의 간이화

기본식을 실용계산에 적합하도록 간이화해 보자. 각 경우의 기본식을 다시 쓰면 부재의 양단이 절점일 때

$$M_{AB} = 2EK_o k(2\theta_A + \theta_B - 3R) - C_{AB}$$
$$M_{BA} = 2EK_o k(2\theta_B + \theta_A - 3R) + C_{BA}$$

부재가 1단 고정 절점, 1단 힌지일 때

$$M_{AB} = 2EK_o k(\theta_A - R) - H_{AB} \quad (A\text{단 고정 절점, }B\text{단 힌지})$$
$$M_{BA} = 2EK_o k(2\theta_B - R) + H_{BA} \quad (B\text{단 고정 절점, }A\text{단 힌지})$$

여기서, $2EK_o\theta = \phi$, $-6EK_oR = \mu$로 쓰면 부재의 양단이 절점일 때

$$M_{AB} = k(2\phi_A + \phi_B + \mu) - C_{AB}$$
$$M_{BA} = k(2\phi_B + \phi_A + \mu) + C_{BA} \tag{10.65}$$

부재의 1단 절점, 1단 힌지

$$M_{AB} = k(1.5\phi_A + 0.5\mu) - H_{AB}$$
$$M_{BA} = k(1.5\phi_B + 0.5\mu) + H_{BA} \tag{10.66}$$

여기서, ϕ, μ는 모두 모멘트의 단위이다. 이 기본식이 뜻하는 것은

$$\text{재단모멘트} = \begin{pmatrix}\text{절점각을 만드는} \\ \text{재단모멘트}\end{pmatrix} + \begin{pmatrix}\text{부재각을 만드는} \\ \text{재단모멘트}\end{pmatrix} + \begin{pmatrix}\text{중간하중에 의한} \\ \text{재단모멘트}\end{pmatrix}$$

즉, $M_{AB} = k(2\phi_A + \phi_B) + k\mu + C_{AB}$

로 됨을 알 수 있다.

부정정구조물을 처짐각법에 의하여 해석하려고 할 때는 실용계산식으로서 간이화된 기본식인 식 (10.65)와 식 (10.66)이 사용된다.

10.4.6 평형방정식

재단모멘트를 구하기 위해서는 식 중 미지량 ϕ, μ를 구하여야 하고, 이를 구하기 위해서는 절점방정식과 층방정식에 의하여야 하는데, 이들 방정식을 평형방정식이라 한다.

(1) 절점방정식

그림 10.47과 같이 임의의 절점 O에 모인 부재를 AO, BO, CO, DO라 하면 O점에서의 모멘트의 합계는 모멘트의 평형으로부터 $\sum M = 0$이 되어야 한다.

$$M_{OA} + M_{OB} + M_{OC} + M_{OD} = 0$$

즉
$$\sum_{i=A}^{D} M_{Oi} = 0 \qquad (10.67)$$

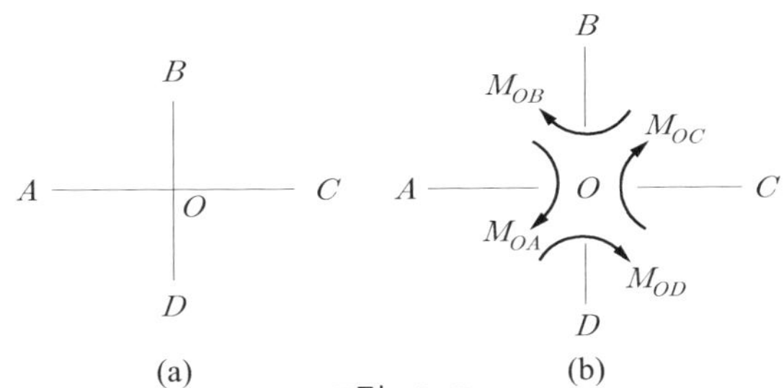

그림 10.47

또 절점 O에 그림 10.48과 같이 외력에 의한 모멘트 M이 작용할 때는

$$M = M_{OA} + M_{OB} + M_{OC} + M_{OD}$$

로 되어야 하므로, 즉

$$\sum_{i=A}^{D} M_{Oi} - M = 0 \qquad (10.68)$$

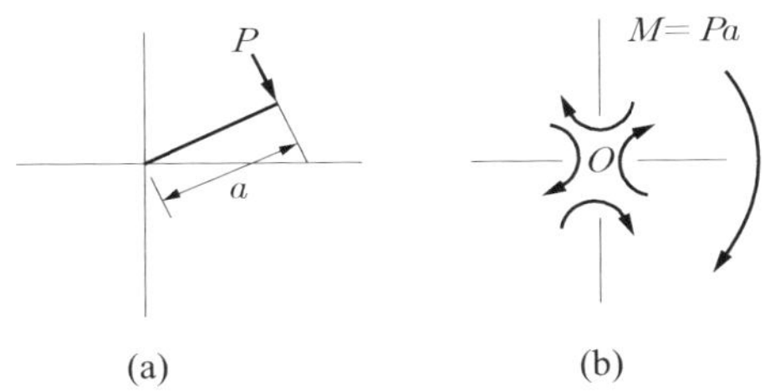

그림 10.48

식 (10.67), (10.68)을 절점방정식(equilibrium equation of joint)이라 한다. 이 절점방정식을 절점의 수만큼 존재한다.

(2) 층방정식

처짐각법에 의하여 라아멘을 푸는 경우의 미지량 가운데 각 부재에 대한 방정식이 층방정식(전단력방정식 : equation of shear)이다.

그림 10.49와 같은 라아멘에 수평력 P_1, P_2, P_3에 의하여 변형한 상태를 생각한다. 그림 10.50과 같이 제2층 부분의 기둥을 떼어내면 이 층의 기둥머리에는 수평력으로서 P_2+P_3가 각 기둥에 분할되어 작용하고 있다. 이 층에 대하여 $\sum H=0$을 고려하면

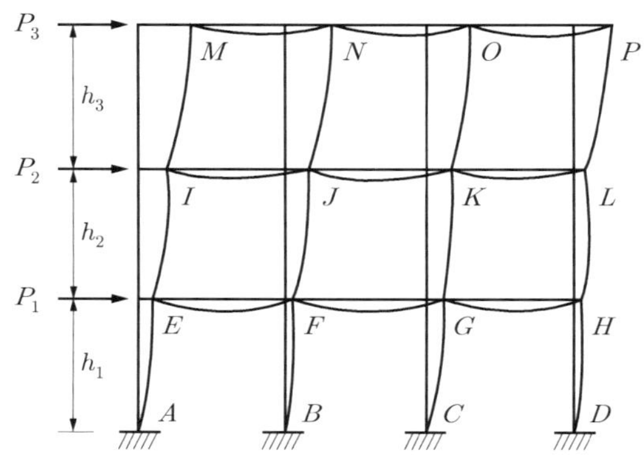

그림 10.49

$$P_2+P_3+H_1+H_2+H_3+H_4=0$$

이다. H_1, H_2...는 각 기둥에 중간하중이 없으며 각각의 기둥에 대하여 전단력이 되고 재단모멘트와는 다음의 관계가 있다.

$$H_1=\frac{M_{IE}+M_{EI}}{h_2},\qquad H_2=\frac{M_{JF}+M_{FJ}}{h_2}$$

$$H_3=\frac{M_{KG}+M_{GK}}{h_2},\qquad H_4=\frac{M_{LH}+M_{HL}}{h_2}$$

따라서 제2층의 H 방향의 평형방정식은

$$P_2+P_3+\frac{1}{h_2}(M_{IE}+M_{EI}+M_{JF}+M_{FJ}+M_{KG}+M_{GK}+M_{LH}+M_{HL})=0 \qquad (10.69)$$

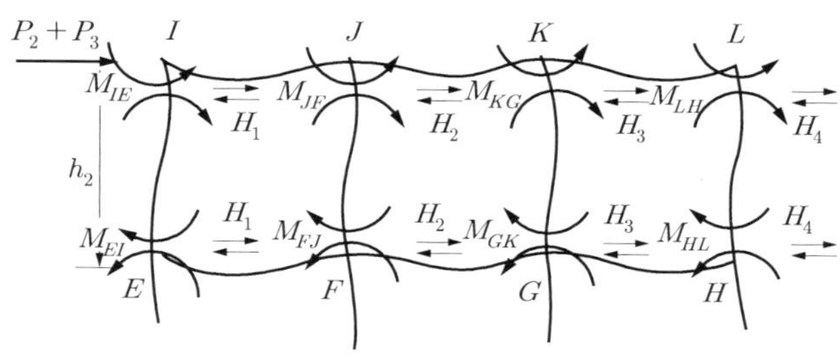

그림 10.50

식 (10.69)를 층방정식이라 한다. 그림 10.51과 같이 기둥 중간에 하중이 있을 때는 층방정식을 다음과 같이 표시한다.

$$(M_{BC}+M_{CB})+(M_{GF}+M_{FG})+(M_{JK}+M_{KJ})+P_2\,y_2+(P_3+P_4)\,h_2=0 \tag{10.70}$$

이 층방정식도 층의 수만큼 존재한다. 따라서 절점이 P개에 N층인 구조의 절점각 및 부재각의 미지수의 합은 $P+N$개이고, 절점방정식은 절점의 수만큼 존재하고 층방정식의 수는 층의 수만큼 존재하므로 세울 수 있는 방정식도 $P+N$개가 되며, 이들 방정식으로부터 $P+N$개의 미지량이 구해져서 이로부터 각 부재의 재단모멘트를 구할 수 있고 이 재단모멘트를 이용하여 부재의 단면력이 구해진다.

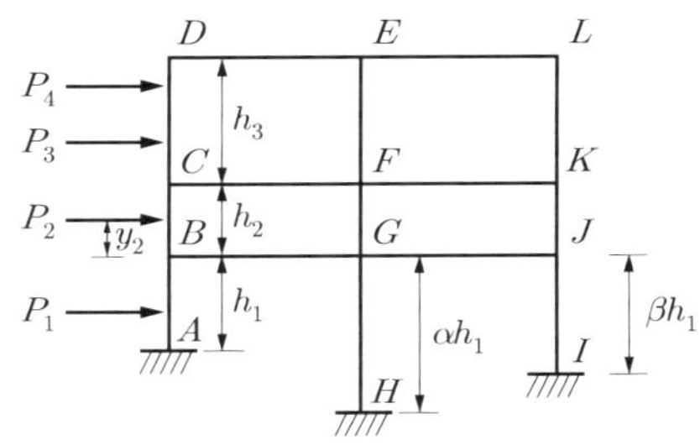

그림 10.51

Example 10.10 그림 10.52(a)와 같은 양단 고정보의 단면력도를 그려라.

양단 고정인 경우의 모멘트식은

$$M_{AB}=-C_{AB}=-\frac{w\,l^2}{12}$$

$$M_{BA}=C_{AB}=\frac{w\,l^2}{12}$$

그림 (b)에서 구조와 하중이 대칭이므로 반력은

$$R_A=R_B=\frac{w\,l}{2}$$

임의점의 휨모멘트 M_x는

$$M_x=R_A\,x-\frac{wx^2}{2}-\frac{w\,l^2}{12}$$

$$=\frac{w\,l}{2}\,x-\frac{wx^2}{2}-\frac{w\,l^2}{12}$$

최대 휨모멘트는 전단력이 0인 점에서 생기므로

$$\frac{dM_x}{dx}=S_x=\frac{w\,l}{2}-wx=0$$

$$\therefore\ x=\frac{l}{2}$$

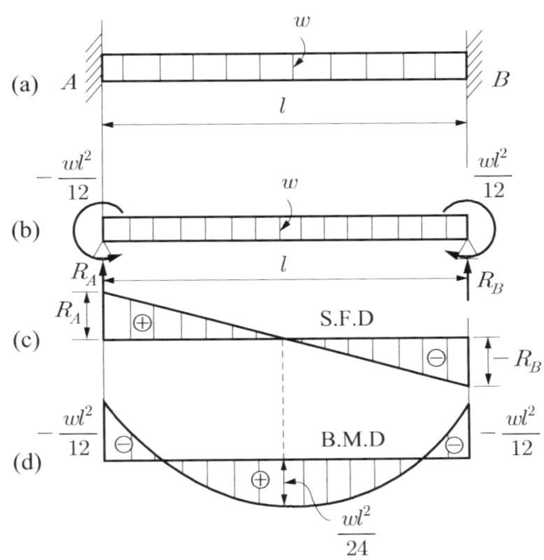

그림 10.52

$$M_{\max}=M_{x=\frac{l}{2}}=\frac{w\,l}{2}\cdot\frac{l}{2}-\frac{w\left(\frac{l}{2}\right)^2}{2}-\frac{w\,l^2}{12}=\frac{w\,l^2}{4}-\frac{w\,l^2}{8}-\frac{w\,l^2}{12}=\frac{w\,l^2}{24}$$

임의점의 전단력 S_x는

$S_x = R_A - w\,x$

$x = 0$ 이면 $S_x = R_A$

$x = l$ 이면 $S_B = -R_B$

이로서 S.F.D와 B.M.D를 그리면 그림 (c), (d)와 같다.

Example 10.11 그림 10.53(a)와 같은 1단 고정 타단 이동단인 부정정보의 단면력도를 그려라.

하중항을 먼저 계산하면

$$C_{AB} = \frac{Pab^2}{l^2} = \frac{40 \times 6 \times 2^2}{8^2} = 15$$

$$C_{BA} = \frac{Pa^2b}{l^2} = \frac{40 \times 6^2 \times 2}{8^2} = 45$$

1단 고정 타단 이동단일 때의 모멘트식은

$$M_{AB} = -\left(C_{AB} + \frac{C_{BA}}{2}\right)$$

$$= -\left(15 + \frac{45}{2}\right)$$

$$= -37.5\ \text{kN} \cdot \text{m}$$

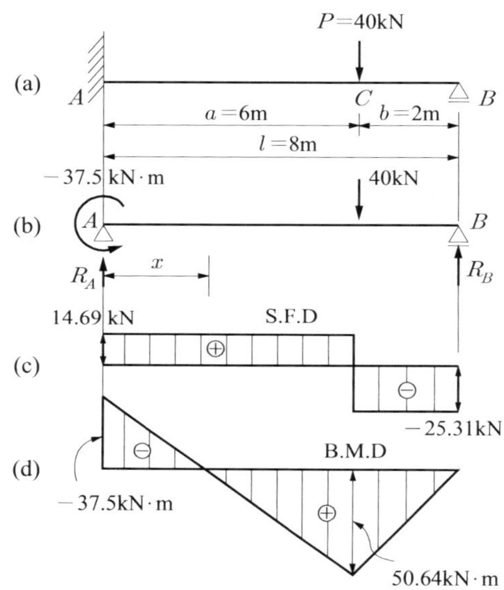

그림 10.53

그림 (b)에서 반력을 구하면

$$\sum M_B = 8R_A - 40 \times 2 - 37.5 = 0$$

$$\therefore\ R_A = \frac{117.5}{8} = 14.69\ \text{kN}$$

$R_B = 40 - 14.69 = 25.31$ kN

전단력은

$S_{A\sim C} = R_A = 14.69$ kN

$S_{C\sim B} = -R_B = -25.31$ kN

AC 사이에서 임의점의 휨모멘트 M_x는

$M_x = R_A\,x - 37.5 = 14.69\,x - 37.5$

$x = 0$이면 $M_A = -37.5$ kN · m

$x = 6$ m 이면 $M_C = 14.69 \times 6 - 37.5 = 50.64$ kN · m

$M_B = 0$

이로서 S.F.D와 B.M.D를 그리면 그림 (c), (d)와 같다.

Example 10.12 그림 10.54(a)와 같은 연속보의 재단모멘트를 구하여라. 단 $I_1 : I_2 = 2 : 3$

강비는 $I_1 : I_2 = 2 : 3$ 이므로

$$\frac{I_1}{l} : \frac{I_2}{l} = K_{AB} : K_{BC} = 2 : 3$$

표준강도 $K_o = K_1$을 취하면

$$k_{AB} = \frac{K_1}{K_o} = \frac{2}{2} = 1$$

$$k_{BC} = \frac{K_2}{K_o} = \frac{3}{2} = 1.5$$

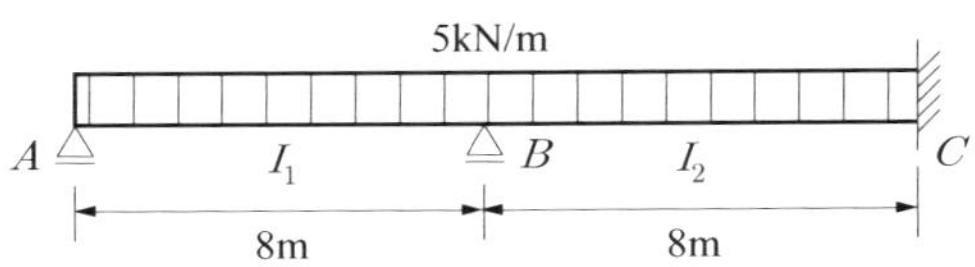

그림 10.54

하중항은

$$C_{BC} = C_{CB} = \frac{w\,l^2}{12} = \frac{5 \times 8^2}{12} = 26.67$$

$$H_{BA} = C_{BA} + \frac{C_{AB}}{2} = 26.67 + \frac{26.67}{2} \fallingdotseq 40$$

모멘트식은

$$M_{BA} = k_{AB}(1.5\phi_B) + H_{BA} = 1.5\phi_B + 40$$

$$M_{BC} = k_{BC}(2\phi_B) - C_{BC} = 3\phi_B - 26.67$$

$$M_{CB} = k_{BC}(\phi_B) + C_{CB} = 1.5\phi_B + 26.67$$

절점방정식

$M_{BA} + M_{BC} = 0$으로부터

$$M_{BA} + M_{BC} = 1.5\phi_B + 40 + 3\phi_B - 26.67 = 0$$

$$4.5\phi_B + 13.33 = 0$$

$$\therefore\ \phi_B = -\frac{13.33}{4.5} = -2.96$$

따라서

$$M_{BA} = 1.5 \times (-2.96) + 40 \fallingdotseq 35.6 \text{ kN}\cdot\text{m}$$

$$M_{BC} = 3 \times (-2.96) - 26.67 \fallingdotseq -35.6 \text{ kN}\cdot\text{m}$$

$$M_{CB} = 1.5 \times (2.96) + 26.67 \fallingdotseq 22.2 \text{ kN}\cdot\text{m}$$

Example 10.13 그림 10.55와 같은 양단 고정 2경간 연속보의 재단모멘트를 구하여라. 단, *EI*는 일정하다.

하중항을 계산하면

$$C_{AB} = C_{BA} = \frac{P\,l}{8} = \frac{20 \times 6}{8} = 15 \text{ kN}\cdot\text{m}$$

$$C_{BC} = C_{CB} = \frac{w\,l^2}{12} = \frac{10 \times 4^2}{12} = 13.3\ \text{kN} \cdot \text{m}$$

강도는

$$K_{AB} = \frac{I}{l_1} = \frac{I}{6} = K_o$$

$$K_{BC} = \frac{I}{l_2} = \frac{I}{4}$$

$$k_{AB} = \frac{K_{AB}}{K_o} = 1$$

$$k_{BC} = \frac{K_{BC}}{K_o} = \frac{\frac{I}{4}}{\frac{I}{6}} = 1.5$$

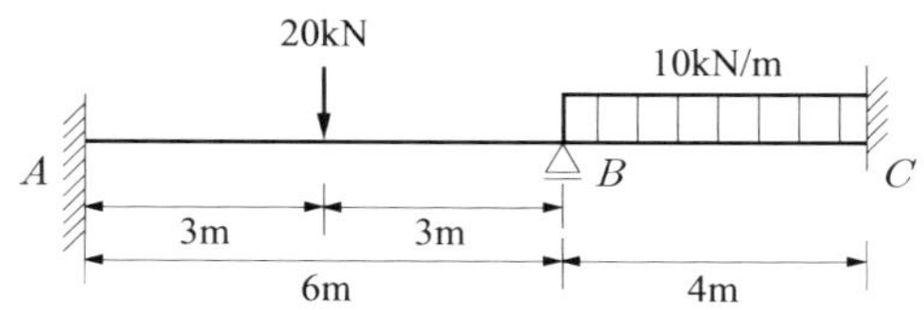

그림 10.55

모멘트식은

$$M_{AB} = k_{AB}(\phi_B) - C_{AB} = \phi_B - 15$$

$$M_{BA} = k_{AB}(2\phi_B) + C_{BA} = 2\phi_B + 15$$

$$M_{BC} = k_{BC}(2\phi_B) - C_{BC} = 3\phi_B - 13.3$$

$$M_{CB} = k_{CB}(\phi_B) + C_{CB} = 1.5\phi_B + 13.3$$

절점방정식 $\sum M_B = 0$을 적용하면

$$\sum M_B = M_{BA} + M_{BC} = 2\phi_B + 15 + 3\phi_B - 13.3 = 0$$

$$5\phi_B + 1.7 = 0$$

$$\therefore\ \phi_B = \frac{-1.7}{50} = -0.34$$

따라서 재단모멘트는

$$M_{AB} = -0.34 - 15 = -15.34\ \text{kN} \cdot \text{m}$$

$$M_{BA} = 2 \times (-0.34) + 15 = 14.32\ \text{kN} \cdot \text{m}$$

$$M_{BC} = 3 \times (-0.34) - 13.3 = -14.32\ \text{kN} \cdot \text{m}$$

$$M_{CB} = 1.5 \times (-0.34) + 13.3 = 12.79\ \text{kN} \cdot \text{m}$$

Example 10.14 그림 10.56(a)와 같은 라아멘의 재단모멘트를 구하고 휨모멘트도를 그려라.

하중항을 구하면

$$C_{BC} = C_{CB} = \frac{w\,l^2}{12} = \frac{20 \times 12^2}{12} = 240\ \text{kN} \cdot \text{m}$$

강도 $K_{BC} = \frac{2I}{12}$, $K_{BD} = \frac{I}{12} = K_o$

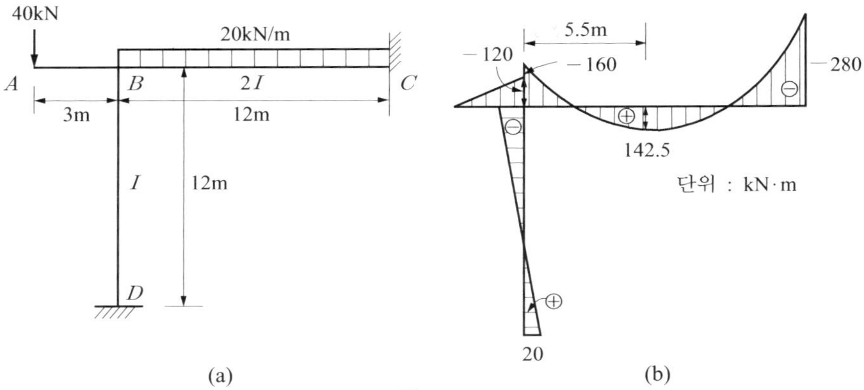

(a) (b)

그림 10.56

강비 $k_{BC}=\dfrac{K_{BC}}{K_o}=\dfrac{\frac{2I}{12}}{\frac{I}{12}}=2$

$k_{BD}=1$

모멘트식은

$M_{BA}=40\times 3=120\ \text{kN}\cdot\text{m}$

$M_{BC}=k_{BC}(2\phi_B)-C_{BC}=4\phi_B-240$

$M_{BD}=k_{BD}(2\phi_B)+C_{CB}=2\phi_B+240$

$M_{CB}=k_{BC}(\phi_B)+C_{CB}=2\phi_B+240$

$M_{DB}=k_{BD}(\phi_B)=\phi_B$

절점방정식 $\sum M_B=0$을 적용하여 ϕ_B를 구하면

$M_{BA}+M_{BC}+M_{BD}=120+4\phi_B-240+2\phi_B=0$

$\therefore\ \phi_B=20$

각 재단모멘트는

$M_{BC}=4\times 20-240=-160\ \text{kN}\cdot\text{m}$

$M_{BD}=2\times 20=40\ \text{kN}\cdot\text{m}$

$M_{CB}=2\times 20+240=280\ \text{kN}\cdot\text{m}$

$M_{DB}=20=20\ \text{kN}\cdot\text{m}$

BC 부분을 그림 10.57과 같이 떼어서 생각하면 반력은 $\sum M_C=0$에서

$12R_B-160-20\times 12\times 6+280=0$

$\therefore\ R_B=110\ \text{kN}$

$R_C=20\times 12-110=130\ \text{kN}$

임의점에서 휨모멘트 M_x는

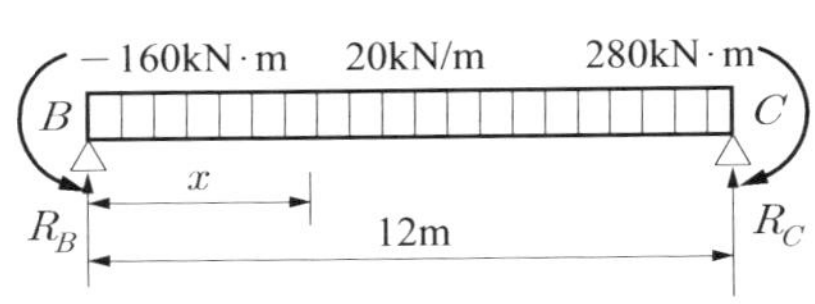

그림 10.57

$$M_x = R_B x - \frac{wx^2}{2} - 16 = 110x - 10x^2 - 160$$

BC 사이에서 최대휨모멘트는

$$\frac{M_x}{dx} = S_x = 110 - 20x = 0$$

$$\therefore\ x = \frac{110}{20} = 5.5\ \text{m}$$

$$M_{\max} = 110 \times 5.5 - 10 \times 5.5^2 - 160 = 142.5\ \text{kN}\cdot\text{m}$$

이로서 B.M.D를 그리면 그림 10.56(b)와 같다.

Example 10.15 그림 10.58과 같은 박스형 라아멘의 각 절점에서의 단면력을 구하여라.

구조와 하중이 두 축에 대하여 대칭이므로 절점의 이동은 없고 $\phi_B = -\phi_A = -\phi_B{}' = \phi_A{}'$로 되므로 모멘트 식은

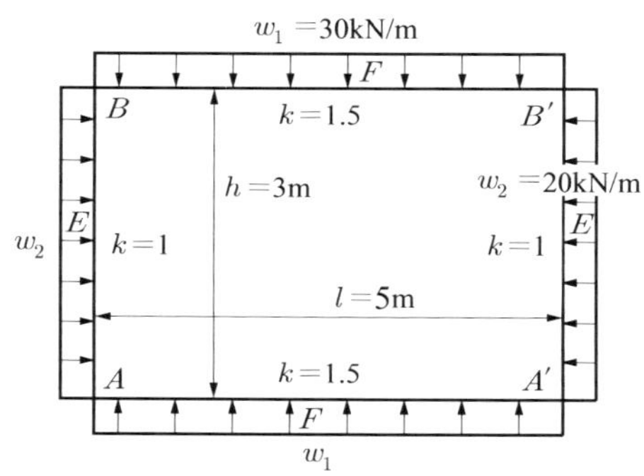

그림 10.58

$$M_{BA} = k_{BA}(2\phi_B + \phi_A) + C_{BA}$$
$$= \phi_B + C_{BA}$$
$$M_{BB'} = k_{BB'}(2\phi_B + \phi_B{}') - C_{BB'}$$
$$= 1.5\phi_B - C_{BB'}$$

절점방정식 $\sum M_B = 0$으로부터

$$M_{BA} + M_{BB'} = \phi_B + C_{BA} + 1.5\phi_B - C_{BB'}$$
$$= 2.5\phi_B + C_{BA} - C_{BB'} = 0$$

$$\therefore\ \phi_B = \frac{C_{BB'} - C_{BA}}{2.5}$$

$$C_{BA} = \frac{w_2 h^2}{12} = \frac{20 \times 3^2}{12} = 15\ \text{kN}\cdot\text{m}$$

$$C_{BB'} = \frac{w_1 l^2}{12} = \frac{30 \times 5^2}{12} = 62.5\ \text{kN}\cdot\text{m}$$

$$\phi_B{}' = \frac{62.5 - 15}{2.5} = 19$$

따라서

$$M_{BA} = 19 + 15 = 34\ \text{kN}\cdot\text{m}$$

$$M_{BB'} = 1.5 \times 1.9 - 6.25 = -3.4\ t\cdot\text{m}$$

각 절점의 절점모멘트는 -34 kN·m임을 알 수 있다. 부재 중앙에서의 휨모멘트 M_E와 M_F는

$$M_E = \frac{w_2 h^2}{8} + M_B = \frac{20 \times 3^2}{8} - 34 = -11.5 \text{ kN} \cdot \text{m}$$

$$M_F = \frac{w_1 l^2}{8} + M_B = \frac{30 \times 5^2}{8} - 34 = 59.75 \text{ kN} \cdot \text{m}$$

이로서 각 절점의 전단력은

$$S_{BB'} = \frac{w_1 l}{2} = \frac{30 \times 5}{2} = 75 \text{ kN} \quad (= A_{BA} : \text{인장})$$

$$S_{BA} = -w_2 \frac{h}{2} = -\frac{20 \times 3}{2} = -30 \text{ kN} \quad (= -A_{BB'} : \text{압축})$$

여기서 A_{BA}, $A_{BB'}$는 부재 BA, BB'의 축방향력이다. 이로서 B.M.D와 S.F.D를 그리면 그림 10.59의 (a), (b)와 같다.

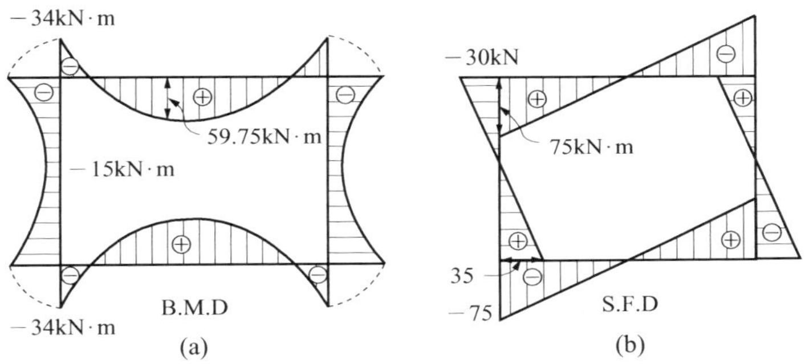

그림 10.59

Example 10.16 그림 10.60(a)와 같은 라아멘의 휨모멘트를 그려라.

하중과 구조가 대칭이므로

$\phi_B = -\phi_C$

하중항을 먼저 구하면

$$C_{BC} = C_{CB} = \frac{w\,l^2}{12} = \frac{40 \times 6^2}{12} = 120 \text{ kN} \cdot \text{m}$$

모멘트식은

$M_{AB} = \phi_B$

$M_{BA} = 2\phi_B$

$M_{BC} = 2(2\phi_B + \phi_C) - C_{BC} = 2\phi_B - 120$

절점방정식 $\sum M_B = 0$을 적용하면

$M_{BA} + M_{BC} = 2\phi_B + 2\phi_B - 120 = 0$

$\therefore \ \phi_B = 30$

$M_{AB} = 30 \text{ kN} \cdot \text{m}$

$M_{BA}=2\times 30=60$ kN · m

$M_{BC}=2\times 30-120=-60$ kN · m

BC 사이의 임의점의 모멘트 M_x는

$$M_x=\left(\frac{-M_{BC}+M_{CB}}{l}+\frac{wl}{2}\right)x-\frac{wx^2}{2}+M_{BC}$$

$$=\left(\frac{60-60}{6}+\frac{40\times 6}{2}\right)x-20x^2-60$$

$$=120x-20x^2-60$$

최대휨모멘트 $M_{\max}$는

$$\frac{dM_x}{dx}=S_x=120-40x=0$$

$\therefore\ x=3$ m

대칭이므로 중앙에서 $M_{\max}$가 됨을 알 수 있다.

$\therefore\ M_{\max}=120\times 3-20\times 3^2-60$

$=120$ kN · m

이로서 B.M.D를 그리면 그림 (b)와 같다.

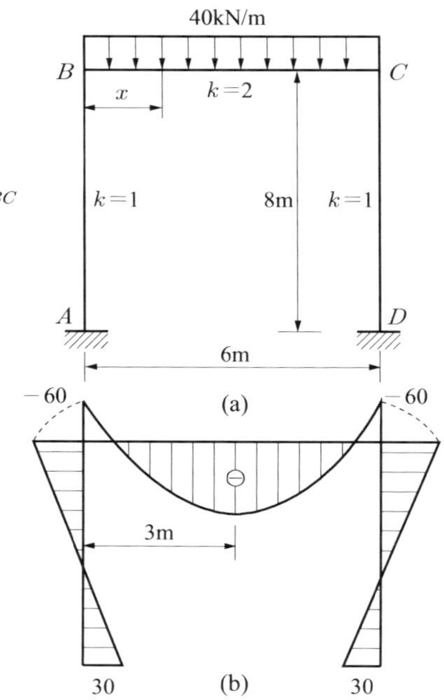

그림 10.60

Example 10.17 그림 10.61(a)와 같이 라아멘에 대한 수평하중이 작용할 때 단면력도를 그려라.

절점각 및 부재각의 미지량은 ϕ_B, ϕ_C, μ의 세 개이나 하중이 B점에 수평으로 작용할 때는 역대칭 하중으로 되어 그림 (b)와 같이 $\phi_B=\phi_C$로 되어 미지량은 ϕ_B, μ 둘 뿐이다. 또 하중항도 0이어서 모멘트식은

$M_{AB}=\phi_B+\mu$

$M_{CB}=3\phi_B$

$M_{BA}=2\phi_B+\mu$

$M_{CD}=2\phi_B+\mu$

$M_{BC}=3\phi_B$

$M_{DC}=\phi_B+\mu$

절점방정식 $\sum M_B=0$로부터

$$M_{BA}+M_{BC}=5\phi_B+\mu=0 \qquad \text{(a)}$$

층방정식 $\sum H=0$으로부터

$$M_{AB}+M_{BA}+M_{DC}+M_{CD}+hp=6\phi_B+4\mu+400=0 \qquad \text{(b)}$$

(a), (b)식을 연립시켜 풀면

$\phi_B=28.57,\quad \mu=-142.86$

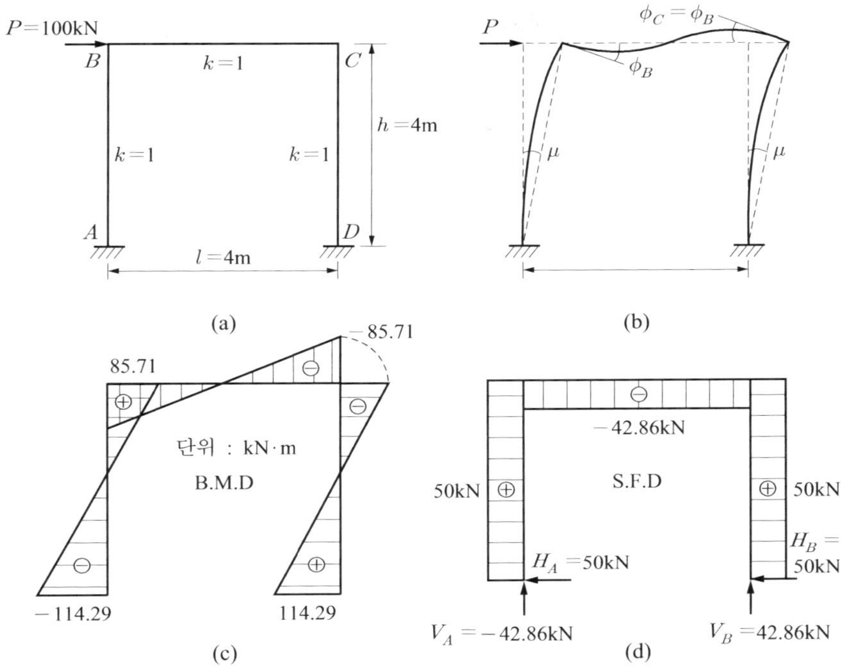

그림 10.61

따라서

$M_{AB}=28.57-142.86=-114.29\text{ kN}\cdot\text{m}\quad(=M_{DC})$

$M_{BA}=2\times 28.57-142.86=-85.71\text{ kN}\cdot\text{m}\quad(=M_{CD})$

$M_{BC}=3\times 28.57=85.71\text{ kN}\cdot\text{m}$

전단력은

$$S_{AB}=-\frac{M_{AB}+M_{BA}}{h}=-\frac{(-114.29)+(-85.71)}{4}=50\text{ kN}$$

$$S_{BC}=-\frac{M_{BC}+M_{CB}}{h}=-\frac{85.71+85.71}{4}=-42.86\text{ kN}$$

이로서 B.M.D와 S.F.D를 그리면 그림 (c), (d)와 같다. 반력은

$H_A=S_{BA}=50\text{ kN}\quad(=H_D)$

$V_A=S_{BC}=-42.86\text{ kN}$

$V_D=-S_{CB}=-(-42.86)=42.86\text{ kN}$

축방향력을 구해보면 다음과 같다.

$A_{AB}=\ -42.46$ kN (인장) $\qquad A_{BC}=100-50=50$ kN (압축)

$A_{CD}=\ 42.46$ kN (압축)

10.5 모멘트 분배법

모멘트 분배법은 연속보나 라아멘의 한 해법으로서 1930년에 하디 크로스(Hardy cross)에 의하여 제안된 것으로 처짐각법과 같이 연립해법에 의하지 않고 원 위에서 기계적인 계산으로 미지량을 구하는 방법이다. 이 방법은 실용목적으로 만들어진 근사해법으로 정확해법은 아니나, 특별한 수학적 수단 없이 가감승제만으로 풀 수 있어 많이 사용된다.

10.5.1 모멘트 분배법의 원리

(1) 전달모멘트

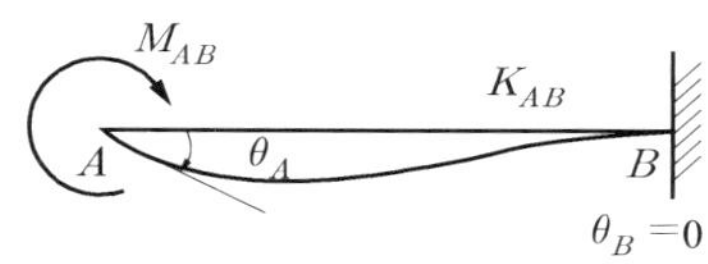

그림 10.62

그림 10.62와 같이 부재 AB의 1단 B가 고정단일 때 A단에 가해진 모멘트 M_{AB}와 B단에 생기는 모멘트 M_{BA}와의 관계는 처짐각법에서의 일반식

$$M_{AB} = k_{AB}(2\phi_A + \phi_B + \mu) - C_{AB}$$
$$M_{BA} = k_{BA}(2\phi_B + \phi_A + \mu) + C_{BA}$$

에서 $\phi_B = 0,\ \mu = 0,\ C_{AB} = C_{BA} = 0$이 되므로

$$M_{AB} = k_{AB}(2\phi_A),\ M_{BA} = k_{AB}(\phi_A)$$

따라서 $$M_{BA} = \frac{1}{2}M_{AB} \tag{10.71}$$

즉 A단에 가해진 모멘트는 고정단 B에 그의 1/2이 전달된다. 이 M_{BA}를 전달모멘트(carry-over moment)라 하고 C.O.M으로 표시한다.

(2) 분배모멘트와 분배율 및 전달률

그림 10.63과 같이 절점 m에 모아진 각 부재의 타단이 고정단으로 각 부재각이 생기지 않을 때 m절점에 모멘트 M을 가하면 각 부재의 m단에 각각의 재단모멘트가 생겨 평형을 이룰 것이다. $\phi_e = \phi_u = \phi_s = \phi_o = 0$이므로

$$M_{me} = k_{me}(2\phi_m)$$

$$M_{mu} = k_{mu}(2\phi_m)$$
$$M_{ms} = k_{ms}(2\phi_m)$$
$$M_{mo} = k_{mo}(2\phi_m)$$

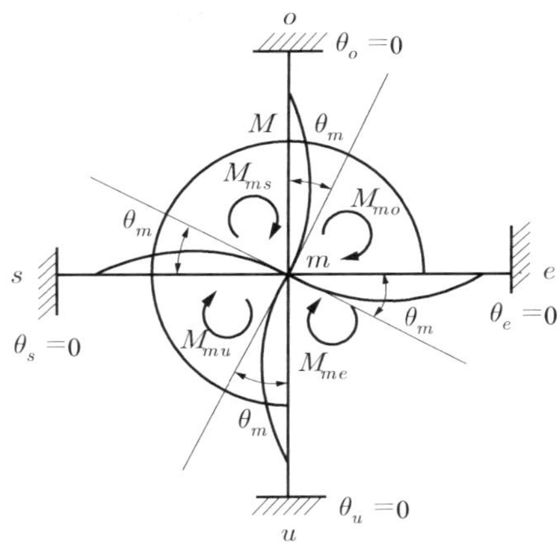

그림 10.63

절점방정식 $\sum M_m = 0$으로부터

$$\begin{aligned} M &= M_{me} + M_{mu} + M_{ms} + M_{mo} \\ &= 2\phi_m(k_{me} + k_{mu} + k_{ms} + k_{mo}) \\ &= 2\phi_m \sum k_{mi} \end{aligned}$$

여기서, $\sum k_{mi}$는 m절점에 모인 각 부재강비의 합이다.

각 재단모멘트 M_{me}, M_{mu}, M_{ms}, M_{mo}와 가해진 M과의 비를 구하면

$$\frac{M_{me}}{M} = \frac{k_{me}}{\sum k_{mi}}$$
$$\frac{M_{mu}}{M} = \frac{k_{mu}}{\sum k_{mi}}$$
$$\frac{M_{ms}}{M} = \frac{k_{ms}}{\sum k_{mi}}$$
$$\frac{M_{mo}}{M} = \frac{k_{mo}}{\sum k_{mi}}$$

여기서, $f_{me} = \dfrac{k_{me}}{\sum k_{mi}}$, $f_{mu} = \dfrac{k_{mu}}{\sum k_{mi}}$, $f_{ms} = \dfrac{k_{ms}}{\sum k_{mi}}$, $f_{mo} = \dfrac{k_{mo}}{\sum k_{mi}}$라 하면

$$\begin{aligned} M_{me} &= f_{me} \cdot M \\ M_{mu} &= f_{mu} \cdot M \\ M_{ms} &= f_{ms} \cdot M \\ M_{mo} &= f_{mo} \cdot M \end{aligned} \tag{10.72}$$

또 $f_{me} + f_{mu} + f_{ms} + f_{mo} = 1.0$

즉 절점에 가해지는 모멘트는 각 부재의 강도에 비례하여 그 절점의 각 부재단에 분배된다. 각 부재의 m단에 생기는 모멘트를 분배모멘트(distributing moment)라 하고 D.M으로

표시한다. f_{me}, f_{mu}, f_{ms}, f_{mo}를 각 부재의 m절점의 분배율(distributing factor)이라 하고 D.F로 표시한다.

다음에 각 부재의 고정단 e, u, s, o단에는 앞의 식 (10.71)에서 보는 바와 같이 M_{me}, M_{mu}, M_{ms}, M_{mo}의 1/2이 전달된다. 즉 그림 10.64와 식 (10.71)로부터

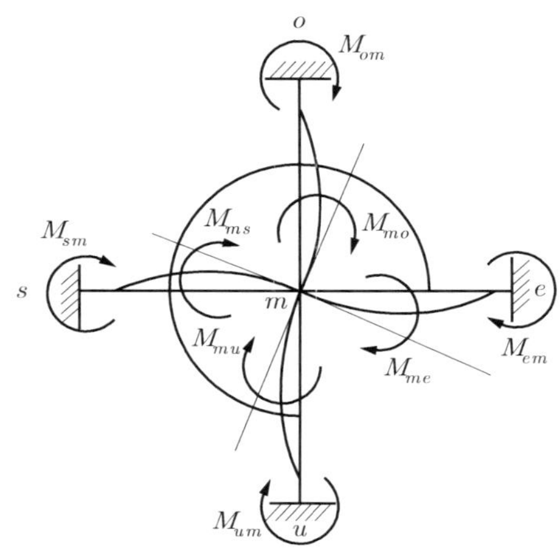

그림 10.64

$$M_{em} = \frac{1}{2}M_{me} = \frac{k_{me}}{2\sum k_{mi}} \cdot M$$

$$M_{um} = \frac{1}{2}M_{mu} = \frac{k_{mu}}{2\sum k_{mi}} \cdot M$$

$$M_{sm} = \frac{1}{2}M_{ms} = \frac{k_{ms}}{2\sum k_{mi}} \cdot M$$

$$M_{om} = \frac{1}{2}M_{mo} = \frac{k_{mo}}{2\sum k_{mi}} \cdot M$$

으로 된다.

$$r_{me} = \frac{k_{me}}{2\sum k_{mi}} = \frac{1}{2}f_{me}$$

$$\vdots$$

$$r_{mo} = \frac{k_{mo}}{2\sum k_{mi}} = \frac{1}{2}f_{mo}$$

라 놓으면

$$\begin{aligned} M_{em} &= r_{me} \cdot M \\ &\vdots \\ M_{om} &= r_{mo} \cdot M \end{aligned} \tag{10.73}$$

또 $r_{me} + r_{mu} + r_{ms} + r_{mo} = 0.5$

즉 전달모멘트는 분배모멘트의 1/2과 같다.

r_{me}, r_{mu}, r_{ms}, r_{mo}를 각 부재단의 전달률(carryover factor)이라 하고 C.O.F로 표시한다.

$$j_m = 2\sum k_{mi} = 2(k_{me} + k_{mu} + k_{ms} + k_{mo})$$

라 놓으면

$$r_{mi} = \frac{k_{mi}}{j_m} \tag{10.74}$$

로 되고, 여기서 i는 $i = e,\ u,\ s,\ o$이다.

10.5.2 특별한 경우

(1) 1단 힌지 부재

그림 10.65와 같이 부재 AB의 B단이 회전단이면 일반식이

$$M_{AB} = k_{AB}(1.5\phi_A + 0.5\mu) - H_{AB}$$

로 되는데 지점변위가 없고 하중이 없으면

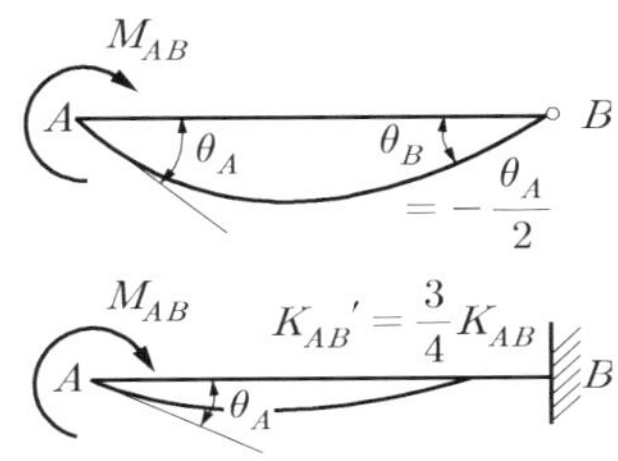

그림 10.65

$$M_{AB} = k_{AB}(1.5\phi_A) = \frac{3}{2}k_{AB}\,\phi_A = \frac{3}{4}k_{AB}(2\phi_A)$$

$\frac{3}{4}k_{AB} = k'_{AB}$라 놓으면

$$M_{AB} = k'_{AB}(2\phi_A)$$

즉 강비 k'_{AB}인 때 B단 고정의 부재 AB의 A단에 ϕ_A를 생기게 하는 때의 A단의 재단모멘트값과 같다. 바꾸어 말하면 B단 회전단인 때는 부재강도를 3/4배 하면 B단 고정으로 보아도 무방하다.

이때 $\frac{3}{4}K_{AB}$를 유효강도, $\frac{3}{4}k_{AB}$를 유효강비라 한다.

(2) 대칭라아멘이 대칭하중을 받는 경우

그림 10.66과 같이 대칭라아멘이 대칭하중을 받으면 서로 대응하는 절점각은 서로 같고 부호가 반대이다. 이는 대칭변형하기 때문이다.

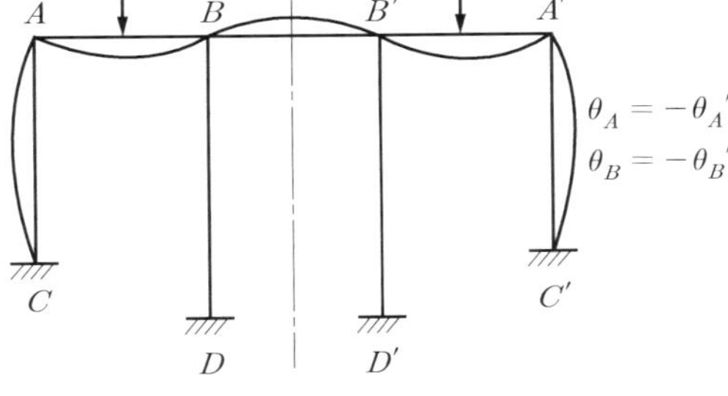

그림 10.66

$$\theta_A = -\theta'_A$$

대응절점이 서로 이웃하는 부재, 즉 대칭축을 포함하는 부재를 생각할 때 그림 10.67에서와 같이 $\theta_B = -\theta'_B$이므로

$$M_{BB'} = k_{BB'}(2\phi_B + \phi_{B'})$$

$$= k_{BB'}(\phi_B) = \frac{1}{2}k_{BB'}(2\phi_B)$$

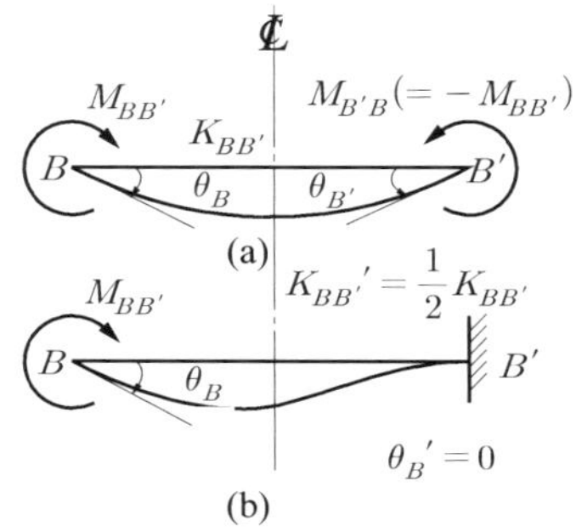

그림 10.67

$\frac{1}{2}k_{BB'} = k'_{BB'}$라 놓으면 $M_{BB'} = k'_{BB'}(2\phi_B)$

즉, 강비 $k'_{BB'}$일 때 B'단 고정부재 BB'의 B단에 ϕ_B를 생기게 할 때의 B단의 재단모멘트의 값과 같다. 바꾸어 말하면 대칭라아멘이 대칭하중을 받을 때 대칭축을 포함하는 부재는 그의 강도를 1/2배로 하면 부재의 1단을 고정으로 보아도 무방하다.

이때 $\frac{1}{2}K_{BB'}$는 유효강도, $\frac{1}{2}k_{BB'}$는 유효강비이다.

(3) 대칭라아멘이 역대칭하중을 받을 때

그림 10.68과 같이 대칭라아멘이 역대칭하중을 받으면 각 대칭절점의 절점각은 부호와 크기가 서로 같다. 즉 역대칭변형이다.

대응하는 절점이 서로 이웃하는 부재, 즉 대칭축을 포함하는 부재를 고찰해 보면 그림 10.69에서와 같이 $\theta_B = \theta_B'$이므로

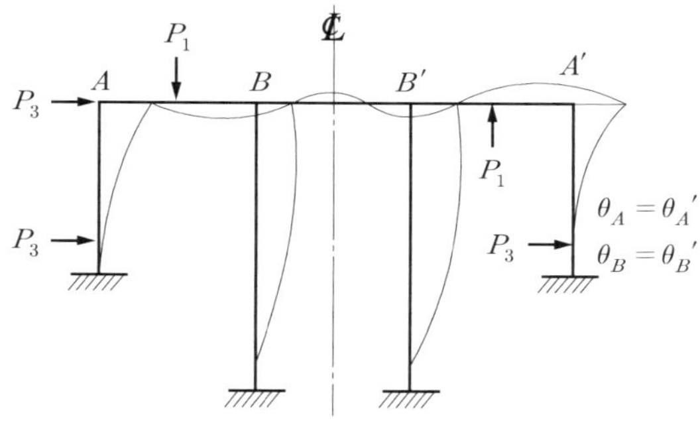

그림 10.68

$$M_{BB'} = k_{BB'}(2\phi_B + \phi_{B'})$$

$$= k_{BB'}(3\phi_B) = \frac{3}{2}k_{BB'}(2\phi_B)$$

$\frac{3}{2}k_{BB'} = k'_{BB'}$라 놓으면 $M_{BB'} = k'_{BB'}(2\phi_B)$

이때 $\frac{3}{2}K_{BB'}$를 유효강도, $\frac{3}{2}k_{BB'}$를 유효강비라 한다. 즉, 강비 $k'_{BB'}$인 때 B'단 고정의 부재인 BB'의 B단에 ϕ_B를 생기게 할 때의 B단의 재단모멘트의

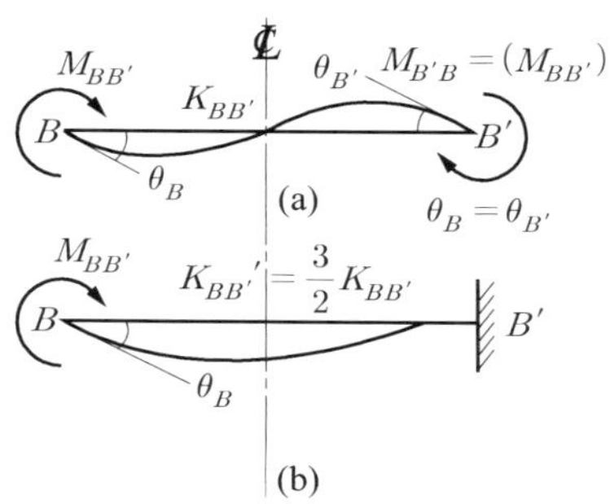

그림 10.69

값과 같다. 바꾸어 말하면 대칭라아멘이 역대칭을 고정으로 보아도 무방하다.

10.5.3 해법

모멘트 분배법은 구조물의 절점의 구속과 해제를 반복하여 모멘트의 분배전달을 계산하여 각 절점의 단모멘트가 어느 정도의 강도로 될 때까지 계산을 해간다. 이 방법은 그림 10.70과 같은 연속보를 예로 들어 그림 (a), (b), …의 순서로 설명하면

① 그림 (a)는 A단 고정인 3경간 연속보이다.

② 그림 (b)는 절점 B, C를 각각 구속하여 $\theta_B = 0$, $\theta_C = 0$으로 한 때, 즉 양단을 고정단으로 한 때(D단은 힌지로 함)의 B단과 C단의 고정단모멘트의 합으로 U라 하면

$$U_B = C_{BA} + C_{BC}$$
$$U_C = C_{CB} + H_{CD} \tag{10.75}$$

로 된다. 이 U를 불균형모멘트(unbalanced moment)라 하고, U, B, M으로 표시한다.

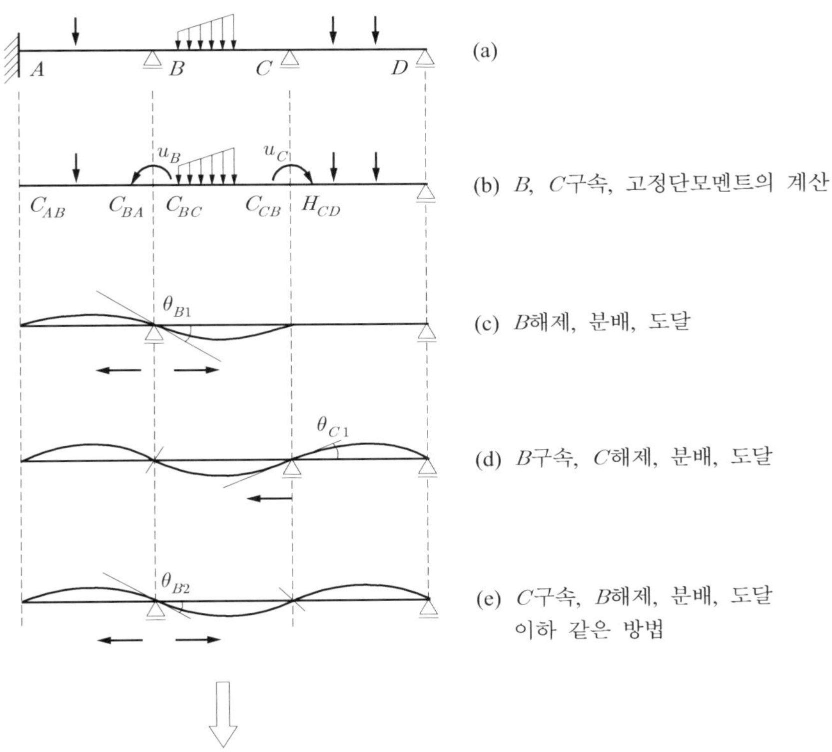

그림 10.70

③ 그림 (c)는 임의의 절점, 예로 B절점의 구속을 해제한 것으로 이를 밸런스(balance) 시킨다고 한다. 이때 구속을 해제하기 위해서는 $-U_B$를 작용시켜야 되고 이 U_B는 부재 AB의 B단에, 부재 BC의 B단에 분배되고 분배된 모멘트의 1단은 타단 A, C에 각기 전달된다.

④ 그림 (d)는 B점을 θ_{B1}, 회전한 상태로 구속한다. 이때 C점에서 U, B, M은 식 (10.75)의 U_C에 (3)에서 C에 전달된 전달모멘트의 합은 U_C'이다. C점의 구속을 해제하기 위한 모멘트는 $-U_C'$이며, C점은 θ_C, 회전하고 $\sum M_C = 0$이 된다. $-U_C'$도 분배되고 전달된다.

⑤ 그림 (e)는 B점을 구속하면 C점에서 전달된 전달모멘트가 B점에서 불균형모멘트가 된다. 이때도 위에서와 같은 방법으로 구속을 해제한다. 위와 같은 계산을 되풀이 해가면 각 절점의 불균형모멘트는 0에 근접한다. 이때 계산을 끝마치고 F.E.M + D.M − C.O.M = M으로서 재단모멘트를 구할 수 있다.

10.5.4 검산법

계산의 결과는 단모멘트의 평균조건과 연속조건이 만족되지 않으면 안된다. 이 중 앞의 조건을 만족하고 있는가는 바로 알 수 있기 때문에 뒤의 연속조건에 의해 검산할 필요가 있다.

예로서, 그림 10.71의 연속보에 있어서 임의의 지점 q에서 연속조건은 $\theta_{qp} = \theta_{qr}$이다. 이것은 구속 해제시의 θ의 변화의 원인인 단모멘트를 검사함에 따라 검산된다. 우선 부재 pq에 관해서 생각해 보면 q단의 휨모멘트 변화량은

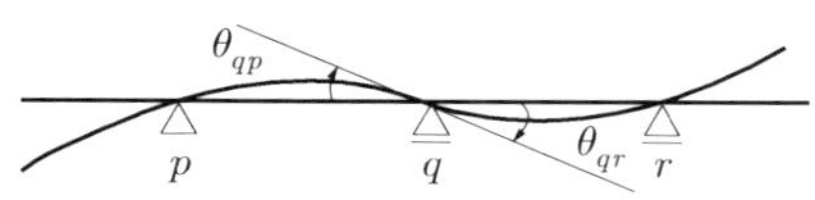

그림 10.71

$$\Delta M_{qp} - r_{qr}\,\Delta M_{pq}$$

이다. 여기서, ΔM은 각 부재단의 재단모멘트의 증가량 즉, 최종적으로 구한 재단모멘트 F.M과 고정단 모멘트 F.E.M과의 차를 나타낸다. 따라서 pq부재의 q단의 단강도를 α라 하면

$$\Delta M_{qp} - r_{qp}\Delta M_{pq} = \alpha\,\theta_q \tag{a}$$

같은 방법으로 부재 qr에 관해서는

$$\Delta M_{qr} - r_{qr}\Delta M_{rq} = \beta\,\theta_q \tag{b}$$

로 되고, β는 부재 qr의 q단 강도이다. (a), (b)식으로부터

$$\frac{\Delta M_{qp} - r_{qp}\,\Delta M_{pq}}{\Delta M_{qr} - r_{qr}\,\Delta M_{rq}} = \frac{\alpha}{\beta} \tag{10.76}$$

이로부터 연속조건을 검사할 수 있다.

10.5.5 연속보

(1) 지점의 침하가 없는 경우

모멘트 분배법에 따른 실제 계산법을 그림 10.72로서 설명하자. 계산은 그림 밑에 있는 표와 같이 한다. 도표의 각 란의 값은 다음과 같다.

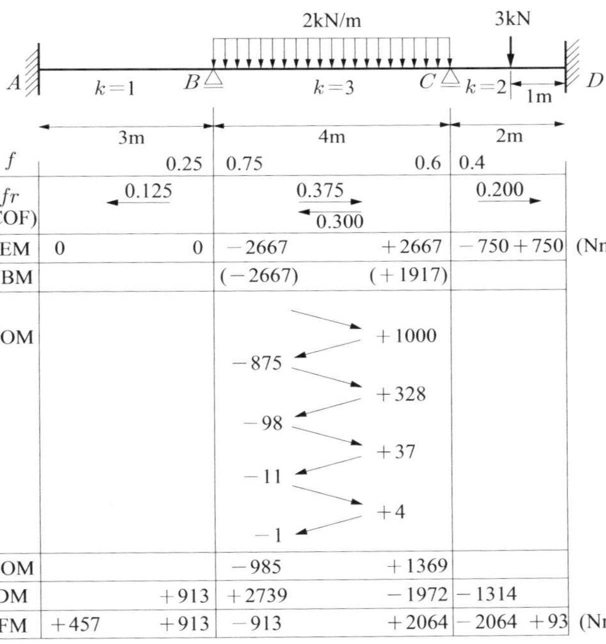

		A	B	B	C	C	D	
(1) ---	f		0.25	0.75	0.6	0.4		
(2) ---	fr (COF)	← 0.125		0.375 →	← 0.300	0.200 →		
(3) ---	FEM	0	0	−2667	+2667	−750	+750	(Nm)
(4) ---	UBM			(−2667)	(+1917)			
(5) ---	COM				+1000			
(6) ---				−875				
					+328			
				−98				
(7) ---					+37			
				−11				
					+4			
				−1				
(8) ---	ΣCOM			−985	+1369			
(9) ---	DM		+913	+2739	−1972	−1314		
(10) ---	FM	+457	+913	−913	+2064	−2064	+93	(Nm)
(11) ---	ΔM	+457	+913	+1754	−603	−1314	−657	
(12) ---	$r\Delta M$	+457	+229	−302	+877	−329	−657	
(13) ---	$\Delta M - r\Delta M$	0	+684	+2056	−1480	−985	0	
		비	(1 : 3)		(3 : 2)			

그림 10.72

① 분배율 : D.F

분배율을 계산하면

$$f_{BA} = \frac{1}{4} = 0.25, \quad f_{BC} = \frac{3}{4} = 0.75, \quad f_{CB} = \frac{3}{6} = 0.6, \quad f_{CD} = \frac{2}{5} = 0.4$$

② 전달률 : C.O.F

f, r의 값을 편의상 전달률이라 하면 BC부재의 경우 $f_{BC}=0.75$, $r_{CB}=\dfrac{1}{2}$이므로 $f_{BC}\cdot r_{CB}=0.75\times\dfrac{1}{2}=0.375$가 B에서 C로의 전달률이고 C에서 B로의 전달률은 $f_{CB}=0.6$, $r_{CB}=\dfrac{1}{2}$이므로 $f_{BC}\cdot r_{CB}=0.6\times\dfrac{1}{2}=0.3$이 된다.

$$-C_{BC}=C_{CB}=\frac{wl^2}{12}=\frac{2{,}000\times4^2}{12}=2{,}667\ \mathrm{N\cdot m}$$

$$-C_{CD}=C_{DC}=\frac{P\cdot l}{8}=\frac{3{,}000\times2}{8}=750\ \mathrm{N\cdot m}$$

③ 불균형모멘트 : U.B.M

각 절점의 고정단 모멘트의 합으로서 다음과 같이 계산한다.

$$C_{BA}+C_{BC}=0+(-2667)=-2667$$

$$C_{CB}+C_{CD}=2667-750=1917$$

이 란은 생략하기도 한다.

④ 전달모멘트 : C.O.M

B점의 불균형모멘트가 −2,667이므로 B점의 구속을 해제하기 위하여 +2,667의 모멘트를 가해야 한다. 따라서 B에서 C로의 C.O.M을 2,667×0.375＝1,000, A단에도 전달모멘트가 생기나 그 값은 일괄적으로 계산되므로 기입하지 않았다.

⑤ C.O.M

B에서 C로 1,000이 전달되었고 C에는 불균형모멘트가 1,917이므로 C점의 구속을 해제하기 위해서는 −(1,917＋1000)＝−2,917의 모멘트를 가해야 한다. 따라서 C로부터 B에 전달되는 C.O.M은 −2,917×0.3＝−875이다.

⑥ ⑤에서와 같은 방법으로 계산을 되풀이한다.

⑦ C.O.M의 합

C.O.M을 모두 합한 $\sum$C.O.M이다.

⑧ 분배모멘트 : D.M

이상의 계산으로 각 점에 축적된 불균형모멘트를 역모멘트로 없애고, 이 역모멘트를 분배율에 따라 분배한다. 즉 B점에서는 $(-2{,}667)+(-985)=-3{,}652$의 역모멘트 3,652이므로 이것을 좌우로 분배하면

$$3{,}652\times 0.25=913,\quad 3{,}652\times 0.75=2{,}739$$

로 된다. C점에서도 같은 방법으로 계산한다.

⑨ 재단모멘트 : F.M(최종모멘트 : Final moment)

재단모멘트 M은 F.M = (F.E.M) + (C.O.M) + (D.M)으로 구한다. A단에는 F.E.M = 0이므로 D.M$\times\frac{1}{2}$이 B로부터 전달되어 이 값만이 M_{AB}가 된다.

D단에서는 F.E.M = 750이므로 $M_{DC}=750+(-1{,}314)\times\frac{1}{2}=93$으로 된다.

이상으로서 계산은 완료되었으나 검산을 하여 계산의 정확을 기할 수 있다. 단모멘트의 값은 $\sum M=0$을 만족하므로 연속조건만을 검사한다.

⑩ ΔM

각 부재단의 재단모멘트 증가량 ΔM을 산출한다. (ΔM = F.M − F.E.M)

$$\Delta M_{BA}=913-0=913$$

$$\Delta M_{BC}=(-913)-(-2{,}667)=1{,}754$$

이와 같은 방법으로 계산하여 다른 란도 채운다.

⑪ $r\cdot\Delta M$

1단의 단모멘트 증가량이 타단에 전달되는 양 $r\cdot\Delta M$을 계산한다.

B에서 A에 $\quad r_{AB}\cdot\Delta M_{BA}=\frac{1}{2}\times 913=457$

B에서 C에 $\quad r_{CB}\cdot\Delta M_{BC}=\frac{1}{2}\times 1{,}754=877$

이 전달된다. 다른 란은 같은 방법으로 계산한다.

⑫ $\Delta M-r\Delta M$

각 부재단의 ⑪에서 ⑫의 값을 감한 값을 기입한다. 즉 B지점에서

$$913-229=684$$

$$1{,}754-(-302)=2{,}056$$

이들 값의 비가 부재단 강비와 같으면 모든 계산은 착오없이 계산된 것으로 본다. 다지간 연속보에서도 같은 방법으로 재단모멘트를 구할 수 있다.

(2) 지점에 침하가 생기는 경우

그림 10.73과 같은 2경간 연속보의 B점과 C점에 각기 0.4 cm, 0.7 cm가 침하한 경우 이 보를 풀어 보면 우선 그림 10.74와 같은 고정보에서 점 B가 Δ만큼 침하한 경우에 대하여 생각해 볼 때 점 A의 재단모멘트와 점 B의 재단모멘트는 절대값이 같고 부호가 반대여서 그림 (b)와 같은 휨모멘트도가 된다. 이 M_o를 처짐각법에 의하여 풀면 $\theta_A = \theta_B = 0$이고 부재각 $R = \dfrac{\Delta}{l}$ 하중항은 0이므로

$$M_{AB} = M_o = 2EK\left(-\frac{3\Delta}{l}\right)$$
$$= \frac{-6EI\Delta}{l^2}(= M_{BA}) \tag{10.77}$$

(a)

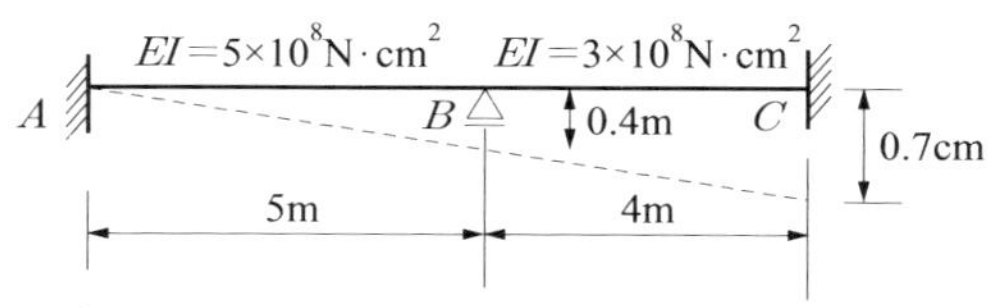

(b)

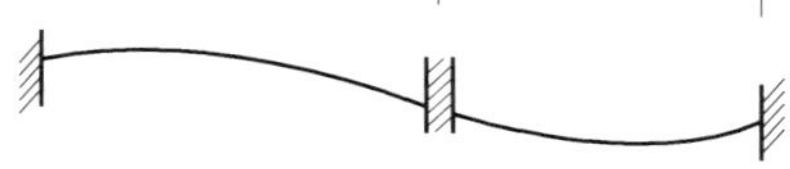

(c)

k	1		0.75	
f		0.571	0.429	
fr(COF)	← 0.285		0.215 →	
FEM	−48	−48	−33.8	−33.8
UBM		(−	81.8)	
DM		46.7	35.1	
COM	23.4			17.6
FM	−24.6	−1.3	1.3	−16.2

검산

ΔM	23.4	46.7	35.1	17.6
$r\Delta M$	23.4	11.7	8.8	17.6
$\Delta M - r\Delta M$	0	35	26.3	0
비			(1 : 0.75)	

(d)

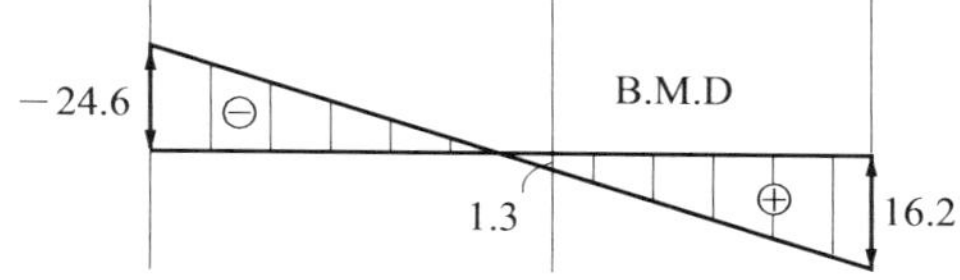

그림 10.73

로 된다. 그림 10.73(a)에서 각 지점을 구속했을 때의 재단모멘트는 식 (10.77)로부터

$$M_{AB} = M_{BA} = \frac{-6EI\Delta}{l^2}$$

$$= \frac{-6\times5\times10^8\times0.4}{500^2}$$

$$= -0.48\times10^4\ \text{N}\cdot\text{cm} = -48\ \text{N}\cdot\text{m}$$

$$M_{BC} = M_{CB} = \frac{-6EI\Delta}{l^2}$$

$$= \frac{-6\times3\times10^8}{400^2}\times0.3$$

$$= -0.338\times10^4\ \text{N}\cdot\text{cm} = -33.8\ \text{N}\cdot\text{m}$$

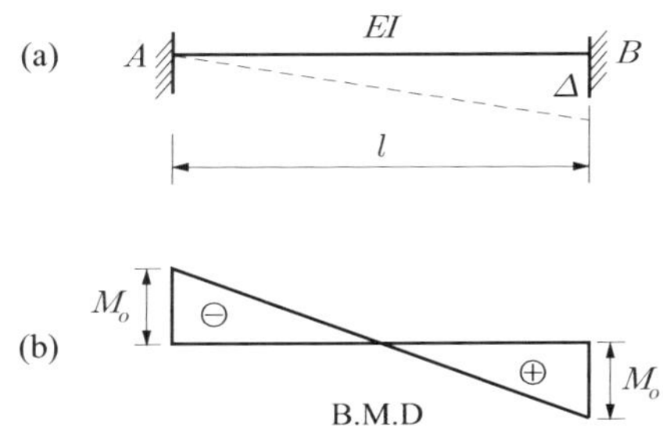

그림 10.74

가 구해지고 이 값을 하중항으로 생각하면 되고, 이로서 재단모멘트를 구하면 그림 (c)와 같고 휨모멘트도는 그림 (d)와 같다.

10.5.6 라아멘

(1) 절점의 이동이 없는 경우

절점이동이 없는 라아멘은 연속보와 같은 방법으로 계산된다.

그림 10.75와 같은 라아멘의 B점에서의 분배율 f는

$$f_{BA} = \frac{1}{1+1.95+1.35} = 0.233$$

$$f_{BC} = \frac{1.95}{1+1.95+1.35} = 0.453$$

$$f_{BE} = \frac{1.35}{1+1.95+1.35} = 0.314$$

같은 방법으로 C점에 대한 f를 계산하면

$$f_{CB} = 0.447 \qquad f_{CD} = 0.144 \qquad f_{CF} = 0.409$$

고정단모멘트는

$$C_{AB} = -1,125\ \text{N}\cdot\text{m} \qquad C_{BA} = 1,125\ \text{N}\cdot\text{m}$$

$$C_{BC} = -2,667\ \text{N}\cdot\text{m} \qquad C_{CB} = 2,667\ \text{N}\cdot\text{m}$$

$$C_{CD} = -750\ \text{N}\cdot\text{m} \qquad C_{DC} = 750\ \text{N}\cdot\text{m}$$

계산은 기둥의 존재를 일시 생각지 않고 $ABCD$를 연속보로 생각하여 계산하고 구속의 해제는 어느 절점부터 하든지 무방하나 불균형이 큰 절점부터 시작하는 것이 수렴이 다소 빠르다.

기둥의 단모멘트는 축적된 불균형모멘트를 없앨 때 분배하면 된다. 즉 그림 10.75에서 B점에 가해지는 모멘트 2,076에 분배율 $f_{BE}=0.314$를 곱하여 $M_{BE}=652$가 구해지고, E점의 재단모멘트 M_E는 $M_E=652\times\dfrac{1}{2}=326$으로 구해진다.

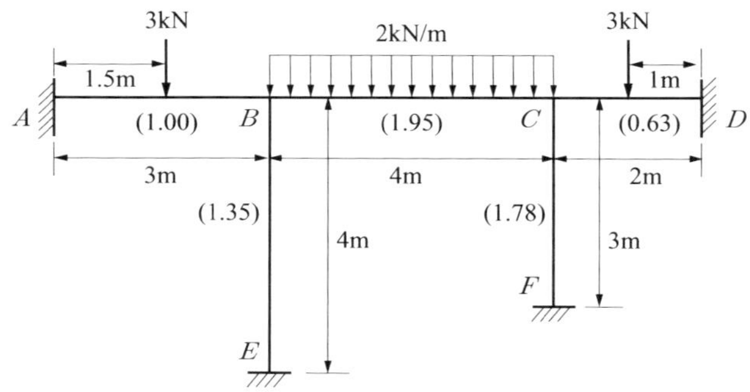

	A	B	B	C	C	D	
f		0.233	0.453	0.447	0.144		
fr			0.227 → / ← 0.224				
FEM	−1125	+1125	−2667	+2667	−750	+750	(kgm)
COM			−429	+447			
			−100	+23			
			−5	+1			
ΣCOM			−534	+471			
DM		+484	+940	−1067	−344		
FM	−883	+1609	−2261	+2071	−1094	+578	
		주두+652 주각+326		주두−977 주각−489			

검산

+242	+484	+406	−596	−344	172
+242	+121	−298	+203	−86	172
0	+363	+704	−796	−258	0
비	1 : 1.94		1.95 : 0.63		

그림 10.75

(2) 절점에 이동이 생기는 경우

일반 라아멘이 하중을 받으면 절점의 회전과 함께 변위한다. 이런 라아멘을 풀 때 처짐각법에서는 평형방정식인 절점방정식과 층방정식이 이용된다.

이에 대응해서 모멘트분배법에서는 다음 두 가지 균형 계산을 하여 얻어진 값을 변형의 조건이 만족되도록 합성한다.

1. 절점의 변위를 구속해서 부재각 $R=0$의 상태로 주어진 하중에 대한 모멘트 M_o를 구한다. 이 계산을 (1)에서와 같은 방법으로 구한다. M_o가 구해지면 단전단력을 산출하고 이로부터 $R=0$이 되도록 절점에 작용하는 지지력(propping force) F를 계산한다.
2. 하중을 제거하고 부재각 R만이 주어진 상태로 균형계산하여 얻어진 모멘트 M'로 단전단력을 구하고 이로부터 R이 생기도록 절점에 작용하는 힘 F'를 계산한다.

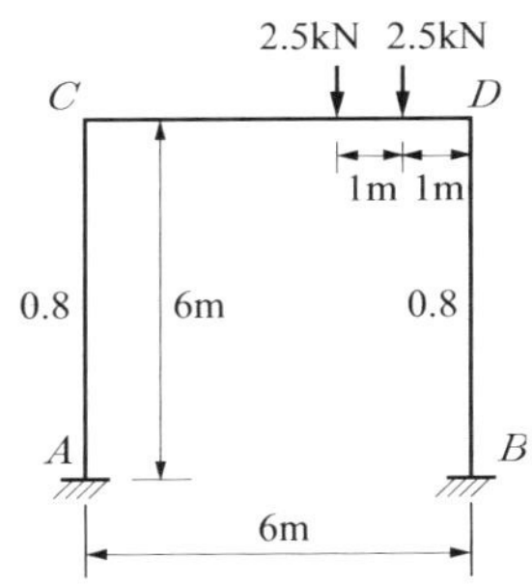

그림 10.76

이상의 계산에 있어서 M'의 값은 R에 관한 미지량을 계수로 해서 주어진다. 이 미지량의 크기는 라아멘의 절점이 실제로는 지지되지 않는 조건인 $F=F'$로부터 결정된다. 실제의 계산법을 그림 10.76의 라아멘에 대하여 설명하면 다음과 같다.

(a) C점을 지지할 때의 풀이

그림 10.77에서와 같이 C점을 잠시 지지하여 $R_{AC}=R_{BD}=0$이 되게 C점에 수평력 F_C를 작용시킨다. 계산을 그림 10.77의 도표와 같이 한다.

지지력 F_C는

$$F_C = H_{CA} + H_{DB} = -\frac{1}{6}(616 + 1,231 - 1,050 - 2,099) = 217\ \text{N}$$

(b) $-R_{AC}$가 생길 때의 풀이

그림 10.78에서와 같이 C점에 수평력 F_C'를 작용시켜 기둥의 부재각 R만이 생길 때를 풀이하면 고정단모멘트는 $M_{AC}=M_{CA}=k_{AC}\,\mu$이므로 표에서는 $\alpha=\dfrac{k_{AC}\,\mu}{1,000}$를 계수로 하였다.

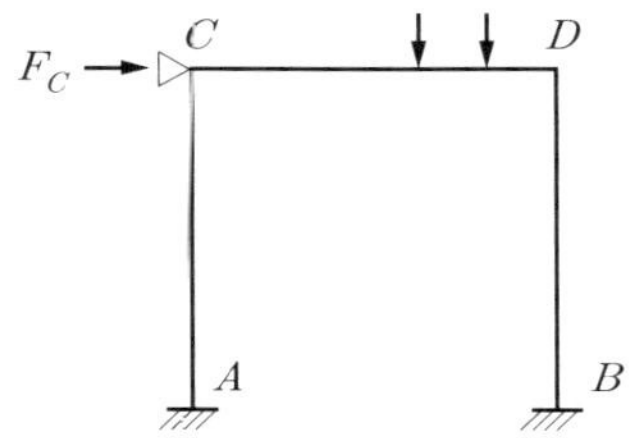

$C_{CD} = -1458\text{N}\cdot\text{m}$
$C_{DC} = +3958\text{N}\cdot\text{m}$

	A		C		D	B
f		0.444	0.556	0.556	0.444	
fr	← 0.222		← 0.278		0.222 →	
FEM	0	0	−1458	+3958	0	0
COM			−1100			
				+711		
			−198			
				+55		
			−15			
				+4		
			−1			
ΣCOM			−1314	+770		
DM		+1231	+1541	−2629	−2099	
M_o	+616	+1231	−1231	+2099	−2099	−1050

검산

+616	+1231	+227	−1859	−2099	−1050
+616	+308	−930	+114	−525	−1050
0	+923	+1157	−1973	−1574	0
비	0.8 : 1.0		1.0 : 0.8		

그림 10.77

분배율은 역대칭조건에 의하여 $k_{CD} = 1 \times \dfrac{3}{2} = 1.5$를 써서 계산한다. 따라서 F_C'는

$$F_C' = -(H_{CA} + H_{DB}) = 2 \times \frac{1}{6}(826 + 652)\,\alpha = 493\,\alpha$$

실제는 절점이 이동하여 라아멘이 평형된다. 그러나 위에서 구한 F_C와 F_C'는 같아야 하므로 이 조건으로부터

$$217 = 493\alpha \qquad \therefore\ \alpha = 0.44$$

α의 값이 결정되면 다음 식으로 재단모멘트가 구해진다.

$$M = M_o + M'\,\alpha \tag{10.78}$$

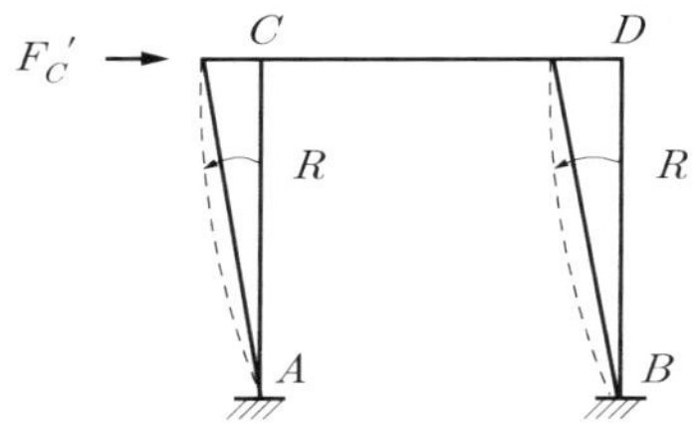

	A	C	C	D
f'		0.348	0.652	
$f'r$	0.174			
FEM	+1000	+1000		
COM	−174			
DM		−348	−652	
M'	+826	+652	−652	−652

$$\left(\alpha = \frac{k_{AC}\,\mu}{1000}\right)$$

검산

−174	−348	−652	−652
−174	−87	−326	
0	−261	−326	
비	0.8 : 1.0		O.K

그림 10.78

이 값은 표 10.3과 같다.

표 10.3 재단모멘트의 값 단위 : N·m

부 재	AC		CD		DB	
재 단	A	C	C	D	D	B
M_o	+616	+1,231	−1,231	+2,099	−2,099	−1,050
$M'\alpha$	+363	+287	−287	−287	+287	+363
M	+979	+1,518	−1,518	+1,812	−1,812	−687

다층라아멘의 계산법도 이상과 같은 방법으로 한다.

Example 10.18 그림 10.79와 같은 연속보를 분배율을 이용하여 단모멘트를 구하여라.

그림 10.79에서 강비 k를 구하면

$$K_{AB} = \frac{I}{8}$$

(a)

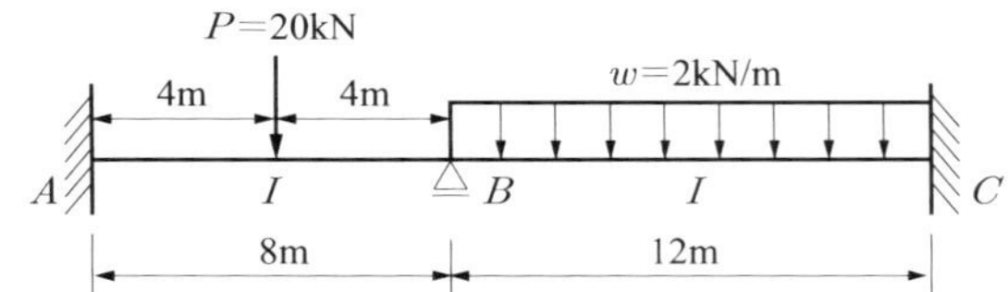

	A		B	C
① k	1.5		1	
② f		0.6	0.4	
③ FEM		20	−24	
④ UBM			−4	
⑤ DM		2.4	1.6	
⑥ COM	1.2			0.8
⑦ FM	−18.8	22.4	−22.4	24.8

검산은 생략함

(b)

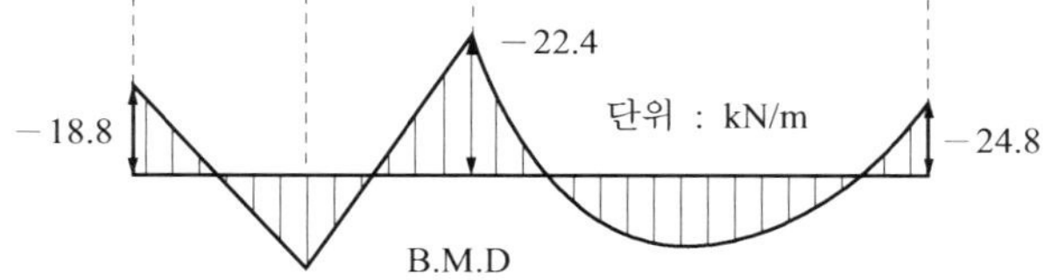

그림 10.79

$$K_{BC}=\frac{I}{12}=K_o$$

$$k_{AB}=\frac{K_{AB}}{K_o}=\frac{12}{8}=1.5$$

$$k_{BC}=\frac{K_{BC}}{K_o}=1$$

분배율 $f_{BA}=\dfrac{1.5}{1.5+1}=0.6$

$$f_{BC}=\frac{1}{1.5+1}=0.4$$

하중항 $-C_{AB}=C_{BA}=\dfrac{Pl}{8}=\dfrac{20\times 8}{8}=20\text{ kN}\cdot\text{m}$

$$-C_{BC}=C_{CB}=\frac{w\,l^2}{12}=\frac{2\times 12^2}{12}=24\text{ kN}\cdot\text{m}$$

이로서 재단모멘트를 구하면 그림 10.77의 표와 같고 휨모멘트도는 그림 (b)와 같다.

Example 10.19 그림 10.80과 같은 연속보의 재단모멘트를 구하여라.

A점과 D점이 힌지지점으로 유효강비 $k'_{CD}=\dfrac{3}{4}k_{CD}$로 된다. 모멘트 분배법에 의하여 재단모멘트를 구하면 그림 10.78의 도표와 같다.

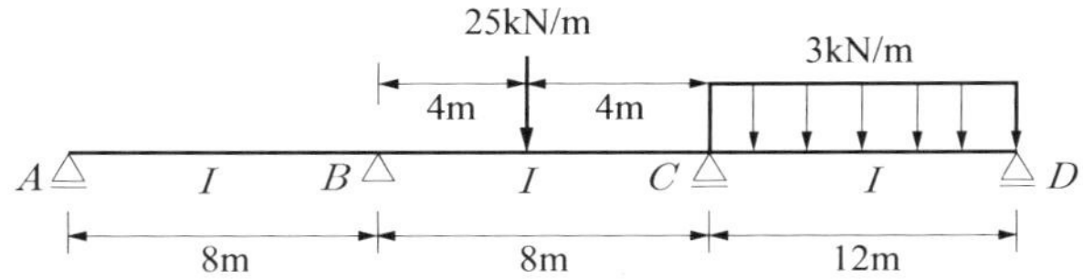

		A		B		C	D
①	k	1		1		0.667	
②	k_1	0.75		1		0.5	
③	f		0.429	0.571	0.667	0.333	
④	fr			0.286	0.334		
⑤	FEM	0	0	−25		−54	0
⑥	UBM			−25		−29	
⑦	COM			7.28 0.70 0.07	7.15 −2.08 −0.20 −0.02		
⑧	ΣCOM			8.05	4.85		
⑨	DM		7.27	9.68	16.11	8.04	
⑩	M		7.27	−7.27	45.96	45.96	

검산은 생략함

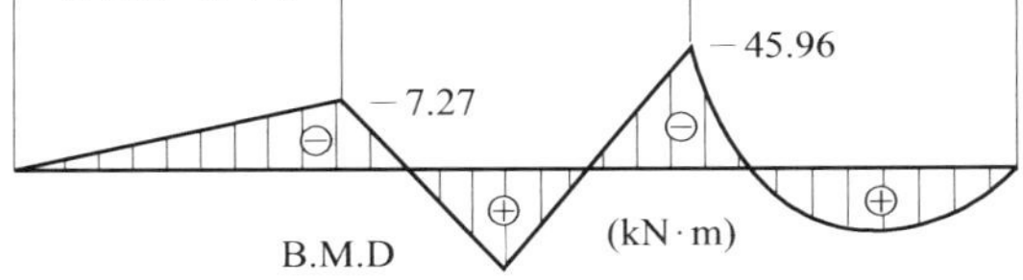

그림 10.80

Example 10.20 그림 10.81과 같은 구조와 하중이 대칭인 3경간 라아멘의 재단모멘트를 모멘트분배법에 의하여 구하고 B.M.D를 그려라.

대칭축을 포함하는 부재의 유효강비는 $k' = \frac{1}{2}k$이므로

$$k'_{DD'} = \frac{1}{2}k_{DD'} = \frac{1}{2} \times 2 = 1$$

하중항 $-C_{BD} = C_{DB} = \frac{2 \times 4^2}{12} = 2.7\ \text{kN} \cdot \text{m}$

$$-C_{DD'} = C_{D'D} = \frac{2 \times 5^2}{12} = 4.2\ \text{kN} \cdot \text{m}$$

이로서 모멘트 분배법에 의하여 각 부재의 재단모멘트를 구하면 그림 10.81의 도표와 같고, B.M.D는 그림 (b)와 같다.

(a)

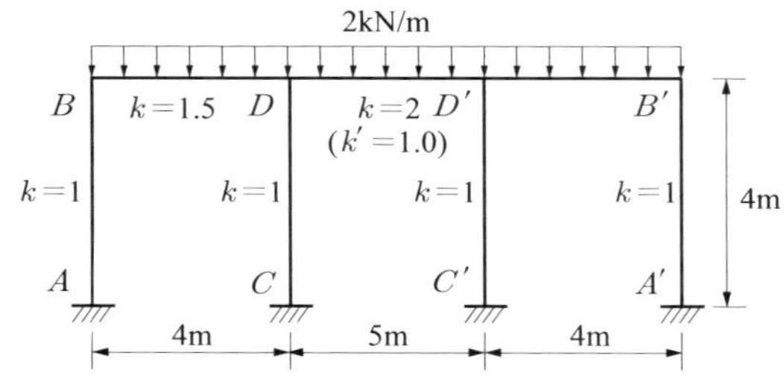

		B	D	D′
①	f	0.6	0.43	0.29
②	fr	0.3 ⟷	0.215	0.145 →
③	FEM	−2.7	2.7	−4.2
④	UBM	−2.7	−1.5	
⑤	COM	0.15 0.01	0.81 −0.05	
⑥	ΣCOM	0.16	0.76	
⑦	DM	1.52	0.32	0.21
⑧	FM	−1.02	+3.78	−3.99
⑨	기둥상단 M	1.02	0	21
⑩	기둥하단 M	0.51	0	11

(b)

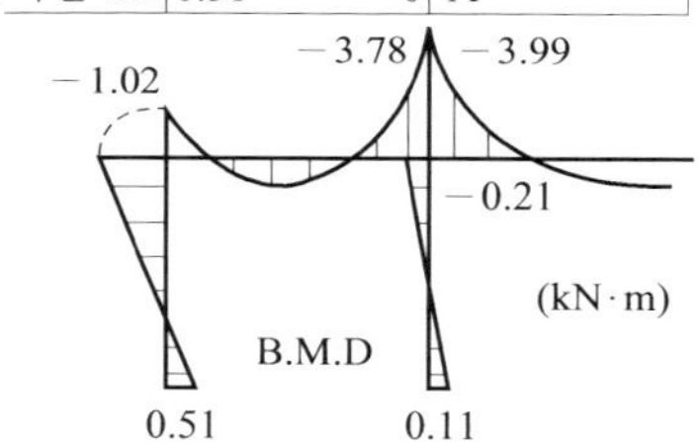

그림 10.81

PROBLEMS

01. 그림 10.82와 같은 부정정보의 A점의 모멘트와 B점의 반력을 구하여라.

답 : (a) $M_A = -3.75$ kN · m, $R_B = 3.12$ kN

(b) $M_A = 0.5$ kN · m, $R_B = 2.25$ kN

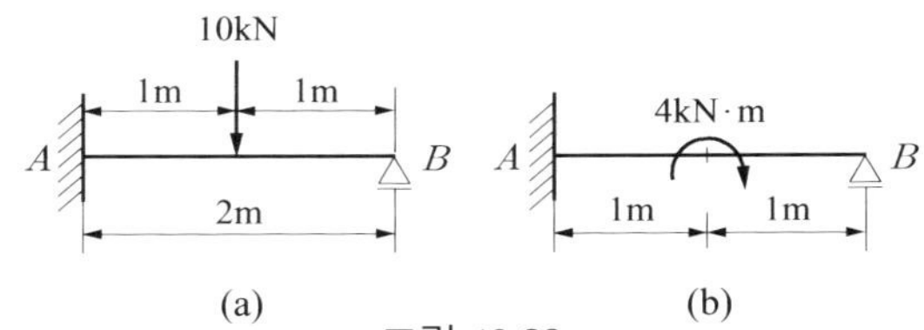

그림 10.82

02. 그림 10.83과 같은 양단 고정보의 단면력도를 그려라.

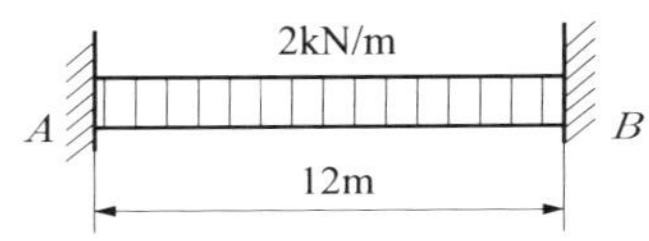

그림 10.83

03. 그림 10.84와 같은 2경간 연속보의 단면력도를 그려라.

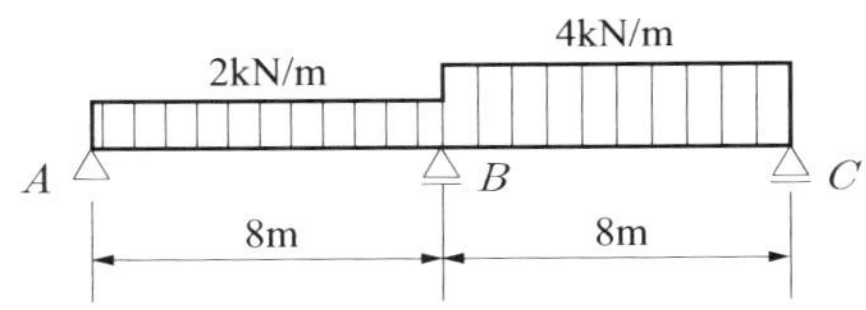

그림 10.84

04. 그림 10.85와 같은 부정정보의 단면력을 3연 모멘트법에 의하여 구하고 단면력도를 그려라.

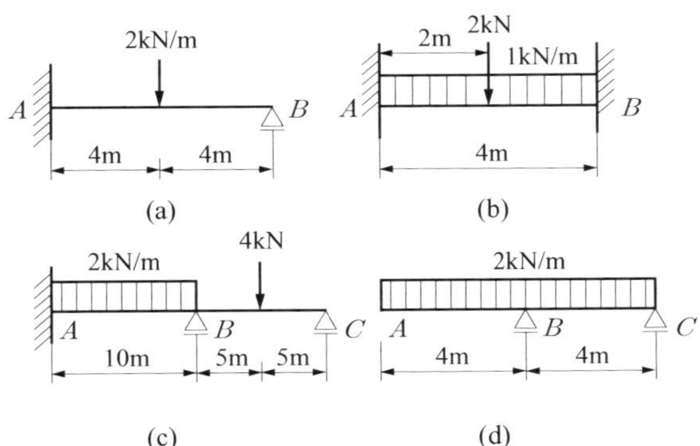

그림 10.85

05. 그림 10.86과 같은 부정정보를 처짐각법에 의하여 재단모멘트를 구하고 휨모멘트도를 그려라.

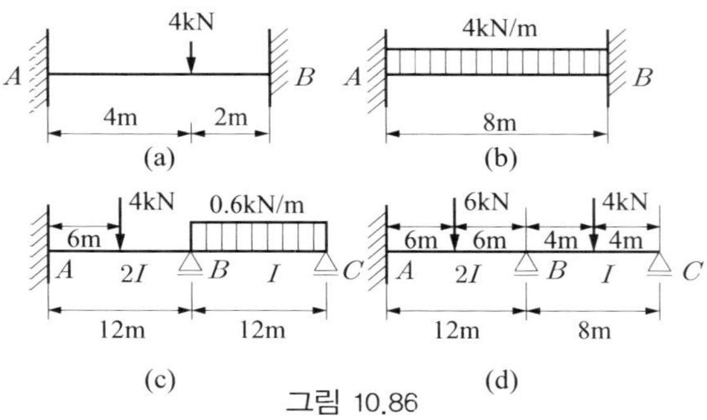

그림 10.86

06. 그림 10.87과 같은 라아멘을 처짐각법에 의하여 재단모멘트를 구하고 휨모멘트도를 그려라.

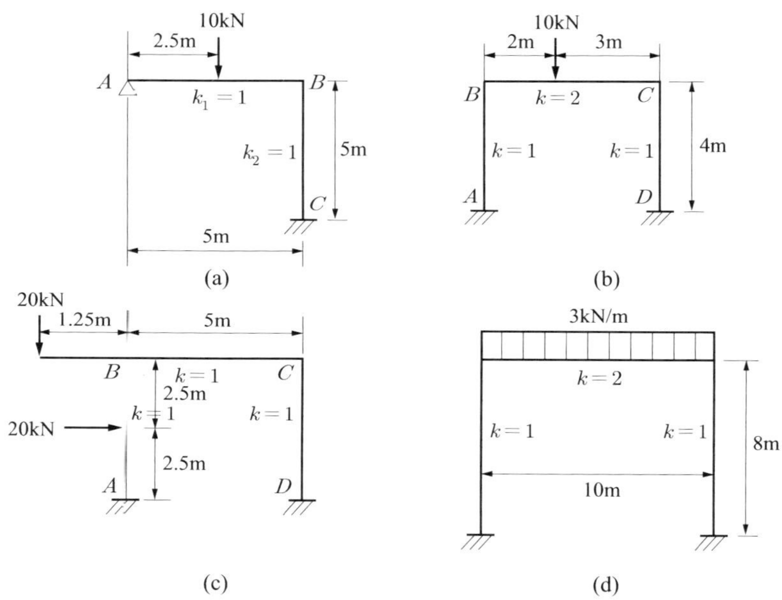

그림 10.87

07. 그림 10.88에서 B단에 모멘트 $M_B = 8\,\text{kN}\cdot\text{m}$가 작용할 때 고정단 A에서의 전달모멘트 M_A를 구하라.

그림 10.88

답 : $M_A = 4\,\text{kN}\cdot\text{m}$

08. 그림 10.89와 같이 O점에 집중된 각 부재의 분배율을 구하라.

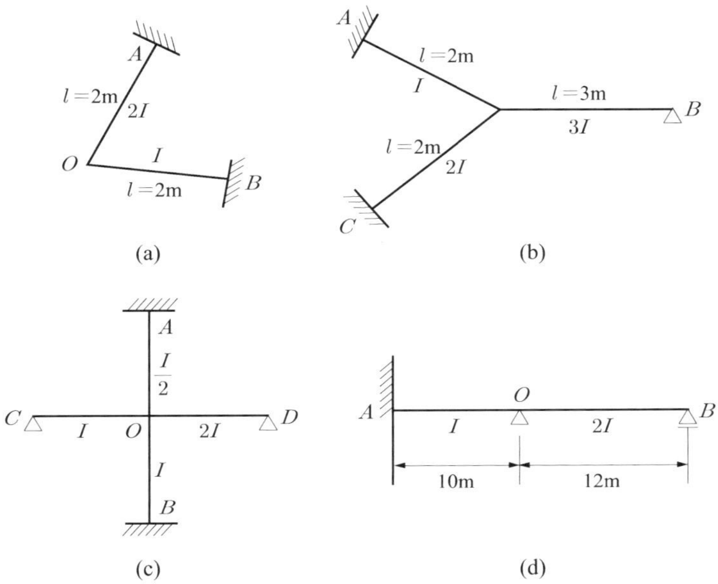

그림 10.89

답 : (a) $f_{CA}=2/3$, $f_{CB}=1/3$ (b) $f_{CA}=0.222$, $f_{CB}=0.333$, $f_{OC}=0.445$

(c) $f_{CA}=0.133$, $f_{QB}=0.267$, $f_{OC}=0.2$, $f_{CD}=0.4$

(d) $f_{OA}=0.444$, $f_{OC}=0.556$

09. 그림 10.90과 같은 연속보의 재단모멘트를 모멘트 분배법에 의하여 구하고 휨모멘트도를 그려라.

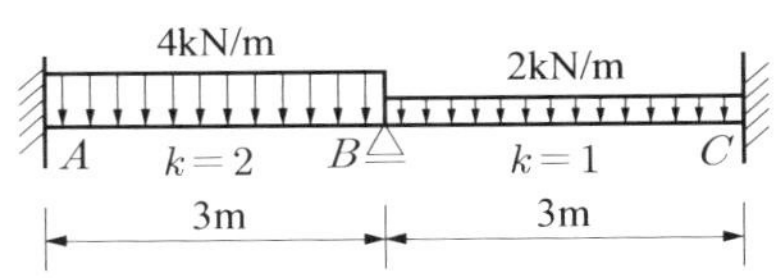

그림 10.90

답 : $M_{AB}=-3.5\text{ kN}\cdot\text{m}$, $M_{BA}=2\text{ kN}\cdot\text{m}$,

$M_{CB}=1.25\text{ kN}\cdot\text{m}$

10. 그림 10.91과 같은 라아멘의 재단모멘트를 모멘트분배법에 의하여 구하고 휨모멘트도를 그려라.

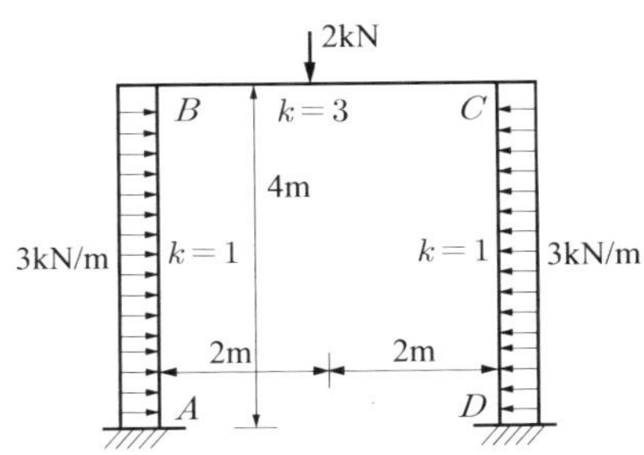

그림 10.91

답 : $M_{BA}=-M_{BC}=2.8\text{ kN}\cdot\text{m}$, $M_{AB}=-4.6\text{ kN}\cdot\text{m}$

응용역학

정가 20,000원

인 쇄 2013년 3월 2일 초판 1쇄
발 행 2014년 3월 10일 초판 2쇄
저 자 성기태·심도식·이승용
발행인 정우용
발행처 도서출판 동화기술
경기도 파주시 광인사길 201(문발동, 파주출판도시)
Tel (031)955-4211~6 donghwapub@nate.com
Fax (031)955-4217 www.donghwapub.co.kr
(등록) 1977년 12월 19일/9-16호

Printed in Korea
ISBN 978-89-425-1781-7